Dynamische Grundoperationen der Verfahrenstechnik

Динамические процессы
химической и микробиологической технологии

Grundlagen der Verfahrenstechnik und chemischen Technologie

Основы химической техники и технологии

Herausgeber

Prof. Dr. Dr. E. h. K. Hartmann, Merseburg

Prof. Dr. W. Schirmer, Berlin
Ordentliches Mitglied der Akademie der Wissenschaften der DDR

Prof. Dr. M. G. Slinko, Moskau
Korr. Mitglied der Akademie der Wissenschaften der UdSSR

Редакторы

профессор доктор К. Хартманн, Мерзебург

профессор доктор В. Ширмер, Берлин
член АН ГДР

профессор доктор М. Г. Слинько, Москва
член-корреспондент АН СССР

AKADEMIE-VERLAG · BERLIN

1984

Dynamische Grundoperationen der Verfahrenstechnik

– Modellierung und optimale Steuerung –

Динамические процессы химической и микробиологической технологии

von

Prof. Dr. sc. techn. JOHANNES KARDOS, Köthen

Doz. Dr. sc. techn. ANATOLI MICHAILOWITSCH ZIRLIN, Moskau

Doz. Dr. sc. techn. BERNDT BÖHME, Leipzig

Dr.-Ing. KLAUS LORENZ, Köthen

Doz. Dr.-Ing. ANATOLI WLADIMIROWITSCH SAJEW, Moskau

Mit 128 Abbildungen und 23 Tabellen

AKADEMIE-VERLAG · BERLIN

1984

Verantwortlich für die Herausgabe dieses Bandes:
Prof. Dr. Dr. E. h. K. Hartmann, Merseburg

Erschienen im Akademie-Verlag, DDR - 1086 Berlin, Leipziger Straße 3—4

Lizenznummer: 202 · 100/457/84
Printed in the German Democratic Republic
Gesamtherstellung: VEB Druckhaus „Maxim Gorki", 7400 Altenburg
Lektor: Fritz Schulz
LSV 1205/1095
Bestellnummer: 763 146 7 (2144/13)

06000

Vorwort

Die Autoren unternehmen den Versuch, die Grundoperationen der Verfahrenstechnik nach der Zeitstruktur der Prozeßabläufe sowie Prozeßsteuerungen zu charakterisieren und zu systematisieren. Hiernach umfaßt die Klasse der dynamischen Grundoperationen die oszillierenden, zyklischen, regenerativ-periodischen, semikontinuierlichen, diskontinuierlichen und langzeitvarianten Prozeßabläufe bzw. Steuerungen.

Die Anwendung von dynamischen Grundoperationen ist häufig aus technischer, ökonomischer und insbesondere energiewirtschaftlicher Sicht zweckmäßig bzw. notwendig. Es ist möglich, die nichtlinearen Eigenschaften und das Zeitverhalten der Prozesse zielgerichtet für eine Intensivierung sowie Effektivitätssteigerung auszunutzen. Hierzu gehören z. B. Kapazitätserhöhungen, Umsatz- bzw. Wirkungsgradsteigerungen, zeit- und energieminimale Fahrweisen sowie Kostensenkungen.

Aus dieser Sicht werden die gemeinsamen Grundlagen der mathematischen Modellierung und Optimierung der dynamischen Grundoperationen herausgearbeitet sowie ihre optimale Steuerung vorgeschlagen. Eine besondere Vertiefung der theoretischen Grundlagen der Optimierung wird für zyklische Prozeßsteuerungen vorgenommen.

Die Anwendung der allgemeinen Grundlagen der dynamischen Grundoperationen erfolgt auf Demonstrations- und realisierte Praxisbeispiele aus der chemischen und mikrobiologischen Reaktionstechnik sowie der thermischen und mechanischen Verfahrenstechnik. Dabei sind Effektivitätssteigerungen bis zu 30% und mehr erreichbar. Zu den ökonomisch interessanten Anwendungsfällen gehören u. a. die zyklischen Leistungssteuerungen (Regelfahrweisen) von elektrothermischen und elektrochemischen Reaktoren. Für zeitvariante Prozeßeinheiten wird auch die optimale Laufzeit bestimmt.

Mit der Monographie wird das Ziel verfolgt, die Grundlagen der Modellierung und optimalen Steuerung der dynamischen Grundoperationen zu vermitteln und aufzuzeigen, wie das Zeitregime der Prozesse für ihre Intensivierung und Effektivitätssteigerung nutzbar ist.

Das hier vorliegende Buch ist das Ergebnis zahlreicher Beratungen hinsichtlich eines gegenseitigen Gedanken- und Erfahrungsaustausches zwischen Vertretern des Lehrstuhls für Automatisierung der chemischen Produktion am Institut für chemischen Maschinenbau Moskau, des Lehrstuhls für Systemverfahrenstechnik an der Ingenieurhochschule Köthen sowie des Lehrstuhls Prozeßrechentechnik an der Technischen Hochschule Leipzig.

Die vorgelegten Ergebnisse sind für solche Leser dargelegt, die die anspruchsvollen Mitteilungen des modernen verfahrenstechnischen Schrifttums inhaltlich verfolgen und bestrebt sind, neue wissenschaftliche Erkenntnisse in die technologische Nutzung zu überführen, wobei in der Regel eigene schöpferische Beiträge notwendig sind.

Die mathematische Modellierung und Optimierung bekannter dynamischer Grundoperationen und die daraus resultierenden Intensivierungseffekte haben bereits einen relativ hohen Entwicklungsstand erreicht. Im Gegensatz dazu besteht ein hoher Nachholebedarf hinsichtlich der Entwicklung von apparativen Lösungen und der automatischen Steuerung von Masse- und Energieströmen bei nichtstationärer Prozeßführung im experimentellen und Betriebsstadium. Die zunehmende Bereitstellung moderner Computertechnik und die Entwicklung fluidischer Stellglieder (Massestromschalter) wird die zielgerichtete Anwendung dynamischer Grundoperationen beschleunigen.

Die Autoren sind dankbar für alle Hinweise und Vorschläge der Leser, die einer Verbesserung bzw. weiteren Profilierung der hier behandelten Thematik dienen.

Schließlich danken die Autoren den Herausgebern und dem Lektorat Chemie des Akademie-Verlages für die angenehme Zusammenarbeit bei der Herausgabe dieses Buches.

Die Autoren

Inhalt

1. Allgemeine Charakteristik der Klasse dynamischer Grundoperationen

Die in der stoffwandelnden Industrie angewandten technologischen Vorgänge, die zur Stoffaufbereitung, Stoffumwandlung und Stoffnachbereitung dienen, werden im allgemeinen unter dem Begriff der Grundoperationen zusammengefaßt. In der einschlägigen Literatur sind bisher verschiedene Systematiken angeboten worden

1. Einteilung der Grundoperationen nach Wieke [1.0.1]:
   Mechanische Grundoperationen, elektrisch-magnetische Grundoperationen, thermische Grundoperationen.
2. Einteilung der Prozesse nach Kassatkin [1.0.2, 1.0.3]:
   Hydrodynamische Prozesse, Wärmeprozesse, Diffusionsprozesse, Kälteprozesse, mechanische Prozesse, chemische Prozesse.
3. Einteilung der Grundoperationen und Prozesse nach dem Lehrbuch der Verfahrenstechnik [1.0.4]:
   Transport von Flüssigkeiten und Gasen, mechanische Prozesse, Kraftfeldprozesse, molekulare Triebkraftprozesse, Technik der chemischen Reaktionen.
4. Einteilung der Grundoperationen und Prozesse nach dem Lehrbuch der Prozeßverfahrenstechnik [1.0.5]:
   Strömungsprozesse (Impuls, Wärme, Stoff), thermische Prozesse, Reaktionsprozesse, mechanische Prozesse, verarbeitungstechnische Prozesse.
5. Einteilung der Prozesse vom energetischen Standpunkt nach Benedict [1.0.6, 1.0.7]:
   - Potentiell vollständig reversible Prozesse, bei denen der Energieaufwand theoretisch auf die Trennarbeit reduziert werden kann.
   - Partiell reversible Prozesse, bei denen die meisten Stufen potentiell vollständig reversibel, einige mit Sicherheit irreversibel sind (z. B. ist der Lösungsmittel-Einlauf bei der Extraktiv-Destillation immer irreversibel).
   - Irreversible Prozesse, bei denen die auftretende Exergieentwertung umgekehrt proportional dem Quadrat des Konzentrationsverhältnisses ist (z. B. Diffusion, Thermodiffusion, Elektrolyse).

Ferner sind Betrachtungsweisen im Hinblick auf Hochtemperaturtechnik/Kältetechnik und Hochdrucktechnik/Vakuumtechnik bekannt. Aus heutiger

Sicht sind der Gruppe der Reaktionsprozesse nicht nur chemische, sondern auch mikrobiologische, biochemische, fotochemische und elektrochemische Reaktionen zuzuordnen.

Die Einteilungsmöglichkeiten zeigen, daß den Systematiken der Grundoperationen (verfahrenstechnischen Prozessen) die Art der wirkenden Triebkräfte, die physikalischen oder chemischen (auch mikrobiologischen, biochemischen sowie elektrochemischen) Prozeßabläufe und die physikalischen Größen, wie z. B. Temperatur sowie Druck, zugrunde liegen.

Darüber hinaus können die Grundoperationen hinsichtlich der Art ihrer Fahrweise (Steuerung) bzw. der Zeitstruktur ihres Prozeßregimes klassifiziert werden [1.0.2, 1.0.5, 1.0.8, 1.0.9]. Aus dieser Sicht lassen sich bekanntlich kontinuierliche, semikontinuierliche, periodische und andere Fahrweisen unterscheiden. Dementsprechend können die Grundoperationen ein stationäres (statisches) oder instationäres (dynamisches) Betriebsregime besitzen. Diese Unterscheidung erfordert die Berücksichtigung der Größe „Zeit", des zeitlichen Prozeßablaufes bzw. des Zeitverhaltens der Grundoperationen [1.0.9]. Aus dieser Sicht kann der Begriff der dynamischen Grundoperationen der Verfahrenstechnik postuliert werden.

Literatur

[1.0.1] VAUCK, W. R. A. u. MÜLLER, H. A.: „*Grundoperationen chemischer Verfahrenstechnik*", VEB Deutscher Verlag für Grundstoffindustrie, Leipzig 1979

[1.0.2] KASSATKIN, A. G.: „*Chemische Verfahrenstechnik*", Band I, VEB Verlag der Technik, Berlin 1959

[1.0.3] KASSATKIN, A. G.: „*Chemische Verfahrenstechnik*", Band II, VEB Verlag der Technik, Berlin 1959

[1.0.4] Autorenkollektiv: „*Lehrbuch der chemischen Verfahrenstechnik*", VEB Deutscher Verlag für Grundstoffindustrie, Leipzig 1967

[1.0.5] HARTMANN, K. u. a.: „*Prozeßverfahrenstechnik*", VEB Deutscher Verlag für Grundstoffindustrie, Leipzig 1979

[1.0.6] BENDEDICT, M.: Trans. Am. Inst. Chem. Engrs. 43 (1947) 2, 41

[1.0.7] Autorenkollektiv: „*Energetische Analyse von Stoffübertragungsprozessen*", VEB Deutscher Verlag für Grundstoffindustrie, Leipzig 1980

[1.0.8] BENEDEK, P. u. LÁSZLÓ, A.: „*Grundlagen des Chemieingenieurwesens*", VEB Deutscher Verlag für Grundstoffindustrie, Leipzig 1965

[1.0.9] KARDOS, J.: Darstellung, Auswertung und Nutzung des Zeitverhaltens verfahrenstechnischer Betrachtungseinheiten — eine Untersuchung ihrer Dynamik und Zuverlässigkeit, Diss. B., TH Leuna-Merseburg 1979

1.1. Definition und Systematik der dynamischen Grundoperationen

Die Klasse der dynamischen Grundoperationen umfaßt z. B. diskontinuierliche, halbkontinuierliche, regenerativ-periodische, zyklische, pulsierende, oszillierende und andere instationäre technologische Vorgänge (Arbeitsverfahren).

Abbildung 1.1.1 zeigt eine entsprechende Übersicht. Den dynamischen Grundoperationen ist gemeinsam, daß sie ein zeitabhängiges Prozeßregime besitzen. Dies bedeutet, daß eine oder mehrere Zustandsgrößen (wie z. B. Temperatur, Druck, Geschwindigkeit, Konzentration, Impuls-, Energie- und Stoffströme) zeitlichen Veränderungen unterliegen. Dabei wird aber der Fall zugelassen, daß die Eingangs-, Zustands- und Ausgangsgrößen bezüglich ihrer Mittelwerte in einem vorgegebenen Betrachtungszeitraum konstant (quasistationär) sein können. Die Zeitabhängigkeit der Zustandsgrößen kann externe und/oder interne Ursachen besitzen. Externe Ursachen sind die der Betrachtungseinheit

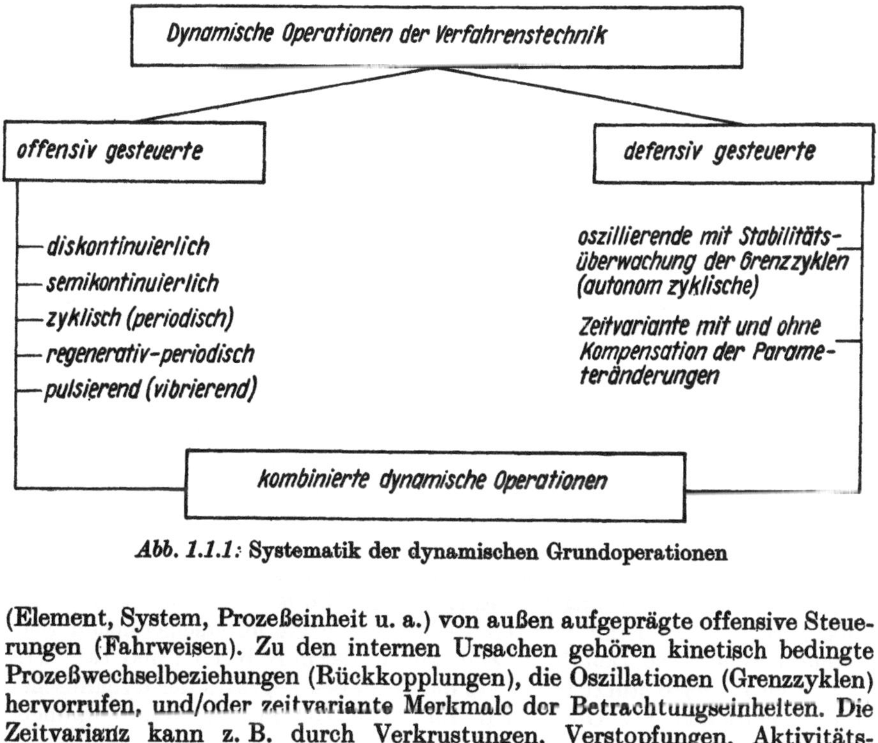

Abb. 1.1.1: **Systematik der dynamischen Grundoperationen**

(Element, System, Prozeßeinheit u. a.) von außen aufgeprägte offensive Steuerungen (Fahrweisen). Zu den internen Ursachen gehören kinetisch bedingte Prozeßwechselbeziehungen (Rückkopplungen), die Oszillationen (Grenzzyklen) hervorrufen, und/oder zeitvariante Merkmale der Betrachtungseinheiten. Die Zeitvarianz kann z. B. durch Verkrustungen, Verstopfungen, Aktivitätsminderungen u. a. alterungsbedingte Vorgänge hervorgerufen werden. Solche Erscheinungen sind gegebenenfalls durch Gegensteuerungen, d. h. durch defensive Steuerungen kompensierbar.

Die diskontinuierlichen Prozesse konnten bis heute noch nicht verdrängt werden. In vielen Einsatzfällen der chemischen und biologischen Verfahrenstechnik besitzen sie ihre Vorzüge und werden diese auch behalten. Andere dynamische Operationen sind aus Gründen der Effektivitätssteigerung bzw. Prozeßintensivierung eingeführt worden. Der Begriff der Effektivität soll hier nicht nur als ökonomische Kategorie verstanden werden. Solche Größen wie Umsatz, Ausbeute, Wirkungsgrad, Ersparnisse u. a. Definitionen können für die Effektivität charakteristisch sein. Tab. 1.1.1 zeigt eine grobe Orientierung

Tabelle 1.1.1 Relative Wichtung der Notwendigkeit dynamischer Grundoperationen
+ → ja, — → nein, (+) → teils/teils,

Ursachen	Prozeßregime					
	Diskontinuierlich	Semikontinuierlich	Regenerativ-periodisch	Zyklisch (periodisch)	Pulsierend (vibrierend)	Oszillierend
Technologisch notwendig[1])	+, (+)	(+)	+	—	—	—
Effektivitätssteigernd[2])	+, (+)	+, (+)	+, (+)	+	+	+, (+)
Kinetisch bedingt	(+)	(+)	—	—	—	+

[1]) wegen Produktqualitätsforderungen, definierter Verweilzeit, Zeitvarianz, Sterilhaltung, Sicherheit, Mehrprodukttechnologien usw.
[2]) wegen Kostensenkung, Energieeinsparung, Umsatz- bzw. Wirkungsgradsteigerung, Kapazitätserhöhung usw.

über die Ursachen der Anwendung von dynamischen Operationen in der Verfahrenstechnik. An gegebener Stelle wird noch näher darauf eingegangen.

Ferner sei vermerkt, daß bestimmte Merkmale der genannten dynamischen Grundoperationen in kombinierter Form in einer Prozeßeinheit auftreten können. So zum Beispiel kann eine Impuls-Infrarot-Trocknung dadurch gekennzeichnet sein, daß das zu trocknende Gut einer diskontinuierlichen und die Energiezufuhr einer zyklischen Fahrweise (Steuerung) unterliegen (Abschnitt 5.8.). Die Steuerung von Energie- und Stoffströmen für ein und dieselbe Prozeßeinheit kann je nach Bedarf auf recht unterschiedlichen Zeitregimes beruhen. Die Vielfalt der Zeitstruktur der in Abb. 1.1.1 und Tab. 1.1.1 genannten Prozesse stützt besonders die Wahl des Begriffes der dynamischen Grundoperationen als Oberbegriff für diese Gesamtheit von Vorgängen (Arbeitsverfahren).

1.1.1. Zyklische Operationen

Es ist eine relativ große Anzahl von Publikationen über zyklische Prozesse der Verfahrenstechnik erschienen. An dieser Stelle soll vorerst ein Hinweis auf ausgewählte Übersichtsarbeiten gegeben werden [1.1.1 bis 1.1.15].

Die zyklischen (periodischen) Operationen sind dadurch gekennzeichnet, daß eine oder mehrere Steuergrößen der Betrachtungseinheit periodischen Schwingungen (z. B. rechteckförmig, sinusförmig u. a.) unterworfen werden.

Die Zustandsgrößen fluktuieren in gleicher Weise, d. h. sie sind periodische Funktionen der Zeit mit einer Periodendauer T, die mit der der Steuervariablen übereinstimmt.

Die Begriffe Zyklus/zyklisch und Periode/periodisch werden in der relevanten Literatur gleichbedeutend benutzt.

Man kann folgende Begriffsinhalte feststellen.

Zyklus:	Kreislauf, Folge, Reihe, regelmäßige Wiederkehr;
zyklisch:	kreisläufig, kreisförmig, regelmäßig wiederkehrend, sich auf einen Zyklus beziehend;
Periode:	Umkreislauf, Zeitabschnitt, Zeitraum;
periodisch:	regelmäßig sich wiederholend.

Es lassen sich verschiedene Modifikationen der zyklischen Operationen angeben. In Abb. 1.1.2 befindet sich eine mengentheoretische Veranschaulichung.

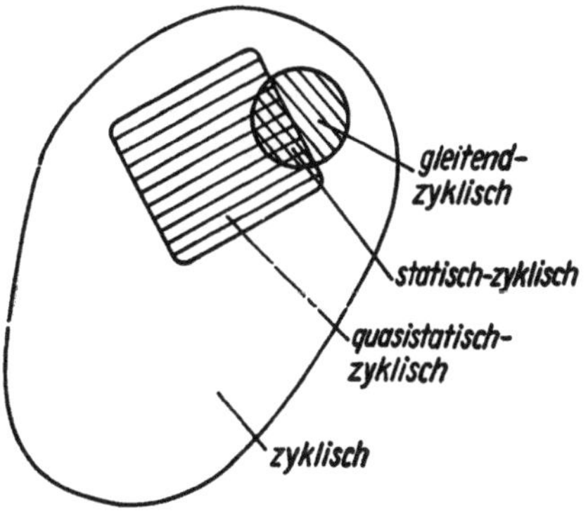

Abb. 1.1.2: Qualitative Veranschaulichung der Menge zyklischer Prozeßregimes

Statische Merkmale zyklischer Operationen

Das Prozeßregime einer Betrachtungseinheit kann bekanntlich durch eine endliche oder unendliche Anzahl von Parametern charakterisiert werden. Ein Teil dieser Größen beschreibt den Zustand des Prozesses, und der andere Teil kennzeichnet die von außen auf den Prozeß wirkenden Faktoren.

Im allgemeinen bezeichnet man ein Prozeßregime als statisch (stationär), wenn die genannten Größen zeitlich unveränderlich sind. Es existieren jedoch solche Operationen, bei denen sich bezüglich eines Betrachtungszeitraumes stationäre Größen einstellen, obwohl bestimmte Parameter zeitlichen Veränderungen unterliegen.

Als Beispiel sei das nach Abb. 1.1.3 dargestellte Pumpe-Behälter-Verbraucher-System genannt. Dabei wird ein konstanter Durchsatz $\overline{D}$ gefordert, obwohl sich die Pumpe zeitweise im ausgeschalteten Zustand befindet und zeitweise mit einem Durchsatz $D(t)$ betrieben wird. Offensichtlich entspricht die mittlere Fördermenge der Pumpe dem Verbrauch $\overline{D}$. Für jeden Zeitmoment ist aber $D(t)$ nicht mit $\overline{D}$ identisch. Der Förderstrom in den Behälter übertrifft zeitweise den Verbraucherstrom. Abb. 1.1.4 zeigt das entsprechende zyklische Betriebsregime.

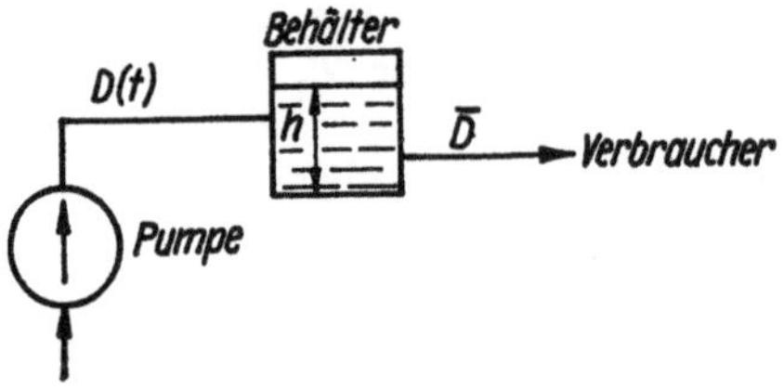

Abb. 1.1.3: Schematische Darstellung eines Pumpe-Behälter-Verbraucher-Systems

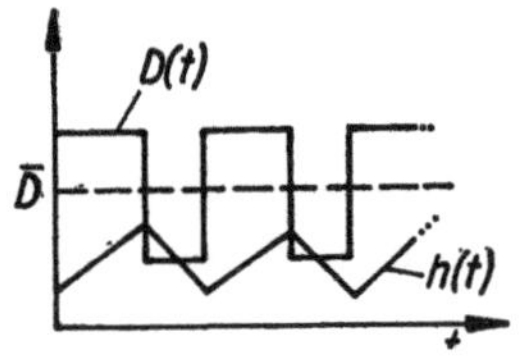

Abb. 1.1.4: Zeitliche Funktion des Durchsatzes $D(t)$ und des Behälterfüllstandes $h(t)$ bei zyklischem Betriebsregimes

Ein Prozeßregime kann also statisch (stationär)-zyklisch sein, wenn für jeden der charaktérisierenden Größen $z_\nu(t)$ eine solche Periode $T_\nu > 0$ auffindbar ist, für die der mittlere Wert von $z_\nu(t)$ über diese Periode zeitlich unveränderlich ist. Für Operationen mit konzentrierten Parametern gilt

$$\frac{1}{T_\nu} \int\limits_{t-T}^{t} z_\nu(t)\, dt = \bar{z}_\nu = \text{const.} \tag{1.1.1}$$

Im Falle von Operationen mit verteilten Parametern übernimmt die Raumkoordinate l die Rolle des Indexes ν. Man erhält dann

$$\frac{1}{T(l)} \int\limits_{t-T(l)}^{t} z(t, l)\, dt = \bar{z}(l) = \text{const.} \tag{1.1.2}$$

Eine weitere Grundbedingung der statisch-zyklischen Prozeßregime besteht darin, daß das Ende des laufenden Zyklus mit dem Anfang des nächsten zusammenfällt. Bezüglich der Parameter $z(t)$ muß gelten

$$z(0) = z(T) \tag{1.1.3}$$

Wenn außerdem eine solche allgemeine Periode T auffindbar ist, die sich als ganzzahliges Vielfaches der Periode T ergibt, dann liegt ein typisches bzw. echtes zyklisches Prozeßregime vor. Anderenfalls, wenn keine allgemeine Periode T für alle $z_\nu(t)$ existiert, kann man von einem stationär-azyklischen Prozeßregime sprechen. Das ist dann der Fall, wenn das Verhältnis wenigstens zweier Perioden T_m und T_n irrational ist.

Im weiteren werden hauptsächlich stationär-zyklische Prozeßregime betrachtet, aus deren Mitte zwei Grenzfälle (vgl. Abb. 1.1.2) herausgelöst werden können.

Quasistatisch-zyklische Operationen

Diese Modifikation stellt den einen Grenzfall der statisch-zyklischen Operationen dar. Er ist dadurch gekennzeichnet, daß jede der Periodendauer T, die Zeitdauer des Überganges von einem Prozeßzustand in den anderen bei weitem übertrifft. Die Stabilität jedes statischen Zustandes sei dabei vorausgesetzt. In diesem Fall kann man die Dynamik der Betrachtungseinheit vernachlässigen und annehmen, daß sich die Zustandsgrößen bei Variation der Steuerparameter entsprechend den statischen Kennlinien verhalten.

Gleitend-zyklische Operationen

Der zweite Grenzfall der statisch-zyklischen Fahrweise ist durch eine hohe Frequenz der Steuergrößen und eine hohe Trägheit der Prozeßdynamik gekennzeichnet. Dieses Merkmal möge so ausgeprägt sein, daß die Zustandsgrößen infolge der Prozeßträgheit bei hochfrequenten Steuerungen praktisch unverändert bleiben. Der Wert der Zustandsgrößen hängt lediglich vom Mittelwert der Steuergrößen ab.

Mit Bezug auf Abb. 1.1.2 wird nochmals darauf verwiesen, daß die zyklischen Operationen die statischen als Einzelfall einschließen. Der Begriff der zyklischen Steuerungen bzw. Operationen wird bei der weiteren Behandlung der dynamischen Grundoperationen nur dann angewendet, wenn sich mindestens eine Größe periodisch mit der Zeit verändert. An gegebener Stelle werden noch die Grundlagen der Modellierung und Optimierung der zyklischen Operationen dargestellt sowie entsprechende Anwendungsfälle aufgezeigt. Der Einsatz von zyklischen Operationen (Tab. 1.1.1) erfolgt mit dem Ziel der Prozeßintensivierung und Effektivitätserhöhung. Demgegenüber muß jedoch im Vergleich zur statischen Fahrweise ein höherer Steuerungsaufwand berücksichtigt werden. Die bisherigen Einsatzgebiete der zyklischen Operationen beschränken sich im wesentlichen auf Labor- und halbtechnische Verfahren. Nur in relativ wenigen Fällen sind großtechnische Anwendungen (vgl. Abschnitt 1.3. und 5. Kapitel) bekannt. Zu den beeindruckendsten technischen Realisierungen gehört die zyklische Steuerung von elektrischen Größen (Stromstärke und/oder Spannung) bei elektroenergieintensiven Prozeßeinheiten wie Carbidöfen, Elektrolysezellen, Plasmatrone, Mühlen (Brechwerke) u. a. Die Motive der zyklischen Steuerung solcher Prozeßeinheiten werden im Abschnitt 1.3.5. behandelt.

1.1.2. Semikontinuierliche Operationen

Diese Prozesse sind ein Sonderfall der zyklischen Fahrweisen (Steuerungen). Zunächst wird die Betrachtungseinheit mit den Betriebsmedien (Eingangsstoff) gefüllt und der Prozeß in Gang gesetzt. Nach einer bestimmten Zeit entzieht man der Betrachtungseinheit eine Endproduktmenge ΔM, ohne sie vollständig zu entleeren. Es verbleibt ein Rest von $(M - \Delta M)$. Gleichzeitig wird der Betrachtungseinheit die äquivalente Eingangsstoffmenge zugeführt, mit dem Rest gemischt, so daß das Niveau in der Betrachtungseinheit (z. B. Füllstand, hold-up usw.) konstant bleibt. Dieser gleichzeitige Vorgang der

Zu- und Abführung wiederholt sich periodisch mit der Dauer T. Das bedeutet, daß die Einspeisung bzw. der Durchsatz D in der Zeitspanne γT den fixierten Wert $D(t) = D_0$ annimmt und im Zeitintervall $(1 - \gamma)\ T$ auf $D(t) = 0$ absinkt. In Abb. 1.1.5 werden diese Zusammenhänge veranschaulicht. Solche Steuerungen sind relativ leicht zu beherrschen. Sie sind vor allem in der chemischen und biologischen Reaktionstechnik anzutreffen [1.1.16]. Die Notwendigkeit der Anwendung solcher Operationen geht aus Tab. 1.1.1 hervor.

Als Beispiel sei eine mikrobiologische Reaktion erwähnt. Der Fermentor wird mit Substrat gefüllt und beimpft. Nach der Fermentation erfolgt eine teilweise Entleerung bei gleichzeitiger Nachfüllung des Fermentors. Der nicht

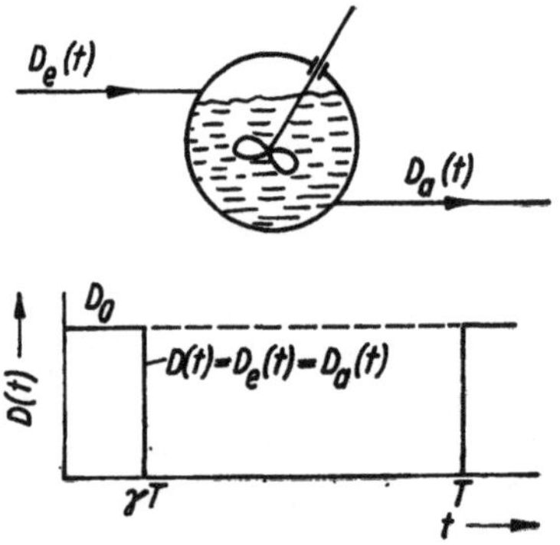

Abb. 1.1.5: Schematische Darstellung der Bedingungen einer semikontinuierlichen Operation

erneuerte Rest dient zur Impfung des neu zugeführten Substrats. Es ist möglich, eine optimale Steuerung zu bestimmen. Im Abschnitt 5.5. wird ein entsprechender Anwendungsfall behandelt.

Ferner wird ein chemischer Reaktor im Hinblick auf seine zyklische Steuerung im Abschnitt 5.4.1.2. untersucht (1. Beispiel). Die Optimierungsergebnisse führen auf eine semikontinuierliche Fahrweise.

Alle Grundlagen der Modellierung und Optimierung von zyklischen Operationen sind in vollem Maße auf semikontinuierlichen Fahrweisen anwendbar.

1.1.3. Diskontinuierliche Operationen (Chargenprozesse)

Die diskontinuierlichen Operationen lassen sich in der Regel als eine zeitliche Folge von Einzelprozessen in der gleichen Betrachtungseinheit charakterisieren. Ein typisches Beispiel zeigt Abb. 1.1.6. Die Arbeitsstadien der diskontinuierlich betriebenen Zentrifuge wiederholen sich in regelmäßiger Folge.

Solche Betrachtungseinheiten sind durch ein instationäres Betriebsregime gekennzeichnet, d. h. die intensiv veränderlichen Größen wie z. B. Druck, Temperatur, Konzentration, Geschwindigkeit (Drehzahl) u. a. sind Funktionen der Zeit.

Mit dieser Beschreibung sind die gemeinsamen Merkmale der diskontinuierlichen Grundoperationen erfaßt: die zeitliche Reihenfolge von Einzeloperationen wie z. B. Füllen, Anfahren, Verweilen und Wandeln, Abfahren sowie Entleeren bezüglich der gleichen Betrachtungseinheit, die periodische Wiederholung der Arbeitsphasen bzw. Operationen, das instationäre Betriebsregime.

Die Anwendung von diskontinuierlichen Operationen ist häufig unumgänglich. Einige Ursachen dieses Umstandes sind in Tab. 1.1.1 angegeben worden. Bei der Modellierung und Optimierung der diskontinuierlichen Grundoperationen kann auf die im 2. und 3. Kapitel dargestellten Grundlagen zurückgegriffen bzw. aufgebaut werden. In den Kapiteln 2., 5. und 6. sind entsprechende Anwendungsfälle dargestellt, die die Wärmeübertragung, Stoffumwandlung, Rektifikation, Reaktionsdestillation und Filtration betreffen.

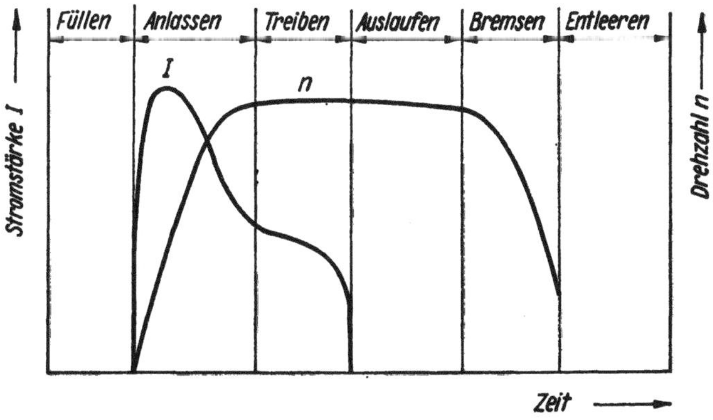

Abb. 1.1.6: **Arbeitsphasen einer diskontinuierlich betriebenen Zentrifuge**

Ferner sei auf interessante Arbeiten verwiesen, die die kosten-, energie- bzw. zeitminimale Fahrweise [1.1.17 bis 1.1.21] von Chargenprozessen sowie ihre rezeptabhängige und rechnergestützte Steuerung bzw. Automatisierung [1.1.22 bis 1.1.33] betreffen.

1.1.4. Regenerativ-periodische Operationen

Diese dynamischen Grundoperationen sind in der Stoff- und Wärmeübertragung anzutreffen. Die entsprechende Übertragung zwischen den beteiligten Strömen erfolgt nicht direkt, sondern indirekt dadurch, daß die betreffenden Ströme nacheinander durch die mit einem Speichermittel gefüllte Prozeßeinheit geführt werden. Demnach läßt sich der Stoff- oder Wärmeübertragungsprozeß mindestens in zwei Arbeitsphasen aufgliedern: Abgabe aus dem Primärstrom an den Speicher und Aufnahme aus dem Speicher an den Sekundärstrom.

Je nach Übertragungsprozeß muß gegebenenfalls zwischen diesen Phasen ein Spülgang eingebettet werden. Abb. 1.1.7 und 1.1.8 veranschaulichen die allgemeinen Merkmale von regenerativ-periodischen Operationen. Jede einzelne Prozeßeinheit besitzt instationäres Betriebsregime.

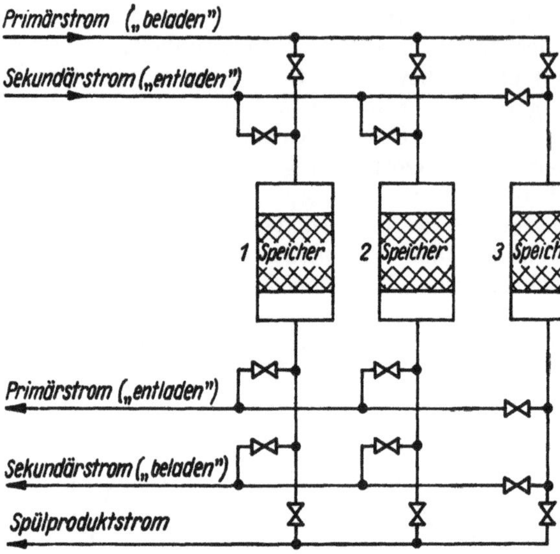

Abb. 1.1.7: Parallelschaltung von regenerativ-periodischen Prozeßeinheiten im Gleichstromprinzip

Die Ein- und Ausgangsgrößen bezüglich des Gesamtsystems (Abb. 1.1.7) können jedoch quasistationär sein, wenn eine genügende Anzahl von Prozeßeinheiten parallelgeschaltet wird, die einzelnen Operationen bezüglich der Zeitfolge dementsprechend abgestimmt sind und eine weitere Glättung der Ausgangsströme durch Tanks (Puffer) erfolgt.

Die Stromführung (Strömungsrichtung) bezüglich einer Prozeßeinheit kann gleich- oder gegensinnig sein. Außerdem können die regenerativ-periodischen

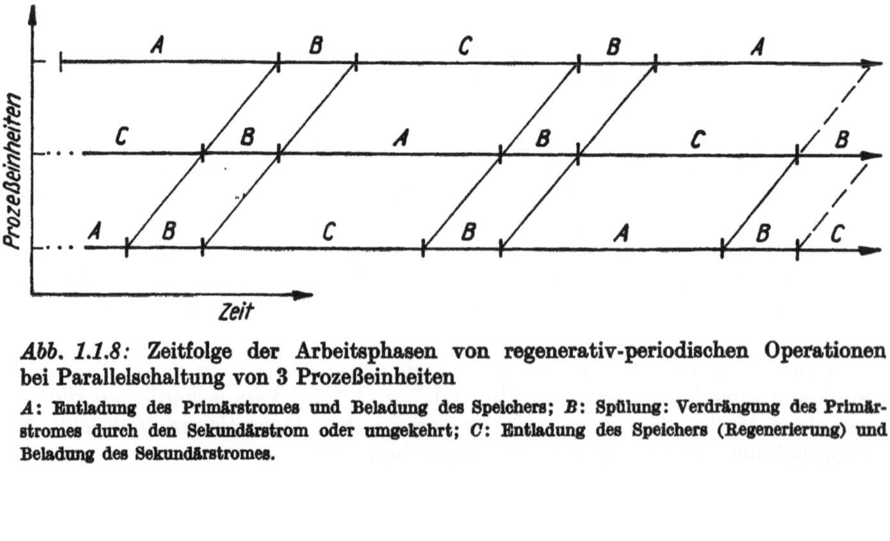

Abb. 1.1.8: Zeitfolge der Arbeitsphasen von regenerativ-periodischen Operationen bei Parallelschaltung von 3 Prozeßeinheiten

A: Entladung des Primärstromes und Beladung des Speichers; *B*: Spülung: Verdrängung des Primärstromes durch den Sekundärstrom oder umgekehrt; *C*: Entladung des Speichers (Regenerierung) und Beladung des Sekundärstromes.

Tabelle 1.1.2: Konkretisierung regenerativ-periodischer Grundoperationen

Bezeichnung	Primärstrom (Abgabe)	Speichermittel	Sekundärstrom (Aufnahme)	Beispiele
Regenerative Wärmeübertragung [1.1.34]	Energie abgebender Strom	Blöcke bzw. Packungen aus Metall	Energie aufnehmender Strom	Winderhitzer Tieftemperatur-regeneratoren
Adsorption — Desorption (Chemisorption) [1.1.35 bis 1.1.38]	Adsorptiv abgebender Strom evtl. mit Kühlung des Adsorbens	Regenerierbares Adsorbens (z. B. Aktivkohle, Molekularsiebe, „Xerogele“ u. a.)	Adsorptiv aufnehmender Strom evtl. mit Heizung des Adsorbens	Stoffreinigung Stoffrückgewinnung
Ionenaustausch [1.1.37 bis 1.1.39]	Ionen abgebender Strom	Regenerierbare Ionenaustauscher	Ionen aufnehmender Strom	Solereinigung Wasserenthärtung Saftreinigung

Operationen als mehrstufige Prozesse auftreten, in dem sie in Reihe geschaltet werden (z. B. mehrstufige Adsorption). In Tab. 1.1.2 wird eine Konkretisierung der regenerativ-periodischen Operationen vorgenommen.

Die allgemeinen Grundlagen der Modellierung und optimalen Steuerung von regenerativ-periodischen Operationen sind die gleichen wie die der parallelgeschalteten Prozeßeinheiten bei zyklischer Fahrweise. Aus dieser Sicht vermittelt vor allem Kapitel 4. eine Reihe von Anregungen, die bei der Behandlung von regenerativ-periodischen Prozessen nutzbar sind.

1.1.5. Pulsations- und Vibrationsoperationen

In einigen Bereichen der Technik sind Pulsations- und Vibrationsvorgänge gefürchtete Erscheinungen. Hierzu gehört z. B. auch der „Wasserhammer" in Rohrleitungen. Außerdem können Pulsationen und Vibrationen zielgerichtet für eine Prozeßintensivierung genutzt werden. Im Sprachgebrauch bezüglich der Verfahrenstechnik kennzeichnet die Vibration höher und die Pulsation niedriger frequente Schwingungen. Das Produkt aus Amplitude (a) und Frequenz (ω) entspricht der Pulsations- bzw. Vibrationsgeschwindigkeit ($w = a\omega$). Für Pulsations- und Vibrationsoperationen der Verfahrenstechnik ist typisch, daß der Betriebsinhalt (hold-up) der Prozeßeinheiten solchen Schwingungen ausgesetzt wird. Als Spezialfall kann auch der Ultraschall in Betracht kommen. Die ausgewählte Literatur zeigt [1.1.40 bis 1.1.60], daß mit Hilfe der Pulsations- und Vibrationsoperationen eine beachtliche Effektivitätssteigerung möglich ist. Dies betrifft z. B. Durchsatzsteigerungen sowie die Erhöhung der Wirksamkeit von Separations-, Reaktions-, Stoff- und Wärmeübertragungsprozessen.

Im einzelnen sind halbtechnische- und auch großtechnische Anwendungen bekannt geworden, und zwar auf dem Gebiete der Agglomerisation bzw. Koagulation [1.1.42], Homogenisierung [1.1.40], Fluidisierung [1.1.40], Filtration-Sedimentation [1.1.40], Sorption (Adsorption, Ionenaustausch) [1.1.40], des Wärme- und Stoffaustausches [1.1.42], der Flüssig-Flüssig-Extraktion [1.1.40, 1.1.42], chemischen Stoffumwandlung [1.1.40, 1.1.43].

Aus dem Gebiete der Sorption [1.1.40] und Extraktion [1.1.41] sind Kolonnendurchmesser bis 3,6 m bzw. 2,7 m zum Einsatz gekommen. Die Pulsationen bzw. Vibrationen können durch mechanische, elektromechanische oder pneumatische Einrichtungen erzeugt werden [1.1.40 bis 1.1.43]. In den Abb. 1.1.9 bis 1.1.15 sind einige Pulsationsmöglichkeiten dargestellt. Als Beispiel für die durch Pulsations- bzw. Vibrationsoperationen erreichbare Effektivitätssteigerung sei auf Abb. 1.1.16 und 1.1.17 verwiesen. Diese Ergebnisse sind mit Blasensäulenreaktoren nach Abb. 1.1.15 erreicht worden. In Pulsationsfüllkörperkolonnen können günstige Strömungsverhältnisse erreicht werden. Die unerwünschte Randgängigkeit ist weitestgehend vermeidbar [1.1.41]. Die eigentlichen Ursachen der Effektivitätssteigerung von Pulsations- und zyklischen Operationen werden noch im Abschnitt 1.2. behandelt. In ökonomischer Hinsicht sind interessante Ergebnisse nach Tab. 1.1.3 und 1.1.4 bekannt geworden. Im Abschnitt 1.4 sind weitere Arbeiten angegeben (S. 49).

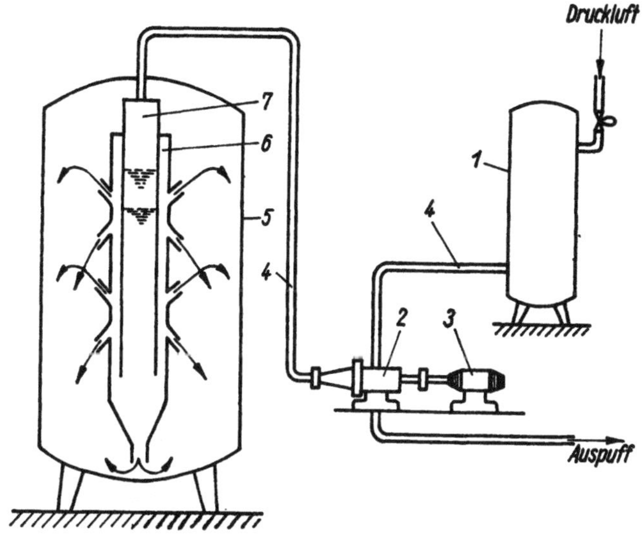

Abb. 1.1.9: Schema der Pulsationsapparatur für einen Rührreaktor [1.1.40]

1 – Luftdruckbehälter, *2* – Pulsator, *3* – Elektromotor, *4* – Pulsationsdruckleitung *5* – Reaktionsbehälter, *6* – Pulsationsvorrichtung, *7* – Pulsationskammer.

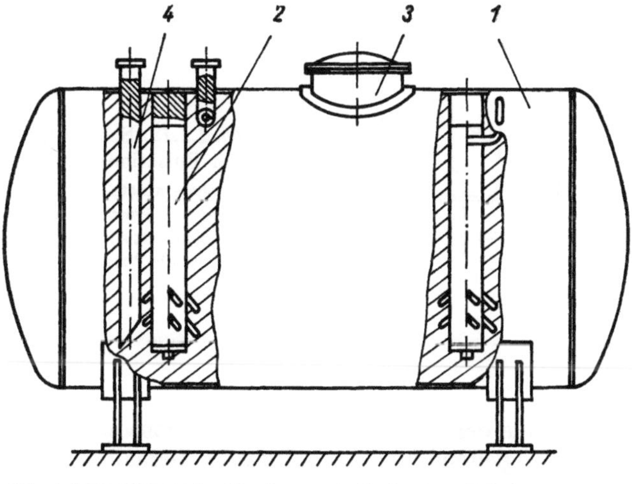

Abb. 1.1.10: Liegender Reaktor mit Pulsationsrührern [1.1.40]

1 – Reaktorbehälter, *2* – Mischeinrichtung, *3* – Mannloch, *4* – Rohr für Zu- und Abführung des Mischgutes.

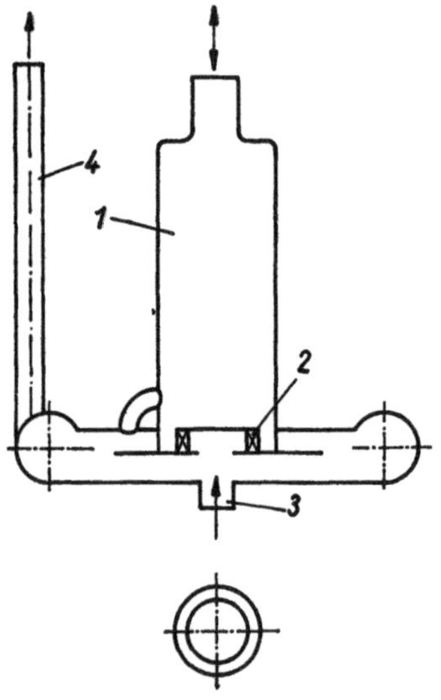

Abb. 1.1.11: Schematische Darstellung einer Pulsationspumpe [1.1.40]
1 – Pulsationskammer, *2* – Mundstück, *3* – Ansaugstutzen, *4* – Druckstutzen.

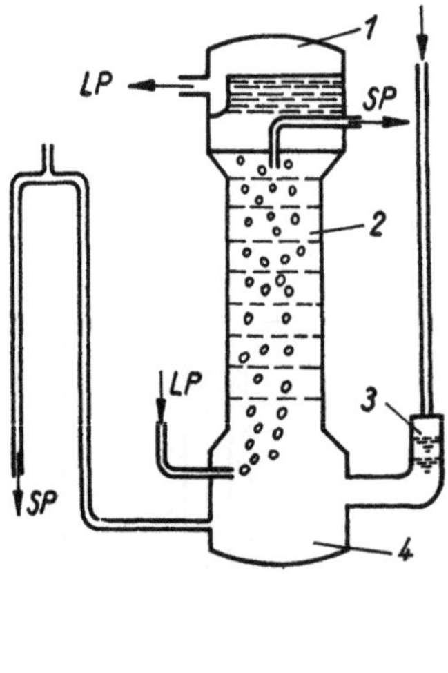

Abb. 1.1.12: Schematische Darstellung einer Pulsationskammer [1.1.40]
1 – obere Absetzkammer, *2* – Kolonne mit Böden, *3* – Pulsationskammer, *4* – untere Absetzkammer; *SP* – schwere Phase, *LP* – leichte Phase.

Das Betriebsregime der Pulsations- bzw. Vibrationsoperationen entspricht in der Regel dem der gleitend-zyklischen Prozesse. Deshalb sind die allgemeinen Grundlagen der Modellierung und optimalen Steuerung von zyklischen Operationen auch für die Pulsations- bzw. Vibrationsprozesse modifizierbar. Die Modellierung setzt jedoch umfassende experimentelle Erkenntnisse voraus.

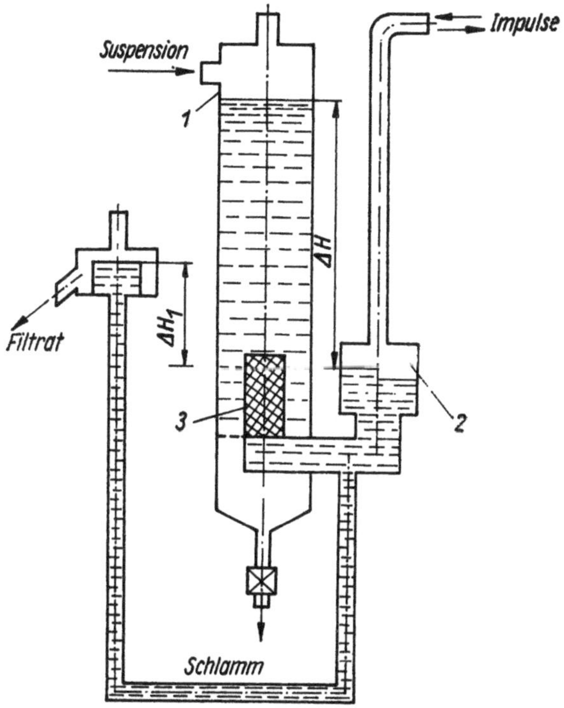

Abb. 1.1.13: Schema eines Reaktorabsetzers mit Pulsation [1.1.40]

1 – Kolonne, 2 – Pulsationskammer, 3 – Filterelement mit pulsationsbedingter Selbstreinigung.

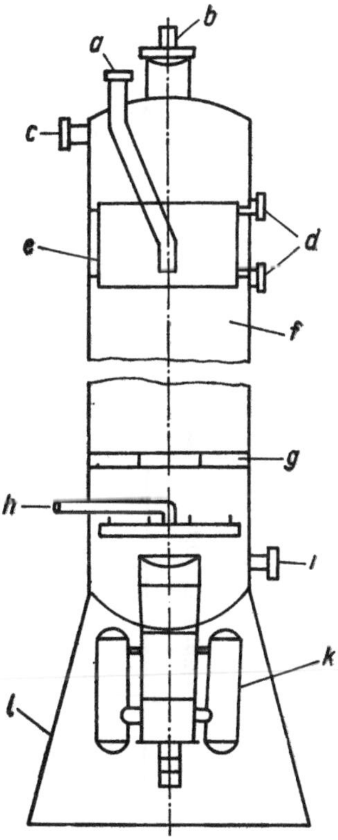

Abb. 1.1.14: Schema einer pulsierenden Füllkörperkolonne [1.1.41]

a – Einspeisung der schweren Phase, b – Belüftung, c – Ablauf der leichten Phase, d – Regelung der Trennschicht, e – Wellenbrecher, f – Füllkörperschüttung, g – Tragrost, h – Einspeisung der leichten Phase über Flüssigkeitsverteiler, i – Ablauf der schweren Phase, k – Pulsator mit Pufferbehälter, l – Stützmantel.

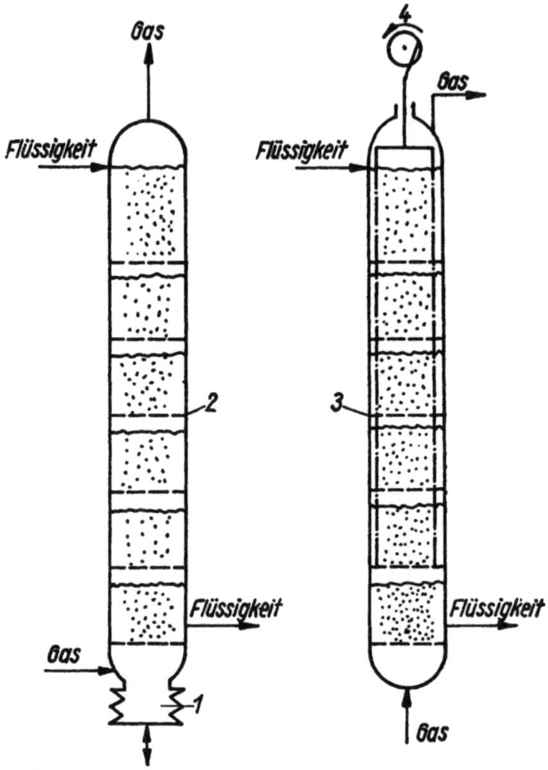

Abb. 1.1.15: Mehrstufige Blasensäulen mit Pulsiereinrichtung [1.1.43]

1 – Pulsationsbalg, *2* – feste Einbauten, *3* – bewegliche Einbauten, *4* – Drehscheiben-Gelenk-Mechanismus.

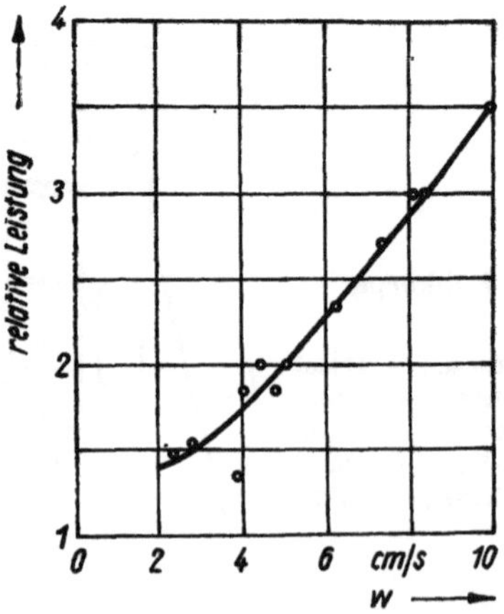

Abb. 1.1.16: Einfluß der Pulsgeschwindigkeit auf die Vergrößerung der relativen Leistung im System wässriger Natriumsulfitlösung — Luft [1.1.43]

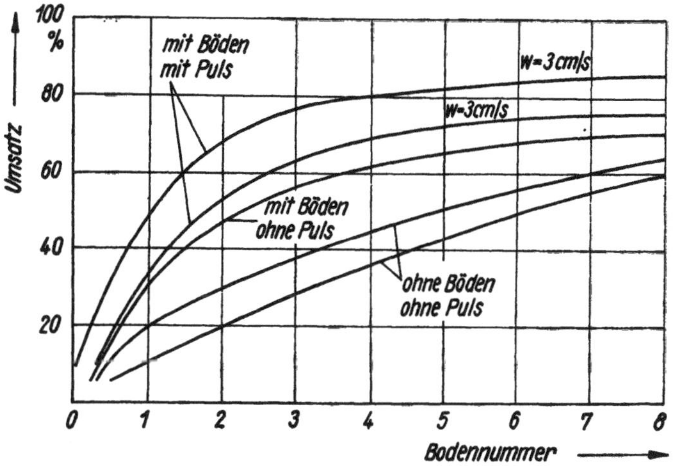

Abb. 1.1.17: Umsatz des Systems Eisen-2-sulfatlösung-Luft bei verschiedenen Betriebsweisen [1.1.43]

Tabelle 1.1.3: Vergleich von relativen Investkosten für Sorptionsapparate [1.1.40]

Kosten	Sorption aus bewegter Schicht	Sorption aus pulsierender Schicht
Bauarbeiten	1	0,2
Ausrüstung	1	0,3
Montage	1	0,8
Preis des Sorbens	1	0,03
Sonstige Investkosten	1	0,15
Gesamt	1	0,3

Tabelle 1.1.4: Reparaturaufwand bei mechanischen (*m*) und pulsierenden (*p*) Mischungsoperationen [1.1.40]

Aktivitäten	Anzahl je Jahr [m/p]	Aufwand in Mannstunden [m/p] für eine Tätigkeit	im Jahr	Gesamt
Durchsicht	12/6	–	–	–
Kleine laufende Reparatur	4/2	13/6,5	52/13	–
Mittlere laufende Reparatur	2/1	55/23	110/23	–
Generalüberholung	0,7/0,3	125/50	84/19	246/80

1.1.6. Oszillierende Operationen

Das oszillatorische Verhalten liegt im Gegensatz zu den von außen gesteuerten zyklischen Fahrweisen im Prozeßregime selbst begründet. Die periodischen Schwankungen von Zustandsgrößen wie z. B. Temperatur, Konzentration, Reaktions- und Wachstums- bzw. Abbaugeschwindigkeit sind das Ergebnis von kinetischen und/oder thermokinetischen Kreuz- und Rückkopplungen der Prozesse. Diese inneren Ursachen bewirken bei kontinuierlicher Fahrweise Dauerschwingungen (Grenzzyklen). In Abb. 1.1.18 wird ein mögliches Kopplungsschema eines selbsterregenden Schwankungsprozesses dargestellt. Das kinetische Gleichungssystem lautet allgemein

$$\frac{dx}{dt} = f(x, y) \qquad (1.1.4)$$

$$\frac{dy}{dt} = g(x, y) \qquad (1.1.5)$$

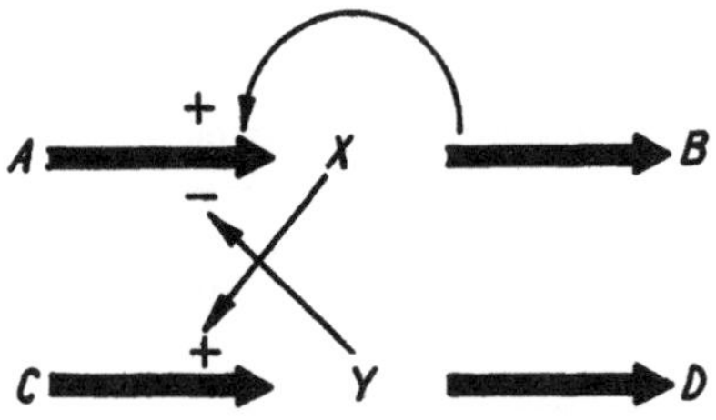

Abb. 1.1.18: Mögliches Kopplungsschema eines Oszillationsprozesses [1.1.61]

Wesentliche Voraussetzungen für das Auftreten von autozyklischen Schwingungen sind, daß der Prozeß weit entfernt vom Gleichgewicht abläuft und die kinetischen Zeitgesetze stark nichtlinear sind.

Das einfachste kinetische Schema einer oszillierenden Operation ohne thermische Wirkung läßt sich für eine autokatalytische Reaktion über zwei aktive Zwischenprodukte X und Y angeben [1.1.62]. Für den Fall $A \rightarrow X \rightarrow Y \rightarrow B$ gilt dann

$$\frac{dx}{dt} = k_1ax - k_2xy \qquad (1.1.7)$$

$$\frac{dy}{dt} = k_2xy - k_3ay \qquad (1.1.6)$$

k_1, k_2, k_3 — kinetische Konstanten, a — Konzentration des Primärstoffes.

Ähnliche Kopplungsschemen sind bei mikrobiologischen Prozessen anzutreffen. Die Grenzzyklen bezüglich der Konzentrationen können auch von Temperaturschwingungen begleitet sein. Dies ist bereits bei einer Reaktion $A \rightarrow X \rightarrow B$ der Fall, wenn die zweite Reaktionsstufe eine stärkere Temperaturabhängigkeit aufweist als die erste [1.1.62]. Das thermokinetische Modell lautet in diesem Fall

$$\frac{dx}{dt} = f(T) - r(T)\,x \tag{1.1.8}$$

$$\frac{dT}{dt} = \frac{q(x)}{c\varrho} - \frac{\alpha A}{c\varrho V}(T - T_0) \tag{1.1.9}$$

f und r — Reaktionsgeschwindigkeiten, q — Geschwindigkeit der Wärmeentwicklung, α — Wärmeübergangskoeffizient, T und T_0 — Temperatur des Reaktionsgemisches und der Umgebung (Wand), c — spezifische Wärme des Gemisches, ϱ — Dichte, V — Volumen des Reaktionssystems, A — entsprechende Wärmeübergangsfläche.

Die Formulierung von Bilanzgleichungen wird im zweiten Kapitel behandelt. Nach Gln. (1.1.8) und (1.1.9) kann man sich die Herausbildung der Oszillation wie folgt vorstellen: Die Zwischenproduktmenge X sammelt sich zunächst an. Dadurch wird die zweite Reaktionsstufe intensiviert, die durch die Erwärmung weiter beschleunigt wird. Die Folge davon ist eine Verringerung der Konzentration des Zwischenproduktes. Die zweite Reaktionsstufe wird damit verlangsamt und abgekühlt. Das Zwischenprodukt reichert sich wiederum an. Diese Vorgänge wiederholen sich von neuem.

Nach dem Stand der Literatur [1.1.61 bis 1.1.66] sind Oszillationsprozesse anzutreffen bei chemischen und mikrobiologischen Reaktionen sowie bei komplizierten Kopplungen des Stoff-, Energie- und Impulstransportes. Die Herausbildung der Grenzzyklen muß mit Hilfe der Stabilitätstheorie überprüft werden.

1.1.7. Operationen in zeitvarianten Betrachtungseinheiten

Die Ursachen der Zeitvarianz sind z. B. Aktivitätsminderungen von Katalysatoren, Abnahme der Beladungsfähigkeit von Sorbentien, Verminderung der Durchlässigkeit von semipermeablen Wänden, Verkrustungen der Wärmeübertragungsflächen u. a. Erscheinungen. Damit ist in der Regel eine zeitliche Veränderung der Zustands- und Ausgangsgrößen verbunden. Diese Effekte sind unerwünscht. Sie können aber im begrenzten Umfang durch Gegensteuerungen kompensiert werden. Die Zeitvarianz kann auch so stark ausgeprägt sein, daß das Betriebsregime einer diskontinuierlichen Operation gleicht.

Für die Bewertung von zeitvarianten Operationen können ähnliche Zielkriterien benutzt werden, wie dies bei den zyklischen Steuerungen der Fall ist. Aus dieser Sicht wird im 6. Kapitel die optimale Laufzeit von zeitvarianten Betrachtungseinheiten behandelt.

1.1.8. Dynamische Grundoperationen in Mehrprodukttechnologien

Die effektive Erzeugung einer Vielzahl von Produkten mit relativ geringer Menge je Betrachtungszeitraum (z. B. je Jahr) erfolgt häufig in multivalent nutzbaren technologischen Systemen (Mehrproduktanlagen). Solche Erfordernisse sind häufig bei der Herstellung von Farbstoffen, Polyurethanen, Pharmaka u. a. Produkten vorzufinden. Die Mehrproduktanlagen umfassen diverse Prozeßeinheiten, die je nach Bedarf zu einem funktionstüchtigen verfahrenstechnischem System zusammengeschaltet werden. Auf diese Weise läßt sich die gewünschte Produktpalette durch die gleichzeitige oder aufeinanderfolgende Erzeugung der Teilmengen realisieren.

In den Mehrproduktanlagen dominieren häufig dynamische Grundoperationen. Dabei sind die Chargenprozesse sehr verbreitet. Mitunter ist auch eine ausgeprägte Zeitvarianz der Prozeßeinheiten, die für eine zeitweilige bzw. abschnittsweise statische Fahrweise vorgesehen sind, zu beachten.

In diesem Zusammenhang treten für Mehrprodukttechnologien interessante Optimierungsaufgaben auf: Minimierung der Kosten bzw. Maximierung des Erlöses, Maximierung der zeitlichen Auslastung der Prozeßeinheiten, Minimierung der An- und Abfahrzeiten sowie der Umrüstungszeiten, Maximierung der Rohstoffausbeute, Minimierung des Bedienungsaufwandes, Maximierung der Produktgebrauchswerte.

Die gemeinsame Grundlage dieser Optimierungsaufgaben ist das Zeitregime der Mehrproduktanlagen. Das Zeitregime umfaßt insbesondere die Zyklusdauer unter Beachtung der gleichzeitigen und aufeinanderfolgenden Erzeugung der Produkte.

In letzter Zeit sind wissenschaftliche Grundlagen publiziert worden, die für die optimale Gestaltung und Betriebsführung von Mehrproduktanlagen nutzbar sind [1.1.67 bis 1.1.70].

Literatur

[1.1.1] Cannon, M. R.: Oil Gas Journal **54** (1956) 68

[1.1.2] Cannon, M. R. u. a.: Ind. Engng. Chem. **53** (1961) 8, 629–634

[1.1.3] Schrodt, V. N. u. a.: Chem. Engng. Sci. **22** (1967) 5, 759–767

[1.1.4] Douglas, J. M.: Ind. Engng. Chem., Process Design Development **6** (1967), H. 1, S. 43

[1.1.5] Robinson, R. G. u. Engel, A. J.: Ind. Engng. Chem. **59** (1967) 3, 22/29

[1.1.6] Lawrence, R. L. u. Vasudevan, G.: Ind. Eng. Chem., Process Design Development **7** (1968), H. 3, S. 427

[1.1.7] Horn, F. J. M.: Ind. Engng., Process Design Development **6** (1967), H. 1, S. 30

[1.1.8] Belter, P. A. u. Speaker, S. M.: Ind. Engng. Chem., Process., Design Development **6** (1967), H. 1, S. 36

[1.1.9] Gelbin, D.: Chem. Techn. **21** (1969) 6, 329/334

[1.1.10] Liddle, C. J.: Chem. Proc. Engng. **51** (1970) 3, 79/88

[1.1.11] Liddle, C. J.: Chem. Proc. Engng. **51** (1970) 4, 103/108

[1.1.12] Lokatelli, A. u. Rinaldi, S.: Automatika **6** (1970), H. 6, S. 27

[1.1.13] Gelperin, L. M., Polotski, V. M. u. Myasvedenkov: Chim. prom. (1970) 3, 203/206

[1.1.14] Böhme, B., Dorogow, N. N. u. Zirlin, A. M.: Chem. Techn. **26** (1974) 10, 636/638

[1.1.15] Böhme, B. u. Zirlin, A. M.: Chem. Techn. **29** (1977) 3, 126/130

[1.1.16] HORN, F. J. M. u. LIN, R. C.: Ind. Engng. Chem., Process Design Development, **6** (1967) 1, 21/29
[1.1.17] ARNOLD, D. u. PAULSEN, M. P.: Chem.-Ing. Techn. **46** (1974) 6, 267
[1.1.18] CIRKIN, I. I.: Teor. Osnovy chim. Techn. 11 (1977) 3, 411–416
[1.1.19] BOLEK, M.: Chem. Techn. **30** (1978) 8, 399/402
[1.1.20] PORTNOV, L. P., MOLOKANOW, Y. K., FILIPPO, G. G. u. a.: Sov. chem. Ind. **10** (1978) 3, 236/237
[1.1.21] RUBY, V., EGLY, H. u. SEID, B.: Verfahrenstechnik **12** (1978) 7, 421–425
[1.1.22] DANNEMANN, W. u. GROSSE, C.: Automation diskontinuierlicher Prozesse, Chemiker-Zeitung **94** (1970) 11, 411/416
[1.1.23] GARIBIAN, S. u. KÖNINGER, E. C.: Chem. Engng. Progr. **68** (1972) 3, 73/77
[1.1.24] LUYBEN, W. L.: Instrumentat. Technol. **22** (1975) 8, 27–34
[1.1.25] BEST, R.: Regelungstechn. Prax. **18** (1976) 11, 293/298
[1.1.26] BEST, R.: Regelungstechn. Prax. **18** (1976) 12, 327/331
[1.1.27] AHLBERG, D. T. u. CHEYNE, I.: AICHE, Symposium Ser. **72** (1976) 159, 221/229
[1.1.28] MACOVEQUN, M. u. NAGACEOSCHI u. FELDMANN, D.: Angew. makromolekulare Chemie **64** (1977), 19/18
[1.1.29] MOLL, D. u. DOCLO, R.: Regel.-techn. Praxis **19** (1977) 1, 8–12
[1.1.30] KNEALE, M. u. GREENWOOD, P. C.: Chem. and Ind. (1977) 7, S. 246–248
[1.1.31] FREADE, D. I.: Instrum. and control Syst. **49** (1976) 2, 27–31
[1.1.32] AUREHN, H.: Automatica **13** (1977) 5, 533/545
[1.1.33] BÖHME, B., ZIRLIN, A. M.: Messen, Steuern, Regeln **20** (1977) 7, 378/384
[1.1.34] BARTSCH, A.: „*Regeneratoren der Tieftemperaturtechnik*“, VEB Verlag Technik, Berlin 1962
[1.1.35] TIMOFEJEW, D. D.: „*Adsorptionskinetik*“, VEB Deutscher Verlag für Grundstoffindustrie, Leipzig 1967
[1.1.36] VAUCK, R. A. u. MÜLLER, H. A.: „*Grundoperationen chemischer Verfahrenstechnik*“, VEB Deutscher Verlag für Grundstoffindustrie, Leipzig 1978
[1.1.37] GRIESSBACH, R.: „*Austauschadsorption in Theorie und Praxis*“, Akademie-Verlag Berlin, 1957
[1.1.38] SMIT, P.: „*Ionenaustauscher und Adsorber bei der Herstellung und Reinigung von Zuckern, Pektinen und verwandten Stoffen*“, Akademie-Verlag Berlin, 1969
[1.1.39] GRIESSBACH, R. (Herausgeber): „*Ionenaustauscher in Einzeldarstellungen*“, Akademie-Verlag Berlin
[1.1.40] KARPATSCHEWA, S. M.: Chem. Techn. **26** (1974) 9, 554/557
[1.1.41] SIMONS, A. I. F.: Chem.-Ing. Techn. **48** (1976) 5, 487
[1.1.42] BAIRD, M. H. I.: Brit. Chem. Engng. **11** (1966) 1, 20/25
[1.1.43] HACKL, A.: „*Neue Betriebsweisen von Blasensäulen*“, in: Dechema-Monographien, Band 73, S. 37/49
[1.1.44] THOMPSON, D. u. SUTHERLAND, D. G.: Ind. Engng. Chem. **47** (1955) 6, 1152/1184
[1.1.45] LI, W. H. u. NEW, W. M.: A. I. Ch. E. J. **3** (1957) 1, 56/62
[1.1.46] THWAITES, I. M.: Dechema-Monographien **55** (1965), S. 955–975
[1.1.47] ZIOLKOWSKI, Z. u. FILIP, St.: Chemie stosowana (pol.) **4** (1967) 2 B, 189/235
[1.1.48] ALLISTER, R. A., GROENIER, W. S. u. RYON, A. B.: Chem. Engng. Sci. **22** (1967) 7, 931/944
[1.1.49] WILLIAMS, J. A. u. LITTLE, D. J.: Chem. Proc. Engng. **36** (1955) 2, S. 44
[1.1.50] WILLIAMS, J. A. u. LITTLE, D. J.: Trans. Instn. Chem. Engrs. **32** (1954) 3, 174/180
[1.1.51] SMOOT, L. D. u. BABB, A. C.: Ind. Engng. Chem. Fundamentals **1** (1962) 2, 93/103

[1.1.52] GLADEL, Y. L.: Gènie Chimique 76 (1956) 6, 172/177
[1.1.53] KARPACHEVA, S. M. u. ZAKHAROV, E. J.: Khim. i. tekhnol. topliv. masel (russ.), (1967) 6, 39/40
[1.1.54] KARPACHEVA, S. M.: Int. Chem. Engng. 5 (1965) 3, 508/511
[1.1.55] KAGAN, S. Z., AEROV, M. E., LONIK, V. u. VOLKOVA, T. S.: Int. Chem. Engng. 5 (1965) 4, 656/661
[1.1.56] MIŠEK, T.: Coll. Czech. chem. Commun. 29 (1964), S. 1755/1766
[1.1.57] ANGELINO, H., ALRAN, C., BOYADZHIEV, L. u. MUKHERJEE, S. P.: Brit. Chem. Engng. 12 (1967) 12, 1893/1895
[1.1.58] CHON, E. C. u. CHON, W. Y.: Chem. Engng. Progr. Sympos. Ser. 63 (1967) 77, 44/48
[1.1.59] COHEN, R. M. u. BEYER, G. H.: Chem. Engng. Progr. 49 (1953), S. 279/286
[1.1.60] CHANTRY, W. A., BERG, R. L. u. WIEGANDT, H. F.: Ind. Engng. Chem. 47 (1955) 6, 1152/1184
[1.1.61] HESS, B.: in „*Dechema-Monographien*", Bd. 71, S. 261—276
[1.1.62] FRANK-KAMENECKIJ: „*Stoff- und Wärmeübertragung in der chemischen Kinetik*", Springer-Verlag, 1959
[1.1.63] FEINBERG, M. u. HORN, F. I. M.: Chem. Ing. Sci. 29 (1974) 3, 775/787
[1.1.64] BUSSE, H. u. HESS, B.: Nature 244 (1973) 7, 203/205
[1.1.65] JAKULITH, M.: in „*Dechema-Monographien*", Bd. 71, S. 135—152
[1.1.66] BERGMEYER, H. U.: in „*Dechema-Monographien*", Bd. 71, S. 277—295
[1.1.67] SPARROW, R. E., FORDER, G. J. u. RIPPIN, D. W. T.: Chem. Engng. (1974), H. 289, S. 520—525
[1.1.68] SPARROW, R. E., FORDER, G. J. u. RIPPIN, D. W. T.: Ind. Engng. Chem. Process Des. Develop. 14 (1975) 3, 197—203
[1.1.69] LOONKAR, Y. R. u. ROBINSON, J. D.: Ind. Engng. Chem. Process Des. Develop. 9 (1970), 625
[1.1.70] LIDDLE, C. J.: „*Dechema-Monographien*", Bd. 67, S. 407—434

1.2. Ursachen der Prozeßintensivierung und Effektivitätssteigerung bei dynamischen Grundoperationen

In der vorliegenden Monographie werden die Begriffe Effektivität bzw. Produktivität als Synonyme für solche Bewertungs- und Optimalitätskriterien — auch Zielkriterien genannt — verwendet, die eine Prozeßintensivierung (Verbesserung) kennzeichnen. Solche Angaben sind z. B. Durchsatzerhöhung, Energieeinsparung, Umsatzsteigerung, Wirkungsgraderhöhung, Kostensenkung u. a. Dementsprechend werden auch unterschiedliche Zielkriterien genutzt.

Zunächst wird an vereinfachten Beispielen aufgezeigt, wie die dynamischen Grundoperationen für eine Produktivitäts- bzw. Effektivitätssteigerung ausgenutzt werden können. Später lassen sich dann allgemeingültige Schlußfolgerungen ableiten. Dabei werden die zyklischen Grundoperationen besonders berücksichtigt.

1.2.1. Durchsatzsteigerung durch zyklische Fahrweise

Zwischen dem Durchsatz D (Massestrom) und dem Komponenten- bzw. Stoffstrom S (Materialverbrauch) einer Betrachtungseinheit möge der nach Abb. 1.2.1 dargestellte Zusammenhang gegeben sein. Die Aufgabe besteht darin, bei gefordertem Komponentenstrom S maximalen Durchsatz D (maximale Produktivität) zu erzielen. Bei statischer Fahrweise entspricht dem Stoffstrom $\bar{S}$ ein einziger Durchsatzwert D_{St}. Beim Übergang zur zyklischen Fahrweise und der gleichzeitigen Annahme, daß der Komponentenstrom S nicht für jeden Zeitmoment $\bar{S}$ beträgt, sondern nur im Mittel über die Periode, kann dann allerdings die Aufgabe über die Maximierung des mittleren Durchsatzes (Massestrom) gestellt werden.

Es sei T die Periodendauer, die die Zeit der Übergangsprozesse in der Betrachtungseinheit um ein Vielfaches übertrifft, sowie $\gamma_1 T$ der Zeitabschnitt, in dem der Komponentenstrom S_1 beträgt. In der übrigen Zeit $(1 - \gamma_1) \cdot T$

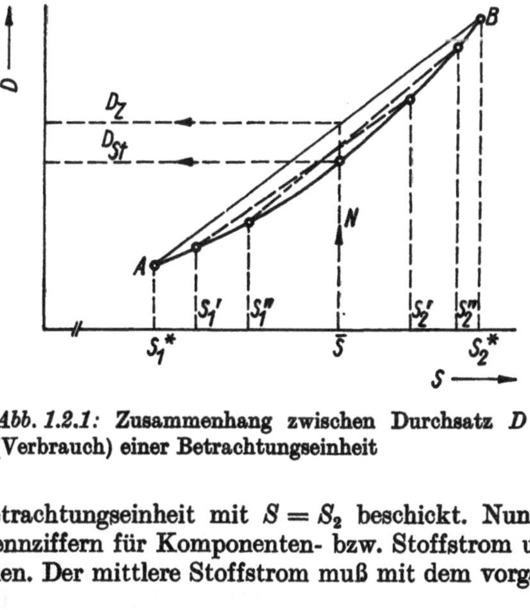

Abb. 1.2.1: **Zusammenhang zwischen Durchsatz D und Stoffstrom S (Verbrauch) einer Betrachtungseinheit**

wird die Betrachtungseinheit mit $S = S_2$ beschickt. Nunmehr können die mittleren Kennziffern für Komponenten- bzw. Stoffstrom und Durchsatz bestimmt werden. Der mittlere Stoffstrom muß mit dem vorgegebenen übereinstimmen

$$\bar{S} = \frac{1}{T} [S_1 \gamma_1 T + S_2 (1 - \gamma_1) T] \tag{1.2.1}$$

Der mittlere Durchsatz (Produktivität) errechnet sich wie folgt

$$\bar{D} = \frac{1}{T} [D(S_1) \gamma_1 T + D(S_2) (1 - \gamma_1) T] \tag{1.2.2}$$

Offensichtlich kann T aus diesen Ausdrücken eleminiert werden. Daraus resultiert, daß der mittlere Stoffstrom und der Durchsatz bei zyklischer Fahrweise nur durch die Abschnitte γ_1 mit S_1 und $\gamma_2 = (1 - \gamma_1)$ mit S_2 bestimmt werden. In Abb. 1.2.1 wird der mittlere Durchsatz $\bar{D}$ mit den Werten γ_1, $D(S_1)$ und $D(S_2)$ graphisch aufgezeigt. Bei Veränderung von γ_1 von 0 bis 1 gleitet der Punkt $\bar{S}$ auf dem Abszissenabschnitt zwischen S_2 bei $\gamma_1 = 0$ und S_1 bei $\gamma_1 = 1$. Der Durchsatz $\bar{D}$ verändert sich dabei von $D(S_2)$ bis $D(S_1)$.

Wichtig ist, daß in der Ebene DS der Punkt mit den Koordinaten $\bar{D}$ und $\bar{S}$ entlang der Strecke $\overline{AB}$ gleitet, da der Vektor $\bar{Z} = (\bar{D}, \bar{S})$ das Mittel der Vektoren $Z_1 = [D(S_1), S_1]$ und $Z_2 = [D(S_2), S_2]$ darstellt.

Die gestellte Aufgabe im Zusammenhang mit Abb. 1.2.1 besteht in der Auswahl solcher Punkte $S_1(S_1', S_1'')$ und $S_2(S_2', S_2'')$, bei denen die Ordinate des Schnittpunktes der diese Punkte verbindenden Strecke mit der in $\bar{S}$ zur Abszisse errichteten Normale N ihren größtmöglichen Wert annimmt. In Abb. 1.2.1 sind einige dieser Strecken gestrichelt dargestellt. Jede dieser statischen Kennlinien besitzt zwei Punkte, durch welche der Stoffstrom S_1 und S_2 (auch Basisverbrauch genannt) bestimmt wird. Die oberste dieser Strecken entspricht den Basiswerten $S_1 = S_1^*$ und $S_2 = S_2^*$. Offensichtlich existiert keine weitere Verbindungslinie, deren Schnittpunkt mit N eine größere Ordinate besitzt als $D_Z = \bar{D}$. Diese Ordinate zeigt die maximal mögliche mittlere Produktivität bei zyklischer Fahrweise auf.

Unter Berücksichtigung, daß der quasistatische Betriebszustand einen Sonderfall des zyklischen darstellt, kann man feststellen, daß im gegebenen Fall der Übergang zur zyklischen Fahrweise effektiv ist ($\bar{D} > D_{St}$). Die Ursachen einer möglichen Effektivitätssteigerung liegen in diesem Beispiel in den Nichtlinearitäten der Prozeßcharakteristik begründet. Bei vorgegebenem Komponentenstrom (Stoffverbrauch) $S = \bar{S}$ liegt die Strecke, die die Punkte der Kurve $D(S)$ miteinander verbindet, über dieser Kurve. Die Ordinatendifferenz zwischen der jeweiligen Geraden und der Kurve entspricht der Durchsatzsteigerung.

1.2.2. Vergleich der Stoffwandlungsgeschwindigkeit bei verschiedenen Steuerungen

Für mehrere chemische Reaktoren und Stoffaustauschapparate ist typisch, daß die Reaktionsgeschwindigkeit bzw. die Intensität des Stoffaustausches mit der Zunahme des Zielproduktanteils abnimmt. Die Konzentration des Zielproduktes sei mit x bezeichnet. Der zeitliche Verlauf der Konzentration eines diskontinuierlichen Prozesses ist in Abb. 1.2.2 dargestellt. Die Anfangskonzentration im Gemisch wird mit Null angenommen $x(0) = 0$. Bei Annäherung von x an einen gewissen Gleichgewichtswert x_g strebt die Änderungsgeschwindigkeit der Konzentration gegen Null ($r_g = dx_g/dt = 0$).

Nunmehr sei eine Fahrweise angenommen, bei der zyklisch mit der Periode T innerhalb einer sehr kurzen Zeit ein gewisser Teil $0 < \gamma = \Delta V/V < 1$ vom Gesamtvolumen der Prozeßeinheit entnommen und die gleiche Gemischmenge mit der Anfangskonzentration $x(0) = 0$ zugeführt wird. Diese Bedingungen kennzeichnen eine semikontinuierliche Operation. Ihre Produktivität (Änderungsgeschwindigkeit r) bezogen auf das Zielprodukt beträgt dann

$$R_S = \frac{\Delta V x_E}{T} = \frac{\gamma x_E V}{T} \tag{1.2.3a}$$

$$r_S = \frac{R_S}{V} = \frac{\gamma x_E}{T} \tag{1.2.3b}$$

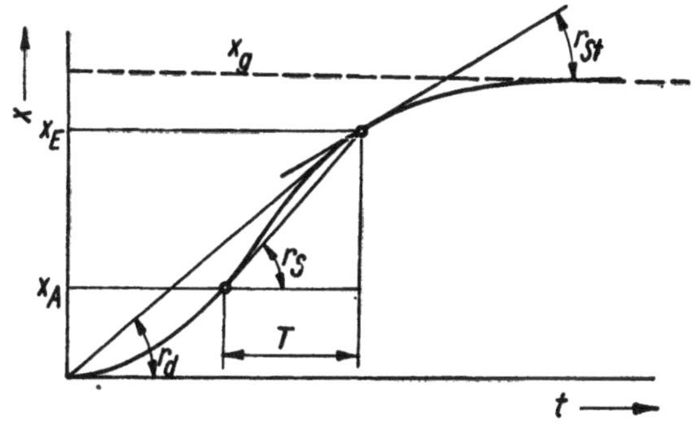

Abb. 1.2.2: Zeitliche Abhängigkeit der Stoffwandlungsgeschwindigkeit bei verschiedenen Steuerungen

r_{St} – statisch, r_S – semikontinuierlich, r_d – diskontinuierlich.

Darin ist x_E die Konzentration des Zielproduktes im Moment der Entnahme. Die gleichzeitige Zugabe und Entnahme möge in einer sehr kurzen Zeit $\Delta t \ll T$ erfolgen. Die Konzentration nach der Verdünnung (Zu- und Abgabe), also am Anfang des nächsten Zyklus, errechnet sich dann aus

$$x_A V = x_E(V - \Delta V) + x(0)\,\Delta V \tag{1.2.4a}$$

Mit $x(0) = 0$ und $\gamma = \Delta V/V$ folgt daraus

$$x_A = x_E(1 - \gamma) \tag{1.2.4b}$$

bzw.

$$\gamma = 1 - \frac{x_A}{x_E} \tag{1.2.5}$$

Führt man diese Beziehung in Gl. (1.2.3) ein, so folgt

$$r_S = \frac{x_E - x_A}{T} = \frac{x_E - x_A}{t(x_E) - t(x_A)} \tag{1.2.6}$$

Da T der Zeitabschnitt ist, in dem sich die Konzentration von x_A bis x_E verändert, kann die Produktivität bei gegebenen x_A und x_E unmittelbar aus der Kurve $x(t)$ als Tangens der die Punkte x_A und x_E verbindenden Strecke bestimmt werden. Die Produktivität r_S geht aus Abb. 1.2.2 hervor.

Für den Fall $\gamma = 1$, d. h. wenn aus der Prozeßeinheit das gesamte Gemisch entnommen wird, erhält man die Produktivität des diskontinuierlichen Prozesses

$$r_d = \frac{x_E}{t(x_E)} \tag{1.2.7}$$

Das ist gleichzeitig die maximale Produktivität, da die Füll- und Entleerungszeit t_{FE} der Prozeßeinheit vernachlässigt wird.

Für $t_{FE} \neq 0$ gilt

$$r_d(x_E) = \frac{x_E}{t(x_E) + t_{FE}} \tag{1.2.8}$$

Im Falle eines kontinuierlichen (statischen) Prozesses streben $T \to 0$ und $(x_E - x_A) \to 0$. Man kann dann schreiben

$$r_{St}(x_E) = \left.\frac{dx}{dt}\right|_{x=x_E} \tag{1.2.9}$$

Im vorliegenden Fall ergibt sich nach Abb. 1.2.2 folgende Rangfolge

$$r_S > r_d > r_{St} \tag{1.2.10}$$

Dabei wurde die Erreichung der Konzentration x_E vorausgesetzt. Aus der Beziehung (1.2.10) bzw. Abb. 1.2.2 erkennt man, daß die kennzeichnende Produktivität (z. B. Umwandlungsgeschwindigkeit r) in starkem Maße von der nichtlinearen dynamischen Charakteristik abhängt. Der mittlere Anstieg der Kurve auf dem Abschnitt (x_A, x_E) bzw. $(0, x_E)$ ist größer als $\dot{x}(x_E)$ für den vorgegebenen Endwert x_E.

1.2.3. Temperaturprofil eines katalytischen Rohrreaktors bei statischer und zyklischer Fahrweise

Dem Reaktor werden Rohstoffe mit entsprechender Konzentration zugeführt. Die Reaktion verläuft exotherm. Dies führt zu einem Temperaturprofil $\vartheta(l)$ über die Reaktorlänge. Bei einer bestimmten Länge $l = l_0$ erreicht die Temperatur ihr Maximum.

In Abb. 1.2.3 sind die Temperaturprofile für die statische und zyklische

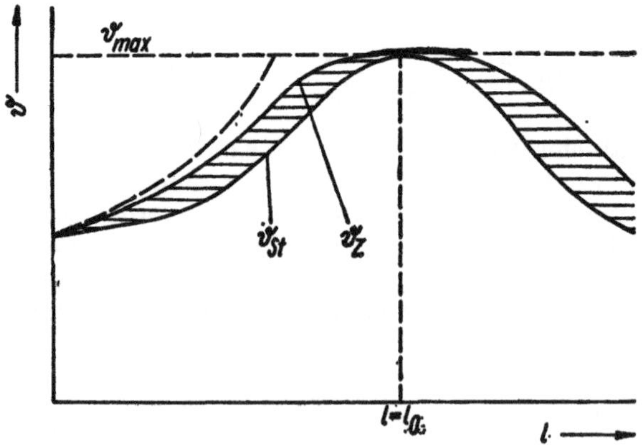

Abb. 1.2.3: **Schematische Darstellung der Temperaturprofile eines Röhrenreaktors bei statischer und zyklischer Fahrweise**

Fahrweise schematisch angegeben. Die maximale Temperatur wird durch den Wert ϑ_{max} begrenzt, da bei seiner Überschreitung ein Produktzerfall eintritt. Andererseits fällt mit der Verminderung der Temperatur auch der Umsatz. In der ersten Annäherung ist dieser um so größer, je größer die Fläche unter der Kurve $\vartheta(l)$ ist. Eine Erhöhung der Konzentration am Reaktoreingang gestattet zwar die Erhöhung des Umsatzes, jedoch wird die zulässige Grenztemperatur überschritten. Dieser Fall ist in Abb. 1.2.3 gestrichelt eingezeichnet.

Eine periodische Änderung der Konzentration am Reaktoreingang führt zu einem gleichmäßigeren Temperaturprofil als bei statischer Fahrweise. Der Flächeninhalt unter der Temperaturfunktion ϑ_Z (zyklisch) ist größer als bei statischer Fahrweise (ϑ_{St}). Dementsprechend ist auch der Umsatz bei zyklischer Fahrweise höher. Die in Abb. 1.2.3 schraffierte Fläche kann als Maß für die Effektivitätssteigerung angesehen werden.

1.2.4. Zusammenhang zwischen Umsatz und Verkrustung eines Polymerisationsrohrreaktors bei statischer und zyklischer Fahrweise

Bei der Polymerisation ist eine unerwünschte Verkrustung der Rohrwandung möglich. Die Bildungsgeschwindigkeit der Polymerisationsschicht (Verkrustung) hängt von der Temperatur, der Gaszusammensetzung, der Oberflächengüte der Rohrwände, der Gasgeschwindigkeit u. a. Größen ab. Nachfolgend soll nur die Gasgeschwindigkeit als Variable betrachtet werden. Abb. 1.2.4 zeigt den Charakter der Abhängigkeit des Umsatzes η und der Schichtbildungsgeschwindigkeit δ von der Gasstromgeschwindigkeit v. Die Schichtbildungsgeschwindigkeit kann bei großen Gasgeschwindigkeiten wegen Schichtabriß auch negative Werte annehmen.

Bei statischer Fahrweise wird die Gasgeschwindigkeit v durch den zu erreichenden Umsatz bestimmt. Bei dieser Geschwindigkeit behindert allerdings

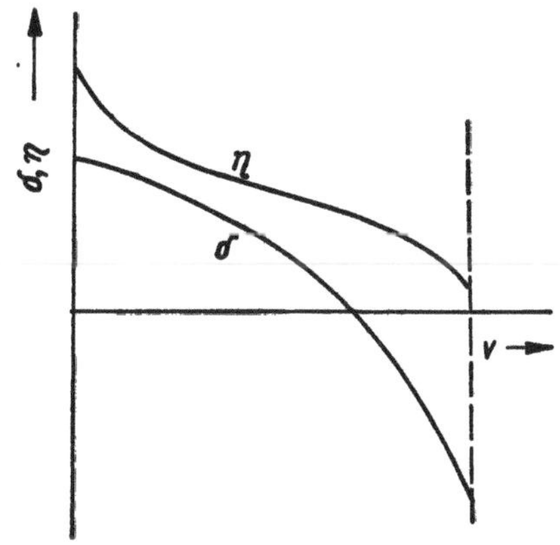

Abb. 1.2.4: Schematische Darstellung des Umsatzes η und der Verkrustungsgeschwindigkeit δ eines Rohrpolymerisationsreaktors

die Schichtbildung ($\delta > 0$) einen normalen Fortgang des Prozesses, d. h. die Zeitvarianz bildet sich heraus. Es existiert keine statische Fahrweise, die auf der einen Seite den vorgegebenen Umsatz garantiert und deren Schichtbildungsgeschwindigkeit auf der anderen Seite gleich Null ist. Bei zyklischer Fahrweise gelingt es nun, vorausgesetzt die Gasgeschwindigkeit kann verändert werden [1.2.1.], mittels periodischer Geschwindigkeitserhöhung und dem damit verbundenen Schichtabriß einen mittleren Umsatz zu erreichen, bei dem die mittlere Schichtbildungsgeschwindigkeit gleich Null ist. Aus diesem Beispiel erkennt man, daß eine zyklische Fahrweise u. a. zur Kompensation der unerwünschten Zeitvarianz dienen kann.

1.2.5. Begründungen und Folgerungen zur Prozeßintensivierung durch dynamische Grundoperationen

Für alle die obigen Beispiele und für die zyklische Fahrweise im allgemeinen ist folgendes charakteristisch [1.2.2 bis 1.2.12]:

1. Die Ursachen der möglichen Effektivitätssteigerungen bei dynamischen Grundoperationen liegen in der nichtlinearen Prozeßcharakteristik begründet.
2. Bei Optimierungsaufgaben ist das Zielkriterium nicht für jeden Zeitpunkt t, sondern über die Periode T — also im Mittel — zu untersuchen.
3. Die zyklische und semikontinuierliche Fahrweise kann nur beim Vorhandensein gewisser Bedingungen effektiv sein, deren Erfüllung im statischen Betriebszustand einer Effektivitätserhöhung entgegenwirkt.
4. Bei zyklischer und semikontinuierlicher Fahrweise werden die Nebenbedingungen aufgelockert, d. h. sie werden nicht für jeden Zeitmoment t, sondern für die Periode T festgelegt.

Diese Grundsätze sind eine unerläßliche Voraussetzung für die Profilierung der Optimierungsgrundlagen zur Behandlung von dynamischen Grundoperationen in der Verfahrenstechnik. Ihre Anwendung erfolgt in den nachfolgenden Kapiteln.

Literatur

[1.2.1] Aris, R.: „*Optimal Design of Chemical Reactors*", Academic Press, New York/London 1961
[1.2.2] Cannon, M. R.: Oil Gas Journal 54 (1956) 68
[1.2.3] Gelbin, D.: Chem. Techn. 21 (1969) 6, 329/333
[1.2.4] Horn, F. J. M. u. Lin, R. C.: Ind. Engng. Chem., Process Design Development 6 (1967) 1, 21
[1.2.5] Lokatelli, A. u. Rinaldi, S.: Automatika 6 (1970) 6, 27
[1.2.6] Douglas, J. M.: Ind. Engng. Chem., Process Design Development 6 (1967) 1, 43
[1.2.7] Lawrence, R. L. u. Vasudevan, G.: Ind. Engng. Chem., Process Design Development 7 (1968) 3, 427

[1.2.8] HORN, F. J. M.: Ind. Engng. Chem., Process Design Development 6 (1967) 1, 30
[1.2.9] BELTER, P. A. u. SPEAKTER, S. M.: Ind. Engng. Chem., Process Design Development 6 (1967) 1, 36
[1.2.10] BÖHME, B., DOROGOW, N. N. u. ZIRLIN, A. M.: Chem. Techn. 26 (1974) 10, 636
[1.2.11] BÖHME, B. u. ZIRLIN, A. M.: Chem. Techn. 29 (1977) 3, 126/130
[1.2.12] DOROGOV, N. N., SUTSCHKOV, W. P. u. ZIRLIN, A. M.: Teoretičeskie osnovy chimičeskoj technologii, 8 (1974) 5, 752/762

1.3. Realisierung der zyklischen Fahrweise

Zur Verwirklichung der zyklischen Fahrweise bei Stoff- und Wärmeübertragungsprozessen ist unter anderem eine Steuerung der Massenströme erforderlich. Diese kann mit Hilfe von Zeitgebern und „schnellwirkenden" Ventilen realisiert werden. Dabei ist den Trägheitskräften der Massenströme durch eine entsprechende Wahl der Schließ- und Öffnungsgeschwindigkeiten der Ventile Rechnung zu tragen. Die zyklische Leistungssteuerung (Regelfahrweise) bei elektroenergieintensiven Prozessen setzt entsprechende elektrische bzw leistungselektronische Einrichtungen voraus.

1.3.1. Allgemeine Charakteristik der zyklischen Steuerung bei Ein- und Mehrphasenströmungen

Die zyklische Steuerung von Prozeßeinheiten mit Einphasenströmung ist relativ einfach im Vergleich zu den Fällen, bei denen mehrere Phasen an der Stoffwandlung (z. B. heterogene Reaktionen, Stoffaustausch) beteiligt sind.

Bei Einphasenströmungen liegt lediglich ein Problem der periodischen Mengendosierung vor. Die entsprechenden Prozeßeinheiten selbst erfordern in der Regel keine besondere konstruktive Gestaltung.

Demgegenüber ist die zyklische Steuerung von Prozeßeinheiten mit zwei Phasen im Gegenstrom (z. B. Rektifikation, Extraktion) wesentlich komplizierter. Die zyklische Gegenstromführung der Phasen erfolgt nicht gleichzeitig sondern nacheinander, wie dies bei den regenerativ-periodischen Operationen der Fall ist. Somit wird der Gegenstrom bezüglich der beteiligten Phasen als absatzweiser Prozeß realisiert. Die absatzweise Fortbewegung der Phasen erfolgt auf den gleichen Wegen. Dieser Umstand erfordert gegebenenfalls besondere konstruktive Maßnahmen (z. B. Kolonneneinbauten).

1.3.2. Zyklische Rektifikation in Bodenkolonnen

Die zyklische Rektifikation setzt die Realisierung von aufeinanderfolgenden Dampfstrom- und Flüssigkeitsstromperioden voraus. Während der Dampfstromperiode fließt keine Flüssigkeit von den Böden ab, d. h. der Staudruck hält sie an. In dieser Zeit erfolgt der Stoffaustausch zwischen beiden Phasen.

Bezüglich der Flüssigkeitsphase liegt also ein diskontinuierlicher Prozeß vor. Die entsprechenden Kolonnenböden besitzen keine Ablaufwehre bzw. -schächte. Während der Flüssigkeitsstromperiode wird die auf den Böden gestaute Flüssigkeit entweder teilweise oder vollständig erneuert. Dies erfolgt durch das Nachfließen von Boden zu Boden, da in dieser Zeit der Dampfstrom gesperrt ist. Derartige Steuerungen sind untersucht worden [1.3.1 bis 1.3.5]. Es ist notwendig, daß Verdampfer und Kondensator(en) der Rektifikationsanlage in das Steuerungskonzept einbezogen werden. Prinzipiell sind zwei Möglichkeiten gegeben:

- Verdampfer und/oder Kondensator(en) werden jeweils von der Kolonne durch Absperren der entsprechenden Leitungen abgetrennt, wobei die Funktion dieser Prozeßeinheiten (Kühlung bzw. Heizung) unter Beachtung der Druckveränderung erhalten bleibt.
- Verdampfer und/oder Kondensator(en) werden jeweils durch Abstellen der Heizung und/oder Kühlung außer Betrieb genommen, wobei aber die entsprechenden Leitungen zur Kolonne geöffnet bleiben.

Die erste Möglichkeit wird durch Abb. 1.3.1 [1.3.5] oder 1.3.2 [1.3.3, 1.3.4] näher illustriert. Die Vorlagebehälter nach Abb. 1.3.1 sind so bemessen, daß sie sich während der Dampfstromperiode füllen und während der Flüssigkeitsstromperiode entleeren. Demgegenüber wird die Vorlageflüssigkeit nach Abb. 1.3.2 während der Dampfstromperiode umgewälzt.

Obwohl die theoretische Durchdringung der zyklischen Rektifikation relativ weit fortgeschritten ist, blieb die konstruktive Entwicklung und Auslegung der Kolonneneinbauten bei dieser Grundoperation zurück.

Die Effektivitätssteigerung bei der zyklischen Rektifikation ist bisher an

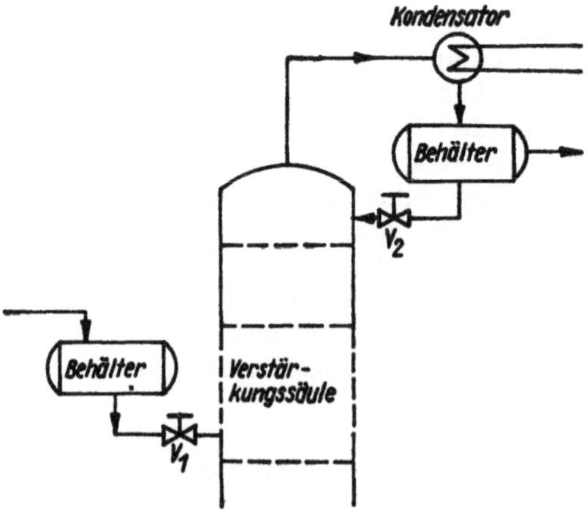

Abb. 1.3.1: Schema einer Verstärkungssäule mit Hilfseinrichtungen zur zyklischen Steuerung

1. Dampfstromperiode: V_1 und V_2 geschlossen; 2. Flüssigkeitsstromperiode: V_1 und V_2 geöffnet.

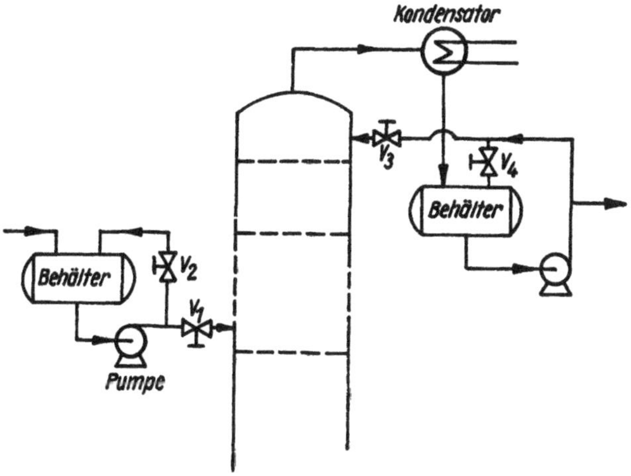

Abb. 1.3.2: Schema einer Verstärkungssäule mit Hilfseinrichtungen zur zyklischen Steuerung

1. Dampfstromperiode: V_1 und V_3 geschlossen sowie V_2 und V_4 geöffnet; 2. Flüssigkeitsstromperiode: V_1 und V_3 geöffnet sowie V_2 und V_4 geschlossen.

Labor- und Pilotanlagen überzeugend nachgewiesen worden [1.3.1 bis 1.3.4]. Weitere Fortschritte sind mit der Entwicklung der Kolonneneinbauten für zyklische Strömungsverhältnisse zu erwarten [1.3.15].

1.3.3. Zyklische Extraktion in Kolonnen mit Siebplatten

Im Gegensatz zur zyklischen Rektifikation lassen sich bei der zyklischen Extraktion vier Perioden unterscheiden. Den Dampf- und Flüssigkeitsstromperioden der Rektifikation entsprechen die Strömungsperioden der leichten bzw. schweren Phase der Extraktion. Die Strömungsperioden der einen oder anderen Phase werden jeweils durch Absetzperioden unterbrochen. In Abb. 1.3.3 wird eine mögliche Steuerung der zyklischen Extraktion veranschaulicht [1.3.16].

In der ersten Periode wird eine bestimmte Menge der leichten Phase dem Kolonnenfuß zugeführt. Die gleiche Menge wird auch durch jede Siebplatte gedrückt und damit in der zwischen den Böden befindlichen schweren Phase dispergiert. Der gleiche Anteil an leichter Phase verläßt den Kolonnenkopf. In den Absetzperioden vollzieht sich die jeweilige Gleichgewichtseinstellung und Phasentrennung. Während der dritten Periode wird eine bestimmte Menge der schweren Phase dem Kolonnenkopf zugeführt, durch alle Siebplatten gedrückt und in der zwischen den Böden befindlichen leichten Phase dispergiert. Der gleiche Anteil an schwerer Phase verläßt den Kolonnenfuß.

Die Realisierung dieser Perioden bereitet keine besonderen Schwierigkeiten. In dieser oder ähnlichen Form (Abb. 1.3.3) ist die zyklische Extraktion mehrfach verwirklicht worden [1.3.17 bis 1.3.22].

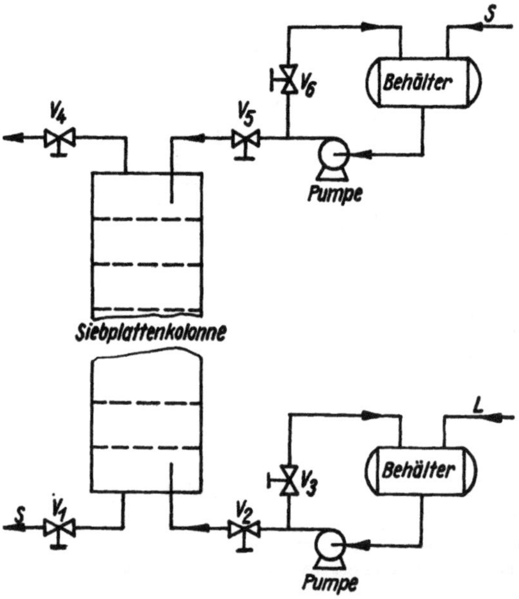

Abb. 1.3.3: Schema einer Extraktionskolonne mit Hilfseinrichtungen zur zyklischen Steuerung

1. Periode der leichten Phase: V_2, V_4 und V_6 geöffnet sowie V_1, V_3 und V_5 geschlossen; 2. Absetzperiode: V_3 und V_6 geöffnet sowie V_1, V_2, V_4 und V_5 geschlossen; 3. Periode der schweren Phase: V_1, V_3 und V_5 geöffnet sowie V_2, V_4 und V_6 geschlossen; 4. Absetzperiode: V_3 und V_6 geöffnet sowie V_1, V_2, V_4 und V_5 geschlossen; S – schwere Phase, L – leichte Phase.

1.3.4. Zyklische Kompressions-Dekompressions-Adsorption

Diese dynamische Grundoperation dient der Trennung von Gasgemischen (z. B. N_2, O_2, H_2 und Edelgase). Sie ist auch unter der Bezeichnung „heatless adsorption“ bzw. „pressureswing adsorption“ bekannt geworden. Eine Reihe von Arbeiten beschäftigen sich mit der Modellierung, Steuerung und technischen Nutzung der Druckwechseladsorption [1.3.23 bis 1.3.28]. Es konnte bereits nachgewiesen werden, daß diese Grundoperation konkurrenzfähig mit der Tieftemperaturtrennung der bereits genannten Gase ist. Die für die Druckwechseladsorption konzipierten Kolonnen eignen sich besonders als mobile Gastrenneinrichtungen.

In Abb. 1.3.4 wird das Schema einer Druckwechseladsorptionskolonne dargestellt. Die einzelnen Arbeitsphasen wie Füllen bzw. Komprimieren, Adsorbieren, Entspannen bzw. Evakuieren und Desorbieren vollziehen sich in Sekundenbereichen. Der zeitbestimmende Schritt wird in der Regel durch das Evakuieren festgelegt. Die Ad- und Desorptionsgeschwindigkeiten (Übergangsfunktionen) der Komponenten sind eine wichtige Grundlage für die automatische Steuerung der Ventile, insbesondere in der Entleerungs- bzw. Eva-

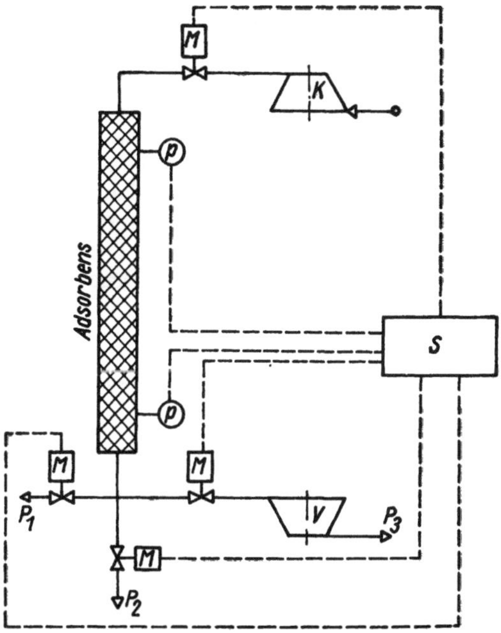

Abb. 1.3.4: Schema einer Druckwechseladsorptionskolonne [1.3.26]

M – Magnetventil, p – Kontaktmanometer, K – Kompressor, V – Vakuumpumpe, P – Produkt, S – Steuerungseinrichtung.

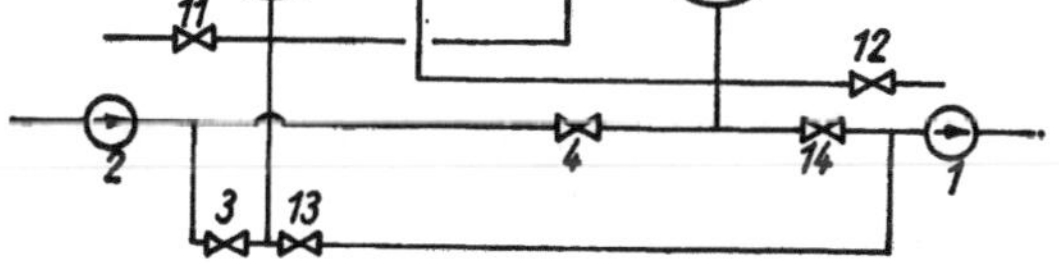

Abb. 1.3.5: Schema eines Zweikolonnensystems der Druckwechseladsorption [1.3.25]

1 **– Vakuumpumpe;** ***2*** **– Kompressor;** ***3, 4*** **– Einlaßventile;** ***5, 6*** **– Adsorber;** ***7, 8*** **– Auslaßventile;** ***9, 10*** **– Druckausgleichsventile;** ***11, 12*** **– Entspannungsventile;** ***13, 14*** **– Vakuumventile.**

kuierungsphase. Nach bisherigen Erfahrungen werden in der Kompressionsphase Drücke bis zu $5 \cdot 10^5$ Pa angewendet. Weiterentwicklungen zeichnen sich dahingehend ab, daß man Mehrkolonnensysteme einsetzt [1.3.25, 1.3.28].

In Abb. 1.3.5 ist ein Zweikolonnensystem als Verbundschaltung dargestellt. Die typischen Arbeitsphasen sind [1.3.25]: Evakuierung, Produktabzug, Produktüberführung aus der anderen Kolonne und Druckausgleich, Neufüllung, Produktüberführung in die andere Kolonne und Druckausgleich, Entspannen und Absaugen der Restgase. Im Abschnitt 1.4 sind weitere Arbeiten angegeben (S. 49).

Nach bisherigen Erfahrungen sind bei der Druckwechseladsorption Gastrennschärfen von 95···99% erreicht worden.

1.3.5. Zyklische Leistungssteuerung von elektroenergieintensiven Prozessen (Regelfahrweise)

In der Stoffwirtschaft sind eine Reihe von Prozeßeinheiten vertreten, die den verstärkten Einsatz von Elektroenergie als Prozeßenergie erfordern. Abb. 1.3.6 zeigt eine entsprechende Übersicht.

Auf Grund der zeitgleichen Erzeugung, Übertragung und des Verbrauches an Elektroenergie ergeben sich technische und ökonomische Forderungen, um die Bedarfsdeckung an Elektroenergie — einschließlich in Spitzenbelastungszeiten — unter volkswirtschaftlich optimalen Bedingungen zu gewährleisten

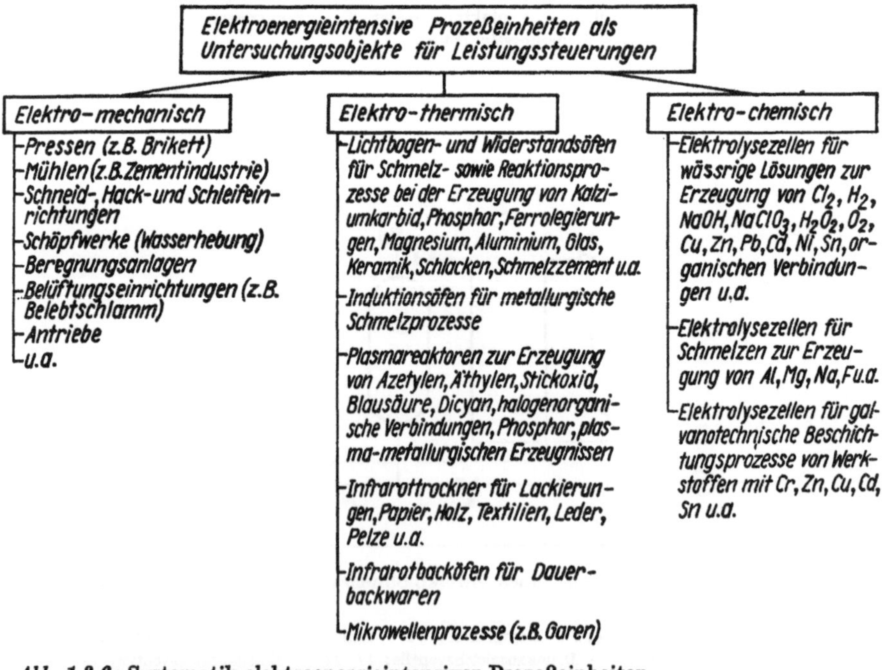

Abb. 1.3.6: Systematik elektroenergieintensiver Prozeßeinheiten

[1.3.29 bis 1.3.32]. Durch die zyklische Steuerung der elektrischen Größen (Stromstärke und/oder Spannung) ist eine Möglichkeit gegeben, den Elektroenergiebezug in den täglichen Spitzenlastzeiten zu reduzieren und in die Schwachlastzeiten (Nachtstunden) zu verlagern. Abb. 1.3.7 zeigt eine entsprechende Belastungscharakteristik im Vergleich zur statischen Fahrweise. Die zyklische Leistungssteuerung von Elektroenergieverbrauchern — auch Regelfahrweise genannt — setzt eine qualitativ neue Stufe der Zusammenarbeit zwischen Elektroenergieversorgung und -anwendung voraus.

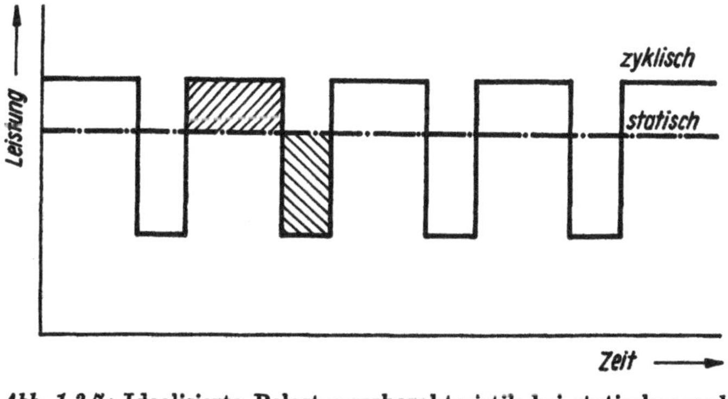

Abb. 1.3.7: Idealisierte Belastungscharakteristik bei statischer und zyklischer Leistungssteuerung

Wenn die elektroenergieintensiven Prozeßeinheiten eine zyklische Steuerung zulassen, so sind folgende Vorteile gegeben [1.3.29]:

- Stabilisierung der Elektroenergieerzeugungsanlagen durch konstante Fahrweise, geringe Reservehaltung u. a.,
- Erhöhung der Grundmittelauslastung bei der Elektroenergieerzeugung,
- geringere gesellschaftliche Aufwendungen zur Spitzenbedarfsreduzierung auf der Verbraucherseite als zur Spitzenbedarfsdeckung auf der Erzeugerseite.

Entsprechende ökonomische Untersuchungen bei geforderter Jahreserzeugung der Prozeßeinheiten führen häufig dazu, daß das Optimum mit der Außerbetriebnahme der „Regelverbraucher" in Spitzenlastzeiten gegeben ist. Das bedeutet gleichzeitig, daß die installierten Kapazitäten im Vergleich zu den statisch betriebenen Prozeßeinheiten überdimensioniert sein müssen, um die gleiche Jahreserzeugung zu garantieren (Abb. 1.3.7).

Einen anderen Fall veranschaulicht Abb. 1.3.8. Der Anstieg der Investitionskosten mit zunehmender Leistungsreduzierung in den Spitzenlastzeiten wird hier ebenfalls dadurch begründet, daß zusätzliche Reserveleistungen erforderlich sind, um die gleiche Jahreserzeugung wie bei einer statischen Fahrweise zu sichern. Zu den genannten Reserven gehören unter Umständen auch Speicher (Produktionspuffer vor und nach den leistungsgesteuerten Prozeßeinheiten), um die Tagesdurchsatzschwankungen auszugleichen. Der Hauptanteil

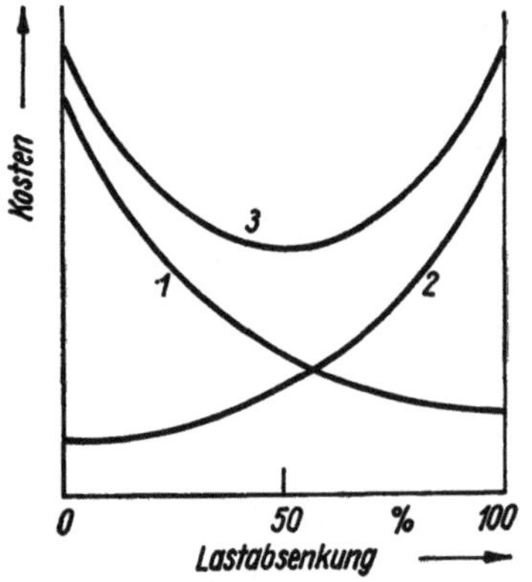

Abb. 1.3.8: Zusammenhang zwischen Kosten und Leistungssteuerung

1 — Energiekosten je Zeiteinheit, *2* — Abschreibungen, *3* — Gesamtkosten je Zeiteinheit.

der Betriebskosten sind Energiekosten. Es sei vorausgesetzt, daß die zyklische Leistungssteuerung keinen höheren Arbeitskräftebedarf erfordert.

Die Einführung bzw. Nutzung der zyklischen Leistungssteuerung bei elektroenergieintensiven Prozeßeinheiten kann besonders durch hierfür vereinbarte Arbeits- und Leistungspreise bei Elektroenergiebezug stimuliert werden.

Im Abschnitt 5.8. werden ausgewählte Anwendungsfälle der zyklischen Leistungssteuerung von elektroenergieintensiven Prozessen behandelt.

Literatur

[1.3.1] Cannon, M. R.: Ind. Engng. Chem. **53** (1961) 8, 629

[1.3.2] Ziolkowski, Z. u. Filip, S.: Int. Chem. Engng. **5** (1965) 1, 40/44

[1.3.3] Schrodt, V. N. u. a.: Chem. Engng. Sci. **22** (1967), 759/767

[1.3.4] Wade, H. L., Jones, C. H. u. Rooney, T. B.: Chem. Engng. Progr. **65** (1969) 3, 40/45

[1.3.5] Gerster, J. A. u. Soull, H. M.: AIChE Journal **16** (1970) 1, 108/111

[1.3.6] Cannon, M. R.: Oil Gas Journal **54** (1956) 68

[1.3.7] Douglas, J. M.: Ind. Engng. Chem., Process Design Development **6** (1967) 1, S. 43

[1.3.8] Laurence, R. L. u. Vasudevan, G.: Ind. Eng. Chem., Process Design Development **7** (1968) 3, 427

[1.3.9] Belter, P. A. u. Speaker, S. M.: Ind. Engng. Chem., Process., Design Development **6** (1967) 1, 36

[1.3.10] Gelbin, D.: Chem. Techn. **21** (1969) 6, 329/334

[1.3.11] Lokatelli, A. u. Rinaldi, S.: Automatika **6** (1970), 6, 27

[1.3.12] Böhme, B., Dorogov, N. N. u. Zirlin, A. M.: Chem. Techn. **26** (1974) 10, 636/638

[1.3.13] Böhme, B. u. Zirlin, A. M.: Chem. Techn. **29** (1977) 3, 126/130

[1.3.14] Horn, F. J. M. u. Lin, R. C.: Ind. Engng. Chem., Process Design Development, **6** (1967) 1, 21/29

[1.3.15] Böhme, B.: Diss., Institut für Chemiemaschinenbau, Moskau 1975

[1.3.16] Belter, P. A. u. Speaker, S. M.: Ind. Engng. Chem., Process., Design Development **6** (1967) 1, 36

[1.3.17] Cannon, M. R.: Oil Gas Journal **54** (1956) 68

[1.3.18] McWirther, J. R. u. Lloyd, W. A.: Chem. Engng. Progr. **59** (1963) 6, 58/63
[1.3.19] Kiessling, R.: Diss., Karl-Marx-Universität, Leipzig 1961
[1.3.20] Williams, J. A. u. Little, D. J.: Trans. Instn. Chem. Engrs. **32** (1954) 3, 174/180
[1.3.21] Karpacheva, S. M.: Int. Chem. Engng. **5** (1965) 3, 508/511
[1.3.22] Kagan, S. Z., Aerov, M. E., Lonik, V. u. Volkova, T. S.: Int. Chem. Engng. **5** (1965) 4, 656/661
[1.3.23] Szolcsányi, P., Kotsis, L., Marton, Gy., Mohilla, R. u. Szabó, Z.: Magyar Kémiai Folyóirat **76** (1970), 440
[1.3.24] Szolcsányi, P., Horváth, G., Kotsis, L. u. Szánya, T.: Mathematical Modelling of pressure swing adsorption process, Vortrag auf dem V. CHISA-Kongreß, Prag 1955
[1.3.25] Argyelán, J., Horváth, G., Kotsis, L., Szánya, T. u. Szolcsányi, P.: Magyar Kémikusok Lapja **35** (1980) 11, 580/586
[1.3.26] Kotsis, L.: Magyar Kémikusok Lapja **35** (1980) 12, 643/648
[1.3.27] Arányi, L., Hay, J., Horváth, G., Szánya, T. u. Szolcsányi, P.: Magyar Kémikusok Lapja **36** (1981) 1, 39/43
[1.3.28] Knoblauch, K.: Chem. Eng. **85** (1978) 25, 87/89
[1.3.29] Drauschke, G. u. A.: Energieanwendung **23** (1974) 11, 334/338
[1.3.30] Riesner, W.: Energieanwendung, **22** (1973) 11, 326/328
[1.3.31] Riesner, W.: Energieanwendung, **24** (1975) 11, 330/332
[1.3.32] Drauschke, G.: Energieanwendung, **26** (1977) 11, 328/330

1.4. Nachtrag über dynamische Grundoperationen

Nach Redaktionsschluß sind zahlreiche Publikationen erschienen bzw. noch bekannt geworden, die die stürmische Entwicklung des Gebietes der nichtstationären Prozeßführung kennzeichnen [1.4.1 bis 1.4.4].

Es bestehen günstige Perspektiven für den Einsatz fluidischer Stoffstromleistungsschalter als Stellglieder bei der Steuerung dynamischer Grundoperationen [1.4.5, 1.4.6].

Entsprechende Veröffentlichungen:

[1.4.1] Gorodeckij, I. Ja., Vasin, A. A., Olevskij, V. M. u. Lupanov, P. A.: *Vibracionnye massoobmennye apparaty*, Verlag „Chimija", Moskau 1980
[1.4.2] Fernandez, G. F. u. Kenney, C. N.: Modelling of the Pressure Swing Air Separation Process, Chem. Eng. Sc. **38** (1983) 6, 827/834
[1.4.3] Carter, J. W. u. Wyszynski, M. L.: The Pressure Swing Adsorption Drying of Compressed Air, Chem. Eng. Sc. **38** (1983) 7, 1093/1099
[1.4.4] Pilarczyk, E.: „Untersuchungen zum Zusammenspiel von Ad- und Desorption bei der Wasserstoffgewinnung durch Druckwechseladsorption unter nichtisothermen Bedingungen", Fortschr.-Ber. VDI-Z., Reihe 3, Nr. 78, 1983
[1.4.5] Loll, J. u. Thomas, K.: msr **26** (1983) 4, 186/188
[1.4.6] Wolke, H.: Diss. (A), Technische Hochschule Leipzig, 1984

2. Modellierung dynamischer Grundoperationen der Verfahrenstechnik

Mit der Modellierung dynamischer Grundoperationen der Verfahrenstechnik werden mehrere Ziele verfolgt. Zunächst gewinnt man bei der Aufstellung des Modells allgemeine Erkenntnisse über die Natur der modellierten physikalischen, chemischen und biologischen Prozesse, ihre wesentlichen Einflußgrößen und die Zusammenhänge der einzelnen Prozeßparameter.

Neben diesem allgemeinen Erkenntnisgewinn ist hervorzuheben, daß die Modellierung Voraussetzungen für eine optimale Auslegung und Steuerung von Betrachtungseinheiten schafft.

Die Modelle dynamischer Grundoperationen werden durch Bilanzierung der Mengen-, Stoff-, Energie- und Impulsströme gewonnen. Sie sind also aus Differentialgleichungen mit den zugehörigen Verknüpfungsbeziehungen aufgebaut und können aus den allgemeinen Bilanzgleichungen, die eine Betrachtungseinheit charakterisieren, abgeleitet werden. Zur Beschreibung dynamischer Grundoperationen sind die allgemeinen Grundlagen der dynamischen Modellierung ausreichend. Umfassende Darstellungen dieses Gebietes finden sich in bekannten Monographien [2.0.1 bis 2.0.4].

Literatur

[2.0.1] Campbell, D. P.: „*Process Dynamics*", John Wiley and Sons, New York, 1958

[2.0.2] Mohilla, R. u. Ferencz, B.: „*Vegyipari folyamatok dinámikája*" (Dynamik chemisch-technologischer Prozesse), Müszaki Konyvkiado, Budapest, 1972

[2.0.3] Brack, G.: „*Dynamik technischer Systeme*", Deutscher Verlag für Grundstoffindustrie, Leipzig, 1974

[2.0.4] Brack, G.: „*Dynamische Modelle verfahrenstechnischer Prozesse*", Reihe Automatisierungstechnik 115, Verlag Technik, Berlin, 1971

2.1. Allgemeine mathematische Grundlagen dynamischer Grundoperationen

Zur vollständigen Kennzeichnung einer verfahrenstechnischen Betrachtungseinheit sind folgende Ströme erforderlich: Massenstrom, Stoffstrom (Komponentenstrom), Wärme- bzw. Enthalpiestrom, Impulsstrom.

Die entsprechenden Bilanzgleichungen dieser Ströme enthalten Ausdrücke für Quellen, konvektive und konduktive (Leitung, Diffusion) Vorgänge. Für den Stofftransport im elektrischen Feld ist ein weiterer konduktiver Vorgang, die Migration, charakteristisch. Ein entsprechender Term kann in der allgemeinen Stoffbilanzgleichung berücksichtigt werden. Sämtliche Beziehungen sind im folgenden ohne Herleitung angegeben. Ausführlichere Darstellungen sind bekannt [2.1.1 bis 2.1.7].

2.1.1. *Kontinuitätsgleichung*

Die Kontinuitätsgleichung bringt den Satz von der Erhaltung der Masse zum Ausdruck. Sie lautet

$$\frac{\partial \varrho}{\partial t} + \operatorname{div}(\varrho \cdot w) = 0 \tag{2.1.1}$$

ϱ — Orts- und zeitabhängiges Skalarfeld (Dichte), w — Geschwindigkeitsfeld, t — Zeit.

Der Vektor w kann mit Hilfe seiner Komponenten dargestellt werden

$$w = w_1 e_1 + w_2 e_2 + w_3 e_3, \tag{2.1.2}$$

wobei die e_i Einheitsvektoren in Richtung der Ortskoordinaten x_i darstellen. Betrachtet man eine Strömung, die in einer Richtung durch einen gegebenen Querschnitt A verläuft, vereinfacht sich Gl. (2.1.1) zu

$$\frac{\partial(\varrho \cdot w_1)\, A}{\partial x_1} + A\,\frac{\partial \varrho}{\partial t} = 0 \tag{2.1.3}$$

Für inkompressible stationäre Strömungen kann Gl. (2.1.3) leicht integriert werden. Es ergibt sich als einfachste Form der Kontinuitätsgleichung

$$w \cdot A = \text{const} \tag{2.1.4}$$

2.1.2. *Impulsbilanzgleichung*

Die Impulsbilanzgleichung lautet in allgemeiner Form

$$\operatorname{div}(\varrho w w) - \operatorname{div}(\eta \operatorname{grad} w) + \operatorname{grad} p = -\frac{\partial(\varrho \cdot w)}{\partial t} \tag{2.1.5}$$

ϱ, w, t — wie in Gl. (2.1.1), η — dynamische Viskosität, p — Druck.

Es ist zu beachten, daß die Impulsbilanzgleichung eine Vektorgleichung ist. Der Ausdruck grad w stellt demnach einen Tensor 2. Stufe dar. Das Produkt ww ist eine spezielle Dyade, die ausführlich geschrieben lautet [2.1.4]:

$$\begin{aligned} ww = w_i w_k e_i e_k &= w_1^2 e_1 e_1 + w_1 w_2 e_1 e_2 + w_1 w_3 e_1 e_3 \\ &+ w_2 w_1 e_2 e_1 + w_2^2 e_2 e_2 + w_2 w_3 e_2 e_3 \\ &+ w_3 w_1 e_3 e_1 + w_2 w_3 e_2 e_3 + w_3^2 e_3 e_3 \end{aligned} \tag{2.1.6}$$

Gleichung (2.1.5) ist für die einzelnen Koordinaten in Form je einer Gleichung zu schreiben. Sie liefert also ausführlich geschrieben 3 Gleichungen. Die einzelnen Terme von Gl. (2.1.5) beschreiben von links beginnend Konvektion, Impulsleitung und Quelle als Gradient des Druckes.

2.1.3. *Energiebilanzgleichung*

Die Energiebilanzgleichung wird meist in Form einer Enthalpiebilanz verwendet

$$\operatorname{div}(\varrho \cdot c_p \cdot T \cdot w) - \operatorname{div}(\lambda \operatorname{grad} T) + \nu_i \cdot r \cdot \Delta H = -\frac{\partial(\varrho \cdot c_p \cdot T)}{\partial t} \qquad (2.1.7)$$

ϱ, w — wie in Gln. (2.1.1) und (2.1.5), c_p — spezifische Wärme bei konstantem Druck, λ — Wärmeleitkoeffizient, T — Temperatur, ν_i — stöchiometrischer Koeffizient, r — Reaktionsgeschwindigkeit, ΔH — Reaktionsenthalpie.

Der 1. Term von Gl. (2.1.7) beschreibt den konvektiven Enthalpiestrom als Produkt des Massenstromes $\varrho \cdot w$ mit der spezifischen Enthalpie $c_p \cdot T$. Die Wärmeleitung wird durch den 2. Term beschrieben. Es ergibt sich unmittelbar aus der Fourierschen Wärmeleitungsgleichung.

Das Quellenglied entspricht z. B. der Wärmetönung durch chemische Reaktion.

2.1.4. *Stoffbilanzgleichung*

Im Vergleich zu den geläufigen Darstellungen [2.1.1, 2.1.2, 2.1.4, 2.1.5] wird hier die Stoff- oder Komponentenbilanzgleichung durch einen Migrationsterm erweitert

$$\operatorname{div}(c_i \cdot w) - \operatorname{div}(D_i \operatorname{grad} c_i) - \operatorname{div}\left(\frac{c_i \Lambda_i}{F_i} \operatorname{grad} \varphi\right)$$
$$+ \nu_i \cdot r = -\frac{\partial c_i}{\partial t} \qquad (2.1.8)$$

w, ν_i, r — wie in Gl. (2.1.7), c_i — Konzentration der i. Komponente, D_i — Diffusionskoeffizient, Λ_i — Äquivalentleitfähigkeit, F_i — Faraday-Konstante, φ — elektrisches Potential.

Der dritte Term entspricht der Migration. Sie kommt durch Potentialdifferenzen im elektrischen Feld zustande [2.1.3].

2.1.5. *Allgemeine Transportbilanzgleichung*

Die behandelten Bilanzgleichungen sind in einheitlicher Form darstellbar, indem für die Größen Konzentration, Impuls und Enthalpie die allgemeine Zustandsgröße Γ gesetzt wird.

Dann ergibt sich die Transportbilanzgleichung

Konvektion + Konduktion + Quelle = Lokale Änderung

in der Form:

$$\operatorname{div}(\Gamma \cdot w) - \operatorname{div}(\delta \operatorname{grad} \Gamma) + G = -\frac{\partial \Gamma}{\partial t} \tag{2.1.9}$$

Die Formen und Darstellungsmöglichkeiten der Konvektion sind ausführlich in der Literatur beschrieben worden [2.1.1, 2.1.2, 2.1.4 bis 2.1.6].

Für den konduktiven Term liegen gleichfalls entsprechende Berechnungsgleichungen zur Beschreibung der Impulsleitung, Wärmeleitung und Diffusion vor [2.1.1, 2.1.2, 2.1.4 bis 2.1.6]. Weniger umfassend wurde die Migration dargestellt. Mit Hilfe dieses Begriffes beschreibt man die Bewegung (Wanderung) von Ionen im elektrischen Feld. Ursache der Migration sind also Potentialdifferenzen. Von praktischer Bedeutung sind solche Vorgänge vor allem bei elektrochemischen Prozessen (Elektrolysen). Bei konstanter Äquivalentleitfähigkeit Λ_i läßt sich die Migration durch folgenden allgemeinen Ansatz beschreiben [2.1.3]:

$$\operatorname{div}\left(\frac{c_i \Lambda_i}{F_i} \operatorname{grad} \varphi\right) = \frac{\Lambda_i}{F_i}\left[\frac{\partial \varphi}{\partial x_1}\frac{\partial c_i}{\partial x_1} + \frac{\partial \varphi}{\partial x_2}\frac{\partial c_i}{\partial x_2}\frac{\partial \varphi}{\partial x_3}\frac{\partial c_i}{\partial x_3} + c_i\left(\frac{\partial^2 \varphi}{\partial x_1^2} + \frac{\partial^2 \varphi}{\partial x_2^2} + \frac{\partial^2 \varphi}{\partial x_3^2}\right)\right] \tag{2.1.10}$$

In dieser Gleichung sind x_i ($i = 1, 2, 3$) die Raumkoordinaten. Die anderen Symbole wurden bei Gl. (2.1.8) erklärt. Entsprechende Anwendungen und Spezialfälle dieser Beziehung finden sich im Abschnitt 2.4.7.

Zur Beschreibung des Quellengliedes benutzt man in der Regel kinetische Gleichungen chemischer Reaktionen. Zusammenfassende Darstellungen finden sich z. B. in [2.1.1, 2.1.10]. Im Kapitel 5. sind derartige Beziehungen zur Modellierung des instationären Verhaltens von Reaktoren verwendet worden. Aufgrund der Komplexität und der spezifischen Bedingungen unterscheiden sich Prozesse der Mikrobiologie gewöhnlich von anderen rein chemischen Reaktionen. Zur Beschreibung derartiger mikrobiologischer Quellenglieder sind entsprechende Grundmodelle aufgestellt worden [2.1.8, 2.1.9]. Anwendungen dieser Beziehungen finden sich im Abschnitt 2.4.6., 5.5. und 5.6.

Literatur

[2.1.1] Benedek, P. u. László, A.: „*Grundlagen des Chemieingenieurwesens*“, Deutscher Verlag für Grundstoffindustrie, Leipzig, 1965
[2.1.2] Damköhler, G.: Z. Elektrochem. **42** (1936) 846
[2.1.3] Forker, W.: „*Elektrochemische Kinetik*“, Akademie-Verlag, Berlin, 1966
[2.1.4] Schultz-Piszachich, W.: Chem. Techn. **25** (1973), 492–494
[2.1.5] Schultz-Piszachich, W.: Chem. Techn. **25** (1973), 557–559
[2.1.6] Schultz-Piszachich, W.: Chem. Techn. **25** (1973), 622–624

[2.1.7] HARTMANN, K. u. a.: „*Prozeßverfahrenstechnik*“, Deutscher Verlag für Grundstoffindustrie, Leipzig, 1979
[2.1.8] MICHAELIS, L. u. MENTEN, M. L.: Biochem. Z. 49 (1913), 333
[2.1.9] MONOD, J.: Am. Rev. Microbiol. (1949), 371
[2.1.10] FROST, A. A. u. PEARSON, R.: „*Kinetik und Mechanismen homogener chemischer Reaktionen*“, Verlag Chemie, Weinheim, 1964

2.2. Modellierung dynamischer Grundoperationen der Verfahrenstechnik nach der Zustandsraummethode

Bei der Untersuchung des dynamischen Verhaltens verfahrenstechnischer Betrachtungseinheiten besteht das grundsätzliche Problem darin, die Zeitabhängigkeit der Ausgangsgrößen in Abhängigkeit von Veränderungen der Eingangsgrößen vorherzubestimmen. Die im folgenden beschriebene Zustandsraummethode ist sowohl zur Modellierung des dynamischen Verhaltens bei geringen Abweichungen vom stationären Betriebspunkt als auch zur Modellierung instationärer Betriebsregimes geeignet.

Ihr Grundgedanke besteht darin, zusätzliche Variable einzuführen, die den Zustand des Systems charakterisieren. Die Anzahl dieser als Zustandsgrößen bezeichneten Variablen hängt von der Art und Zahl der Systemelemente und die zwischen diesen Elementen bestehenden Kopplungen ab. Für ein- und dasselbe System können unterschiedliche Sätze von Zustandsgrößen formuliert werden. Als Bedingung für die Auswahl der Zustandsgrößen gilt lediglich, daß sie den Zustand des Systems zum Zeitpunkt t vollständig charakterisieren müssen.

Die n zeitabhängigen Zustandsgrößen $x_1(t) \ldots x_n(t)$ eines gegebenen Systems bilden einen Zustandsvektor

$$x(t) = \begin{bmatrix} x_1(t) \\ x_2(t) \\ \vdots \\ x_i(t) \\ \vdots \\ x_n(t) \end{bmatrix} \tag{2.2.1}$$

Seine Komponenten spannen einen n-dimensionalen Raum auf, der Zustandsraum genannt wird. Die $x_i(t)$ können also als Koordinaten eines Punktes im Zustandsraum aufgefaßt werden. Das dynamische Verhalten des Systems (zeitliche Änderung der Zustandsgrößen) als kontinuierliche Aufeinanderfolge verschiedener Systemzustände ist als Kurve im Zustandsraum darstellbar. Sie wird Trajektorie oder Zustandsbahn genannt.

Bei zyklischen Prozessen ist die Trajektorie demnach geschlossen, weil nach einer bestimmten Zeit der Ausgangszustand wieder erreicht wird. Diesen Zusammenhang veranschaulicht Abb. 2.2.1. Die Grundlagen und Anwendungen der Zustandsraummethode sind bereits an anderer Stelle behandelt worden [2.2.1 bis 2.2.4, 2.2.6, 2.2.7].

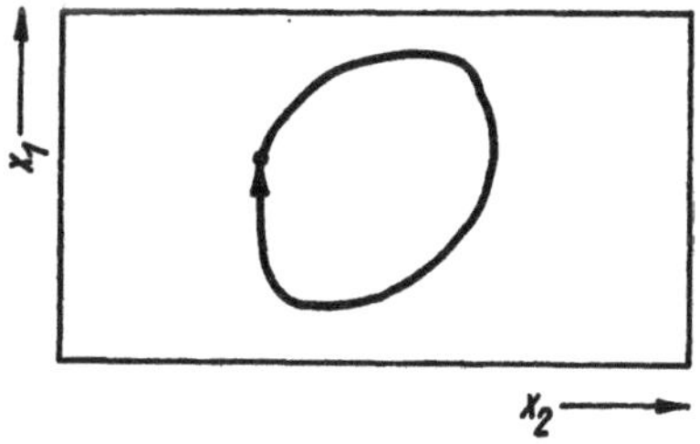

Abb. 2.2.1: Trajektorie eines zyklischen Prozesses bei zwei Zustandsgrößen

2.2.1. Modellbildung nach der Zustandsraummethode

Allgemein läßt sich das Kurzzeitverhalten verfahrenstechnischer Betrachtungseinheiten durch p Differentialgleichungen von insgesamt n. Ordnung beschreiben. Ist n größer als p, dann muß das Differentialgleichungssystem so umgewandelt werden, daß n Gleichungen 1. Ordnung entstehen. Sämtliche Gleichungen sind gewöhnliche Differentialgleichungen. Systeme mit verteilten Parametern können erst nach Diskretisierung der partiellen Differentialgleichungen nach den Ortskoordinaten mit Hilfe der Zustandsraummethode behandelt werden.

In Matrizenform sind die Differentialgleichungssysteme für verschiedene Fälle in folgender Weise darstellbar [2.2.6]:

1. Zeitvariante nichtlineare Systeme

$$\frac{dx(t)}{dt} = f[x(t), u(t), t] \tag{2.2.2}$$

Der Zusammenhang zwischen Ausgangs- und Eingangsgrößen kann hergestellt werden durch

$$y(t) = g[x(t), u(t), t] \tag{2.2.3}$$

$u(t)$	— Vektor der Eingangsgrößen	$u_1(t) \ldots u_m(t)$
$x(t)$	— Vektor der Zustandsgrößen	$x_1(t) \ldots x_n(t)$
$y(t)$	— Vektor der Ausgangsgrößen	$y_1(t) \ldots y_r(t)$
f, g	— vektorielle Funktionen	

2. Zeitvariante lineare Systeme

$$\frac{dx(t)}{dt} = A(t) \cdot x(t) + B(t) \cdot u(t) \tag{2.2.4}$$

$$y(t) = C \cdot x(t) + D \cdot u(t) \tag{2.2.5}$$

$A(t)$ — n, n-Zustandsmatrix, Systemmatrix
$B(t)$ — n, m-Eingangsmatrix
$C(t)$ — r, n-Ausgangsmatrix
$D(t)$ — r, m-Durchgangsmatrix

Sind die Matrizen $A(t)$, $B(t)$, $C(t)$, $D(t)$ zeitunabhängig, dann liegt der einfachste Fall eines linearen zeitinvarianten Systems vor. Bei zeitunabhängigen Vektorfunktionen f und g erhält man entsprechende nichtlineare zeitinvariante Systeme.

2.2.2. *Lösung der Vektordifferentialgleichung im Zeitbereich nach der Zustandsraummethode*

Im Falle nichtlinearer Systeme existieren keine allgemeingültigen analytischen Lösungsmethoden [2.2.2]. Die einzige allgemeingültige Berechnungsmethode ist eine digitale Simulation mit Hilfe elektronischer Datenverarbeitungsanlagen. Entsprechende Programmsysteme liegen vor [2.2.7].

Im Falle linearer zeitvarianter Systeme kann eine Lösungsgleichung angegeben werden [2.2.2]:

$$x(t) = \Phi(t, t_0)\, x(t_0) + \int_{t_0}^{t} \Phi(t, \tau)\, B(\tau)\, u(\tau)\, d\tau \tag{2.2.6}$$

Darin ist

$$\Phi(t, \tau) = e^{\int_{\tau}^{t} A(\tau) d\tau} \tag{2.2.7}$$

Die Auswertung von Gl. (2.2.6) ist allerdings auch nur mit Hilfe der EDV sinnvoll [2.2.7]. Gl. (2.2.6) gilt auch im Falle linearer zeitinvarianter Systeme. Für $t_0 = 0$ und $x(0) = 0$ vereinfacht sich Gl. (2.2.6) in folgender Weise

$$x(t) = \int_{0}^{t} \Phi(t, \tau)\, Bu(\tau)\, d\tau \tag{2.2.8}$$

Die Annahme von $x(0) = 0$ ist dann berechtigt, wenn die Zustandsgrößen als Abweichungen vom stationären Betriebswert aufgefaßt werden.

Um Gl. (2.2.8) vorteilhaft lösen zu können, muß A bzw. $\Phi(t, \tau)$ eine Diagonalmatrix sein. Eine derartige Bedingung ist im Falle verfahrenstechnischer Regelstrecken immer realisierbar. Die Transformation wird mit Hilfe einer geeignet gewählten unitären Matrix ausgeführt. Dann ergibt sich:

$$\Phi(t, \tau) = R \cdot \exp \Lambda(t - \tau)\, R^{-1} \tag{2.2.9}$$

R — unitäre Matrix der Rechtseigenvektoren von A, Λ — Diagonalmatrix der Eigenwerte von A.

Somit erhält man

$$x(t) = R \cdot e^{\Lambda t} \int_{0}^{t} e^{-\Lambda \tau} R^{-1} Bu(\tau)\, d\tau \tag{2.2.10}$$

Diese Gleichung läßt sich für den Fall, daß $u(t)$ ein konstanter Spaltenvektor ist, geschlossen integrieren.

$$x(t) = R\Lambda^{-1}(e^{\Lambda t} - I)\, R^{-1} \cdot B \cdot u \tag{2.2.11}$$

I — Einheitsmatrix.

Für die Auswertung von Gl. (2.2.8) sind in der Regel elektronische Datenverarbeitungsanlagen notwendig. Entsprechende Programme wurden ausgearbeitet [2.2.7].

2.2.3. Lösung der Vektordifferentialgleichung im Bildbereich nach der Zustandsraummethode

Für den Fall linearer zeitinvarianter Systeme ist eine Lösung im Bildbereich möglich. Durch Vergleich von

$$y(p) = F(p) \cdot u(p) \tag{2.2.12}$$

$y(p)$ — Vektor der Ausgangsgrößen im Bildbereich
$u(p)$ — Vektor der Eingangsgrößen im Bildbereich
$F(p)$ — Matrix der Übergangsfunktionen

mit der Lösung von

$$\frac{dx(t)}{dt} = Ax(t) + B \cdot u(t) \tag{2.2.13}$$

$$y(t) = C \cdot x(t) \tag{2.2.14}$$

im Bildbereich

$$y(p) = C(pI - A)^{-1} \cdot B \cdot u(p) \tag{2.2.15}$$

läßt sich ein Ausdruck für $F(p)$ bestimmen

$$F(p) = C(pI - A)^{-1} \cdot B \tag{2.2.16}$$

Eine Auswertung dieser Beziehung ist mit Hilfe des Algorithmus von Faddejew möglich [2.2.5]. Entsprechende Rechenprogramme liegen vor [2.2.7].

Literatur

[2.2.1] Takahashi, Y.: Regelungstechnik 14 (1966) 10, 449—455
[2.2.2] Takahashi, Y.: Regelungstechnik 14 (1966) 11, 513—518
[2.2.3] Unbehauen, R.: „*Systemtheorie. Eine Einführung für Ingenieure*“, R. Oldenbourg Verlag, München—Wien, 1969
[2.2.4] Korn, U.: Beitrag zur Anwendung der Zustandsraumbeschreibung und Einfluß des Matrix-Signalflußbildes für den Entwurf von Prozeßregelungen, Dissertation, Magdeburg, 1961
[2.2.5] Faddejew, D. K. u. Faddejewa, W. N.: „*Numerische Methoden der linearen Algebra*“, Deutscher Verlag der Wissenschaften, Berlin, 1964
[2.2.6] Csáki, F.: „*Die Zustandsraum-Methode in der Regelungstechnik*“, VDI-Verlag, Düsseldorf, 1973
[2.2.7] Schubert, P.: Diss. A., Ingenieurhochschule Köthen (in Vorbereitung)

2.3. Modellierung des Verweilzeitverhaltens bei dynamischen Grundoperationen

Der Verweilzeitbegriff gründet sich auf die Vorstellung, daß Stoffteilchen, die zu einem bestimmten Zeitpunkt in ein Strömungssystem eintreten, in ihm eine Zeit lang verweilen und in Abhängigkeit vom herrschenden Durchmischungsregime (Turbulenz, stagnierende Zonen, Toträume, By-pass u. a.) wieder heraustreten. Ihr Austrittszeitpunkt ist eine Zufallsgröße, die mit Hilfe der Verweilzeitverteilung beschrieben werden kann. Derartige Verweilzeitverteilungen repräsentieren wesentliche Eigenschaften des Strömungssystems, geben Aufschluß über das herrschende Durchmischungsregime und die daran geknüpften Stoff-Energie- sowie Impulsaustauschvorgänge. Die Kenntnis des Verweilzeitverhaltens ist damit eine wichtige Voraussetzung für die Modellierung verfahrenstechnischer Prozeßeinheiten. Ihre Einsatz- und Nutzungsgebiete sind dementsprechend vielfältig. Sie erstrecken sich im wesentlichen auf die Beurteilung und konstruktive Auslegung verfahrenstechnischer Apparate, die Beurteilung und Berechnung von Stoffaustausch-, Stofftrennungs-, Stoffvereinigungs-, Stofftransportprozesse und der Reaktionskinetik sowie auf die Prozeßoptimierung und Automatisierung.

Bei der Ermittlung des Verweilzeitverhaltens sind zwei Fälle zu unterscheiden: Verweilzeitverhalten in stationären Strömungssystemen und Verweilzeitverhalten in instationären Strömungssystemen.

Der zweite Fall ist für die dynamischen Grundoperationen der Verfahrenstechnik von besonderer Bedeutung.

2.3.1. Verweilzeitverhalten bei dynamischen Grundoperationen mit stationären Massenströmen

Liegen stationäre Strömungssysteme vor, dann bildet die Theorie der Dynamik linearer Systeme die Grundlage der Ermittlung und Auswertung des Verweilzeitverhaltens. Die Verweilzeitanalyse wird somit als instationäre Methode zur Untersuchung stationärer Strömungsvorgänge aufgefaßt. Ihre Grundlagen wurden bereits weitgehend erforscht [2.3.1 bis 2.3.13]. Die Modellierung des Verweilzeitverhaltens kann mit Hilfe der Theorie stochastischer Prozesse und auf der Grundlage der Damköhlerschen Bilanzgleichungen erfolgen. Für makroskopische Bilanzgebiete und die ingenieurtechnische Nutzung des Verweilzeitverhaltens führen beide Methoden zu gleichen Ergebnissen.

Zum Zwecke der Ermittlung des Verweilzeitverhaltens versucht man, das Strömungssystem durch sogenannte Typenmodelle (Zellen- und Diffusionsmodelle) anzupassen [2.3.1, 2.3.4 bis 2.3.12]. Gelingt diese Anpassung nicht, weil die Strömungsverhältnisse zu kompliziert sind, so werden Kombinationen von Typenmodellen bzw. Zellennetzwerke angewendet [2.3.4]. Am besten erforscht sind Zellenmodelle und eindimensionale Diffusionsmodelle. Die ersteren gründen sich auf die Überlegung der räumlichen Diskretisierung des Strömungssystems in Form einer Reihenschaltung von Zellen mit jeweils vollkommener Durchmischung. Zwischen den Zellen können innere und äußere Rückvermischungen bestehen. Im Falle gleich großer Zellen existieren analytische Lösungen zur Beschreibung des Verweilzeitverhaltens [2.3.5 bis 2.3.12].

Eindimensionale Diffusionsmodelle können gleichfalls auf analytischem Wege ausgewertet werden [2.3.1, 2.3.4]. Das Verweilzeitverhalten wird bei Verwendung der Typenmodelle durch sogenannte Modellparameter, wie Zellenzahl, innerer und äußerer Rückflußkoeffizient bei Zellenmodellen sowie Bodensteinzahl bei Diffusionsmodellen beschrieben. Diesen Parametern sind bestimmte Momente der Verweilzeitverteilungen zugeordnet [2.3.4 bis 2.3.12]. Kompliziertere Modelle müssen numerisch ausgewertet werden. Dabei bietet sich als Verfahren die im Abschnitt 2.2. beschriebene Zustandsraummethode an.

Neben einer theoretischen Modellierung des Verweilzeitverhaltens haben experimentelle Methoden große Bedeutung. In der Praxis haben sich vor allem aperiodische Testsignale (Dirac-Impuls, Sprungfunktion) durchgesetzt. Die aufgeführten Methoden zur Modellierung und Auswertung des Verweilzeitverhaltens sind in vollem Umfang auch auf dynamische Grundoperationen anwendbar. Will man jedoch unmittelbar Aufschluß über das Verhalten der zyklisch gesteuerten Prozeßparameter, wie z. B. Konzentrationen, die in Form periodischer Funktionen moduliert werden, dann sind Experimente mit aperiodischen Testsignalen ungeeignet. Wesentlich aufschlußreicher sind in diesen Fällen periodische Testsignale. Derartige Experimente sind dann auf der Grundlage der Ortskurve des Frequenzganges und der Phasenverschiebung auszuwerten [2.3.4, 2.3.13].

2.3.2. Verweilzeitverhalten von Prozeßeinheiten bei zyklisch gesteuerten Massenströmen

Im Falle zyklisch gesteuerter Massenströme führt die Modellierung des Verweilzeitverhaltens auf dynamische Modelle linearer und nichtlinearer zeitvarianter Systeme. Dies soll anhand von zwei Beispielen gezeigt werden.

1. Beispiel: Es möge eine Kaskadenschaltung von Prozeßeinheiten vorliegen. Der Eingangsstrom wird durch die periodische Funktion $\dot{V}(t)$ beschrieben. Sie wird um den stationären Wert $\bar{\dot{V}}$ moduliert.

Veränderungen des Mengenstromes stellen sich verzögerungsfrei in allen Prozeßeinheiten ein, d. h. hinsichtlich dieser Größe liegt P_0-Verhalten vor. Entsprechend Abb. 2.3.1 ergeben sich folgende Bilanzgleichungen.

$$\left.\begin{aligned} V\frac{dc_1(t)}{dt} &= \dot{V}(t)\,[c_0(t) - c_1(t)] \\ &\vdots \\ V\frac{dc_i(t)}{dt} &= \dot{V}(t)\,[c_{i-1}(t) - c_i(t)] \\ &\vdots \\ V\frac{dc_n(t)}{dt} &= \dot{V}(t)\,[c_{n-1}(t) - c_n(t)] \end{aligned}\right\} \qquad (2.3.1)$$

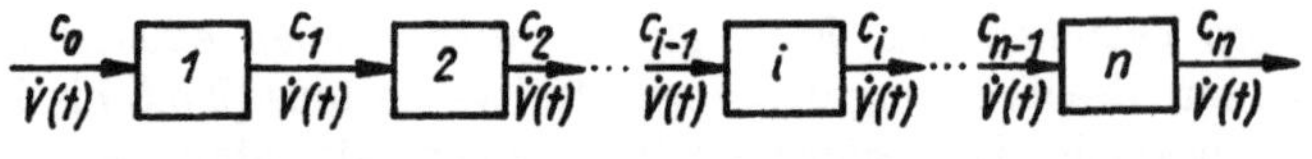

Abb. 2.3.1: Schema einer Kaskade aus n Stufen (Zellenmodell)

In Form einer Vektorgleichung ist das Gleichungssystem (2.3.1) folgendermaßen darstellbar:

$$\frac{d}{dt}\begin{bmatrix} c_1(t) \\ \vdots \\ c_i(t) \\ \vdots \\ c_n(t) \end{bmatrix} = \begin{bmatrix} -\frac{\dot V(t)}{V} & \ldots & 0 & 0 & \ldots & 0 & 0 \\ \cdot & \cdot & \cdot & \cdot & \cdot & \cdot & \cdot \\ 0 & \ldots & \frac{\dot V(t)}{V} & -\frac{\dot V(t)}{V} & \ldots & 0 & 0 \\ \cdot & \cdot & \cdot & \cdot & \cdot & \cdot & \cdot \\ 0 & \ldots & 0 & 0 & \ldots & \frac{\dot V(t)}{V} & -\frac{\dot V(t)}{V} \end{bmatrix}$$

(Spalten: $1 \quad i-1 \quad i \quad n-1 \quad n$)

$$\times \begin{bmatrix} c_1(t) \\ \vdots \\ c_i(t) \\ \vdots \\ c_n(t) \end{bmatrix} + \begin{bmatrix} \frac{\dot V(t)}{V} \\ 0 \\ \vdots \\ 0 \end{bmatrix} \dot c_0(t) \qquad (2.3.2)$$

Der Zusammenhang zwischen Ausgangsgröße $c_n(t)$ und Zustandsgrößen wird durch folgende Vektorgleichung hergestellt:

$$c_n(t) = [0 \ldots 1] \begin{bmatrix} c_1(t) \\ \vdots \\ c_i(t) \\ \vdots \\ c_n(t) \end{bmatrix} \qquad (2.3.3)$$

Die lineare zeitvariante Vektordifferentialgleichung (2.3.2) kann mit Hilfe des in Abschnitt 2.2. genannten Programmsystems SIMDYN ausgewertet werden. Für $c_0(t) = \delta(t)$ bzw. $c_0(t) = \sigma(t)$ entspricht die Antwortfunktion der differentiellen bzw. integralen Verweilzeitverteilung. Die Zeichen $\delta(t)$ und $\sigma(t)$ bezeichnen den Dirac-Impuls bzw. den Einheitssprung.

2. Beispiel: Es möge eine Kaskade zweier Behälter entsprechend Abb. 2.3.2 gegeben sein. Der ausfließende Volumenstrom wird bei konstantem Behälterquerschnitt folgendermaßen beschrieben:

$$\dot{V}_1 = a \cdot \zeta \sqrt{2gh_1} = C' \cdot \sqrt{h_1} \tag{2.3.4}$$

oder

$$\dot{V}_1 = a \cdot \zeta \sqrt{\frac{2g}{A} V_1} = C \cdot \sqrt{V_1} \tag{2.3.5}$$

$\dot{V}$ — Volumenstrom, a — Ventilquerschnitt, ζ — Ausflußzahl, g — Erdbeschleunigung, h — Flüssigkeitsstand, A — Behälterquerschnitt, V — Flüssigkeitsvolumen.

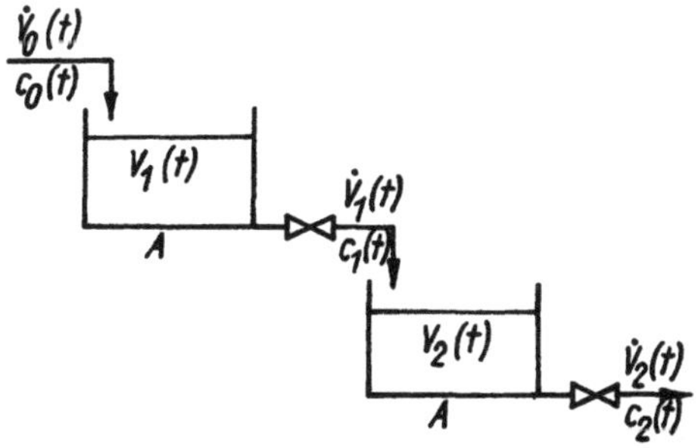

Abb. 2.3.2: Schema einer Kaskade aus 2 Behältern mit freiem Ausfluß

Unter Beachtung der Beziehung (2.3.5) lauten die Bilanzgleichungen für den 1. Behälter:

$$\frac{d[V_1(t)\, c_1(t)]}{dt} = \dot{V}_0(t) \cdot c_0(t) - C \sqrt{V_1(t)} \cdot c_1(t) \tag{2.3.6}$$

$$\frac{dV_1(t)}{dt} = \dot{V}_0(t) - C \sqrt{V_1(t)} \tag{2.3.7}$$

Das Einsetzen von Gl. (2.3.7) in Gl. (2.3.6) liefert

$$V_1(t) \frac{dc_1(t)}{dt} = \dot{V}_0(t) [c_0(t) - c_1(t)] \tag{2.3.8}$$

$$\frac{dV_1(t)}{dt} = \dot{V}_0(t) - C \sqrt{V_1(t)} \tag{2.3.9}$$

Für den 2. Behälter erhält man entsprechend

$$V_2(t) \frac{dc_2(t)}{dt} = C \sqrt{V_1(t)} [c_1(t) - c_2(t)] \tag{2.3.10}$$

$$\frac{dV_2(t)}{dt} = C[\sqrt{V_1(t)} - \sqrt{V_2(t)}] \tag{2.3.11}$$

Somit ergibt sich ein zeitvariantes nichtlineares Modell, welches nur numerisch auswertbar ist. Zu diesem Zweck kann wiederum das Programmsystem SIMDYN genutzt werden.

Ermittlung der mittleren Verweilzeit

Bei verzögerungsfreier Einstellung der Mengenströme, ergibt sich die mittlere Verweilzeit der in Abb. 2.3.1 dargestellten Kaskade nach der Beziehung

$$\bar{t}_n = \frac{nV}{\bar{\dot{V}}} \tag{2.3.12}$$

Der mittlere Durchsatz $\bar{\dot{V}}$ kann mit Hilfe des Mittelwertsatzes der Integralrechnung bestimmt werden

$$\bar{\dot{V}} = \frac{1}{T}\int_0^T \dot{V}(t)\,dt \tag{2.3.13}$$

Darin ist T die Periodendauer. Für die in Abb. 2.3.3 dargestellte Funktion ist

$$\bar{t}_n = \frac{nV}{\dot{V}_0 + \vartheta\Delta\dot{V}} \tag{2.3.14}$$

Mit
$$\vartheta = \frac{\tau}{T} \tag{2.3.14a}$$

Beim semikontinuierlichen Prozeß ist $\dot{V}_0 = 0$. Damit ergibt sich

$$\bar{t} = \frac{nV \cdot T}{\tau \cdot \Delta\dot{V}} \tag{2.3.15}$$

Das Produkt $\Delta V = \tau \cdot \Delta\dot{V}$ beschreibt die im Zeitraum T durchgesetzte Menge. Führt man das Verhältnis

$$\gamma = \frac{\Delta V}{V} \tag{2.3.16}$$

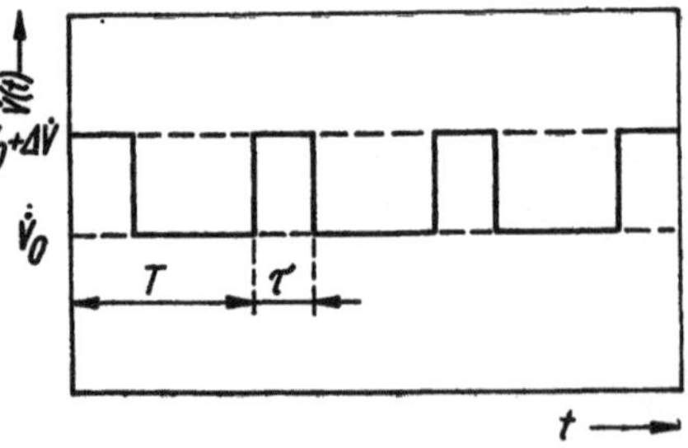

Abb. 2.3.3: Zeitabhängigkeit eines zyklisch gesteuerten Mengenstromes

ein, so ergibt sich als endgültige Beziehung

$$t = \frac{n \cdot T}{\gamma} \tag{2.3.17}$$

Der semikontinuierliche Prozeß soll näher untersucht werden.

Verweilzeitverhalten einer Rührkesselkaskade bei semikontinuierlicher Betriebsweise

Gegeben sei eine Rührkesselkaskade entsprechend Abb. 2.3.1. Zu den Zeitpunkten $0, T, 2T, \ldots, k \cdot T, \ldots$ wird aus der n. Stufe die Menge ΔV entnommen. Diese Menge wird aus der vorletzten Stufe ersetzt. Der Vorgang wiederholt sich bis zur 1. Stufe.

Zunächst soll die Konzentration zum Zeitpunkt t in jeder Stufe berechnet werden. Der Anfangszustand ist charakterisiert durch

$$c_1(0) = c_{10} \tag{2.3.18}$$

$$c_i(0) = 0 \quad \text{für} \quad i > 1 \tag{2.3.19}$$

Die Konzentrationen einer Kaskade von 5 Zellen sind für die ersten 5 Perioden in Tab. 2.3.1 zusammengestellt.

Das Konzentrationsverhältnis c_{ik}/c_{10} während der k. Periode ist für die i. Zelle

$$\alpha_{ik} = \binom{k}{i-1} \gamma^{i-1}(1-\gamma)^{k-(i-1)} = \frac{c_{ik}}{c_{10}} \tag{2.3.20}$$

Ausgewählte Ergebnisse sind für $i = 1, 2$ und $\gamma = 0{,}25, 0{,}5$ in den Abb. 2.3.4 und 2.3.5 dargestellt.

Das Maximum der Funktion (2.3.20) findet man durch folgenden Vergleich

$$u_{ik} = \frac{\alpha_{i,k+1}}{\alpha_{ik}} = \frac{(k+1)(1-\gamma)}{k+2-i} \tag{2.3.21}$$

Ist u_{ik} größer als eins, gilt

$$\alpha_{ik+1} > \alpha_{ik} \tag{2.3.22}$$

Die Periode, in der α_{ik} maximal wird, ist durch $u_{ik} = 1$ gegeben. Daraus folgt

$$k_{\text{Extr.}} = \frac{i-1}{\gamma} - 1 \tag{2.3.23}$$

Nach der k. Periode ergibt sich die auf $c_{10} = 1$ bezogene Ausgangskonzentration aus der n. Zelle unter Beachtung von Gl. (2.3.20)

$$\alpha_{nk} = \frac{(k-1)(k-2)\cdots(k-(n-1))}{(n-1)!} \gamma^n(1-\gamma)^{k-n} \tag{2.3.24}$$

Tabelle 2.3.1: Konzentrationswerte in einer 5-stufigen Kaskade mit semikontinuierlichem Massestrom

c_{10}	$c_{20} = 0$	$c_{30} = 0$	$c_{40} = 0$	$c_{50} = 0$
$c_{11} = c_{10}(1-\gamma)$	$c_{21} = \gamma c_{10}$	$c_{31} = 0$	$c_{41} = 0$	$c_{51} = 0$
$c_{12} = c_{11}(1-\gamma)$	$c_{22} = \gamma c_{11} + c_{21}(1-\gamma)$	$c_{32} = \gamma c_{21}$	$c_{42} = 0$	$c_{52} = 0$
$c_{13} = c_{12}(1-\gamma)$	$c_{23} = \gamma c_{12} + c_{22}(1-\gamma)$	$c_{33} = \gamma c_{22} + c_{32}(1-\gamma)$	$c_{43} = \gamma c_{32}$	$c_{53} = 0$
$c_{14} = c_{13}(1-\gamma)$	$c_{24} = \gamma c_{13} + c_{23}(1-\gamma)$	$c_{34} = \gamma c_{23} + c_{33}(1-\gamma)$	$c_{44} = \gamma c_{33} + c_{43}(1-\gamma)$	$c_{54} = \gamma c_{43}$
$c_{15} = c_{14}(1-\gamma)$	$c_{25} = \gamma c_{14} + c_{24}(1-\gamma)$	$c_{35} = \gamma c_{24} + c_{34}(1-\gamma)$	$c_{45} = \gamma c_{34} + c_{44}(1-\gamma)$	$c_{55} = \gamma c_{44} + c_{54}(1-\gamma)$

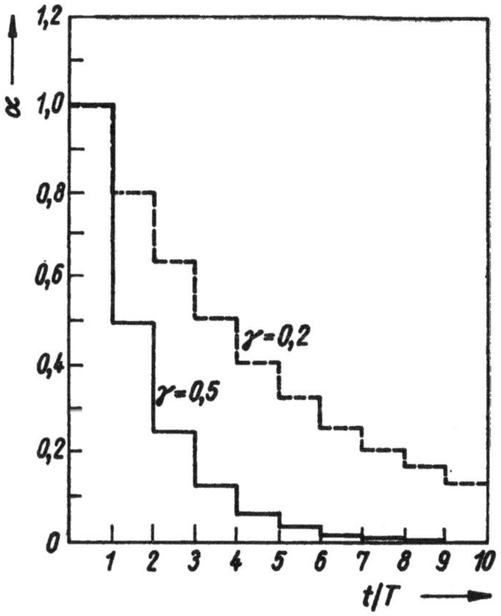

Abb. 2.3.4: Konzentrations-Zeit-Verhalten (Verweilzeit) eines Rührkessels (Zelle) mit semikontinuierlichem Massenstrom

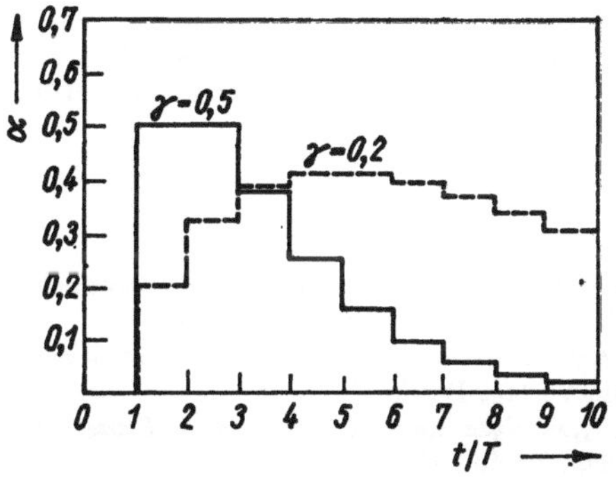

Abb. 2.3.5: Konzentrations-Zeit-Verhalten (Verweilzeit) von zwei in Reihe geschalteten Rührkesseln mit semikontinuierlichen Massenströmen

Die mittlere Verweilzeit ergibt sich damit

$$\bar{t}_n = T \cdot \lim_{j \to \infty} \sum_{k=0}^{j} k \cdot \alpha_{nk} = \frac{T \cdot \gamma^n}{(n-1)!} \lim_{j \to 0} \sum_{k=0}^{j} k(k-1)(k-2)$$

$$\cdots (k-(n-1))(1-\gamma)^{k-n} \tag{2.3.25}$$

Den Grenzwert findet man durch nachstehenden Vergleich. Gegeben sei die Hilfsreihe

$$z = \sum_{k=0}^{j} (1-\gamma)^k = \frac{1-(1-\gamma)^{j+1}}{\gamma} \tag{2.3.26}$$

Dann gilt

$$\frac{d^n z}{d\gamma^n} = \sum_{k=0}^{j} k(k-1)(k-2)\cdots(k-(n-1))(1-\gamma)^{k-n} \qquad (2.3.27)$$

Daraus folgt

$$\bar{t}_n = \frac{T \cdot \gamma^n}{(n-1)!} \lim_{j\to\infty} \frac{d^n\left[\dfrac{1-(1-\gamma)^{j+1}}{\gamma}\right]}{d\gamma^n} \qquad (2.3.28)$$

Die Grenzwertberechnung liefert schließlich

$$\bar{t}_n = \frac{n \cdot T}{\gamma} \qquad (2.3.29)$$

Diese Beziehung wurde bereits mit dem Ansatz nach Gl. (2.3.12) ermittelt.

Zusammenfassung

Im Falle zyklisch gesteuerter Mengenströme ist es nicht mehr möglich, das Verweilzeitverhalten mit Hilfe linearer zeitinvarianter Modelle zu beschreiben. Die entstehenden linearen bzw. nichtlinearen zeitvarianten Modelle sind numerisch mit Hilfe der in Abschnitt 2.2. erläuterten Zustandsraummethode auswertbar. Analytische Lösungen wurden für einen Spezialfall, den semikontinuierlichen Betrieb einer Rührkesselkaskade hergeleitet.

Literatur

[2.3.1] Levenspiel, O.: „*Chemical Reaction Engineering-An Indroduction to the design of chemical reactors*", J. Wiley & Sons, New York, 1965
[2.3.2] Kafarow, W. W.: „*Kybernetische Methoden in der Chemie und chemischen Technologie*", Akademie-Verlag, Berlin, 1971
[2.3.3] Hartmann, K. u. a.: „*Analyse und Steuerung von Prozessen der Stoffwirtschaft*", Akademie-Verlag, Berlin, 1971
[2.3.4] Pippel, W.: Verweilzeit als Größe zur Modellierung chemisch-technologischer Prozesse, Dissertation B, TU Dresden 1976
[2.3.5] Pulz, A.: Ein Beitrag zur Darstellung und Auswertung des Verweilzeitverhaltens verfahrenstechnischer Prozeßeinheiten und Systeme, Dissertation A, TH Leuna-Merseburg 1979
[2.3.6] Schneider, J.: Verweilzeit- und Durchmischungsuntersuchungen der flüssigen Phase auf Kreuzstromkolonnenböden, Dissertation A, Ingenieurhochschule Köthen 1977
[2.3.7] Kardos, J.: Chem. Techn. **21** (1969), 216–219
[2.3.8] Kardos, J.: Chem. Techn. **21** (1969), 275–280
[2.3.9] Kardos, J.: Chem. Techn. **23** (1971), 211–214
[2.3.10] Kardos, J. u. Pulz, A.: Chem. Techn. **25** (1973), 652–654
[2.3.11] Kardos, J., Pulz, A. u. Schubert, P.: Chem. Techn. **28** (1976), 329–331
[2.3.12] Kardos, J. u. Pulz, A.: Chem. Techn. **30** (1978), 447–449
[2.3.13] Oppelt, W.: „*Kleines Handbuch technischer Regelvorgänge*", Verlag Chemie, Weinheim/Bergstr., 1953

2.4. Beispiele zur Modellierung dynamischer Grundoperationen

In den folgenden Beispielen sind die Modelle ausgewählter diskontinuierlicher und zyklischer Prozesse in knapper Form hergeleitet bzw. angegeben. Die Resultate der im allgemeinen nur mit Rechnern auswertbaren Modellgleichungen werden in Form von Tabellen und graphischen Darstellungen mitgeteilt und diskutiert.

2.4.1. Modellierung diskontinuierlicher Abkühlungs- und Aufheizvorgänge

Die Modelle der folgenden beiden Beispiele gelten unter der Voraussetzung, daß die Koeffizienten der Bilanzgleichungen zeitunabhängig sind, d. h. es werden mittlere Größen für den Wärmedurchgangskoeffizienten, die Dichte und die spezifischen Wärmen der Medien angenommen, welche sich im Laufe des Prozesses nicht ändern.

Eine Berücksichtigung der Temperaturabhängigkeit dieser Parameter führt zu zeitvarianten Modellgleichungen, die in der Regel nur numerisch auswertbar sind.

Bei konstanten Koeffizienten ist es dagegen möglich, analytische Lösungen zu finden.

Abkühlungsprozeß

Ein Medium wird in dem in Abb. 2.4.1 dargestellten Rührkessel gekühlt. Im Kessel herrscht ideale Durchmischung. Dies wird durch einen Rührer, der die Leistung $\dot{P}$ an die Flüssigkeit abgibt, bewirkt.

Ziel der Modellierung ist es, die Temperaturfunktionen $T_M(t)$ und $T_K(t, x)$ zu ermitteln. Zur Aufstellung der dynamischen Bilanzgleichungen wird Abb. 2.4.2 benutzt. Dabei werden folgende Symbole verwendet.

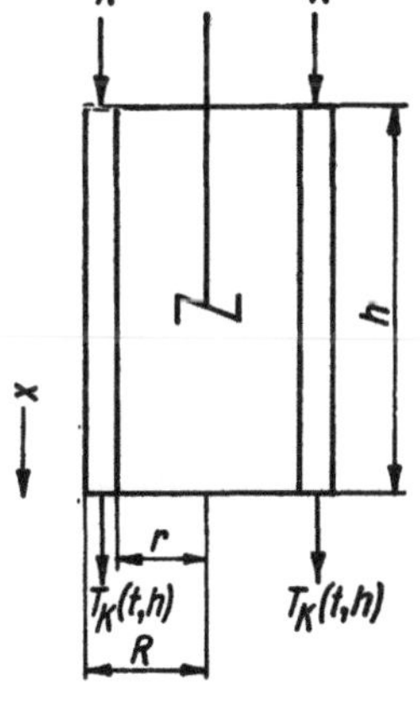

Abb. 2.4.1: **Schema eines Rührkessels zur Kühlung eines ideal durchmischten Mediums**

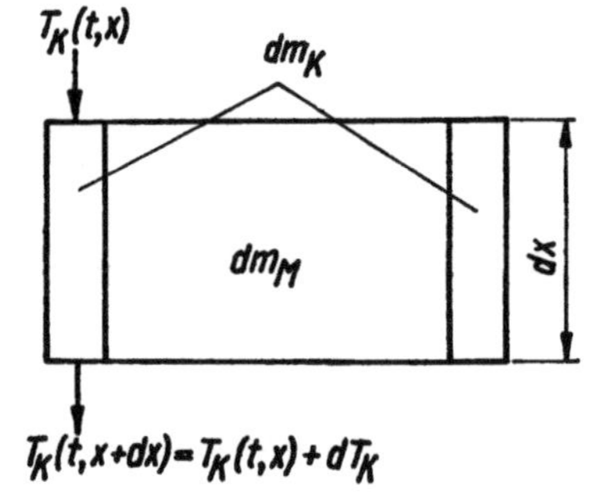

Abb. 2.4.2: Zur Aufstellung der dynamischen Bilanzgleichungen

Kurzzeichen:

t — Zeit, x — Ortskoordinate, T — Temperatur, c — spezifische Wärme, ϱ — Dichte, k — Wärmedurchgangskoeffizient, m — Menge, A — Fläche, r — Radius (Rührkesselinnenwand), R — Radius (Rührkesselaußenwand), h — Höhe, $\dot{P}$ — Rührerleistung.

Indizes:

M — bezogen auf Medium, K — bezogen auf Kühlmittel.

Energiebilanz für Mischmedium

$$\dot{P} - k \cdot A[T_M(t) - \overline{T}_K(t)] = c_M \cdot m_M \frac{dT_M(t)}{dt} \tag{2.4.1}$$

Da völlige Durchmischung herrscht, gilt

$$\overline{T}_K = \frac{1}{h} \int_0^h T_K(t, x)\, dx \tag{2.4.2}$$

Weitere Zusammenhänge sind

$$m_M = \varrho_M \cdot \pi r^2 \cdot h \tag{2.4.3}$$

$$A = 2\pi r \cdot h \tag{2.4.4}$$

Nach Einführung dieser Beziehungen in Gl. (2.4.1) erhält man

$$\frac{\dot{P}}{c_M \varrho_M \pi r^2 \cdot h} - \frac{2k}{c_M \varrho_M \cdot r} [T_M(t) - \overline{T}_K(t)] = \frac{dT_M(t)}{dt} \tag{2.4.5}$$

Energiebilanz für Kühlmittelstrom

$$\dot{m}_K c_K [T_K(t, x) - T_K(t, x) + dT_K] + k \cdot dA[T_M(t) - T_K(t, x)]$$

$$= c_K dm_K \frac{dT_K(t, x)}{dt} \tag{2.4.6}$$

Beachtet man Gln. (2.4.3) und (2.4.4) und zusätzlich

$$dm_K = \varrho_K \cdot \pi(R^2 - r^2)\,dx \tag{2.4.7}$$

dann ergibt sich nach Division von Gl. (2.4.6) durch dx und Vereinfachung

$$-\frac{m_K}{\varrho_K\pi(R^2 - r^2)} \cdot \frac{\partial T_K(t, x)}{\partial x} + \frac{2kr}{c_K\varrho_K(R^2 - r^2)}\,[T_M(t) - T_K(t, x)] = \frac{\partial T_K(t, x)}{\partial t} \tag{2.4.8}$$

Die Modellgleichungen (2.4.5) und (2.4.8) können in dieser Form nur numerisch integriert werden. Allerdings ergibt sich eine analytische Lösung, wenn vorausgesetzt wird, daß sich die Kühlmitteltemperatur verzögerungsfrei einstellt. Dann ist nämlich

$$\frac{\partial T_K(t, x)}{\partial t} = 0 \tag{2.4.9}$$

Daraus folgt als Lösung für Gl. (2.4.8)

$$T_K(t, x) = T_M(t) + [T_{Ko} - T_M(t)]\,e^{-\frac{2\pi rk}{c_K \cdot \dot{m}_K}x} \tag{2.4.10}$$

Durch die Mittelwertbildung nach Gl. (2.4.2) erhält man

$$\overline{T}_K(t) = T_M(t) + \frac{c_K\dot{m}_K}{2\pi rkh}\,[T_{Ko} - T_M(t)]\left(1 - e^{-\frac{2\pi rk}{c_K\dot{m}_K}h}\right) \tag{2.4.11}$$

Nun kann Gl. (2.4.5) integriert werden. Es ergibt sich

$$T_M(t) = T_{Ko} + \frac{\dot{P}}{Q \cdot c_K\dot{m}_K} + \left(T_{Mo} - \frac{\dot{P}}{Qc_K\dot{m}_K} - T_{Ko}\right) \times \exp\left\{-\frac{c_K \cdot \dot{m}_K \cdot Q}{c_M\varrho_M \cdot \pi r^2 h}\,t\right\} \tag{2.4.12}$$

Darin ist

$$Q = 1 - \exp\left\{-\frac{2\pi rk \cdot h}{c_K\dot{m}_K}\right\} \tag{2.4.12a}$$

Setzt man diese Beziehung in Gl. (2.4.10) ein, so erhält man die Temperaturfunktion des Kühlmittels

$$T_K(t, x) = T_{Ko} + \left[\frac{\dot{P}}{Qc_K\dot{m}_K} + \left(T_{Mo} - \frac{\dot{P}}{Qc_K\dot{m}_K} - T_{Ko}\right) \times \exp\left(-\frac{c_K\dot{m}_KQ}{c_M\varrho_M\pi r^2h}\,t\right)\right] \cdot \left(1 - e^{-\frac{2\pi rkx}{c_K\dot{m}_K}}\right) \tag{2.4.13}$$

Darin sind

$$T_{K_0} = T_K(t, 0) \qquad (2.4.14)$$

$$T_{M_0} = T_M(0) \qquad (2.4.15)$$

Für die Kühlung konzentrierter Schwefelsäure sollen folgende Daten angenommen werden:

$$T_{K_0} = 20\,°\mathrm{C},\ T_{M_0} = 120\,°\mathrm{C},\ h = 1\ \mathrm{m},\ r = 0{,}5\ \mathrm{m},\ R = 0{,}51\ \mathrm{m},$$

$$k = 200\ \frac{W}{m^2 \cdot K},\ \varrho_K = 1000\ \frac{\mathrm{kg}}{\mathrm{m}^3},\ \varrho_M = 1831\ \frac{\mathrm{kg}}{\mathrm{m}^3},\ c_K = 4{,}19\ \frac{\mathrm{kJ}}{\mathrm{kg\ K}},$$

$$c_M = 1{,}4\ \frac{\mathrm{kJ}}{\mathrm{kg\ K}},\ \dot{m}_K = 1\ \frac{\mathrm{kg}}{\mathrm{s}},\ \dot{P} = 2\ \mathrm{kW}$$

Wird t in Stunden ausgedrückt, ergeben sich folgende Beziehungen

$$T_M(t) = [23{,}4 + 96{,}6 \cdot \exp(-1{,}0433\, t)]\ °\mathrm{C}$$

$$T_K(t, x) = \{[23{,}4 + 96{,}6 \cdot \exp(-1{,}0433\, t)]\,[1 - \exp(-0{,}15\, x)] + 20 \cdot \exp(-0{,}15\, x)\}\ °\mathrm{C}$$

Für die Kühlwasseraustrittstemperatur gilt:

$$T_K(t, h) = 0{,}1393\ T_M(t) + 17{,}2\,°\mathrm{C}$$

Die Funktionen der Medientemperatur und der Kühlwassertemperatur sind in den Abb. 2.4.3 und 2.4.4 dargestellt. Außerdem wurde die Abhängigkeit der Kühlzeit von der Kühlwassermenge untersucht. Sie ist bei einer Kühlung von 120°C auf 40°C in Abb. 2.4.5 dargestellt. Aus dieser Darstellung geht

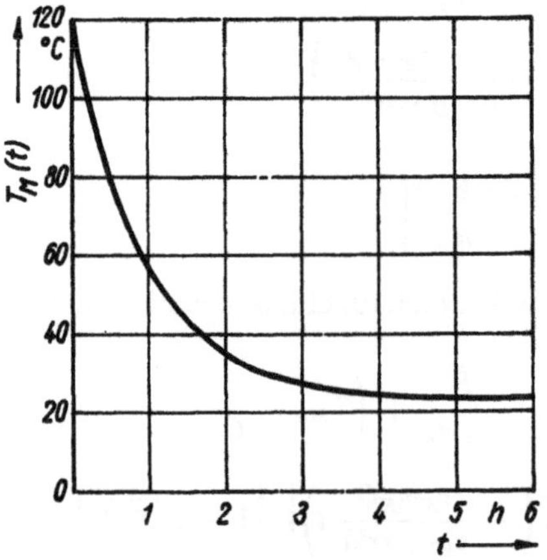

Abb. 2.4.3: Zeitabhängigkeit der Temperatur im Rührkessel beim Kühlen

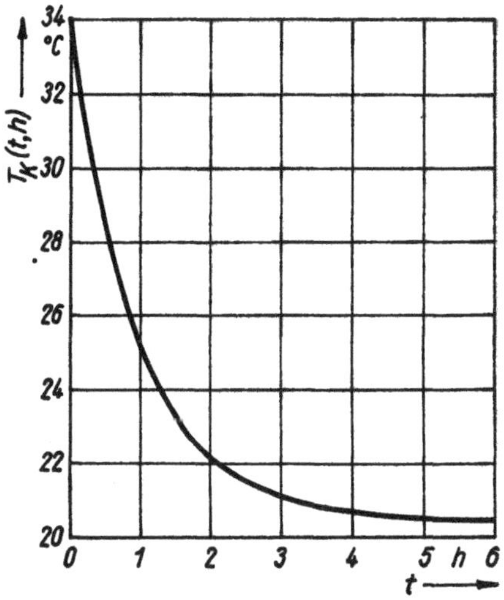

Abb. 2.4.4: Zeitabhängigkeit der Kühlwasseraustrittstemperatur

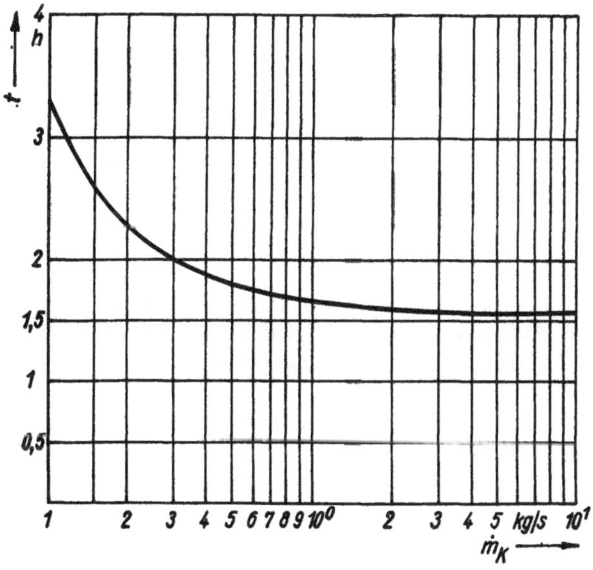

Abb. 2.4.5: Kühldauer in Abhängigkeit vom Kühlwasserdurchsatz

deutlich hervor, daß sich bei Kühlwasserdurchsätzen über 1 kg/s eine weitere Durchsatzerhöhung nur wenig auf die Kühlzeit auswirkt.

Die Gleichungen (2.4.12) und (2.4.13) lassen sich ebenso gut auch nach der Abkühlungszeit auflösen.

Aufheizungsprozeß

Das in einem Rührkessel befindliche Medium wird mit Hilfe von Sattdampf, der im Mantelraum kondensiert, aufgeheizt. Die Temperatur des Heizmediums bleibt dabei konstant. Zusätzlich wird die Rührerleistung $\dot{P}$ berücksichtigt.

Der Aufheizvorgang kann durch folgende Differentialgleichung beschrieben werden.

$$k \cdot A[T_D - T_M(t)] + \dot{P} = c_M m_M \frac{dT_M}{dt} \tag{2.4.16}$$

Darin ist T_D die Temperatur des kondensierenden Dampfes. Für die Wärmeübertragungsfläche A und den Kesselinhalt kann man schreiben

$$A = 2\pi r \cdot h \tag{2.4.17}$$

bzw.

$$m_M = \varrho_M \pi r^2 \cdot h \tag{2.4.18}$$

Unter Beachtung dieser Beziehungen liefert die Integration von Gl. (2.4.16)

$$T_M(t) = T_D + \frac{\dot{P}}{2\pi r h k} - \left(T_D + \frac{\dot{P}}{2\pi r h k} - T_{M0}\right) \times \exp\left(-\frac{2k}{c_M \varrho_M r} t\right) \tag{2.4.18a}$$

Für einen konkreten Fall seien folgende Werte gegeben:

$$T_{M0} = 40\,°\mathrm{C},\ T_D = 158\,°\mathrm{C},\ \dot{P} = 1, 2, 5, 10\ \mathrm{kW},\ k = 400\ \frac{\mathrm{W}}{\mathrm{m^2\,K}},$$

$$\varrho_M = 1831\ \frac{\mathrm{kg}}{\mathrm{m^3}},\ c_M = 1{,}4\ \frac{\mathrm{kJ}}{\mathrm{kg\,K}} \quad \text{und} \quad r = 0{,}5\ \mathrm{m}.$$

Die Funktion $T_M(t)$ ist in Abb. 2.4.6 dargestellt. Aus der Darstellung geht hervor, daß die Aufheizzeit von der Rührerleistung abhängt. Ausgewählte Ergebnisse sind in Tab. 2.4.1 zusammengefaßt.

Tabelle 2.4.1: Aufheizzeiten bei unterschiedlichen Rührerleistungen ($T_{M0} = 40\,°\mathrm{C}$)

T_M [°C]	t [h]	
	$\dot{P} = 1$ kW	$\dot{P} = 10$ kW
60	0,0820	0,0769
80	0,1827	0,1700
100	0,3130	0,2877
120	0,4980	0,4484
140	0,8204	0,7023
150	1,1582	0,9183
155	1,5319	1,0851
160	—	1,3548

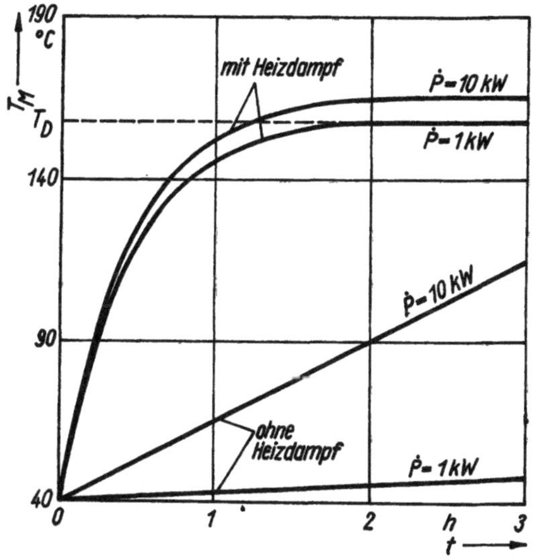

Abb. 2.4.6: Medientemperatur im Rührkessel in Abhängigkeit von der Heizzeit bei verschiedenen Rührerleistungen

Außerdem stellt sich eine höhere Gleichgewichtstemperatur als T_D ein. Die Richtung des Wärmedurchgangs kehrt sich also um, wenn $T_M(t) = T_D$ erreicht ist.

Bei adiabater Aufheizung durch ausschließliche Nutzung der Rührerleistung ergibt sich folgende Temperaturfunktion

$$T_M(t) = \frac{\dot{P} \cdot t}{c_M m_M} + T_{M0} \qquad (2.4.18\,b)$$

Ihr Verlauf ist für $\dot{P} = 1$ kW und $\dot{P} = 10$ kW in Abb. 2.4.6 dargestellt.

Die Gleichungen (2.4.18a/b) können ebenso gut zur Bestimmung der Aufheizzeit genutzt werden.

2.4.2. Ermittlung des Zeitaufwandes bei der diskontinuierlichen Destillation

Bei diskontinuierlichen Verfahren ist es oft notwendig, Flüssigkeitsgemische unter Verwendung vorhandener beheizter Rührapparate als Destillierblase zu trennen bzw. zu reinigen. Zur Reinigung genügt in der Regel die Anwendung einer offenen Destillation. Der Apparateaufbau für dieses Verfahren ist in Abb. 2.4.7 dargestellt. Während der Destillation sinkt die Flüssigkeitsmenge in der Blase und damit die effektive Wärmeübertragungsfläche. Bei der Ermittlung der Trennzeit wird dieser Vorgang berücksichtigt. Die Lösung des Problems kann nach einem bekannten Fall erfolgen [2.4.1].

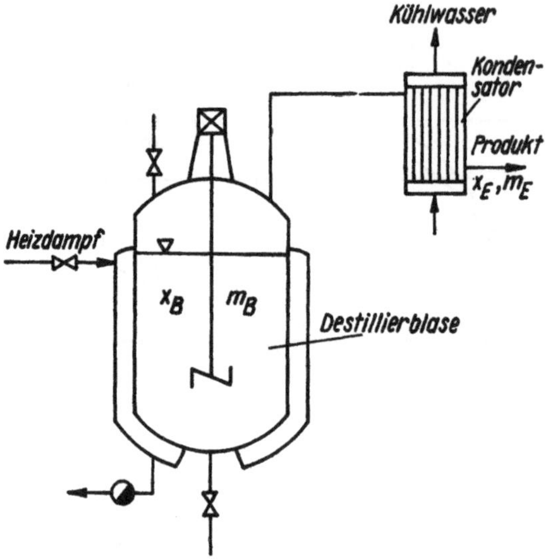

Abb. 2.4.7: Apparateaufbau für die offene Destillation [2.4.1]

Die gesamte Trennzeit t_G ergibt sich aus der Zeit t_A zum Aufheizen der Gemischmenge m_{B1} von der Anfangstemperatur T_A auf Siedetemperatur T_S und der Zeit t_T zur Reinigung bzw. Trennung des Gemisches durch Destillation

$$t_G = t_A + t_T \tag{2.4.19}$$

Die Aufheizzeit ergibt sich näherungsweise aus der Beziehung

$$t_A = \frac{m_{B1}\, \Delta h}{k \cdot A \cdot \Delta T_M} \tag{2.4.20}$$

Δh – Enthalpiedifferenz des Einsatzgemisches zwischen Siedetemperatur und Anfangstemperatur, k – Wärmedurchgangskoeffizient, A – Wärmeübertragungsfläche, ΔT_M – mittlere logarithmische Temperaturdifferenz zwischen Gemisch und Heizmittel.

Für die Trennzeit gilt näherungsweise die Beziehung

$$t_T = \frac{Q_T}{\dot{Q}_{mT}} \tag{2.4.21}$$

Q_T – Energiebedarf für die Flüssigkeitstrennung zur Gewinnung einer bestimmten Erzeugnismenge von gewünschter Konzentration, $\dot{Q}_{mT}$ – mittlere Energiemenge, die je Zeiteinheit übertragen wird.

Wenn das Gemisch der Konzentration x_{m1} an Leichtersiedendem in die Erzeugnismenge m_E mit der Konzentration x_E und die Restmenge m_2 mit dem Gehalt x_{m2} zerlegt werden soll, beträgt der Energiebedarf bei einer offenen Destillation

$$Q_T = \int_0^{m_E} (h_K + h_v)\, dm \qquad (2.4.22)$$

m_E — Gesamterzeugnismenge, m — Erzeugnismenge, $h_K = f(x_E)$ — Kondensationsenthalpie des Erzeugnisses bei Betriebsdruck, $h_v = f(x_E)$ — Verdampfungsenthalpie des Erzeugnisses.

Der Ausdruck (2.4.22) berücksichtigt nicht die Änderung der Wärmekapazität während der Flüssigkeitszerlegung.

Zwischen den einzelnen Mengen und Konzentrationen bestehen folgende Zusammenhänge:

$$m = m_{B1} - m_{B2} \qquad (2.4.23)$$

$$m_{B2} = m_{B1} \cdot \exp \int_{x_{B2}}^{x_{B1}} \frac{dx_B}{x_E - x_B} \qquad (2.4.24)$$

Dabei ist x_E die Gleichgewichtskonzentration des Gemischdampfes zur Flüssigkeit mit der jeweiligen Konzentration x_B. Mit Hilfe der Beziehungen (2.4.23) bis (2.4.24) kann Q_T z. B. durch graphische Integration bestimmt werden. Die mittlere übertragbare Energiemenge findet man durch Mittelwertbildung aller momentan übertragbaren Energiemengen.

$$\dot{Q}(m_B) = k \cdot A(m_B) \cdot \Delta T(m_B) \qquad (2.4.25)$$

$Q(m_B)$ — Energiemenge, die beim Kesselinhalt m_B übertragbar ist, k — Wärmedurchgangskoeffizient, $A(m_B)$ — Wärmeübertragungsfläche, $\Delta T(m_B)$ — Temperaturdifferenz zwischen Heizmedium und jeweiliger Siedetemperatur des Gemisches.

Mit diesen Funktionen ist

$$\dot{Q}_{mT} = \frac{1}{A(m_{B1}) - A(m_{B2})} \int_{A(m_{B2})}^{A(m_{B1})} k \cdot A(m_B) \cdot \Delta T(m_B)\, dA(m_B) \qquad (2.4.26)$$

Die dargestellten Beziehungen [2.4.1] sind auch an gleicher Stelle durch ein konkretes Beispiel belegt worden:

Es sind 10 m³ eines Methanol-Wassergemisches mit einer Anfangskonzentration von $x_{B1} = 48{,}5$ Mol-% Methanol bei Atmosphärendruck auf $x_E = 65$ Mol-% durch Destillation zu konzentrieren. Als Destillierblase dient ein mantelbeheizter Rührkessel von 2,4 m Durchmesser. Weiter wird angenommen, daß das Gemisch bereits auf Siedetemperatur vorgeheizt ist. Für $k = 0{,}582$ kW/m² K und einer Heizdampftemperatur von 120 °C ist die Erzeugnismenge bezogen auf 100 Mol-% Methanol in Abhängigkeit von der Trennzeit in Abb. 2.4.8 dargestellt.

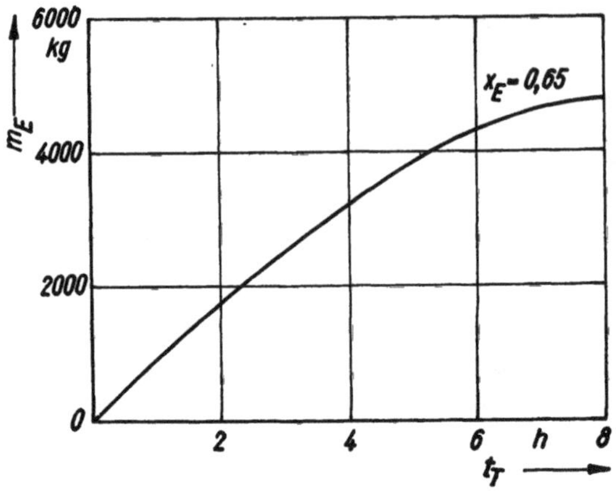

Abb. 2.4.8: Trennzeit bei der offenen Destillation [2.4.1]

2.4.3. Modellierung des Temperaturverhaltens eines Großreaktors bei der diskontinuierlichen Polymerisation von 1,3-Butadien/Styrol

Die Copolymerisation von Butadien/Styren in Emulsion verläuft zwischen 5 und 50 °C nach einer Reaktion nullter Ordnung [2.4.2]. Dabei wird ein Umsatz von ca. 60% erreicht. Ist dieser Wert überschritten, dann klingt die Reaktionsgeschwindigkeit sehr schnell ab.

Das Temperaturverhalten des Reaktors wird durch folgende Beziehungen beschrieben [2.4.2]

$$\frac{dx}{dt} = k \cdot \exp\left(-\frac{A}{T}\right) \tag{2.4.27}$$

$$\frac{dT}{dt} = b \cdot k \cdot \exp\left(-\frac{A}{T}\right) \tag{2.4.28}$$

$$\dot{Q}_{ab}^{K} = f[T, \alpha^{(T)}, \alpha_1, \ldots] \tag{2.4.29}$$

$$\dot{Q}_{ab}^{R} = g[T, \alpha_K(P), \alpha_1, \ldots] \tag{2.4.30}$$

Die Gleichungen (2.4.27) und (2.4.28) drücken die Konzentrations- bzw. Temperaturänderung in Abhängigkeit von der Zeit aus. Gl. (2.4.29) beschreibt den Wärmestrom, der bei Mantelkühlung und Gl. (2.4.30) den Wärmestrom, der durch Verdampfungskühlung aus dem Reaktor abgeführt wird.

Im einzelnen bedeuten:

x – Umsatz, T – Reaktionstemperatur, t – Zeit, k – Geschwindigkeitskonstante, A, b – Konstanten, $\alpha(T)$ – Wärmeübergangskoeffizient (Wand—Medium), α_1 – Wärmeübergangskoeffizient (Kühlmittel—Wand) und P – Dampfdruck des Butadiens.

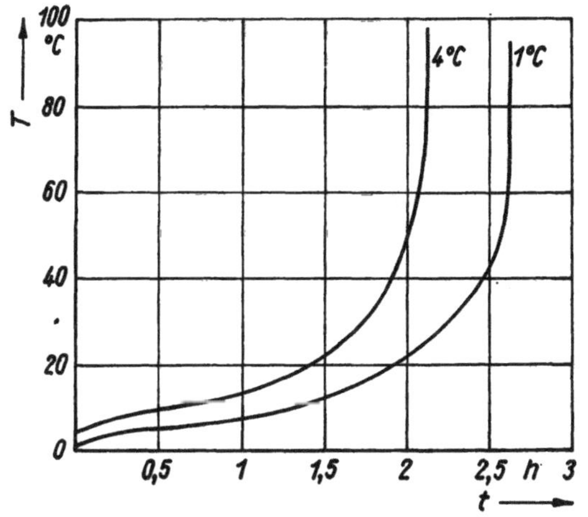

Abb. 2.4.9: Temperaturverlauf bei adiabatischer Polymerisation für Anfangstemperaturen von 1 °C und 4 °C [2.4.2]

Das angegebene Modell kann nur numerisch mit Hilfe von Rechnern ausgewertet werden. Ausgewählte Ergebnisse [2.4.2] sind in den Abb. 2.4.9 bis 2.4.11 dargestellt. Die Resultate zeigen, daß die Endreaktionstemperatur von 55 °C nur bei Kühlung eingehalten werden kann. Allerdings ist bei reiner Mantelkühlung eine Anfangstemperatur von 1 °C zu wählen. Die Reaktionszeit würde dadurch stark verlängert. Außerdem können sich bei geringen Abweichungen der Stoff- und Apparateparameter (Wärmedurchgangskoeffizient) vom berechneten Wert höhere Endtemperaturen einstellen. Aus diesem Grunde ist eine kombinierte Mantel-Verdampfungskühlung vorteilhaft, weil höhere

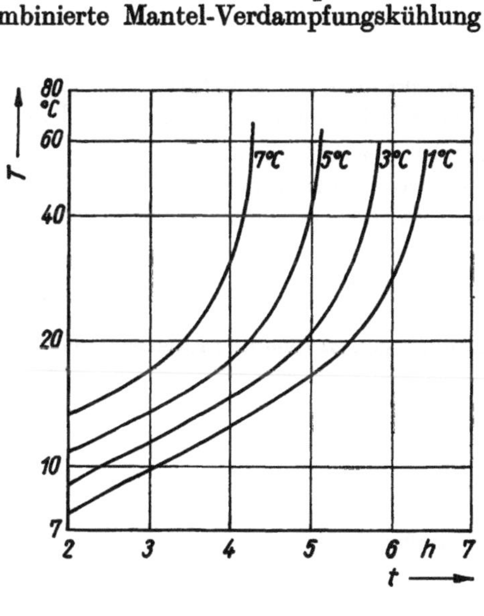

Abb. 2.4.10: Temperaturverlauf bei Mantelkühlung für unterschiedliche Anfangstemperaturen [2.4.2]

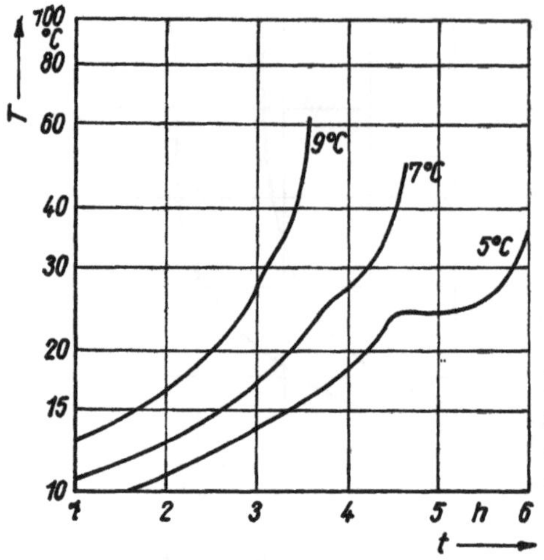

Abb. 2.4.11: Temperaturverlauf bei Mantel- und Verdampfungskühlung für unterschiedliche Anfangstemperaturen [2.4.2]

Anfangstemperaturen zugelassen sind. Dadurch verkürzt sich die Reaktionszeit. Gleichzeitig wächst die Wahrscheinlichkeit eines sicheren Prozeßverlaufes.

2.4.4. Modellierung der zyklischen katalytischen Oxydation

Die zyklische Betriebsweise bei der katalytischen Oxydation von SO_2 wurde in einem Beitrag [2.4.3] auf der Grundlage von experimentellen Ergebnissen [2.4.4] modelliert. Als zeitabhängiger Parameter dient das molare Einspeisungsverhältnis

$$y = \frac{c_{SO_2}}{c_{O_2}}$$

Es wird in Form von Rechteckwellen um den stationären Wert y_s moduliert. Der Modellierung werden folgende Bedingungen zugrunde gelegt:

1. Die Gesamtreaktion besteht aus drei Elementarschritten, und zwar SO_2- und O_2-Adsorption, Oberflächenreaktion und SO_3-Desorption [2.4.5].
2. Die Oberflächenreaktion ist der geschwindigkeitsbestimmende Schritt [2.4.6].
3. Die Adsorption der beiden Reaktanden ist unabhängig.
4. Der Gesamtdurchsatz ist konstant.

Unter diesen Voraussetzungen gelten folgende kinetische Gleichungen:

Adsorptionsschritt

$$r_a = k_a \cdot c_f(1 - c_g/\omega) - k_d \cdot c_g/\omega \tag{2.4.31}$$

Oberflächenreaktion

$$r = \frac{dc_g^{SO_3}}{dt} = k \cdot c_g^{SO_2}(c_g^{O_2})^{0,5} - k'c_g^{SO_3} \tag{2.4.32}$$

Für die Reaktionspartner gelten folgende Bilanzgleichungen

$$D_v(c_0^{SO_2} - c_f^{SO_2}) = m_c \frac{dc_g^{SO_2}}{dt} + V \frac{dc_f^{SO_2}}{dt} + m_c \cdot r \tag{2.4.33}$$

$$D_v(c_0^{O_2} - c_f^{O_2}) = m_c \frac{dc_g^{O_2}}{dt} + V \frac{dc_f^{O_2}}{dt} + \frac{1}{2} m_c \cdot r \tag{2.4.34}$$

c_f — Konzentration in der fluiden Phase, c_g — Konzentration in der festen Phase, c_0 — Konzentration der Einspeisung, c_f^i — Konzentration der Komponente i in der fluiden Phase, c_g^i — Konzentration der Komponente i in der festen Phase, k, k' — Geschwindigkeitskonstante, r — Reaktionsgeschwindigkeit, r_a — Adsorptionsgeschwindigkeit, k_a, k_d — Adsorptions- bzw. Desorptionskonstanten, m_c — Katalysatormasse, V — Volumen der fluiden Phase, ω — Zahl der aktiven Stellen pro Masseneinheit, t — Zeit, D_v — Durchsatz der Gasphase.

Bei der Auswertung des Modells wurden folgende Ergebnisse erzielt:

1. Durch die zyklische Fahrweise erhöhten sich die Konzentrationen der Reaktionspartner an der Katalysatoroberfläche entsprechend Abb. 2.4.12.

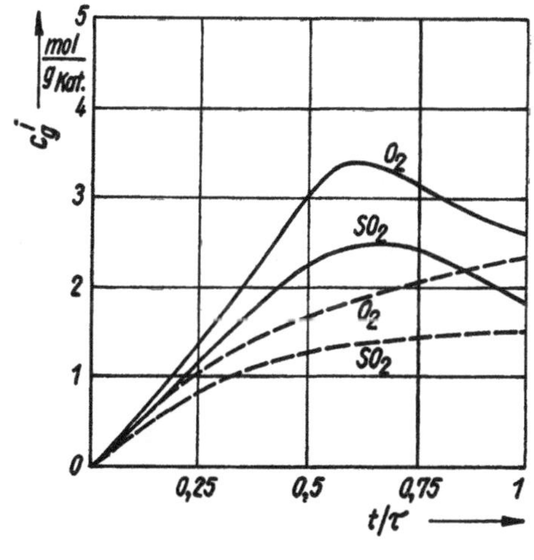

Abb. 2.4.12: Zeitliche Änderung der Konzentrationen der Reaktionspartner in der Katalysatorphase [2.4.3]
——— zyklischer Betrieb;
-------- stationärer Betrieb.

2. Die zyklische Betriebsweise beider Reaktionspartner ist wirksamer als die zyklische Betriebsweise je eines der Reaktanden nach Abb. 2.4.13.
3. Im Gegensatz zu experimentellen Ergebnissen ergibt die Modellauswertung, daß die zyklische Veränderung der SO_2-Konzentration zu höheren Konzentrationen führt als die Änderung der O_2-Konzentration (Abb. 2.4.13). Ergebnisse, die den experimentellen Werten näher kamen, wurden mit folgender Gleichung erzielt [2.4.7]:

$$r = k'' \cdot p_{O_2} \cdot p_{SO_2}^{0,5} \tag{2.4.35}$$

k'' — Geschwindigkeitskonstante, p — Partialdrücke.

Die Eingangsgrößen und Werte der Reaktionsgeschwindigkeit sind in Tab. 2.4.2 bzw. 2.4.3 zusammengefaßt.

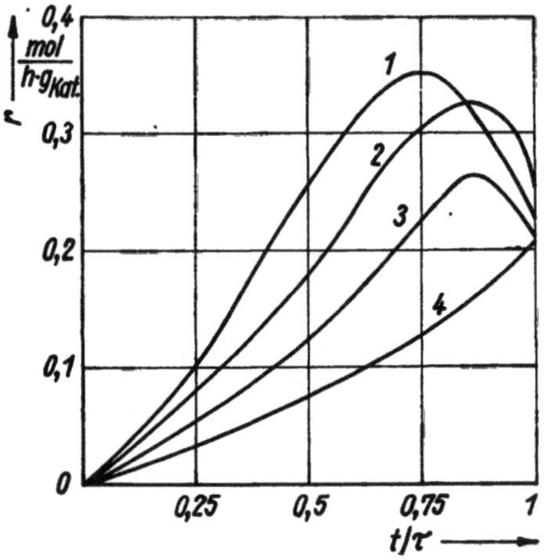

Abb. 2.4.13: Einfluß der zyklischen Fahrweise auf die Reaktionsgeschwindigkeit bei der katalytischen Oxydation [2.4.3]
$D_V = 9{,}4737 \cdot 10^{-2}$, $m_c = 0{,}2$ kg
$V = 1$ m³ $k_a = 10$ m³/h · g_{Kat}
$K_a/\omega = 1{,}1$ h⁻¹;
1 — zyklischer Betrieb von O_2 und SO_2, *2* — zyklischer Betrieb von SO_2, *3* — zyklischer Betrieb von O_2, *4* — stationärer Betrieb.

Tabelle 2.4.2: Eingangskonzentrationen bei der katalytischen Oxydation [2.4.3]

Reaktant	Stationärer Betrieb c_0 $\left[\frac{mol}{m^3}\right]$	Zyklischer Betrieb c_{0min} $\left[\frac{mol}{m^3}\right]$	c_{0max}
Sauerstoff	5,3020	2,6510	7,9530
Schwefeldioxid	3,1814	1,5907	4,7721
Gesamtdurchsatz	2 mol/h	2 mol/h	

Tabelle 2.4.3: Über die Zeit gemittelte Werte der Reaktionsgeschwindigkeit bei der katalytischen Oxydation [2.4.3]

Zyklische Betriebsweise für	Reaktionsgeschwindigkeit [mol/h · g_{kat}] nach Gl. (2.4.32)	Gl. (2.4.35)
Sauerstoff	0,1378	—
Schwefeldioxid	0,1706	$3{,}7300 \cdot 10^{-3}$
Sauerstoff und Schwefeldioxid	0,1903	—
Stationäre Betriebsweise	0,1131	$3{,}0810 \cdot 10^{-3}$

2.4.5. Modellierung des Anfahr- und Betriebsverhaltens exothermer diskontinuierlicher Reaktoren [2.4.8]

Im allgemeinen ist es nur recht schwer möglich, das optimale Betriebsregime diskontinuierlich arbeitender Reaktoren vollständig vorauszuberechnen. Aus diesem Grunde werden vereinfachte, halbempirische Auslegungsmethoden bevorzugt angewendet, um Kriterien für ein sicheres Anfahr- und Betriebsverhalten zu finden.

Diskontinuierliche Reaktoren werden meist zur Herstellung von Spezialprodukten komplizierter chemischer Struktur verwendet. Solche Reaktionen

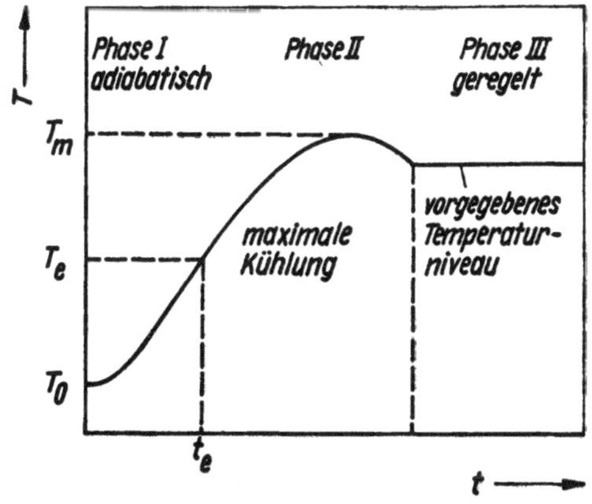

Abb. 2.4.14: Temperatur-Zeit-Funktion diskontinuierlicher exothermer Reaktionsprozesse

sind oft stark exotherm, d. h. die Einsatzprodukte sind reaktionsfreudig, so daß eine Reihe unerwünschter Neben- und Folgereaktionen möglich sind, welche nur durch eine exakte Prozeßführung eingeschränkt werden können. Besonders kritisch ist dabei der Anfahrprozeß. Das Prozeßverhalten ist in jedem Falle eine Frage der Temperaturführung.

Als allgemeine Regel wird folgender Temperaturverlauf empfohlen:

1. Schnelles Erreichen einer Solltemperatur.
2. Nach Durchlaufen eines Maximums wird der Prozeß etwas unterhalb der Solltemperatur weitergeführt.

Für einen gekühlten diskontinuierlichen Reaktor ergibt sich damit der in Abb. 2.4.14 dargestellte Temperaturverlauf.

Man unterscheidet drei Phasen. Beginnend bei der Anfangstemperatur T_0 wird der Reaktor adiabatisch betrieben, bis die Einschalttemperatur T_e zum Einschaltzeitpunkt t_e erreicht wird. Nach t_e beginnt die Phase maximaler Kühlung (Phase II). Wenn das Temperaturmaximum T_m überschritten ist, wird die Temperatur entsprechend eines vorgegebenen Temperaturniveaus eingehalten (Phase III). Bei dieser Temperaturführung sind folgende Probleme zu lösen:

1. Wie sollen Einschalttemperatur T_e und Anfangstemperatur T_0 gewählt werden?
2. Wie sind die Kühlbedingungen zu wählen, damit sich die Solltemperatur sicher und reproduzierbar einstellen läßt?

Bei der Lösung dieser Probleme wird von den Stoff- und Energiebilanzen der Phase II ausgegangen. Grundlage dafür ist das in Abb. 2.4.15 dargestellte Temperatur-Umsatz-Diagramm.

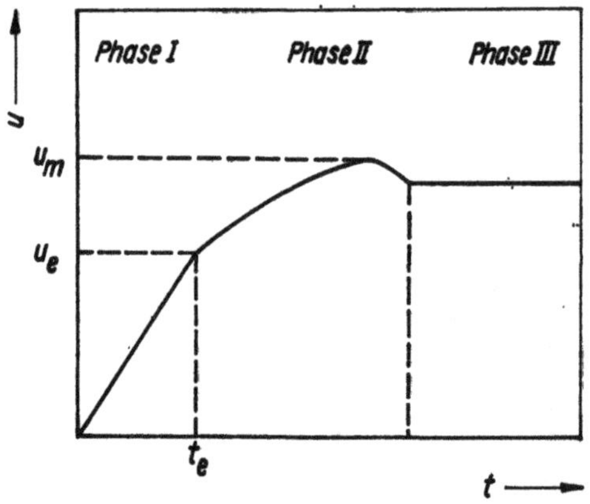

Abb. 2.4.15: Umsatz-Zeit-Funktion diskontinuierlicher exothermer Reaktionsprozesse

Während der adiabatischen Phase I gilt ein linearer Temperaturverlauf

$$T = T_0 + \Delta T_{ad} \cdot u \tag{2.4.36}$$

T_0 – Anfangstemperatur, ΔT_{ad} – adiabatische Temperaturerhöhung, u – Umsatz der Unterschuß-Komponente.

Die Gleichung (2.4.36) gilt bis zum Umschaltzeitpunkt mit den Werten T_e (Temperatur am Umschaltzeitpunkt) und u_e (Umsatz beim Umschaltzeitpunkt). Ausgehend von diesen Daten kann der weitere Verlauf $T(u)$ berechnet werden. Dazu ist eine Korrelationsbeziehung erforderlich:

$$K = \left[\frac{1 - u_e}{1 - u_m}\right]^n (1 - \sqrt{\Phi})^m \tag{2.4.37}$$

Darin ist

$$\Phi = \frac{T_m - T_e}{(1 - u_e)\,\Delta T_{ad}} \tag{2.4.38}$$

T_m – Temperaturmaximum, u_m – Umsatz bei maximaler Temperatur, n – effektive Reaktionsordnung, m, K – Parameter zur Anpassung an experimentelle Daten.

Für m gilt

$$m = 0{,}6n + 0{,}8 \tag{2.4.39}$$

Beim Temperaturmaximum sind Wärmeabführung durch Kühlung und chemische Wärmeerzeugung gleich. Es gilt

$$k \cdot A(T_m - T_K) = -\Delta H \cdot V \cdot k_m \cdot c_{Ao} \cdot c_{Bo}(1 - u_m)^n \tag{2.4.40}$$

k — Wärmedurchgangskoeffizient, A — Kühlfläche, T_m — Maximaltemperatur, T_K — Temperatur des Kühlmittels, ΔH — Reaktionsenthalpie, V — Reaktorvolumen, k_m — Geschwindigkeitskonstante, c_{Ao} — Konzentration der Komponente A bei T_0, c_{Bo} — Konzentration der Komponente B bei T_0, n, u_m — wie bei Gl. (2.4.40).

Setzt man nun für u_m die Korrelationsbeziehung (2.4.37) ein, so erhält man die für die Festlegung der Betriebsbedingungen entscheidende Beziehung

$$\Psi_m \cdot k \cdot \beta = (1 - u_e)^n \left(1 - \sqrt{\Phi}\right)^m \tag{2.4.41}$$

mit den dimensionslosen Größen

$$\Psi_m = \frac{R \cdot T_m^2 k \cdot A}{E(-\Delta H)\, k_m c_{Ao} c_{Bo} V} \tag{2.4.42}$$

und

$$\beta = \frac{E}{RT_m^2} (T_m - T_K) \tag{2.4.43}$$

Als zusätzlich auftretende Symbole bezeichnen E — Aktivierungsenergie und R — Gaskonstante.

Bei vorgegebener Solltemperatur T_m enthält Ψ_m nur reaktions- bzw. reaktorspezifische Daten, d. h. der Wert Ψ_m liegt bei diskontinuierlich arbeitenden Reaktoren weitgehend fest, weil in den meisten Fällen nur standardisierte Autoklaven zur Verfügung stehen. Die Auswahl der Datensätze T_0, T_e und T_K ist bei Berücksichtigung von Gl. (2.4.41) stark eingeschränkt. Allerdings lassen sich folgende Regeln für eine sichere Betriebsführung angeben:

1. Ein wichtiges Entscheidungskriterium für die technische Realisierung des diskontinuierlichen Prozesses ist

$$\gamma = \frac{T_m - T_0}{\Delta T_{ad}} \tag{2.4.44}$$

Diese Größe gibt den Beitrag der chemischen Wärmeerzeugung an, der zur Aufheizung des Reaktionsgutes von T_0 auf T_m erforderlich ist und nicht durch Kühlen abgeführt werden muß. Die Einstellung eines vorgegebenen Wertes Ψ_m über den Umschaltzeitpunkt ist nur in begrenztem Umfang möglich. Die durch Gl. (2.4.41) festgelegten Bedingungen müssen in erster Linie über Start- und Kühlmitteltemperatur, d. h. über $K\beta$ und γ realisiert werden. Als Regel gilt nun, daß bei $\gamma < 0{,}25$ ein diskontinuierlicher Prozeß nicht mehr möglich ist.

2. Aus Sensitivitätsuntersuchungen

$$S = \frac{dT_m}{dT_K} \tag{2.4.45}$$

kann ein kritischer Wert der Reaktionskenngröße

$$B = \frac{E\,\Delta T_{ad}}{RT_m^{\,2}} \tag{2.4.46}$$

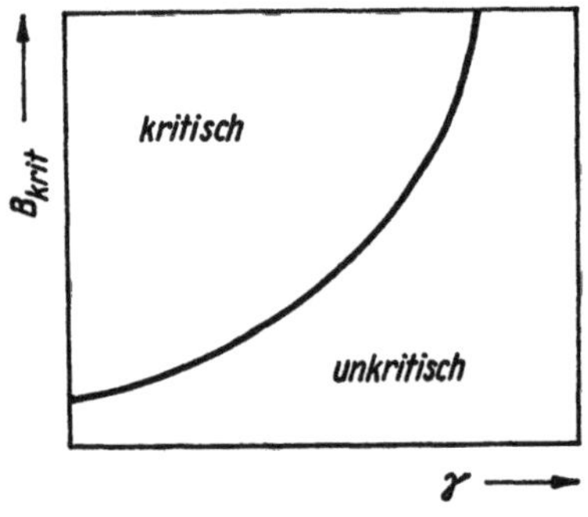

Abb. 2.4.16: Abhängigkeit der kritischen Reaktionszahl von der Funktion γ

abgeleitet werden. Der Differentialquotient S bezeichnet dabei die Temperaturänderung (Temperaturmaximum) bei einer Änderung der Kühlmitteltemperatur. In Abb. 2.4.16 ist $B_{\text{krit.}}$ als Funktion von γ dargestellt.

Mit wachsendem γ können auch schwerer beherrschbare Reaktionen mit entsprechend großen Werten von B in den stabilen Kühlbereich gebracht werden.

3. Ein sicheres Umschalten auf maximale Kühlung ist nur bei mäßig hoher Aufheizgeschwindigkeit am Umschaltzeitpunkt möglich. Diese sollte 100 K/h nicht überschreiten. Daraus folgt ein Mindestwert für γ bzw. eine obere Grenze für T_0. Als Dauer für die adiabate Phase I wird ein Richtwert von einer Stunde angegeben.

Auf der Grundlage dieser Kriterien ist schließlich eine Auswahl des Reaktors und des entsprechenden Betriebsregimes möglich. Voraussetzung ist die Kenntnis aller reaktorspezifischen Daten und der Stoffwerte der Reaktanten im interessierenden Temperaturbereich $T_0 \leqq T \leqq T_m$. In einer Übersichtsarbeit [2.4.8] werden zwei Anwendungsbeispiele, die Synthese eines Chlor-Schwefel-Additivs und eines Maleinsäure-Halbesters, beschrieben.

Für die Synthese des Chlorschwefel-Additivs gelten folgende Grundwerte für die Auslegung des Prozesses:

$$n = 1{,}64,\ m = 1{,}78,\ \Delta T_{ad} = 103{,}5\,\text{K},\ B = 5{,}3 \text{ und } \Psi_m = 0{,}015.$$

Die Aufheizgeschwindigkeit liegt mit 100 K/h an der oberen Grenze des für diskontinuierliche Prozesse technisch möglichen Bereiches. Entsprechend der angegebenen Kriterien können nun für den zulässigen Bereich von $0{,}54 \leq \gamma \leq 0{,}68$ bei Vorgabe der Umsätze zum Umschaltzeitpunkt die in Tab. 2.4.4 zusammengestellten Temperaturen ermittelt werden. Für die Wahl der Anfahrbedingungen steht nur ein recht enger Spielraum zur Verfügung. Kühlmittel- und Einschalttemperatur liegen nahe beieinander, so daß der Einschaltzeitpunkt dann gewählt werden kann, wenn $T_e = T_K$ ist.

Tabelle 2.4.4: Absolutwerte der Anfahrtaktik zur Umsetzung von Chlorschwefel mit Methyloleat ($T_m = 343$ K), [2.4.8]

u_e	T_0 [K]	T_e [K]	T_K [K]
0,05	284	289	282
0,10	280	290	290
0,15	276	292	294
0,20	272	293	300

Die Solltemperatur wird durch die Vorkühltemperatur T_0 bestimmt, wobei nach Tab. 2.4.4 $T_K + T_0 \approx 570$ K betragen soll. Daraus ließe sich folgende praktische Betriebsvorschrift ableiten:

Kühlmitteltemperatur: $290\ \text{K} < T_K < 298\ \text{K}$

Vorkühltemperatur der Stoffe: $T_0 = 570\ \text{K} - T_K$

Einschalttemperatur: $T_e = T_K$

Bei der Synthese eines Maleinsäure-Halbesters liegt die untere Grenze für die Starttemperatur durch den Schmelzpunkt des Einsatzstoffes Maleinsäureanhydrid (53 °C) fest.

Auf Grund der hohen Reaktionsgeschwindigkeit sollte die Einschalttemperatur gleich der Kühlmitteltemperatur sein. Für die Reaktionsführung können ausgehend von den angegebenen Kriterien folgende Vorschriften abgeleitet werden.

1. Schmelzen der Ausgangsstoffe (Beheizen).
2. Adiabate Betriebsweise bis zur Einschalttemperatur von 341 K.
3. Maximale Kühlung bis das Temperaturmaximum von 380 K durchlaufen wird.
4. Betrieb bei geregelter Kühlung bis der gewünschte Umsatz erreicht ist.

Änderungen der Kühlmitteltemperatur beeinflussen in starkem Maße den Maximalwert T_m. Aus diesem Grunde ist für eine konstante Kühlleistung zu sorgen, was zum Beispiel durch hohe Kühlmitteldurchsätze gewährleistet werden kann.

2.4.6. Modellierung instationärer Grundoperationen in der mikrobiologischen und Lebensmittelverfahrenstechnik

In der mikrobiologischen und Lebensmittelverfahrenstechnik nehmen sehr komplexe Reaktionen einen besonderen Platz ein. An vielen dieser Umwandlungen sind Mikroorganismen beteiligt. Sie verursachen einerseits gewollte Veränderungen an den Stoffen und bewirken z. B. die Herstellung von Bier, Wein, Hefe und anderen Gärungsprodukten. Andererseits gefährden Mikroorganismen die Nahrungs- und Genußmittel, wenn durch unerwünschte Stoffumwandlungen dieselben verdorben werden.

Die genannten Vorgänge sind immer mit Wachstums- und Vernichtungsprozessen von Mikroorganismen verbunden, deren Geschwindigkeit wesentlich vom Milieu (Konzentration der Nähr- bzw. Schadstoffe, pH-Wert usw.) und der Temperatur abhängt. Aus diesem Grunde ist die Kenntnis der Kinetik solcher Vorgänge für die Ermittlung entsprechender Reaktionszeiten bei diskontinuierlichen bzw. semikontinuierlichen Prozessen von Bedeutung. Im folgenden werden nur einige ausgewählte Grundoperationen, wie Gärungsprozesse, wobei als wichtige Anwendungsfälle die semikontinuierliche Herstellung von Backhefe und die Schlammfaulung (Biogaserzeugung) Berücksichtigung finden, sowie die thermische und chemische Vernichtung von Mikroorganismen (Sterilisieren und Desinfizieren) untersucht. Außerdem wird kurz auf die Temperatur-Zeit-Funktionen beim Vorgang des Brotbackens eingegangen. In allen Fällen sind nur ausgewählte Zeitfunktionen berücksichtigt worden, die sich aus den in Abschnitt 2.1. erläuterten allgemeinen Bilanzgleichungen ableiten lassen.

2.4.6.1. Modellierung von Gärungsprozessen

Die Modellierung von Gärungsprozessen beruht auf der Kinetik enzymatischer Reaktionen und des Wachstums der Mikroorganismen. Ihre Beschreibung ist mit Hilfe der bekannten Beziehungen von Michaelis-Menten [2.4.9] und Monod [2.4.10, 2.4.11] sowie entsprechender Modifikationen [2.4.17, 2.4.18, 2.4.26 bis 2.4.29] möglich.

Bei der nachfolgenden kurzen Abhandlung der Grundmodelle werden folgende Symbole verwendet:

X_E — Molenbruch in einem Enzym, X_S — Molenbruch im Substrat, $X_{E,S}$ — Molenbruch im Komplex Enzym-Substrat, X_P — Molenbruch in den Reaktionsprodukten, k_{+1} — Geschwindigkeitskonstante für die Bildung des Komplexes Enzym-Substrat, k_{-1} — Geschwindigkeitskonstante für den Zerfall des Komplexes Enzym-Substrat, k_2 — Geschwindigkeitskonstante für die Produktbildung, k_M — Konstante von Michaelis-Menten, Cm_M — Anzahl lebender Zellen je Volumeneinheit, Cm_S — Substratkonzentration, u — spezifische Wachstumsgeschwindigkeit, m_M — Menge der Mikroorganismen, k_S — Konstante nach Monod, V — Volumen des Gärungsbehälters.

Ausgehend von der reversiblen Reaktion zwischen Enzym und Substrat

$$X_E + X_S \underset{k_{+1}}{\overset{k_{-1}}{\rightleftharpoons}} X_{E,S}, \qquad (2.4.47)$$

an welche sich die Folgereaktion

$$X_{E,S} \xrightarrow{k_2} X_P + X_E \tag{2.4.48}$$

anschließt, kann die Geschwindigkeit der Produktbildung folgendermaßen beschrieben werden (Gleichung von MICHAELIS-MENTEN)

$$\dot{X}_P = k_2 X_{E,S} = \frac{k_2 X_E \cdot X_S}{k_M + X_S} \tag{2.4.49}$$

mit

$$k_M = \frac{k_{-1} + k_2}{k_{+1}} \tag{2.4.50}$$

Wenn X_S sehr groß ist und die totale Anfangskonzentration im Enzym in Form des Komplexes Enzym—Substrat vorliegt, ist $k_2 \cdot X_E$ die Maximalgeschwindigkeit $\dot{X}_{\max}$ für die Bildung der Reaktionsprodukte. Damit kann man schreiben

$$\dot{X}_P = \dot{X}_{\max} \left(\frac{X_S}{k_M + X_S} \right) \tag{2.4.51}$$

Zur Beschreibung des Wachstums einzelliger Mikroorganismen definierte MONOD [2.4.10, 2.4.11] die spezifische Wachstumsgeschwindigkeit

$$u = \frac{\dot{C}m_M}{Cm_M} \tag{2.4.52}$$

Mit steigendem Wert von Cm_S strebt u dem Maximalwert $u_{\max}$ zu. Analog zur Beziehung (2.4.51) kann man schreiben

$$u = u_{\max} \left(\frac{Cm_S}{k_S + Cm_S} \right) \tag{2.4.53}$$

bzw.

$$\dot{m}_M = u_{\max} \left(\frac{Cm_S}{k_S + Cm_S} \right) m_M \tag{2.4.54}$$

Zur Beschreibung komplexer instationärer Gärungsprozesse in großtechnischen Fermentoren ist das einfache MONOD-Modell ungeeignet. Experimentelle Untersuchungen des dynamischen Verhaltens weisen z. B. auf Zeitverzögerungen und Hystereseerscheinungen hin [2.4.12]. Außerdem wurden Oszillationen der Substratkonzentration beobachtet [2.4.13]. Um diese Phänomene beschreiben zu können, werden empirische Übertragungsfunktionen definiert und die Konstanten dem experimentell ermittelten Verhalten angepaßt [2.4.14 bis 2.4.16].

Ein anderer Weg besteht darin, die komplizierten Vorgänge des Mikroorganismenwachstums in vereinfachter Form zu berücksichtigen [2.4.17, 2.4.18].

Speziell zur Modellierung der Zeitverzögerungen wurden ausgehend von den Transportvorgängen in der Zelle Übertragungsfunktionen mit Totzeitanteil vorgeschlagen [2.4.19, 2.4.20].

Die Übertragungsfunktion für diesen Fall lautet

$$G(p) = \frac{u(p)}{Cm_S(p)} = \frac{Ke^{-T_t p}}{1 + Tp} \tag{2.4.55}$$

Die Konstanten T_t (Totzeit), T und K müssen experimentell bestimmt werden. Die Variablen $u(p)$ und $Cm_S(p)$ bezeichnen die LAPLACE-Transformierten der Zeitfunktionen $u(t)$ und $Cm_S(t)$.

Bei der diskontinuierlichen Gärung nimmt man unter Verwendung des MONOD-Modells bzw. modifizierter Modelle Mittelwerte für u in einem bestimmten Zeitintervall Δt an. Damit kann die Konzentrationsänderung der Mikroorganismen zwischen den Zeitpunkten $t_1 - t_0 = \Delta t$ berechnet werden

$$\ln \frac{Cm_M(t_0)}{Cm_M(t_1)} = u \cdot \Delta t \tag{2.4.56}$$

In der gleichen Weise lassen sich Änderungen der Konzentrationen im Substrat und der Produkte berechnen [2.4.21].

2.4.6.2. Modellierung instationärer Prozesse bei der Backhefeherstellung [2.4.25]

Backhefe wird nach einem semikontinuierlichen Verfahren (Zulaufverfahren) in mehreren sogenannten Gärbottichen hergestellt. In diesen Behältern vermehrt sich der eingesetzte Hefestamm (Stellhefe) unter Zusatz von Nähr- und Wachstumsstoffen (Melasse). Der Prozeß läuft bei 25 °C···30 °C ab.

Zur Beschreibung der Wachstumsgeschwindigkeit wird folgende Beziehung verwendet

$$\frac{dm_H}{dt} = k_H \cdot m_H \tag{2.4.57}$$

m_H — Hefemenge und k_H — Wachstumskoeffizient.

Die Integration von Gl. (2.4.57) liefert

$$m_H = m_{H0} \cdot e^{k_H t} \tag{2.4.58}$$

m_{H0} — Hefemenge zum Zeitpunkt $t = 0$ (Stellhefemenge).

Die Wachstumsgeschwindigkeit entspricht also der einer Reaktion 1. Ordnung. Entsprechend dieser Beziehung ist die Nährstoffzufuhr einzurichten. Allerdings müssen bei großen Hefekonzentrationen wachstumshemmende Stoffwechselprodukte berücksichtigt werden. Eine wichtige Kenngröße des Verfahrens ist die technische Generationszeit x, welche angibt, in welchem

Zeitraum sich die Hefemenge verdoppelt. Im allgemeinen strebt man nach kurzen Generationszeiten, wobei allerdings bestimmte Qualitätsanforderungen erfüllt werden müssen. Aus diesem Grunde ist die unter optimalen Bedingungen (Nährstoffkonzentration, Temperatur) erreichbare theoretische Generationszeit in der Regel nicht realisierbar.

Gleichung (2.4.58) kann man auch mit Hilfe der Kenngröße Generationszeit ausdrücken. Es gilt

$$e^{k_H \cdot x} = \frac{m_H}{m_{Ho}} = 2 \qquad (2.4.59)$$

Daraus folgt

$$x = \frac{\ln 2}{k_H} \qquad (2.4.60)$$

Beim Zulaufverfahren liegt diese Zeit zwischen 3 und 4 Stunden. Die gesamte Verhefungszeit beträgt etwa 12 h. Für die Kapazität (Durchsatz) der Anlage sind die Gärbehältergrößen von Bedeutung. Sie bestimmen sowohl die Menge der Stellhefe (Vorgärung) als auch die gesamte erzeugte Hefemenge in den nachfolgenden Gärprozessen.

2.4.6.3. Modellierung der semikontinuierlichen Erzeugung von Biogas

Organische Schlämme werden unter Luftabschluß durch obligat anaerobe Bakterien, den sogenannten Methanbakterien, zersetzt. Dieser Prozeß der Schlammfaulung liefert eine wichtige Energiequelle, das Biogas, welches vorwiegend aus Methan, Ammoniak und Kohlendioxid besteht. Allerdings sind Methanbakterien nicht allein in der Lage, hochmolekulare Stoffe anzugreifen. Sie sind auf die Anwesenheit halbabgebauter Zwischenprodukte, wie organische Säuren und Salze angewiesen. Diese Verbindungen entstehen durch den Stoffwechsel fakultativ anaerober Bakterien [2.4.30, 2.4.31]. Es sind demnach zwei Phasen des Abbaus makromolekularer organischer Substanzen notwendig.

Bei der technischen Realisierung des Faulprozesses müssen einige Besonderheiten beachtet werden.

1. Beim Anfahren eines Faulbehälters darf nach der ersten Beschickung mit Faulschlamm nur soviel Frischschlamm zugesetzt werden, daß günstige Lebensbedingungen für die Methanbakterien erhalten bleiben. Dies ist in der Regel dann der Fall, wenn man täglich ca. 2% Frischschlamm zuführt [2.4.30].
2. Methanbakterien werden in thermophile (optimales Wachstum bei 55 °C) und mesophile (optimales Wachstum bei 30···35 °C) Stämme eingeteilt. Die Mikroorganismen sind sehr empfindlich gegenüber Temperaturabsenkungen. Schon Temperaturstürze von 2···3 K beeinträchtigen merkbar die Methanproduktion.
3. Methanbakterien sind sehr empfindlich gegenüber Giftstoffen. Besonders schädigend wirken Schwermetallionen, wie Cu^{++}, Zn^{++} und Cr^{3+}.

Der Prozeß läuft in sogenannten Faulbehältern (Abb. 2.4.17) ab. Beim Anfahren wird frischer Faulschlamm und ausgefaulter Schlamm im Verhältnis 1:1 gemischt, damit die Methangärung ohne Verzögerung einsetzen kann. Im laufenden Betrieb führt man täglich Frischschlamm zu und entnimmt dem Faulbehälter die entsprechende Menge Faulwasser und ausgefaulten Schlamm. Zu- und Abführung der Produkte erfolgt also semikontinuierlich. Ausgenommen ist die Methanerzeugung, die kontinuierlich abläuft.

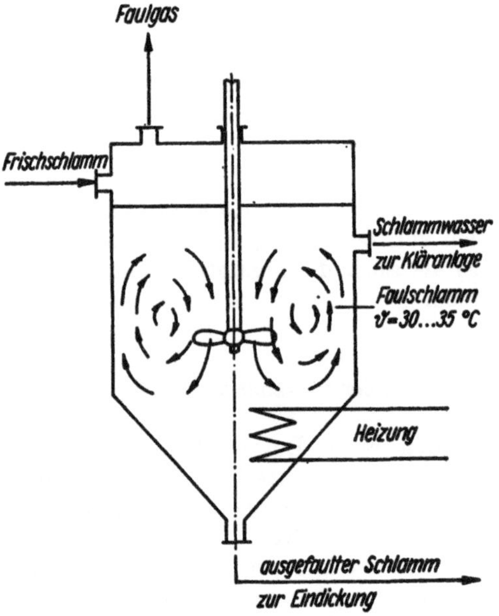

Abb. 2.4.17: Schematische Darstellung eines Faulbehälters [2.4.30]

Auslegung sowie Betrieb der Faulbehälter beruhen auf empirischen bzw. halbempirischen Grundlagen [2.4.30 bis 2.4.32]. Die Kinetik wird mit Hilfe der Beziehung [2.4.31, 2.4.33]

$$\frac{dG}{dt} = k(G_p - G) \qquad (2.4.61)$$

beschrieben.

G — produzierte Gasmenge, G_p — praktisch erzielbare Faulgasmenge, k — Geschwindigkeitskonstante.

Mit der Anfangsbedingung $G(0) = 0$ ergibt die Integration der Beziehung (2.4.61)

$$G = G_p(1 - e^{-kt}) \qquad (2.4.62)$$

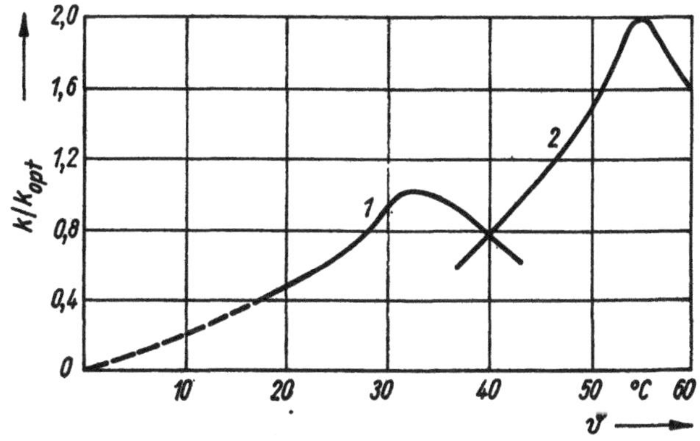

Abb. 2.4.18: Abhängigkeit der Geschwindigkeitskonstanten k von der Faultemperatur [2.4.31]

1 — mesophile Bakterien, *2* — thermophile Bakterien.

Bei einer Faultemperatur von 30···35 °C und guter Mischung des aus häuslichen Abwässern stammenden Schlammes kann mit $k = 0{,}23\ d^{-1}$ und $G_p = 0{,}65 \cdot G_{max}$ gerechnet werden (G_{max} — maximal mögliche Faulgasmenge). Die Konstante k ist stark vom Bakterienstamm und von der Temperatur abhängig.

In Abb. 2.4.18 ist diese Funktion dargestellt. Von Fair und Moore [2.4.32] wurden für verschiedene Temperaturen Gasentwicklungskurven aufgestellt (Abb. 2.4.19). Die Autoren legten dabei den Wert $k = 0{,}1744\ d^{-1}$ zugrunde. Die organischen Stoffe werden in den ersten zehn Tagen am stärksten abgebaut. Man trennt deshalb bisweilen diese aktive Periode von der übrigen ruhiger verlaufenden Faulzeit ab (zweistufige Faulung). Die optimale Temperatur wird durch Beheizen der Faulgasbehälter erreicht. Zu diesem Zweck kann auch das erzeugte Biogas benutzt werden.

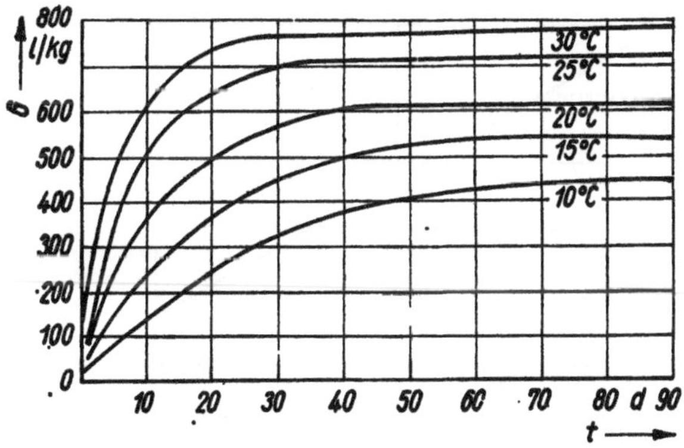

Abb. 2.4.19: Gasentwicklung nach Fair und Moore [2.4.32] in l/kg organische Trockensubstanz

2.4.6.4. Modellierung instationärer Prozesse bei der thermischen und chemischen Vernichtung von Mikroorganismen

Die Vernichtungsgeschwindigkeit bei konstanter Temperatur entspricht der einer monomolekularen Reaktion

$$\dot{N}m = -kNm \tag{2.4.63}$$

Nm — Anzahl artreiner Mikroorganismen je Masseeinheit Gut, k — Geschwindigkeitskonstante.

Der Wert

$$t_V = \frac{\ln 10}{k} \tag{2.4.64}$$

gibt die Zeit an, die vergehen muß, um die Population auf ein Zehntel ihres ursprünglichen Wertes zu reduzieren. Damit kann geschrieben werden:

$$\lg \frac{Nm}{Nm_0} = -\frac{t}{t_V} \tag{2.4.65}$$

In dieser Beziehung bezeichnet Nm_0 die Zahl der Mikroorganismen je Masseeinheit des Gutes zum Zeitpunkt $t = 0$. Die Funktion ist in Abb. 2.4.20 dargestellt. Ihr Anstieg $\left(-\frac{1}{t_V}\right)$ hängt sowohl vom Milieu (Konzentration an Nährstoffen, pH-Wert usw.) als auch vom Mikroorganismenstamm ab.

Beispielsweise gilt für Clostridium-botulinum-Sporen $t_V = 12{,}25$ s. Für den *Bacillus stearothermophilus 1518* ist $t_V = 408$ s. Diese Angaben beziehen sich auf einen pH-Wert von 7 und eine Temperatur von $\vartheta = 121{,}1°C$ [2.4.21]. Die Temperaturabhängigkeit von t_V soll näher untersucht werden. Im Bereich der Letaltemperaturen bewirkt nämlich eine Temperaturerhöhung eine Ver-

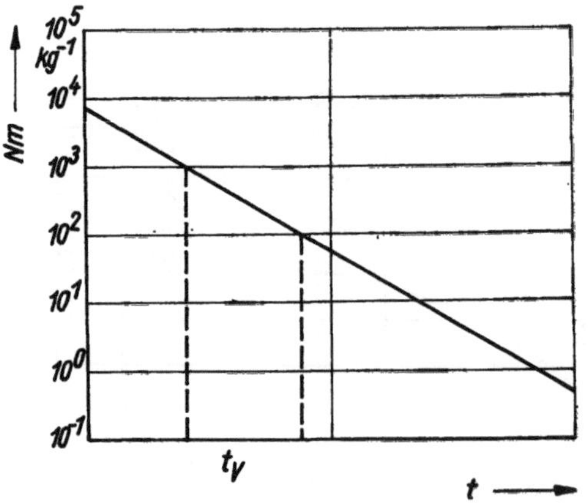

Abb. 2.4.20: Zeitliche Funktion der Mikroorganismenzahl beim Sterilisieren nach Gl. (2.4.65)

kürzung von t_V, die näherungsweise durch die Beziehung

$$\lg \frac{t_{V\vartheta_1}}{t_{V\vartheta_2}} = \frac{\vartheta_2 - \vartheta_1}{\zeta} \tag{2.4.66}$$

beschreibbar ist. In dieser Gleichung sind $t_{V\vartheta_1}$ und $t_{V\vartheta_2}$ die Zeiten t_V bei den Temperaturen ϑ_1 und ϑ_2. Das Symbol ζ bezeichnet die Temperaturerhöhung, die zur Reduzierung von t_V auf ein Zehntel seines Wertes erforderlich ist (Abb. 2.4.21).

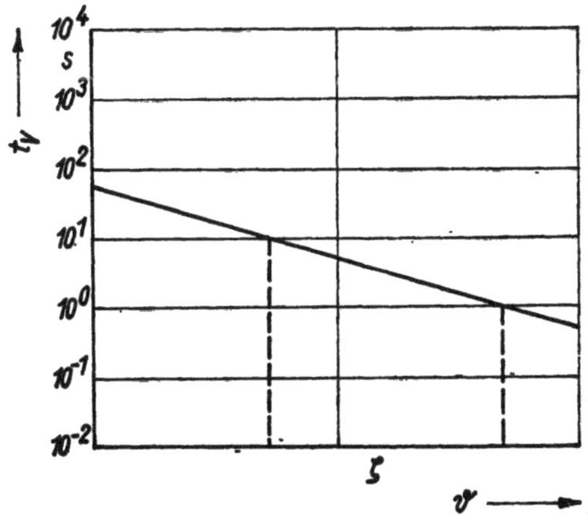

Abb. 2.4.21: Abhängigkeit der Zeit t_V von der Temperatur nach Gl. (2.4.66)

Bei *Bacillus*- und *Clostridium*-Sporen liegt ζ bei 10 K [2.4.22, 2.4.23]. Bei vegetativen temperaturempfindlichen Formen ist $\zeta \approx 5$ K [2.4.24]. Bei zeitlich veränderlichen Temperaturen wird auch t_V mittelbar eine zeitabhängige Funktion $t_V[\vartheta(t)]$. Unter Berücksichtigung der Beziehung (2.4.65) gilt damit

$$\lg \frac{Nm_0}{Nm_T} = \int_0^T \frac{dt}{t_V[\vartheta(t)]} \tag{2.4.67}$$

T — Sterilisationszeit.

Bei bekannter Bezugstemperatur ϑ_B sind der zugehörige Wert $t_{V\vartheta_B}$ und die Temperaturdifferenz ζ Kennwerte für den betrachteten Mikroorganismus und das jeweilige Milieu. Unter Berücksichtigung von Gl. (2.4.66) kann man schreiben

$$t_V[\vartheta(t)] = t_{V\vartheta_B} \cdot 10^{\frac{\vartheta_B - \vartheta(t)}{\zeta}} \tag{2.4.68}$$

Mit Hilfe der Beziehungen (2.4.67) und (2.4.68) können die Sterilisationszeiten ermittelt werden.

Beispiel: Es sei

$$\zeta = 10\,\mathrm{K},\ \vartheta_B = 121{,}1\,°\mathrm{C},\ t_{V\vartheta_B} = 100\,\mathrm{s}$$

$$\vartheta(t) = \vartheta_B + \frac{t}{\tau},\ \tau = 10\,\mathrm{s/K},\ Nm_0 = 10^5\,\mathrm{kg}^{-1},$$

$$Nm_T = 10^{-4}\,\mathrm{kg}^{-1}$$

Gesucht wird die Sterilisationszeit. Nach Gl. (2.4.68) findet man

$$t_V[\vartheta(t)] = 100 \cdot 10^{-\frac{t}{\tau}}\ s \quad \text{oder}$$

$$t_V[\vartheta(t)] = 100 \cdot e^{-\frac{t \cdot \ln 10}{\tau}}\ s$$

Einsetzen in Gl. (2.4.67) liefert mit $\lg \frac{Nm_0}{Nm_T} = 9$

$$\int_0^T e^{\frac{t \ln 10}{\tau}}\, dt = 900\,\mathrm{s}$$

Daraus folgt: $T = 943{,}4\,\mathrm{s} = 15{,}72\,\mathrm{min}$

Bei der Wahl der Funktion $\vartheta(t)$ müssen mehrere Gesichtspunkte berücksichtigt werden

1. Es besteht die Bedingung

$$\vartheta(t) \leqq \vartheta_G, \tag{2.4.69}$$

d. h. eine obere Grenztemperatur darf nicht überschritten werden, um das Gut, welches sterilisiert wird, nicht zu schädigen.

2. Die Sterilisationszeit richtet sich nach der kältesten Stelle im Gut. Dafür ist die Kenntnis der Orts- und Zeitfunktionen der Temperatur im Gut notwendig. Solche Beziehungen werden experimentell bzw. halbempirisch gewonnen.
3. Der Sterilisationsprozeß setzt sich während der Lagerung (Kühlung) der Produkte fort.
4. Die Funktion $\vartheta(t)$ ist so zu wählen, daß der Energieverbrauch

$$W(T) = \int_0^T m_S c_{PS} \vartheta(t)\, dt \tag{2.4.70}$$

minimal wird.

m_S — Masse des Gutes, c_{PS} — spezifische Wärme des Gutes und W — Energieverbrauch

Gleichung (2.4.70) stellt mit den Beziehungen (2.4.67) und (2.4.69) als Nebenbedingungen ein Variationsproblem dar, das mit Hilfe der in Kap. 3. und 4. erläuterten Methoden gelöst werden kann. Unter Umständen ist dabei noch die Fortsetzung des Sterilisationsprozesses während der Abkühlung zu berücksichtigen.

Wie aus den unter 1. bis 4. genannten Kriterien hervorgeht, sind die kritischen Punkte im Sterilisationsgut jene Orte mit maximalen bzw. minimalen Sterilisationstemperaturen. Aus diesem Grunde wird auf eine gleichmäßige Erwärmung des Gutes geachtet.

Die Abtötung von Mikroorganismen durch Desinfektion läßt sich gleichfalls quantifizieren [2.4.21]. Der Prozeß läuft wiederum entsprechend einer Reaktion 1. Ordnung ab. Es gilt

$$\dot{N}m = -kNm \tag{2.4.71}$$

bzw.

$$\ln \frac{Nm}{Nm_0} = -k \cdot t \tag{2.4.72}$$

Die Geschwindigkeitskonstante k ist der n. Potenz der Bakterizidkonzentration Cm proportional

$$k \sim Cm^n \tag{2.4.73}$$

Außerdem hängt k von der Temperatur ab. Im allgemeinen sind die Funktionen $k(Cm, \vartheta)$ für die einzelnen Bakterienstämme und das gegebene Milieu experimentell zu bestimmen. Beispielsweise wurde für *Salmonella* bei 25°C bei Phenol als Bakterizid $n = 4$ und bei Quecksilberchlorid als Desinfektionsmittel $n = 1$ gefunden.

Bakterizidkonzentration und Temperatur beeinflussen also wesentlich die Desinfektionszeit. Als Nebenbedingung muß beachtet werden, daß die Konzentration Cm unterhalb einer Grenze liegt, bei der Schädigungen des Desinfektionsgutes bzw. Vergiftungsgefahren für deren Verbraucher auftreten können.

2.4.6.5. Temperatur-Zeit-Beziehungen beim Vorgang des Brotbackens

Eine mathematische Modellierung des Backprozesses ist aufgrund der vielfältigen Einflüsse schwierig und z. T. auch unzweckmäßig. Man stützt sich vielmehr auf experimentelle Daten und Erfahrungswerte, deren Einhaltung die geforderte Brotqualität garantiert. Von entscheidender Bedeutung bei diesen Prozessen ist die Backzeit. Sie hängt im wesentlichen von folgenden Faktoren ab [2.4.34]:

1. Masse und Form des Erzeugnisses.
2. Methode der Wärmezufuhr (Dampf, Infrarot, Elektrokontakt).
3. Art des Backens (Form oder frei geschoben).
4. Beschickungsdichte auf der Herdplatte.
5. Teigeigenschaften.

Der prinzipielle Temperaturverlauf beim Backen und der anschließenden Lagerung ist in Abb. 2.4.22 dargestellt. Während des Backvorganges werden die einzelnen Schichten des Brotes verschieden schnell erwärmt. Die während der Lagerung stattfindende Abkühlung kann man durch eine Exponentialfunktion beschreiben.

Aus derartigen experimentell ermittelten Kurven kann schließlich auf die erforderliche Back- bzw. Lagerungszeit geschlossen werden.

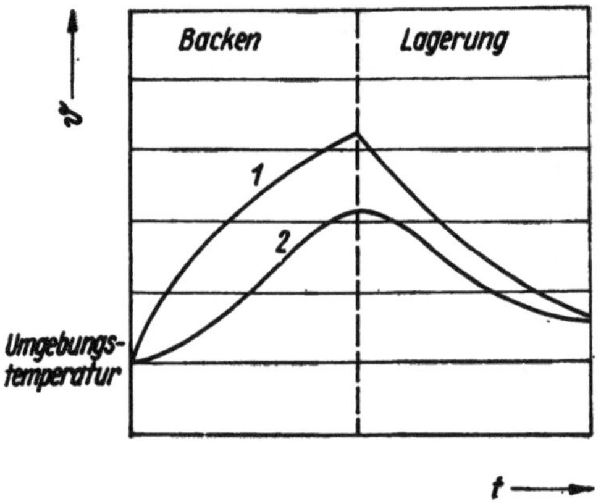

Abb. 2.4.22: **Qualitative Darstellung des zeitlichen Verlaufes der Brottemperatur beim Backen und Lagern**

1 – Kruste, *2* – innere Brotschicht.

2.4.7. Modellierung diskontinuierlicher elektrochemischer Reaktoren [2.4.35]

Nach der Betriebsweise können folgende Grundtypen elektrochemischer Reaktoren unterschieden werden:

1. Kontinuierlicher ideal durchmischter elektrochemischer Reaktor.
2. Elektrochemischer Strömungsrohrreaktor.
3. Diskontinuierlicher ideal durchmischter elektrochemischer Reaktor.

Im Falle diskontinuierlicher elektrochemischer Reaktoren sind die Konzentrationen sämtlicher an chemischen bzw. elektrochemischen Reaktionen beteiligten Komponenten zeitabhängig. Durch intensives Rühren oder Begasen sollen außerhalb der Grenzschichten Konzentrationsgradienten vermieden werden. Diskontinuierliche elektrochemische Reaktoren setzt man immer dann ein, wenn geringe Mengen der zu elektrolysierenden Stoffe in unregelmäßigen Abständen anfallen. Außerdem sind sie zu Versuchszwecken, wie z. B. zur Untersuchung der Kinetik elektrochemischer Reaktionen, geeignet. Für die Modellierung ist der Einfluß der Migration (s. Abschnitt 2.1.5.) von Bedeutung. Man kann den Einfluß dieses Prozesses dann vernachlässigen, wenn die Potentialgradienten innerhalb des Elektrolyten annähernd Null sind.

$$\text{grad}\,\varphi \approx 0 \qquad (2.4.74)$$

Dieser Fall liegt bei relativ geringen Stromdichten und hohen elektrischen Leitfähigkeiten, die gegebenenfalls durch den Einsatz von Leitelektrolyten erreicht werden können, vor.

Vernachlässigt man OHMsche Spannungsabfälle in den Zuleitungen und Elektroden, so ergibt sich die Zellenspannung U_Z hier aus der Differenz des Anodenpotentials η_A und des Katodenpotentials η_K.

$$U_Z = \eta_A - \eta_K \tag{2.4.75}$$

Das Verhalten dieses Reaktortyps wird durch folgende Stoffbilanzgleichungen beschrieben.

1. Stoffbilanz (Elektrolyt)

$$\frac{d(c_i V_R)}{dt} = \sum_E \beta_{iE} A_E (c_{iE} - c_i) + R_i V_R \tag{2.4.76}$$

c_i — Konzentration der Komponente i, V_R — Reaktorvolumen, A_E — Elektrodenfläche, β_{iE} — Stoffübergangskoeffizient der Komponente i, R_i — Reaktionsgeschwindigkeit.

Summiert wird über sämtliche Elektroden des Reaktors. Als Anfangsbedingung gilt

$$c_i(0) = c_{i0} \tag{2.4.77}$$

2. Stoffbilanz (Elektrode)
Wird lediglich um eine Elektrode bilanziert, so gilt

$$\frac{d(c_{iE} V_R)}{dt} = -\beta_{iE} A_E (c_{iE} - c_i) + R_{iE} A_E \tag{2.4.78}$$

Für den Anfangswert gilt wiederum

$$c_{iE}(0) = c_{i0} \tag{2.4.79}$$

Auf Grund der idealen Durchmischung sind die Stromdichten örtlich konstant. Es gilt

$$i_E = \frac{I_Z}{a_E \cdot h_E} \tag{2.4.80}$$

i_E — Stromdichte, I_Z — Stromstärke der Zelle, a_E, h_E — Elektrodenabmessungen.

Die Auswertung der Bilanzgleichungen läuft auf die Integration eines Systems von Differentialgleichungen, die mit algebraischen Gleichungen gekoppelt sind, hinaus. Analytische Lösungen erhält man nur im Falle linearer Beziehungen (lineare Kinetik). Aus diesem Grunde müssen oft numerische Berechnungsmethoden, wie z. B. das RUNGE-KUTTA-Verfahren, angewendet werden. Bei Vernachlässigung homogener Reaktionen sowie des relativ kleinen

Speichergliedes ergeben sich für die Umsetzungen

$$M_1^- \rightarrow P + e \tag{2.4.81}$$

$$M_2^+ \rightarrow Q - e \tag{2.4.82}$$

folgende Konzentrationsverläufe

$$c_1 = c_{10} + \frac{\nu_1 \varphi_1 I_Z}{|n_1|\, F V_R}\, t \tag{2.4.83}$$

$$c_2 = c_{20} + \frac{\nu_2 \varphi_2 I_Z}{n_2 F V_R}\, t \tag{2.4.84}$$

Dabei wurde eine lineare Kinetik der Reaktionen (2.4.81) und (2.4.82) sowie konstantes Reaktorvolumen und zeitlich konstante Stromdichten vorausgesetzt.

Die zusätzlich verwendeten Symbole bedeuten:

e — Elektron, ν — stöchiometrischer Koeffizient, φ — Stromausbeute, n — Anzahl der ausgetauschten Elektronen, F — FARADAY-Konstante.

Können Potentialdifferenzen nicht vernachlässigt werden, ist der Migrationseinfluß zu berücksichtigen. Bei der Aufstellung des Modells gelten folgende Voraussetzungen: homogene Konzentrationsverhältnisse außerhalb der Grenzschicht, konstante Stromdichte.

Die zuletzt genannte Voraussetzung ist dann gerechtfertigt, wenn der Elektrodenabstand im Verhältnis zur Elektrodenhöhe und -breite gering ist.

Zur Berechnung der Konzentrationen und der Zellspannung können folgende Bilanzen verwendet werden:

— Stoffbilanz Elektrolyt

$$\frac{d(c_i V_R)}{dt} = \sum_E \dot{N}_{iE} A_E + R_i V_R \tag{2.4.85}$$

— Stoffbilanz Elektrode

$$\frac{d(c_{iE} V_R)}{dt} = -\dot{N}_{iE} A_E + R_{iE} A_E \tag{2.4.86}$$

mit $\dot{N}_{iE}$ — Molenstrom (bezogen auf die Elektrodenfläche) durch die Diffusionsgrenzschicht.

Dieser Strom setzt sich im betrachteten Fall aus einem Diffusions- und einem Migrationsanteil zusammen. Es gilt

$$\dot{N}_{iE} = -D_i \frac{dc_i}{d\xi} - z_i u_i A \cdot c_i \frac{d\varphi}{d\xi} \tag{2.4.87}$$

D — Diffusionskoeffizient, ξ — Koordinate senkrecht zur Diffusionsgrenzschicht, A — spezifische Phasengrenzfläche, z — Ladungszahl, u — Ionenbeweglichkeit und φ — Potential. Der Index i bezeichnet die Komponente.

Das mathematische Problem besteht hier ebenso wie im Falle vernachlässigbarer Migrationseinflüsse in der Lösung eines Systems von Differentialgleichungen, die mit algebraischen Gleichungen gekoppelt sind. Für einfache Fälle (V_R = const, lineare Kinetik der Reaktionen (2.4.81) und (2.4.82), Vernachlässigung homogener Reaktionen und des Speichergliedes) ergibt sich der zeitliche Konzentrationsverlauf wiederum nach den Beziehungen (2.4.83) und (2.4.84). Sind diese Voraussetzungen nicht erfüllt, muß das Modell numerisch ausgewertet werden.

Zur Ermittlung des Energieverbrauchs sind Energiebilanzen erforderlich. Dieser Energieverbrauch wird wesentlich durch den Spannungsabfall in der Zelle bestimmt. Entsprechende Beziehungen zur Beschreibung der Zellenspannung bei Reaktoren mit bzw. ohne Berücksichtigung des Migrationseinflusses finden sich in der Literatur [2.4.35].

2.4.8. Modellierung diskontinuierlicher photochemischer Reaktoren bei intermittierender Strahlung

Die photochemischen Bildungsreaktionen technisch bedeutender Produkte sind in der Regel äußerst komplex. Als Beispiele solcher Reaktionen seien die Fotochlorierung bzw. -bromierung und die fotochemische Polymerisation genannt [2.4.36—2.4.39]. Allen Umwandlungen ist gemeinsam, daß die Energie dem Reaktionsgemisch in Form von Strahlungsquanten (ultraviolettes Licht) zugeführt wird. Im Gegensatz zu thermischen Reaktoren wird der Prozeß auf Grund der Strahlungsverteilung wesentlich stärker von der Reaktorgeometrie beeinflußt. In gleichem Sinne wirken auch die Form des Strahlers und die Art der Strahlung (Wellenlänge der elektromagnetischen Schwingungen). Bei der Modellierung photochemischer Reaktoren sind diese Einflüsse sowie optische Eigenschaften des Mediums zu berücksichtigen. Hinzu kommt, daß technische Strahler im Reaktor besonderen Einsatzbedingungen (Temperatur, Stromversorgung) und Alterungsprozessen unterliegen, welche eine zeitliche Veränderung der Strahlungsleistung bewirken.

Ein wesentlicher Gesichtspunkt, der auf den Reaktionsverlauf und damit auf die Reaktorauslegung Einfluß nimmt, ist die Intermittenz der Strahlungsintensität. Darunter versteht man den zeitlichen Wechsel von Hell- und Dunkelperioden im Reaktionsgefäß. Als wichtigste Ursache dieses Phänomens ist die Pulsation der Strahlungsintensität technischer UV-Strahler mit der Netzfrequenz zu nennen. Einige Möglichkeiten intermittierender Strahlungen sind in Abb. 2.4.23 veranschaulicht.

Bei der Modellierung diskontinuierlicher photochemischer Reaktoren sind die Auswirkungen der Strahlungs- und Dunkelperioden in den Bilanzgleichungen zu berücksichtigen. Als Beispiel sei folgende Reaktion betrachtet [2.4.40]:

$$A \xrightarrow[1]{} B \xrightarrow[2]{} \text{Produkte} \tag{2.4.88}$$

Der Stoff B bildet sich ausschließlich während der Strahlungsperiode, während sich die Zerfallsreaktion 2 sowohl in der Hell- als auch in der Dunkel-

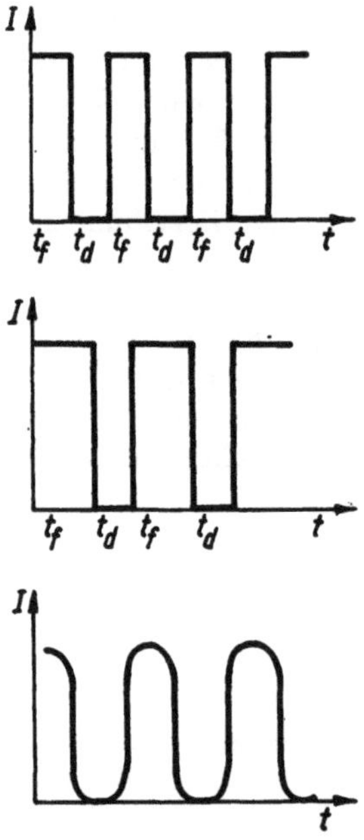

Abb. 2.4.23: Möglichkeiten intermittierender Strahlung

phase abspielt. Die Bilanzgleichungen bei diskontinuierlicher Betriebsweise haben dann die Form

$$\frac{dc_B{}^f(N, t)}{dt} = r_1 - r_2{}^f(N, t) \qquad 0 \leqq t \leqq t_f \tag{2.4.89}$$

und

$$\frac{dc_B{}^d(N-1, t)}{dt} = -r_2{}^d(N-1, t) \qquad 0 \leqq t \leqq t_d \tag{2.4.90}$$

c_B — Konzentration des Stoffes B, r_1 — Reaktionsgeschwindigkeit der Bildung von B, r_2 — Reaktionsgeschwindigkeit des Zerfalls von B, t — Zeit, N — Zahl des Wechsels der Strahlungsperioden nach Reaktionsbeginn.
Die Indizes bedeuten: d — Dunkelperiode, f — Strahlungsperiode.

Für den Zeitpunkt des Wechsels der Perioden gilt demzufolge jeweils

$$c_B{}^d(N-1, 0) = c_B{}^f(N-1, t_f) \tag{2.4.91}$$

$$c_B{}^f(N, 0) = c_B{}^d(N-1, t_d) \tag{2.4.92}$$

Bei sehr kleinen Intervallen t_f und t_d sind die Veränderungen in den Perioden sehr gering. Die Reaktion läuft dann praktisch ohne Schwingungen der Konzentration c_B ab. Es gilt folgende Bilanzgleichung

$$\frac{dc_B}{dt} = \frac{t_f}{t_f + t_d} r_1 - r_2 \tag{2.4.93}$$

Die Reaktionsgeschwindigkeit der Bildung des Zwischenproduktes B ist demzufolge abgeschwächt und hängt wesentlich vom Verhältnis der Zeiten für die Strahlungs- bzw. Dunkelperiode ab.

2.4.9. Modellierung des dynamischen Verhaltens einer Mehrproduktenanlage mit diskontinuierlichen Rührkesselreaktoren

Durch Chargenbetrieb einer Anlage ist es möglich, nacheinander verschiedene Produkte herzustellen. Man gewinnt die gewünschten Stoffe durch unterschiedliche Rezepturen des Ansatzes bzw. durch entsprechende Steuerung des Prozeßablaufs. Ein typischer Chargenbetrieb zur Herstellung verschiedener Polymere ist die Produktion von Polyurethan. Das Prinzip dieses Prozesses soll anhand von Abb. 2.4.24 erläutert werden.

Die Anlage besteht aus mehreren diskontinuierlich betriebenen Reaktoren, die an ein Heiz- bzw. Kühlsystem angeschlossen sind. Im Verlaufe der Reaktion entsteht Wasser, welches zusammen mit relativ leicht flüchtigen Monomeren verdampft. In der dem Reaktor nachgeschalteten Rektifikationskolonne wird Wasser von den Monomeren getrennt. Die letzteren strömen in den Reaktor zurück. Während des Betriebes werden folgende Phasen unterschieden:

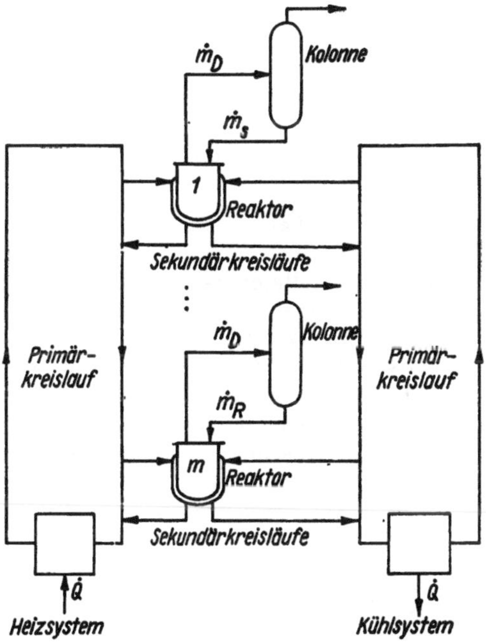

Abb. 2.4.24: **Prinzipschema einer Mehrproduktenanlage mit diskontinuierlichen Rührkesselreaktoren**

1. Aufheizen:

Das Heizmittel wird im Heizmittelkreislauf ständig umgewälzt und mit Hilfe von Heizgas derart erwärmt, daß die Heizmitteltemperatur immer konstant bleibt. Zur Aufheizung des Reaktors steht also immer Heizmittel konstanter Temperatur zur Verfügung.

2. Reaktionsphase bei Normaldruck:

Die Reaktion verläuft isotherm. Weil ständig Wasser verdampft werden muß und die Reaktionsenthalpie für diesen Zweck nicht ausreicht, ist weiterhin durch das Heizmittel Wärme zuzuführen.

3. Reaktionsphase unter Vakuum:

Das Heizmittel wird weiter zur Wasserverdampfung genutzt.

4. Abkühlung:

Nachdem die Reaktion beendet ist, wird der Reaktor gekühlt. Die Verbindung zum Heizsystem ist dabei unterbrochen.

Das Kühlmittel wird ständig umgewälzt und derart gekühlt, daß es immer mit konstanter Temperatur zur Verfügung steht.

Energiebilanz des Aufheizvorgangs

Für die Bilanzgleichungen werden folgende Symbole verwendet:

c_P — spezifische Wärme, m — Menge, $\dot{m}$ — Mengenstrom, T — Temperatur, k — Wärmedurchgangskoeffizient, A — Wärmeübertragungsfläche, ΔH_V — Verbrennungsenthalpie des Heizgases, η — Wirkungsgrad, $\dot{m}_G$ — Heizgasdurchsatz.
Die Indizes haben folgende Bedeutung: H — bezogen auf Heizmittel (Sekundärkreislauf), HK — bezogen auf Heizmittel (Primärkreislauf), R — bezogen auf Reaktorinhalt.

Die Bilanzgleichung für den Reaktorinhalt lautet:

$$m_R c_{PR} \frac{dT_R}{dt} = k \cdot A(\overline{T}_H - T_R) \tag{2.4.94}$$

Mit $\overline{T}_H$ wird die mittlere Heizmitteltemperatur über die gesamte Wärmeaustauschfläche bezeichnet. Betrachtet man lediglich eine Strömungsrichtung, dann ergibt sich $\overline{T}_H$ entsprechend Gl. (2.4.2).

Das Heizsystem (Sekundärkreislauf) ist ein System mit verteilten Parametern. Hier soll jedoch nicht die exakte partielle Differentialgleichung zur Beschreibung der Wärmebilanz angegeben werden. Das Heizsystem wird vielmehr entsprechend Abb. 2.4.25 in Abschnitte zerlegt. In jedem Abschnitt

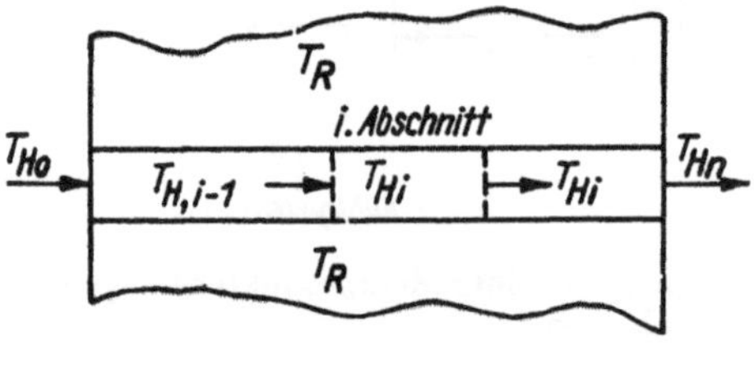

Abb. 2.4.25: Zerlegung des Heizsystems in Abschnitte

wird die Temperatur als konstant angenommen. Diese Vorgehensweise entspricht einer Diskretisierung der partiellen Differentialgleichungen.

Die Bilanzgleichung für den *i*. Abschnitt lautet:

$$c_{PH} \cdot m_{Hi} \frac{dT_{Hi}}{dt} = \dot{m}_M \cdot c_{PH}(T_{Hi-1} - T_{Hi}) - k_i \cdot A_i(T_{Hi} - T_R) \tag{2.4.95}$$

Wird das Heizsystem in n Abschnitte zerlegt, dann sind n gewöhnliche Differentialgleichungen zu dessen Beschreibung erforderlich.

Für den Primärkreislauf gilt folgende Bilanzgleichung

$$m_{HK} \cdot c_{PH} \frac{dT_{HK}}{dt} = \dot{m}_G \cdot \Delta H_V \cdot \eta - k \cdot A(\overline{T}_H - T_R) \tag{2.4.96}$$

Energiebilanz der Reaktionsphase bei Normaldruck und unter Vakuum

Die Reaktortemperatur bleibt im Verlaufe der Reaktion konstant. Reaktionsenthalpie und zugeführte Wärme bewirken eine Verdampfung von Monomeren und Wasser.

Für die Bilanzgleichungen gelten die im Zusammenhang mit Gl. (2.4.94) bis Gl. (2.4.96) erläuterten Kurzzeichen. Zusätzlich werden verwendet:

ΔH_R — Reaktionsenthalpie, r — Reaktionsgeschwindigkeit, $\dot{m}_D$ — Dampfmenge
ΔH_D — Verdampfungsenthalpie.

Unter der Voraussetzung, daß die dem reagierenden Gemisch durch das Sumpfprodukt der Kolonne zugeführte Energie konstant ist, gilt folgende Energiebilanzgleichung:

$$T_R \frac{d(c_{PR} \cdot m_R)}{dt} = \Delta H_R \cdot r + k \cdot A(\overline{T}_H - T_R) - \dot{m}_D \cdot \Delta H_D + \dot{m}_S \cdot c_{PS} \cdot T_S \tag{2.4.97}$$

Sämtliche Stoffwerte c_{PR}, ΔH_D und c_{PS} sind stark vom jeweiligen Umsatz der Reaktion und damit von der Zeit abhängig. Die Vernachlässigung dieser Abhängigkeit ist im Gegensatz zur Aufheizphase nicht zulässig.

Für den Heizkreislauf gelten wiederum die Beziehungen (2.4.95) und (2.4.96).

Bilanzgleichung des Abkühlungsvorganges

Die Bilanzgleichungen werden in Analogie zu den Bilanzen während der Aufheizphase aufgestellt.

$$\text{Reaktor:}\quad m_R' \cdot c_{PR}' \frac{dT_R}{dt} = -k' A(T_R - \overline{T}_K) \tag{2.4.98}$$

Die gestrichenen Größen bezeichnen Stoffwerte bzw. Prozeßparameter nach Abschluß der Reaktion.

$$\frac{d}{dt}\begin{bmatrix} T_R \\ T_{H1} \\ T_{H2} \\ T_{H3} \end{bmatrix} = \begin{bmatrix} -\frac{k \cdot A}{m_R c_{PR}} & 0 & 0 & 0 \\ \frac{k_1 A_1}{m_{H1} c_{PH}} & -\frac{\dot{m}_H c_{PH} + k_1 A_1}{m_{H1} c_{PH}} & 0 & 0 \\ \frac{k_2 A_2}{m_{H2} c_{PH}} & \frac{\dot{m}_H}{m_{H2}} & -\frac{m_H c_{PH} + k_2 A_2}{m_{H2} \cdot c_{PH}} & 0 \\ \frac{k_3 A_3}{m_{H3} c_{PH}} & 0 & \frac{\dot{m}_H}{\dot{m}_{H3}} & -\frac{m_H c_{PH} + k_3 A_3}{m_{H3} \cdot c_{PH}} \end{bmatrix} \begin{bmatrix} T_R \\ T_{H1} \\ T_{H2} \\ T_{H3} \end{bmatrix} + \begin{bmatrix} \frac{k \cdot A}{m_R c_{PR}} & 0 \\ 0 & \frac{\dot{m}_H}{m_{H1}} \\ 0 & 0 \\ 0 & 0 \end{bmatrix} \begin{bmatrix} \overline{T}_H \\ T_{H0} \end{bmatrix} \quad (2.4.101)$$

Kühlkreislauf: Für den i. Abschnitt des Sekundärkühlkreislaufes gilt:

$$c_{PK} \cdot m_{Ki} \frac{dT_{Ki}}{dt} = \dot{m}_K c_{PK}(T_{Ki-1} - T_{Ki}) + k' \cdot A_i(T_R - T_{Ki}) \quad (2.4.99)$$

Die Energiebilanz für den Primärkreislauf lautet:

$$m_{KK} \cdot c_{PK} \frac{dT_{KK}}{dt} = k' \cdot A(T_R - \bar{T}_K) - k_W \cdot A_W \cdot \Delta T_{MW} \quad (2.4.100)$$

In dieser Gleichung bezeichnet der Ausdruck $k_W A_W \cdot \Delta T_{MW}$ die Wärmemenge, die aus dem Primärkreislauf abgeführt wird.

Die Indizes K bzw. KK beziehen sich auf den Primär- bzw. Sekundärkühlkreislauf.

Für jede Betriebsphase können nun die Bilanzgleichungen mit Hilfe der Zustandsraummethode ausgewertet werden.

Auswertung der Energiebilanzen nach der Zustandsraummethode

Die Differentialgleichungen sind entsprechend den Beziehungen (2.2.4) und (2.2.5) aufzubereiten. Im folgenden wird die Aufstellung der Vektorgleichungen anhand der Bilanzen des Aufheizvorganges gezeigt. Die Zahl der Abschnitte des Heizsystems sei $n = 3$.

Berücksichtigt werden Reaktor und Sekundärkreislauf. Damit ergibt sich folgende Vektordifferentialgleichung (s. Gl. (2.4.101), S. 104).

Ausgangsgrößen des Systems sind T_R und T_{H3}. Sie können folgendermaßen aus den Zustandsgrößen ermittelt werden.

$$\begin{bmatrix} T_R \\ T_{H3} \end{bmatrix} = \begin{bmatrix} 1 & 0 & 0 & 0 \\ 0 & 0 & 0 & 1 \end{bmatrix} \begin{bmatrix} T_R \\ T_{H1} \\ T_{H2} \\ T_{H3} \end{bmatrix} \quad (2.4.102)$$

Die Bilanzgleichungen für die Reaktions- und Abkühlungsphase sind in gleicher Weise aufzubereiten. Mit Hilfe von Rechnern können dann die Zeitfunktionen der Ausgangsgrößen ermittelt werden. Auf entsprechende Rechenprogrammsysteme wurde im Abschnitt 2.2. hingewiesen.

Literatur

[2.4.1] Höffer, K.: Chemie-Ing.-Techn. **42** (1970), 930–933

[2.4.2] Hoheisel, C. u. Machnig, O.: Die angewandte Makromolekulare Chemie **37** (1974), 45–57

[2.4.3] Mihail, R. u. Paul, R.: Chemical Engng. Sc. **34** (1979), 1058–1061

[2.4.4] Unni, M. P., Hudgins, R. R. u. Silveston, P. L.: Can. J. Chem. Engng. **51** (1973), 623

[2.4.5] Happel, J., Hnatow, M. A. u. Rodriguez, A.: A. I. Ch. E. J. **5** (1973), 1075

[2.4.6] Yeramin, A. A., Silveston, P. L. u. Hudgins, R. R.: Can. J. Chem. Engng. **48** (1970), 1175
[2.4.7] Calderbank, P. H.: Chem. Engng. Progr. **49** (1953), 585
[2.4.8] Hugo, P.: Chemie-Ing.-Techn. **52** (1980), 712–723
[2.4.9] Michaelis, L. u. Menten, M. L.: Biochem. Zeitschrift **49** (1913), 333–369
[2.4.10] Monod, J.: Ann. Rev. Microbiol. **3** (1949), 371
[2.4.11] Monod, J.: Ann. Inst. Pasteur **79** (1950), 390
[2.4.12] Schaezler, D. J., Mc Harg, W. H. u. Busch, A. W.: Biotechnol. Bioengng. Symp. **2** (1971), 107–129
[2.4.13] Regan, D. L. u. Roper, G. H.: Biotechnol. Bioengng. **13** (1971), 815–824
[2.4.14] Bungay, H. R. u. Andrews, J. E.: Water and Sewage Works **117** (1970), 77–81
[2.4.15] Fuld, G. F.: Adv. Appl. Microbiol. **2** (1960), 351–360
[2.4.16] Sterkin, V. E., Chirkov, I. M. u. Samoljenko, V. A.: Biotechnol. Bioengng. Symp. **4** (1973), 53–60
[2.4.17] Jerusalemskij, N. D., Stepanova, N. N. u. Černavskij, D. S.: Biofizika **13** (1968), 313–319
[2.4.18] Ramkrishna, D., Fredericksson, A. G. u. Tsuchiya, H. M.: Biotechnol. Bioengng. **9** (1967), 129–170
[2.4.19] Young, T. B., Bruley, D. F. u. Bungay, H. R.: Biotechnol. Bioengng. **12** (1970), 747–769
[2.4.20] Young, T. B., Thomas, B. u. Bungay, H. R.: Biotechnol. Bioengng. **15** (1973), 337–393
[2.4.21] Loncin, M.: *„Die Grundlagen der Verfahrenstechnik in der Lebensmittelindustrie“*, Verlag Sauerländer, Aarau und Frankfurt a. M. 1969
[2.4.22] Ball, C. O. u. Olson, F. C. W.: *„Sterilization in Food Technology“*, Ed. Mc Graw Hill, New York 1957
[2.4.23] Goldblith, S. A.: *„Introduction to the thermal processing of foods“*, Ed. AVI, Westport (Connecticut) 1961
[2.4.24] Faxholm, H.: Milchwiss. **4** (1949), 161
[2.4.25] Bergander, E.: *„Biochemie und Technologie der Hefe“*, Technische Fortschrittsberichte Bd. 59, Verlag von Theodor Steinkopf, Dresden und Leipzig 1959
[2.4.26] Hofmann, E.: *„Enzyme und energiebereitstellende Reaktionen des Stoffwechsels. Dynamische Biochemie Teil II“*, Akademie-Verlag, Berlin 1975
[2.4.27] Mahler, H. R. u. Cordes, E. H.: Basic. Biol. Chem. (1968), 150
[2.4.28] Ebert, K.-H.: Chemie-Ing.-Techn. **43** (1971), 50–55
[2.4.29] Theophilou, J., Wolfbauer, O. u. Moser, F.: GWF Wasser Abwasser **120** (1979) 3, 119–125
[2.4.30] *„Lehr- und Handbuch der Abwassertechnik“*, Bd. III, Verlag von Wilhelm Ernst & Sohn, Berlin, München 1969
[2.4.31] Randolf, R.: *„Kanalisation und Abwasserbehandlung“*, VEB Verlag für Bauwesen, Berlin 1965
[2.4.32] Fair, G. M. u. Moore, E. W.: Sewage Works J. (1937), 3
[2.4.33] Roediger, H.: *„Die anaerobe alkalische Schlammfaulung“*, R. Oldenbourg Verlag, München 1960
[2.4.34] Auerman, L. J.: *„Technologie der Brotherstellung“*, VEB Fachbuchverlag, Leipzig 1977
[2.4.35] Pickett, D. J.: *„Electrochemical Reactor Design“*, Elsevier Scientific Publishing Company, Amsterdam/Oxford/New York 1977
[2.4.36] Rassaerts, H. u. Witzel, D. in *„Ullmanns Encyclopädie der technischen Chemie“* 4. Aufl., Verlag Chemie, Weinheim, Bd. 9, 476 (1975)

[2.4.37] Joschek, H. J.: Chem. Ztg. 93 (1969) 655
[2.4.38] Fischer, M. u. Barzynski, H. in: „*Ullmanns Encyclopädie der technischen Chemie*" 4. Aufl., Bd. 3, Verlag Chemie, Weinheim (1975)
[2.4.39] Voss, H. in: „*Erzeugung und Anwendung von UV-Strahlung*", J. A. Bartz-Verlag, Leipzig 1980
[2.4.40] Voss, H.: Beiträge zur Reaktionstechnik komplexer foto- und strahlenchemischer Prozesse, Dissertation B, TH „Carl Schorlemmer", Leuna-Merseburg 1981

2.5. Nachtrag über zyklische Wärmeübertragung und biorhythmische Prozesse

Nach Redaktionsschluß ist eine wichtige Arbeit [2.5.1] zur Realisierung einer zyklischen und pulsierenden Prozeßführung mit Hilfe fluidischer Stoffstromschalter erschienen. Derartige Stellglieder wurden in Doppelrohrwärmeübertragern getestet. Durch die Strompulsation erhöhte sich der Wärmedurchgangskoeffizient gegenüber den stationären Betrieb je nach Wärmeübertragerlänge und Reynoldszahl um 15% bis 60%. Dieser Leistungsanstieg ist auf die Reduzierung der laminaren Grenzschicht zurückzuführen. Das Verhalten des Wärmeübertragers wird mit Hilfe eines quasistationären Modells beschrieben.

Weitere Effekte des Einsatzes fluidischer Stoffstromschalter sind die Erhöhung der Zuverlässigkeit und Lebensdauer der Ausrüstungen, die Verkleinerung der notwendigen Wärmeübertragungsfläche bzw. Verringerung des Wärmeträgerstromes und die Vermeidung von Ablagerungen an den Wärmeübertragungsflächen.

Die genannten Vorteile wirken sich als Leistungssteigerung in technologischer und materialökonomischer Hinsicht positiv aus.

Des weiteren soll auf Untersuchungen zur Ausnutzung biorhythmischer Prozesse von Mikroorganismen zur Erhöhung des energetischen und stofflichen Wirkungsgrades der Kohlenstoffsubstratumwandlung hingewiesen werden [2.5.2]. Diese Prozesse sind bedingt durch die Existenz unterschiedlicher Zustände im Zellzyklus der Mikroorganismen. Eine erhöhte Effektivität der biologischen Stoffwandlung in Biomasse und andere Reaktionsprodukte kann durch Veränderung (Anpassung) der Substratkonzentration entsprechend dem Zustand im Zellzyklus erzielt werden. Die Untersuchungen wurden am Beispiel von Hefepopulationen durchgeführt.

[2.5.1] Wolke, H.: Anwendung eines fluidischen Stoffstromleistungsschalters als Stellglied bei der Realisierung verfahrenstechnischer Grundoperationen, Dissertation A, TH Leipzig 1984
[2.5.2] Heinritz, B., Rogge, G., Stichel, E. u. Bley, T.: Acta Biotechnol. 3 (1983) 2, 125–131

3. Grundlagen der Optimierung dynamischer Grundoperationen der Verfahrenstechnik

Die Nutzung mathematischer Optimierungsmethoden hat sich wiederholt als bedeutender Intensivierungsfaktor bei der Analyse und Steuerung verfahrenstechnischer Prozesse und Systeme erwiesen. In diesem Kapitel werden Grundlagen der Optimierung und speziellere Optimierungsverfahren unter dem Gesichtspunkt ihrer Anwendung auf dynamische Grundoperationen der Verfahrenstechnik betrachtet. Von besonderem Interesse sind dabei Erweiterungen von Extremwertaufgaben im Mittleren sowie das Modulverfahren. Die Anwendung der behandelten Optimierungsverfahren setzt die Kenntnis der mathematischen Modelle der dynamischen Grundoperationen voraus.

3.1. Charakteristik der Erweiterungen

Nachfolgend werden die Zusammenhänge zwischen der Optimierung der zyklischen Aufgabe Z und der stationären Betriebsweise (Aufgabe S) dargestellt. Es liegen also zwei Optimierungsprobleme vor, die sich dadurch auszeichnen, daß Aufgabe Z die Aufgabe S als Spezialfall enthält. Oft ist es vorteilhaft, von der Aufgabe S ausgehend bestimmte allgemeine Eigenschaften der Aufgabe Z abzuleiten. Dieser Übergang entspricht einer Erweiterung von Extremwertaufgaben. Er soll zunächst in allgemeiner Form betrachtet werden.

Aufgabe S: Die Aufgabe besteht darin, eine von den Steuerparametern u und von den Zustandsparametern x abhängige Zielfunktion f_0 zu maximieren. Dabei müssen eine Reihe von Bedingungen in Form von Gleichungen und Ungleichungen erfüllt werden. Aufgaben der nichtlinearen Optimierung sind demnach in folgender Weise formulierbar:

$$f_0(u, x) \rightarrow \max \tag{3.1.1}$$

Die Bedingungen lauten:

$$f_i(u, x) = 0, \qquad i = 1, 2, \ldots, n \tag{3.1.2}$$

$$\varphi_\nu(u, x) = 0, \qquad \nu = 1, 2, \ldots, m \tag{3.1.3}$$

Die Steuerparameter u müssen innerhalb des zulässigen Wertebereiches V^n liegen

$$u \in V_u \tag{3.1.4}$$

Die Bedingungen (3.1.2) bestimmen die statischen Charakteristika des Objektes. Durch Gl. (3.1.3) werden Beschränkungen der Zustandsgrößen und nutzbaren Ressourcen beschrieben.

Ist das Objekt statisch bestimmt, so entspricht jedem Wert des Vektors u ein Wert des Vektors x. Deshalb kann vorausgesetzt werden, daß die Zahl der Komponenten in den Vektoren u und x übereinstimmen.

Aufgabe Z: In diesem Fall wird angenommen, daß das dynamische Verhalten des Objektes durch gewöhnliche Differentialgleichungen beschreibbar ist. Solche Objekte (Prozeßeinheiten) werden im weiteren vorwiegend behandelt. Die formale Aufgabenstellung über den optimalen zyklischen Betriebszustand entspricht folgenden Beziehungen

$$\max I = \max \frac{1}{T} \int_0^T f_0[u(t), x(t)]\, dt \tag{3.1.5}$$

Die Bedingungen sind:

$$\dot{x}_i = f_i[u(t), x(t)], \qquad i = 1, 2, \ldots, n \tag{3.1.6}$$

$$\frac{1}{T} \int_0^T \varphi_\nu[u(t), x(t)]\, dt = 0, \qquad \nu = 1, 2, \ldots, \tag{3.1.7}$$

$$u \in V_u; \quad \forall t \in [0, T] \tag{3.1.8}$$

Bei zyklischer Steuerung stellt das Optimalitätskriterium I den Mittelwert der Zielfunktion über die Periode T dar.

Die Differentialgleichungen (3.1.6) beschreiben den zeitlichen Verlauf der Zustandsparameter $x(t)$. Sie gehen bei statischer Steuerung in die Bedingungen (3.1.2) über. Die Begrenzungen (3.1.3) sind im zyklischen Zustand durch die Begrenzungen im Mittleren (3.1.7) ersetzt. Zur Bestimmung einer stationären Lösung sind noch Zyklusbedingungen erforderlich, welche garantieren, daß die Zustandsgrößen zu Beginn und am Ende eines Zyklus identisch sind. Somit gilt

$$x_i(T) = x_i(0) \tag{3.1.9}$$

bzw. unter Beachtung von Gl. (3.1.6)

$$x_i(T) - x_i(0) = \int_0^T f_i[u(t), x(t)]\, dt = 0 \tag{3.1.10}$$

Im allgemeinen sind viele Aufgabenstellungen über die optimale zyklische Betriebsweise denkbar, welche unter statischen Bedingungen in die Aufgabe S übergehen. Solche Verallgemeinerungen ergeben sich z. B. aus der Berücksichtigung von Totzeiten in der Aufgabe Z. Andererseits kann das dynamische Verhalten auch durch andere Gleichungstypen, wie z. B. Integralgleichungen, beschrieben werden.

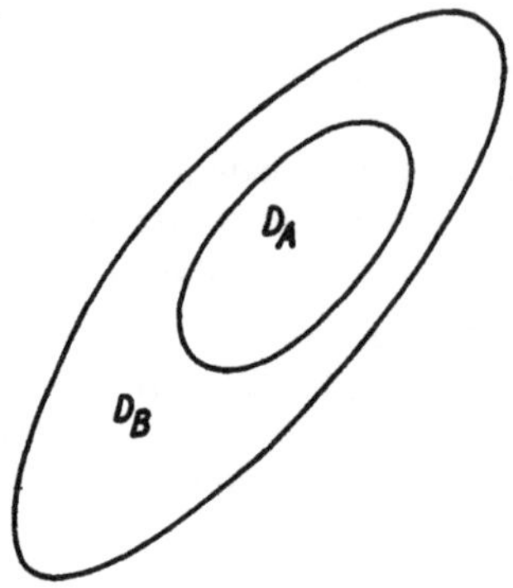

Abb. 3.1.1: Vergleich der Wertebereiche der Aufgaben A (Ausgangsaufgabe) und B (erweiterte Aufgabe)

Beim Vergleich der Aufgaben *S* und *Z* lassen sich zunächst folgende Ergebnisse ableiten:

1. Eine beliebige für die Aufgabe *S* zulässige Lösung ist für die Aufgabe *Z* ebenfalls zulässig aber nicht umgekehrt.
2. Das Optimalitätskriterium *I* der Aufgabe *Z* für einen beliebigen statischen Zustand stimmt mit der Funktion f_0 in Aufgabe *S* überein.

Diese Bedingungen bestimmen ein gewisses Verhältnis zwischen den beiden Extremwertaufgaben, das als Erweiterung bezeichnet wird. Ihre exakte Definition lautet [3.1.1 bis 3.1.5]: Als Erweiterung der Extremwertaufgabe *A* (Ausgangsaufgabe), $I_A(y) \rightarrow \max$, $y \in D_A$, wird eine beliebige Extremwertaufgabe *B* (erweiterte Aufgabe), $I_B(y) \rightarrow \max$, $y \in D_B$, bezeichnet, wenn die Bedingungen

$$D_A \subset D_B \tag{3.1.11}$$

$$I_A(y) = I_B(y), \qquad \forall y \in D_A \tag{3.1.12}$$

erfüllt werden.

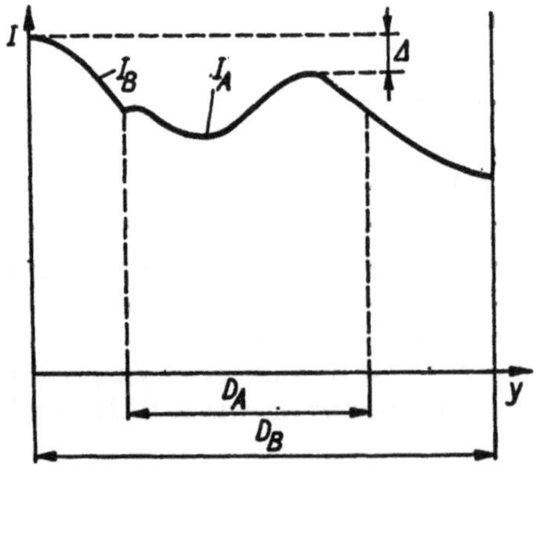

Abb. 3.1.2: Unterschied der Zielkriterien der Aufgaben A (Ausgangsaufgabe) und B (erweiterte Aufgabe)

In Abb. 3.1.1 ist das Verhältnis zwischen den Wertebereichen D_A und D_B dargestellt. Den Unterschied zwischen der Ausgangs- und der erweiterten Aufgabe für eine skalare Funktion zeigt Abb. 3.1.2.

Die Eigenschaften der Erweiterung von Extremwertaufgaben werden in der Literatur [3.1.1 bis 3.1.5] ausführlich erläutert. Im folgenden sollen nur einige Probleme der Erweiterung im Mittleren behandelt werden.

Literatur

[3.1.1] Zirlin, A. M., Balakirev, V. S. u. Dudnikov, E. G.: „*Variacionnye metody optimizacii upravljaemych objektov*“, Verlag Energija, Moskva 1976

[3.1.2] Balakirev, V. S., Volodin, V. M. u. Zirlin, A. M.: „*Optimal'noe upravlenie processami chimičeskoj technologii*“, Verlag Chimija, Moskva 1978

[3.1.3] Krotov, V. F. u. Gurman, V. I.: „*Metody i zadači optimal'nogo upravlenija*“, Verlag Nauka, Moskva 1973

[3.1.4] Hadly, J.: „*Nelinejnoe i dinamičeskoe programmirovanie*“, Verlag Mir, Moskva 1967

[3.1.5] Rokafellar, R. T.: „*Vypuklyi aniliz*“, Verlag Mir, Moskva 1973

3.2. Erweiterung im Mittleren für Aufgaben der nichtlinearen Optimierung

Für Extremwertaufgaben bei dynamischen Grundoperationen der Verfahrenstechnik sind die Erweiterungen im Mittleren von besonderem Interesse. Im folgenden werden nur kurz die wichtigsten Gesichtspunkte und Lösungsmethoden solcher Probleme der nichtlinearen Optimierung behandelt. Ausführlichere Darstellungen finden sich in der Literatur [3.2.1 bis 3.2.7].

3.2.1. Allgemeine Aufgabenstellung der nichtlinearen Optimierung im Mittleren

Der Übergang zur Aufgabenstellung im Mittleren setzt voraus, daß dio Aufgabenlösung vielfach wiederholt wird und als Wert des Zielkriteriums der Mittelwert der Funktion $f_0(x^*)$, den man aus jeder Einzellösung erhält, angenommen wird. Unter Berücksichtigung dieser Bedingung ist die Aufgabenstellung der nichtlinearen Optimierung im Mittleren folgendermaßen formulierbar:

Es sei auf der Menge V_x die Funktion $P(x)$ bestimmt, die die Verteilung des Vektors x über V_x bei beliebig großer Anzahl von Aufgabenlösungen charakterisiert. Die Funktion $P(x)$ und die Wahrscheinlichkeitsdichte der zufälligen Variablen besitzen folgende Eigenschaften:

$$\int_{V_x} P(x)\,dx = 1; \quad P(x) \geqq 0 \tag{3.2.1}$$

Der Mittelwert der Funktion $f(x)$ im Zeitintervall T kann als Mittel über die Zeit oder als Mittel über die Menge aller x errechnet werden. Für den zuletzt genannten Fall gilt:

$$\overline{f(x)} = \int_{V_x} f(x)\, P(x)\, dx \tag{3.2.2}$$

Wenn x fixierte Werte x^k $(1 \leqq k \leqq n)$ annimmt und jedem von ihnen der Anteil γ_k am Intervall T zugeordnet werden kann, so ergibt sich $P(x)$ als Summe der δ-Funktionen

$$P(x) = \sum_{k=1}^{n} \gamma_k \cdot \delta(x - x^k) \tag{3.2.3}$$

Ferner gilt

$$\overline{f(x)} = \sum_{k=1}^{n} \gamma_k f(x^k) \tag{3.2.4}$$

Die Größen γ_k sind Wichtungskoeffizienten. Sie genügen den Bedingungen

$$\gamma_k \geqq 0; \quad \sum_{k=1}^{n} \gamma_k = 1 \tag{3.2.5}$$

Eine der möglichen Erweiterungen im Mittleren kann nun in folgender Form dargestellt werden

Aufgabe $\overline{N.P._0}$: Dieser Aufgabentyp ist gegeben durch

$$I = \overline{f_0(x)} \to \sup$$

$$\overline{f_i(x)} = 0; \quad \overline{\varphi_\nu(x)} \geqq 0 \tag{3.2.6}$$

$$i = 1, 2, \ldots, n; \quad \nu = 1, 2, \ldots, m$$

In dieser Aufgabe sind sowohl die Zielfunktion als auch die Funktionen, welche die Nebenbedingungen bestimmen, durch ihre Mittelwerte über der Menge V_x ersetzt. Die obere Grenze des Optimalitätskriteriums I wird über allen möglichen der Gl. (3.2.1) genügenden $P(x)$ gesucht.

Bei der Lösung nichtlinearer Optimierungsaufgaben im Mittleren ist die Bestimmung von Erreichbarkeitsmengen und Erreichbarkeitsfunktionen von Bedeutung. Im folgenden werden die wichtigsten Lösungsschritte und Resultate dargestellt. Die dabei vorausgesetzten Begriffe, wie konvexe Mengen sowie konvexe Hüllen von Mengen und Funktionen, sind in der entsprechenden Literatur [3.2.5, 3.2.6] behandelt.

3.2.2. Allgemeine Lösungsmethode für nichtlineare Optimierungsaufgaben im Mittleren

Die allgemeine Lösungsmethode mit Hilfe von Erreichbarkeitsmengen und Erreichbarkeitsfunktionen wird anhand einer nichtlinearen Optimierungsaufgabe mit einer Nebenbedingung und zwei Variablen x_1 und x_2 untersucht.

$$\overline{f_0(x_1, x_2)} \to \sup \tag{3.2.7a}$$

$$f(x_1, x_2) = 0 \tag{3.2.7b}$$

In Abb. 3.2.1a sind die Menge V_x und die Höhenlinien der Funktion f_0 und f dargestellt. Letztere entsprechen der Gleichung

$$f(x_1, x_2) = C \tag{3.2.8}$$

Es wurde bereits erwähnt, daß der Mittelwert nicht nur über die Menge, sondern auch über die Zeit gebildet werden kann, wenn sich die Variablen x_1 und x_2 zeitlich verändern. Werte, die der Vektor x bei optimaler Lösung annimmt, werden als Basiswerte bezeichnet. Bevor die Frage, welche Basiswerte die Aufgabe (3.2.7) besitzt, beantwortet wird, soll festgestellt werden, welche der Elemente von V_x auf keinen Fall Basiswerte sein können. Zunächst betrachtet man die Gesamtheit der Elemente von V_x, die den durch Bedingung (3.2.8) für konkrete Werte C hervorgehobenen Höhenlinien der Funktion f angehören. Jedem Wert von C entspricht ein Wert von $f_0(x)$. Bei der Mittelwertbildung von f sind nur die Werte dieser Funktion für die Basiswerte von x wichtig, weil nur in diesem Fall $f_0(x)$ bezogen auf Werte von x der entsprechenden Höhenlinie maximal werden kann. Demnach gilt folgende Behauptung:

Die optimale Lösung $P(x)$ der Aufgabe (3.2.7) geht für diejenigen x in Null über, welche nicht Lösung folgender Aufgabe sind:

$$f_0(x_1, x_2) \to \sup \tag{3.2.9a}$$

$$f(x_1, x_2) = C, \quad x \in V_x \tag{3.2.9b}$$

In Abb. 3.2.1a sind die Lösungen der Aufgabe (3.2.9) punktiert hervorgehoben. Alle Elemente von V_x, die dieser punktierten Linie nicht angehören, können auf keinen Fall Basiselemente sein. Der Austausch des Wertes x^k gegen einen nicht auf der punktierten Linie liegenden beliebigen anderen Wert, verändert zwar nicht die Funktion f, verkleinert aber den Wert von f_0. Um nun die exakten Basiswerte x zu bestimmen, ermittelt man die Abhängigkeit des Maximalwertes der Zielfunktion in Aufgabe (3.2.9) von der Größe des Parameters C. Damit ergibt sich eine Funktion f_0 für die Werte x, die auf der punktierten Linie der Abb. 3.2.1a liegen. Man erhält so eine Funktion $f_0^*(C)$, die in Abb. 3.2.1b dargestellt ist.

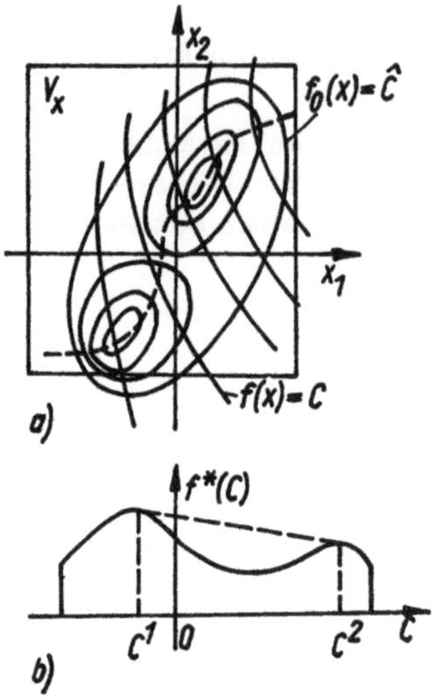

Abb. 3.2.1: Grafische Veranschaulichung einer Aufgabe der $\overline{N.P.}$
a) Höhenlinien, b) konvexe Hülle und Basiswerte.

Da in Aufgabe (3.2.7) nur die Ordinatenmittelwerte der Funktion $f_0^*(C)$ gebildet werden, kann man diese Aufgabe folgendermaßen umschreiben:

$$\left.\begin{aligned} I &= \overline{f_0^*(C)} \rightarrow \sup \\ \overline{C} &= 0 \end{aligned}\right\} \tag{3.2.10}$$

Beachtet man die Definition der konvexen Hülle einer Funktion, so erkennt man, daß die Größe I die Ordinate der konvexen Hülle der Funktion $f_0^*(C)$ bei $C = 0$ ist. Aufgabe (3.1.7) wurde damit in zwei Etappen gelöst. Im ersten Schritt wird die Funktion $f_0^*(C)$ ermittelt. Im zweiten Schritt wird die konvexe Hülle dieser Funktion bestimmt und ihre Ordinate bei $C = 0$ gesucht. Ist in diesem Punkt die Ordinate der konvexen Hülle größer als die Ordinate der Funktion, so ist die Erweiterung im Mittleren effektiv und die Basiswerte des Vektors x entsprechen den Werten C, bei denen die konvexe Hülle die Funktion $f_0^*(C)$ berührt. In Abb. 3.2.1b sind C^1 und C^2 angegeben. Um eine analoge Methode auf die $\overline{N.P.}$-Aufgabe zu übertragen, sei der Raum C eingeführt, dessen Dimension p gleich der Summe aller Nebenbedingungen der nichtlinearen Optimierungsaufgabe ist. Jeder Koordinatenachse des Raumes C entspricht eine bestimmte Bedingung. Um das hervorzuheben, werden die entsprechenden Koordinaten mit C_i und C_ν bezeichnet. Jedem Wert $x \in V_x$ wird ein Punkt im Raum C nach folgender Vorschrift zugeordnet: Für den Wert x wird die Funktion $f_i(x)$ berechnet und entlang der Achse C_i abgetragen. Ebenso wird mit $\varphi_\nu(x)$ auf der Achse C_ν verfahren. Damit erhält man eine Menge Q, welche Erreichbarkeitsmenge der nichtlinearen Optimierungsaufgabe heißt. Sie beinhaltet alle für $x \in V_x$ erreichbaren Werte von f_i und φ_ν. Für jedes Element von Q mit den Koordinaten (C_i^0, C_ν^0) wird nun der maximale Funktionswert f_0 ausgewählt, daß $C_i = C_i^0$ und $C_\nu > C_\nu^0$ gilt. Man erhält damit eine Funktion, die Erreichbarkeitsfunktion genannt wird. Der Lösung der *N.P.*-Ausgangsaufgabe entspricht der Wert f_0^* bei $C = 0$

$$\sup_{x \in D} f_0(x) = f_0^*(0) \tag{3.2.11}$$

Die Lösung der nichtlinearen Optimierungsaufgabe im Mittleren ist nun gleich der Ordinate der konvexen Hülle der Erreichbarkeitsfunktion im Punkt $C = 0$ [3.2.7]:

$$\sup_{x \in \bar{D}} \overline{f_0(x)} = Co_Q f_0^*(0) \tag{3.2.12}$$

Co_Q — konvexe Hülle der Menge Q, $\bar{D}$ — Menge, die durch die Nebenbedingungen im Mittleren bestimmt wird.

Es sei noch bemerkt, daß die Menge der zulässigen Lösungen der *N.P.*-Aufgabe leer sein kann, d. h. innerhalb von V_x sind z. B. keine Elemente vorhanden, für die die Funktion f_i gleich Null ist. Dadurch ist die Funktion f_0^* im Punkt $C = 0$ nicht bestimmt. In diesem Falle wird die Menge Q bis zu ihrer konvexen Hülle erweitert, um $Co_Q f_0^*$ ermitteln zu können. Die Funktion f_0^* ist dabei über den hinzugefügten Stellen als genügend klein anzunehmen. In Abb. 3.2.2 wird ein Beispiel für eine Erreichbarkeitsfunktion und ihre konvexe Menge dargestellt. Eine Lösung der Ausgangsaufgabe existiert nicht, da für beliebige $x \in V_x$ die Funktion f nicht den Wert Null annimmt. Dagegen besitzt die Aufgabe im Mittleren eine Lösung, welcher der Zielfunktionswert $Co_Q f_0^*(0)$ entspricht.

Das Caratheodory-Theorem gestattet die Optimalitätsbedingungen für die Aufgaben im Mittleren zu ermitteln [3.2.5]. In Übereinstimmung mit diesem Theorem ist es für die Ordinatenbestimmung der konvexen Hülle der Erreichbarkeitsfunktion f_0^*, die von p Variablen abhängt, erforderlich, bei $p + 1$ Elementen der Menge Q für nicht mehr als $p + 1$ Werte dieser Funktion den Mittelwert zu bilden. Es wird somit eine endliche Aufgabe gestellt, in der

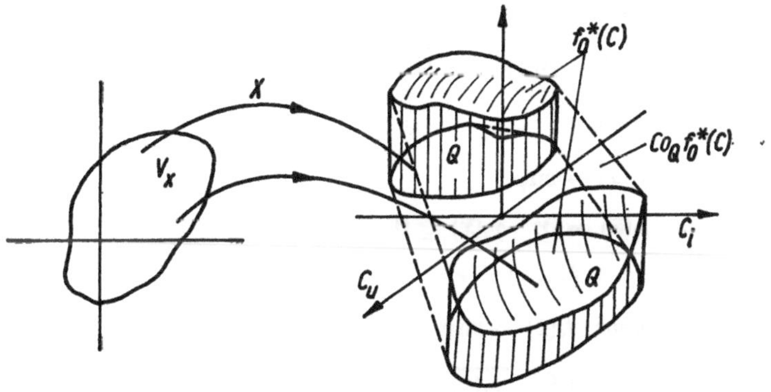

Abb. 3.2.2: Grafische Veranschaulichung der Erreichbarkeitsmenge und Erreichbarkeitsfunktion mit ihrer konvexen Hülle

$p + 1$ Werte γ_K bei $\sum \gamma_K = 1$ und $p + 1$ Vektoren x^k (Basiswerte) aufgefunden werden müssen.

Es sei vermerkt, daß einige der Wichtungskoeffizienten γ_K gleich Null sein können und damit die entsprechenden x^k in die Lösung der Aufgabe im Mittleren nicht eingehen.

3.2.3. Modifizierte Formen von Erweiterungen im Mittleren

Die im Abschnitt 3.2.1. behandelte Aufgabe stellt nicht die einzig mögliche Erweiterungsmethode im Mittleren für Aufgaben der nichtlinearen Optimierung dar. Oft enthalten schon die in der Praxis entstehenden Aufgaben im Effektivitätskriterium und in den Nebenbedingungen nicht die Variablen x selbst, sondern ihre Mittelwerte. So wird z. B. die Effektivität einer Rektifikationskolonne nicht durch die augenblickliche Konzentration der Ausgangsströme, sondern durch ihre Mittelwerte bestimmt, wenn sich an ihrem Ausgang Sammelbehälter befinden oder die nachfolgenden Prozeßeinheiten entsprechende Puffereigenschaften besitzen. Einige weitere Varianten von Erweiterungen im Mittleren werden nachfolgend dargestellt [3.2.7]:

$\overline{N.P.}_1$*-Aufgabe:* $f_0(\bar{x}) \to \sup$

$$P(x) \geqq 0, \quad \forall x \in D \tag{3.2.13}$$

In diesem Fall stellt D die Menge der zulässigen Lösungen der Ausgangsaufgabe dar, die durch die Bedingungen $f(x) = 0$ und $\varphi(x) \geqq 0$ vorgegeben wird. Die Größe $\bar{x}$ ist der Mittelwert des Vektors x über der Menge D

$$\bar{x} = \int_D xP(x)\,dx, \qquad P(x) \geqq 0 \tag{3.2.14}$$

$$\int_D P(x)\,dx = 1$$

Da die Menge $\bar{x}$ die konvexe Hülle der Menge D darstellt, ist Aufgabe (3.2.13) äquivalent mit

$$f_0(\bar{x}) \to \sup; \quad \bar{x} \in CoD \tag{3.2.15}$$

$\overline{N.P.}_2$-Aufgabe

$$\overline{f_0(x)} \to \sup$$

$$f_i(\bar{x}) = 0; \quad \varphi_\nu(\bar{x}) \geqq 0 \tag{3.2.16}$$

$$i = 1, 2, \ldots, n; \quad \nu = 1, 2, \ldots, m$$

$\overline{N.P.}_3$*-Aufgabe:* $f_0(\bar{x}) \to \sup$

$$\overline{f_i(x)} = 0; \quad \overline{\varphi_\nu(x)} = 0 \tag{3.2.17}$$

$$i = 1, 2, \ldots, n; \quad \nu = 1, 2, \ldots, m$$

Wie unschwer nachzuprüfen ist, genügt jede der angeführten Aufgaben der bereits gegebenen Definition der Erweiterung von nichtlinearen Optimierungsaufgaben.

3.2.4. Aufgaben im Mittleren bei zwei Parametertypen

Die Erweiterung von Aufgaben der nichtlinearen Optimierung kann sich auf eine bestimmte Anzahl von Variablen beschränken. Praktisch entspricht dies dem Fall, daß bestimmte Variable, sie seien mit u bezeichnet, bei einer vielfachen Wiederholung der Lösung verändert werden. Andere Parameter, diese Gruppe sei mit x bezeichnet, bleiben konstant. Im Anwendungsfall sind beispielsweise u die Betriebsparameter des Prozesses (Durchfluß, Druck, Temperatur etc.) und x konstruktive Parameter der Prozeßeinheit (Volumen, charakteristische Maße usw.).

Die Aufgabe, die mit $\overline{N.P.}^u$ bezeichnet werden soll, nimmt folgende Gestalt an:

$$\overline{f_0(x, u)}^u \to \sup \tag{3.2.18a}$$

$$\overline{f_i(x, u)}^u = 0; \quad \overline{\varphi_\nu(x, u)}^u \geqq 0 \tag{3.2.18b}$$

$$i = 1, 2, \ldots, n; \quad \nu = 1, 2, \ldots, m$$

Hierbei ist

$$\overline{f(x, u)}^u = \int_{V_u} f(x, u)\, P(u)\, du \tag{3.2.18c}$$

Die gesuchten Variablen in Gl. (3.2.18a) stellen den Vektor x und die Funktion $P(u)$ dar. Dabei gilt

$$\int_{V_u} P(u)\, du = 1; \quad P(u) \geqq 0 \tag{3.2.18d}$$

Für jedes fixierte x fällt diese Aufgabe mit der gewöhnlichen $\overline{N.P.}$-Aufgabenstellung zusammen. Andererseits geht die Aufgabe (3.2.18a) bei fester Funktion $P(u)$ in die gewöhnliche Aufgabe der nichtlinearen Optimierung bezüglich der Variablen x über.

Von besonderer Bedeutung ist der Fall, wenn eine Äquivalenz der $\overline{N.P.}^u$-Erweiterung zur Ausgangsaufgabe der nichtlinearen Optimierung besteht. Ein solcher Fall liegt z. B. dann vor, wenn die $N.P.$-Aufgabe für ein beliebiges $x \in V_x$ über u konvex ist. In diesem Fall gilt $\gamma_k = 0$ für $k > 0$ und $\gamma_0 = 1$. Die Optimalitätsbedingungen der $N.P.$-Aufgabe fallen damit mit den Optimalitätsbedingungen der erweiterten Aufgabe zusammen. Sie nehmen unter Beachtung der LAGRANGEschen Erweiterung nichtlinearer Optimierungsaufgaben (KUHN-TUCKER-Bedingungen) [3.2.1] folgende Formen an:

1. Stationäres Verhalten der LAGRANGEschen Funktion über die Variablen der zweiten Gruppe

$$\frac{\partial}{\partial x}\left[\lambda_0 f_0(x^*, u^*) + \sum_{i=1}^{n} \lambda_i f_i(x, u) + \sum_{\nu=1}^{m} \xi_\nu \varphi_\nu(x, u)\right] = 0 \tag{3.2.19}$$

Mit λ — LAGRANGEscher Multiplikator und

$$\xi_\nu = -\left|\frac{\partial f_0^*(0, C_\nu)}{\partial C_\nu}\right|_{C_\nu=0}$$

den Anstieg der Funktion $f_0^*(0, C_\nu)$ im Punkt $C_\nu = 0$.

2. Maximum der LAGRANGEschen Funktion bezüglich der Variablen der 1. Gruppe

$$R(x^*, u^*, \lambda) = \sup_{u \in V_u} R(x^*, u, \lambda) \tag{3.2.20}$$

3. Die Bedingungen der „zusätzlichen Unhärte"

$$\xi_\nu \varphi_\nu(x^*, u^*) = 0, \qquad \xi_\nu \geqq 0 \tag{3.2.21}$$

$$\nu = 1, 2, \ldots, m$$

Weiter wird vorausgesetzt:

1. Der Punkt x^* befindet sich innerhalb von V_x.
2. Die Stetigkeit der die Aufgabe bestimmenden Funktion wird nur nach x und dann auch nur für die Umgebung des Punktes x^* gefordert.

Ist (x^*, u^*) ein regulärer Punkt, d. h. er stellt keinen Extrempunkt für das System der Nebenbedingungen dar, so gilt $\lambda_0 = 1$. Der Punkt (x^*, u^*) ist extremal, wenn solche nicht gleichzeitig Null betragende λ_i und ξ_ν aufgefunden werden können, daß in diesem Punkt bei $\lambda = 0$ die Bedingungen (3.2.19) bis (3.2.21) erfüllt werden.

Literatur

[3.2.1] ZIRLIN, A. M., BALAKIREV, V. S. u. DUDNIKOV, E. G.: *„Variacionnye metody optimizacii upravljaemych" ob-ektov*, Verlag Energija, Moskva 1976

[3.2.2] OSTROVSKIJ, G. M. u. VOLIN, Ju. M.: *„Metody optimizacii složnych chimiko-technologičeskich schem"*, Verlag Chimija, Moskva 1970

[3.2.3] HALDY, J.: *„Nelinejnoe i dinamičeskoe programmirovanie"*, Verlag Mir, Moskva 1967

[3.2.4] ŠILOV, G. E. u. GUREVIČ, B. L.: *„Integral, mera i proizvodnaja"*, Verlag Nauka, Moskva 1967

[3.2.5] CARATHEODORY, C.: *„Variationsrechnung und partielle Differentialgleichungen erster Ordnung"*, B. G. Teubner Verlagsgesellschaft, Leipzig 1935

[3.2.6] BURKOV, V. N., LAZEBNIK, A. I. u. CHRONOVIČ, I. L.: Avtomatika i telemechanika 10 (1972) 7, 46–63

[3.2.7] SUČKOV, V. P. u. ZIRLIN, A. M.: Izvestija AN SSSR, Techničeskaja kibernetika (1972) 3, 180–189

3.3. Lösung von Variationsaufgaben der optimalen Steuerung nach dem Modulverfahren [3.3.1 bis 3.3.4]

In vielen Steuerungsaufgaben sind alle oder die meisten der gesuchten Variablen Funktionen der Raumkoordinaten und der Zeit. Ordnet man diesen Variablenmengen (Funktionen) eine Zahl zu, so entstehen neue gesetzmäßige Zusammenhänge, die als Funktionale bezeichnet werden. Entsprechende Optimierungsaufgaben bezeichnet man als Variationsaufgaben. Im allgemeinen sind die Typen von Optimalitätskriterien und Nebenbedingungen vielfältig. Es erscheint deshalb sinnvoll, die Optimalitätsbedingungen so zu formulieren, daß sie für verschiedene Aufgabentypen verwendbar sind. Diese Zielstellung kann mit Hilfe des Modulverfahrens realisiert werden. Es ist dadurch gekennzeichnet, daß jedem Kriterientyp und jeder Nebenbedingung ein bestimmter Modul zugeordnet wird. Dadurch läßt sich das verallgemeinerte LAGRANGEsche Funktional bestimmen, über das die Optimierungsbedingungen und Lösungsalgorithmen in einheitlicher Form formuliert werden.

Zur Lösung der Aufgabe verwendet man die Tab. 3.3.1 und 3.3.2. Jedem Kriterientyp sowie jeder Nebenbedingung wird ein entsprechender Modul zugeordnet, der aus mehreren Teilen besteht. Die Bestandteile eines Moduls werden in drei Gruppen eingeteilt. Bestimmte Module können auch einen bzw. zwei Bestandteile, die zu verschiedenen Gruppen gehören, enthalten. Alle von t abhängigen Variablen bezeichnet man mit $y(t)$, wenn der betrachteten Bedingung ein Modul entspricht, der einen Bestandteil nur einer Gruppe enthält. Besteht ein Modul aus mehreren Bestandteilen, so werden die Variablen entsprechend den Bestandteilen, in die sie eingehen, bezeichnet. Die Variablen, welche nicht von t abhängen, bezeichnet man mit a. Diese Größe entspricht dem optimalen Parametervektor.

Um die Optimalitätsbedingungen formulieren zu können, sind zwei Zusatzregeln notwendig.

1. Regel zur Aufstellung der verallgemeinerten LAGRANGEschen Funktion R
   Die Funktion R stellt die Summe der Module R_0 und R_f nach Tab. 3.3.1 und 3.3.2 dar

$$R = R_0 + \sum_i R_f^i \tag{3.3.1}$$

Für die Bestandteile von R gilt

$$R_I = R_{0I} + \sum_i R_{fI}^i \tag{3.3.2}$$

Entsprechend können die Funktionen R_{II} und R_{III} formuliert werden.

Zur Formulierung der Bedingungen ist das verallgemeinerte LAGRANGEsche Funktional S nötig.

$$S = \int_0^T R\, dt \tag{3.3.3}$$

Tabelle 3.3.1: Optimalitätskriterien und die ihnen entsprechenden Module

Nr.	Typ des Optimalitätskriteriums $I \to \max$	Modul R_0		
		1. Gruppe R_0I	2. Gruppe R_0II	3. Gruppe R_0III
1.	$I_1 = \int_0^T f_0[y(t), a, t]\, dt$	$\lambda_0 f_0[y(t), a, t]$	—	—
2.	$I_2 = F_0[y(t), a, t_0]$ $t_0 \in 0, T$	—	—	$\lambda_0 F_0[y(t), a, t]\, \delta(t - t_0)$
3.	$I_3 = \min f_0[y(t), a, t] = Z$ $t \in [0, T]$	—	$\frac{\lambda_0 Z}{T} + \lambda'(t)\,\{Z - f_0[y(t); t]\}$ $\lambda(t) \leqq 0$ $\lambda(t)\,\{Z^* - f_0[y^*(t), t]\} = 0$	—

Bemerkung: Das Optimalitätskriterium I kann auch eine Summe der Kriterientypen I_1, I_2, I_3 darstellen. Der entsprechende Modul R_0 stellt dann die Summe der einzelnen Module für jeden Typ dar.

Tabelle 3.3.2: Die wichtigsten Typen von Nebenbedingungen und die ihnen entsprechenden Module

Nr.	Nebenbedingung	Modul R_f 1. Gruppe R_{fI}	2. Gruppe R_{fII}	3. Gruppe R_{fIII}
1.	$\int_{t_1}^{t_2} f[y(t), a, t]\, dt = 0$	$\lambda f[y(t), a, t]$; $t \in [t_1, t_2]$ 0 $t \notin [t_1, t_2]$	—	—
2.	$f[y(t), a, t] = 0 \; \forall t \in (t_1, t_2)$	—	$\lambda(t)\, f[y(t), a, t]$; $t \in (t_1, t_2)$ 0 $t \notin (t_1, t_2)$	—
3.	$f[y(t), a, t_0] = 0$	—	—	$\lambda f[y(t), a, t]\, \delta(t - t_0)$
4.	$\dot{x} = f[x(t), u(t), a, t]$	$\psi(t)\, f[x(t), u(t), a, t]$ $\psi(t) = 0$; $t \notin [0, T]$	$\dot{\psi}(t)\, x(t)$	—
5.	$x(\tau) = \int_0^{\tau} f[x(t), u(t), a, t, \tau]\, dt$	$-\int_0^{\tau} \lambda(\tau)\, f[x(t), u(t), a, t, \tau]\, d\tau$	$\lambda(t)\, x(t)$	—

Bemerkung: Für Nebenbedingungen in Form von Ungleichungen, in denen das Gleichheitszeichen (=) durch das Ungleichheitszeichen ($\geqq$) ersetzt wurde, bleibt der Modul unverändert. Lediglich der Multiplikator λ nimmt folgende Vorzeichen an: Für die Nebenbedingungen 1, 2, 3, 5 $\lambda \geqq 0$ und $\lambda(t) \geqq 0$. Für die Bedingung 4 $\psi(t) \leqq 0$. Außerdem werden die Bedingungen der zusätzlichen Unhärte (4. Kapitel) erfüllt, aus denen folgt, daß über der optimalen Lösung jeder der Module in Null übergeht.

2. Regel zum Herauslösen der zeitabhängigen Bestandteile der Aufgabenlösung, die nur in R_I eingehen (Variable der 1. Gruppe)

Die Vektorfunktion dieser Variablen wird mit $u(t)$ bezeichnet. Alle übrigen Variablen sind mit $x(t)$ angegeben. Ferner gelten noch folgende Voraussetzungen:

Die zulässige Wertmenge V_u der ersten Gruppe sei geschlossen und begrenzt. Die Funktionen $f_0, f_1, \ldots$, welche die Aufgabe bestimmen, sind stetig über x, a und t. Die zulässige Wertmenge von x sei offen.

Unter den Nebenbedingungen der Aufgabe löst man diejenigen heraus, die es gestatten, einen beliebigen funktionellen Lösungsbestandteil mit einer Genauigkeit bis zu einem oder mehreren Parametern zu bestimmen, wenn die restlichen funktionellen Lösungsbestandteile bekannt sind. So gestattet die Differentialgleichung (Tab. 3.3.2, Nr. 4) den Vektor $x(t)$ mit einer Genauigkeit bis zum Vektor a sowie bis zu den freien Konstanten aufzufinden. Damit ist diese Nebenbedingung eine bestimmende Nebenbedingung. Die Nebenbedingungen Nr. 1 und Nr. 3 (Tab. 3.3.2) stellen keine bestimmenden Nebenbedingungen dar, weil sie die Auffindung von $y(t)$ mit einer Genauigkeit bis zu einer endlichen Parameteranzahl nicht gestatten. Es wird angenommen, daß die Zahl der bestimmenden Nebenbedingungen in der Aufgabe kleiner als die Zahl der funktionellen Lösungsbestandteile ist.

Unter diesen Voraussetzungen gelten folgende notwendige Optimalitätsbedingungen:

Es sei $u^*(t)$, $x^*(t)$, a^* die Lösung der Aufgabe zur Bestimmung des Maximums des Optimalitätskriteriums I über der zulässigen Lösungsmenge, die durch die Nebenbedingungen der Tab. 3.3.2 bestimmt wird. Dann existiert eine solche auf dem Abschnitt $[0, T]$ von Null verschiedene und außerhalb dieser Grenzen in Null übergehende Vektorfunktion $\lambda(t) = [\lambda_0, \lambda_1(t), \ldots]$, daß folgendes gilt:

1. Bei fast allen $t \in [0, T]$ erreicht die Funktion R_I ihr absolutes Maximum über u und der zulässigen Wertmenge V_u der Variablen der 1. Gruppe

$$u^*(t) = \arg \max_{u \in V_u} R_I(u, x^*, \lambda, a^*, t) \tag{3.3.4}$$

2. Die Funktion R ist bei $x = x^*$ über x stationär

$$\frac{\partial R}{\partial x_k} = 0, \qquad k = 1, 2, \ldots \tag{3.3.5}$$

3. Das Funktional S ist innerhalb der zulässigen Wertmenge des Vektors a stationär und erreicht an seiner Grenze ein lokales Maximum

$$\frac{\partial S}{\partial a_\nu} \delta a_\nu \leqq 0; \qquad \nu = 1, 2, \ldots \tag{3.3.6}$$

Dabei ist δa_ν eine zulässige Variation des Parameters a_ν. Wenn die Integrationsgrenzen von a_ν unabhängig sind und die zulässige Lösungsmenge offen ist, gilt anstelle von Gl. (3.3.6) die Beziehung

$$\int_0^T \frac{\partial R}{\partial a_\nu}\, dt = 0 \tag{3.3.7}$$

4. Für den Multiplikator λ_0 gilt $\lambda_0 = 0$ im singulären und $\lambda_0 = 1$ im nichtsingulären Fall.

Anhand des Beispiels von Aufgaben mit Bedingungen des isoperimetrischen Typs wird die aus den allgemeinen Sätzen resultierende Methodik zur Bestimmung der Berechnungsgleichungen dargestellt. Folgende Aufgabe sei gegeben:

$$\begin{gathered} I = \int_0^T f_0[y(t), a, t]\, dt \to \max \\ \int_0^T f_\nu[y(t), a, t]\, dt = 0 \\ y(t) \in V_y; \qquad \nu = 1, 2, \ldots, m \end{gathered} \tag{3.3.8}$$

Die entsprechende Funktion R lautet

$$R = R_0 + \sum_\nu R_f' = \lambda_0 f_0(y, a, t) + \sum_\nu \lambda_\nu f_\nu(y, a, t) \tag{3.3.9}$$

Alle Bestandteile von R sind der 1. Gruppe zuzuordnen. Somit stellt die Funktion $y(t)$ eine Variable der ersten Gruppe dar und die Bedingungen (3.3.4) und (3.3.6) nehmen bei $\lambda_0 = 1$ folgende Form an.

$$y^*(t) = \arg \max_{y \in V_y} \left[f_0(y, a, t) + \sum_\nu \lambda_\nu f_\nu(y, a, t)\right] \tag{3.3.10}$$

$$\int_0^T \frac{\partial}{\partial a} \left[f_0(y, a, t) + \sum_\nu \lambda_\nu f_\nu(y, a, t)\right] dt = 0 \tag{3.3.11}$$

Zusammen mit den Nebenbedingungen gestatten diese Beziehungen, die Multiplikatoren λ_V, die Parameter a^* und die Funktion $y^*(t)$ aufzufinden. Wichtige Anwendungsfälle des Modulverfahrens sind Aufgaben, die sich durch Begrenzung bestimmter Ressourcen auszeichnen. Eine solche Ressource kann sowohl die Gesamtdauer eines Prozesses als auch die Rohstoffmenge oder das Gesamtvolumen des Finalproduktes sein. Diese Begrenzungen können folgendermaßen formuliert werden.

$$\int_0^T f[y(t), t]\, dt = 0 \tag{3.3.12}$$

oder

$$F[y(t_0), t_0] = 0 \tag{3.3.13}$$

Dabei ist $y(t)$ die Vektorfunktion der gesuchten Lösung und t_0 ein fixierter Zeitpunkt. Die Nebenbedingung (3.3.13) kann nach Einführung der δ-Funktion auch in integraler Form geschrieben werden

$$\int_0^T F[y(t), t]\, \delta(t - t_0)\, dt = 0 \tag{3.3.14}$$

Im Falle zyklischer Prozesse sind z. B. die Zyklusbedingungen $x(T) = x(0)$ den integralen Begrenzungen

$$\int_0^T f_\nu(x, u, t)\, dt = 0$$

äquivalent.

Der Optimierungsalgorithmus für derartige Probleme läßt sich unmittelbar aus dem Modulverfahren ableiten [3.3.1 bis 3.3.4]. Er ist besonders für die Optimierung diskontinuierlicher Prozesse geeignet [3.3.1, 3.3.5].

Literatur

[3.3.1] Zirlin, A. M., Balakirev, V. S. u. Dudnikov, E. G.: „*Variacionnye metody optimizacii upravljaemych objektov*", Verlag Energija, Moskva 1976

[3.3.2] Zirlin, A. M.: Izvestija AN SSSR, Techničeskaja kibernetika (1974) 2, 27—33

[3.3.3] Butkovskij, A. G.: „*Optimal'noe upravlenie sistemami s raspredelennymi parametrami*", Verlag Nauka, Moskva 1965

[3.3.4] Volkova, M. E., Majkov, G. P. u. Zirlin, A. M.: Izvestija AN SSSR, Techničeskaja kibernetika (1969) 2, 83—97

[3.3.5] Balakirev, V. S., Volodin, V. M. u. Zirlin, A. M.: „*Optimal'noe upravlenie processami chimičeskoj technologii*", Verlag Chimija, Moskva 1978

4. Grundlagen der Bewertung und Optimierung zyklischer Steuerungen in der Verfahrenstechnik

In diesem Kapitel werden mit Bezug auf den Erweiterungsbegriff von Extremwertaufgaben und das Modulverfahren, die im vorangegangenen Kapitel vorgestellt wurden, die Optimalitätsbedingungen und Berechnungsalgorithmen für zyklische Fahrweisen in verfahrenstechnischen Prozeßeinheiten und Systemen behandelt. Ebenso interessiert die Bewertung der Stabilität von zyklischen Betriebszuständen. Ferner ist die Zweckmäßigkeit des Überganges von der statischen zur zyklischen Fahrweise zu bewerten. Die entsprechenden mathematischen Grundlagen werden bereit gestellt.

4.1. Optimalitätsbedingungen des zyklischen Betriebszustandes

Die Aufgabe über die Auswahl des optimalen zyklischen Betriebszustandes kann in Abhängigkeit vom Typ des Optimalitätskriteriums und der Prozeßcharakteristika auf verschiedene Art und Weise gestellt werden [4.1 bis 4.5]. Man formuliert und bestimmt Optimalitätsbedingungen für eine der möglichen Aufgabenstellungen und klärt anschließend, welche Veränderungen in diesen Bedingungen für andere Aufgabenstellungen durchgeführt werden müssen. Es sei angenommen, daß der Prozeß durch ein Differentialgleichungssystem charakterisiert wird, deren rechte Seiten von t nicht explizit abhängen

$$\dot{x}_\nu = f_\nu[x(t), u(t), a]$$
$$\nu = 1, 2, \ldots, m \tag{4.1.1}$$

$x(t)$ — Vektor der Zustandsvariablen des Prozesses, $u(t)$ — Steuervariable, a — Parameter, die einer optimalen Auswahl unterliegen. Die Funktionen f_ν sind stetig differenzierbar nach x und a sowie stetig über u.

Es ergeben sich auch keine prinzipiellen Änderungen in der Aufgabenlösung bei einer Abhängigkeit f_ν von t, wenn diese Funktionen periodisch über t sind mit einer Periode T, die mit der Zyklusdauer identisch ist.

4.1.1. Optimalitätskriterien des zeitlichen Mittelwertes

Es sei folgende Aufgabe gestellt

$$I = \frac{1}{T} \int_0^T f_0[x(t), u(t), a]\, dt \to \max \tag{4.1.2}$$

Die Funktion f_0 charakterisiert die momentane Prozeßeffektivität und die Größe I die mittlere Effektivität über einen Zyklus. Die Prozeßeffektivität ist jeweils zu definieren. Der gesuchten Lösung wird eine „Ressourcenbegrenzung" folgender Form auferlegt.

$$I_j = \int_0^T \{r_j - \varphi_j[x(t), u(t), a]\} \, dt \geqq 0 \tag{4.1.3}$$

Hierbei stellt r_j den mittleren Verbrauch der j-ten Ressource dar. Letztlich müssen die Zustandsvariablen einer der nachfolgenden Zyklusbedingungen genügen

$$x_\nu(0) = x(T) \tag{4.1.4 a}$$

$$\int_0^T f_\nu[x(t), u(t), a] \, dt = 0 \qquad \nu = 1, 2, \ldots, m \tag{4.1.4b}$$

Die Steuerung muß eine solche periodische, stückweise stetige Funktion mit der Periode T sein, daß sie in jedem Zeitmoment t einer geschlossenen und begrenzten Menge $u(t) \in V_u$ in R^n und einer beliebigen fixierten Menge $a \in V_a$ in R^p gleichkommt.

Es sei außerdem angenommen, daß jeder zulässigen Kombination von Steuervariablen und Parametern eine periodische Lösung der Gln. (4.1.1) entspricht. Ferner sei bemerkt, daß einer Kombination von Steuerparametern einige und sogar unendlich viele periodische Lösungen der Gln. (4.1.1) entsprechen können. So verändert sich zum Beispiel das Niveau in einem Behälter bei periodischen Durchsatzänderungen ebenfalls periodisch. Sein Mittelwert hängt aber vom Anfangswert des Niveaus ab.

Somit ist die Menge der zulässigen Lösungen der Aufgabe (4.1.1) bis (4.1.4) charakterisiert worden. Man kann annehmen, daß die optimale Lösung $u^*(t)$, $x^*(0)$, a^*, T^* und diesen Parametern entsprechende $x^*(t)$ existieren.

Die Bedingungen, denen die optimale Lösung genügen soll, folgen aus Tab. 3.3.1 (Kap. 3.). In Übereinstimmung mit dem Modulverfahren zum Erhalt der Optimalitätsbedingungen schreibt man die dem Kriterium I und den Nebenbedingungen entsprechenden Module auf

$$R_0 = \frac{1}{T} f_0(x, u, a) \tag{4.1.5a}$$

$$R_{\nu 1} = \dot{\psi}_\nu(t) \, x_\nu(t) + \psi_\nu(t) \, f[x(t), u(t), a] \tag{4.1.5b}$$

$$R_{\nu 4} = \lambda_\nu f_\nu[x(t), u(t), a]$$

$$\nu = 1, 2, \ldots, m \tag{4.1.5c}$$

$$R_j = \xi_j\{r_j - \varphi_j[x(t), u(t), a]\}$$

$$j = 1, 2, \ldots, k \tag{4.1.5d}$$

Der Summand $R_{\nu 1}$ entspricht den Bedingungen (4.1.1) und $R_{\nu 4}$ den Zyklusbedingungen (4.1.4).

Die verallgemeinerte LAGRANGEsche Funktion lautet

$$R = \lambda_0 R_0 + \sum_{\nu=1}^{m} (R_{\nu 1} + R_{\nu 4}) + \sum_{j=1}^{k} R_j \tag{4.1.6}$$

Die Optimalitätsbedingungen einer nicht-singulären Lösung ($\lambda_0 = 1$) lassen sich besser nach Einführung der Größe H formulieren

$$H = \frac{f_0(x, u, a)}{T} + \sum_{\nu=1}^{m} [\psi_\nu(t) + \lambda_\nu] f_\nu(x, u, a) - \sum_{j=1}^{k} \xi_j \varphi_j(x, u, a) \tag{4.1.7}$$

Unter Berücksichtigung dieser Größe erhält man

$$\frac{\partial R}{\partial x} = 0 \quad \dot{\psi}_\nu = -\frac{\partial H}{\partial x_\nu} \tag{4.1.8}$$

$$\psi_\nu(0) = \psi_\nu(T) = 0; \qquad \nu = 1, 2, \ldots, m \tag{4.1.9}$$

$$u^*(t) = \arg \max_{u \in V_u} H(x^*, u, a^*, \psi, \lambda, \xi) \tag{4.1.10}$$

$$\int_0^T \left[\frac{\partial H(\ldots)}{\partial a}\,\delta a\right] dt \leqq 0 \tag{4.1.11}$$

$$\xi_j \geqq 0; \quad \xi_j \varphi_j(x^*, u^*, a^*) = 0 \tag{4.1.12}$$

Diese Beziehungen sollen noch näher erläutert werden. Gl. (4.1.8) folgt aus der Bedingung des stationären Verhaltens der Funktion R über den Zustandsvariablen. Da $x(0)$ und $x(T)$ nicht fixiert sind, werden die entsprechenden Werte der Verknüpfungsparameter gleich Null. Nach Einführung der Bezeichnung $\bar{\psi}_\nu(t) = \psi_\nu(t) + \lambda$ nehmen die Bedingungen (4.1.9) eine symmetrische Form im Verhältnis zu den Zyklusbedingungen an $\bar{\psi}_\nu(0) = \bar{\psi}_\nu(T)$. Unter Berücksichtigung von $\dot{\psi} = \dot{\bar{\psi}}$ erhält man

$$\int_0^T \frac{\partial H}{\partial x_\nu}\, dt = 0$$

$$\nu = 1, 2, \ldots, m \tag{4.1.13}$$

In Ausdruck (4.1.10) sind x^* und ψ periodische Funktionen, so daß $u^*(t)$ ebenfalls eine periodische Funktion ist. Letztlich stellt in Gl. (4.1.11) δa die Menge der zulässigen Variationen des Vektors a dar. Dabei ist $a \in V_a$.

Das bedeutet, daß δa eine Menge von Vektoren bei genügend kleinem $\varepsilon > 0$ unter Beachtung des Zusammenhanges $a + \varepsilon\delta a + 0\ (\varepsilon) \in V_a$ angibt, wobei $0(\varepsilon)/\varepsilon \to 0$ bei $\varepsilon \to 0$ streben. Ist a^* ein innerer Punkt von V_a, so kann man schreiben

$$\int_0^T \frac{\partial H(\ldots)}{\partial a}\, dt = 0 \tag{4.1.14}$$

Die Beziehung (4.1.12) ist der Bedingung der zusätzlichen Unhärte analog. Es sei unterstrichen, daß diese Gleichungen unmittelbar aus den Theoremen des Modulverfahrens nach Abschnitt 3.3. folgen.

Die formulierten Beziehungen (4.1.8) bis (4.1.14) müssen durch Optimalitätsbedingungen für die Zyklusdauer T ergänzt werden. Das läßt sich am besten durch Einführung des Parameters q, der den Zeitmaßstab t verändert, erreichen [4.1.3]. Somit bestimmt man an Stelle der optimalen Periode T den optimalen Parameter q aus den Beziehungen

$$\bar{t} = \frac{t}{1+q} \quad \text{bzw.} \quad d\bar{t} = \frac{dt}{1+q} \tag{4.1.15}$$

Nunmehr kann unter Berücksichtigung von $q > -1$ untersucht werden, wie ein solcher Austausch die Aufgabenbedingungen beeinflußt. Gl. (4.1.1) geht damit über in

$$\frac{dx_\nu}{d\bar{t}} = f_\nu[x(\bar{t}), u(\bar{t}), a]\,(1+q) \tag{4.1.16}$$

Das Optimalitätskriterium hängt bei fixiertem T nicht von q ab. Die Größen I_j in Gl. (4.1.3) verändern sich bei Variation des Zeitmaßstabes um $1/(1+q)$-mal, was aber die Erfüllung der Ungleichungen nicht beeinflußt, da dieser Multiplikator positiv ist. Das gleiche gilt für die Bedingungen (4.1.4). Somit führt die Einführung des Maßstabskoeffizienten q nur zum Austausch von Gl. (4.1.1) mit Gl. (4.1.16), in denen q ein dem Intervall $(-1, \infty)$ angehörender Parameter ist. In der Funktion R verändern sich die Summanden $R_{\nu 1}$ und $R_{\nu 4}$ wie folgt

$$R_{\nu 1} = \dot{\psi}_\nu(t)\, x_\nu(t) + \psi_\nu(t)\,(1+q)\, f_\nu(x, u, a) \tag{4.1.17a}$$

$$R_{\nu 4} = \lambda_\nu(1+q)\, f_\nu(x, u, a)$$

$$\nu = 1, 2, \ldots, m \tag{4.1.17b}$$

Die anderen Summanden verändern sich nicht. Die Optimalitätsbedingungen für q können folgendermaßen formuliert werden

$$\frac{\partial S}{\partial q} = \int_0^T \frac{\partial R}{\partial q}\, dt = \int_0^T \sum_{\nu=1}^{m} [\psi_\nu(t) + \lambda_\nu]\, f_\nu(x, u, a)\, dt = 0 \tag{4.1.18}$$

Ist die Periode T in den Bedingungen (4.1.11) bis (4.1.18) optimal, so gilt $q^* = 0$ und in den Bedingungen (4.1.8) bis (4.1.13) entfällt dieser Parameter. Unter Berücksichtigung der Zyklusbedingungen (4.1.4) kann Gl. (4.1.18) vereinfacht werden

$$\int_0^T \sum_{\nu=1}^{m} \psi_\nu(t)\, f_\nu[x(t), u(t), a]\, dt = 0 \tag{4.1.19}$$

Diese Bedingungen stellen die nicht-singulären Lösungen heraus. Neben ihnen können aber auch Lösungen der Aufgabe existieren, die extremal im Verhältnis zum System der Nebenbedingungen sind. In dem Fall ist in der Funktion R der Multiplikator $\lambda_0 = 0$. Die Bedingungen (4.1.8) bis (4.1.18) schließen auch singuläre Lösungen mit ein. So führen die Bedingungen (4.1.8) zur Existenz einer nicht Null betragenden Vektorfunktion $\bar{\psi}_\nu^0$, die dem nachstehenden Gleichungssystem genügt

$$\dot{\bar{\psi}}_\nu^0 = -\frac{\partial}{\partial x_\nu}\left[\sum_{\nu=1}^{m} \psi_\nu f_\nu - \sum_{j=1}^{k} \xi_j \varphi_j\right] \tag{4.1.20}$$

$\nu = 1, 2, \ldots, m$

Im nicht-singulären Fall besitzt Gl. (4.1.20) nur eine triviale Lösung.

Zu den hier aufbereiteten Grundlagen sei ein Demonstrationsbeispiel [4.1.3] angeführt.

Das zu untersuchende Objekt möge mit Hilfe der nachfolgenden Differentialgleichung beschreibbar sein

$$\dot{x} = [x(t) - u(t)]^2 \tag{4.1.21}$$

Die Steuerung u sei eine skalare Funktion $|u| \leqq 1$.

$$I = -\int_0^1 [u(t) + x^2(t)]\, dt \to \max \tag{4.1.22}$$

Die Zyklusbedingungen sind

$$\int_0^1 [x(t) - u(t)]^2\, dt = 0 \tag{4.1.23}$$

Aus den Zyklusbedingungen (4.1.23) folgt, daß für eine beliebige zulässige Lösung $x^0(t) = u^0(t)$ gilt und damit aus (4.1.21) $\dot{x}^0(t) = 0$ sowie $x^0(t) = \text{const.} = u^0(t)$ folgt.

Das Maximum des Kriteriums I wird bei konstanten und gleichen Funktionen $x(t)$ und $u(t)$ erreicht bei

$$x^*(t) = u^*(t) = \frac{1}{2} \tag{4.1.24}$$

Man kann kontrollieren, ob für die aufgefundene Lösung die Singulär-Bedingung (4.1.20) erfüllt wird

$$\dot{\bar{\psi}} = -\frac{\partial}{\partial x}\,[(x - u)^2\, \bar{\psi}] = -2\bar{\psi}(x - u) \tag{4.1.25}$$

Diese Gleichung besitzt bei $x^* = u^* = 0{,}5$ die nichttriviale Lösung $\bar{\psi}(t) = C$. Somit ist die Lösung (4.1.24) singulär, und sie kann nicht unter Verwendung der Bedingungen (4.1.8) bis (4.1.12) aufgefunden werden.

Tatsächlich nimmt Gl. (4.1.8) die Form an

$$\dot{\psi} = -\frac{\partial H}{\partial x} = 2x + 2(\psi + \lambda)(x - u) \tag{4.1.26}$$

Bei $x^* = u^* = 1/2$ erhält man $\dot{\psi} = 1$, woraus $\psi(t) = \psi(0) + t$ folgt und damit die Bedingungen (4.1.9) nicht erfüllt werden.

Die singuläre Lösung ist mit der Form von Gl. (4.1.21) verbunden. Für diese Gleichung erreicht das Funktional, das in der Bedingung (4.1.23) steht, über der aufgefundenen Lösung seinen Minimalwert.

4.1.2. Optimalitätskriterien des Maximums des Minimalwertes

Mit Bezug auf Tab. 3.3.1 kann man schreiben

$$I = \min_{t \in [0, T]} F[x(t)] \to \max \tag{4.1.27}$$

Ein Kriterium dieses Typs entsteht zum Beispiel bei der Aufgabe der Erzeugung periodischer Schwingungen mit maximaler Amplitude oder bei der Löschung solcher Schwingungen. Im letzteren Fall strebt man die Verringerung des größten Wertes der periodischen Funktion oder ihrer Abweichung vom Vorgabewert an.

Als Folgerung aus Tab. 3.3.1 erhält man in diesem Fall

$$R_0 = \lambda_0 \frac{Z}{T} + \lambda(t) \{F[x(t)] - Z\} \tag{4.1.28}$$

Hierbei entspricht Z einem nicht von t abhängenden Parameter, der gleich dem Minimum von F über t bei $x = x^*(t)$ ist.

Es gilt

$$\lambda(t) \geqq 0 \quad \text{und} \quad \lambda(t)\,[F(x^*) - Z^*] = 0 \tag{4.1.29}$$

Aus der Bedingung des stationären Verhaltens von S über Z und unter Berücksichtigung dessen, daß Z nur in R_0 eingeht, erhält man

$$\begin{gathered} \frac{\partial S}{\partial Z} = 0 \to \int_0^T \frac{\partial R}{\partial Z}\,dt = 0 \quad \text{oder} \\ \frac{1}{T}\int_0^T \lambda(t)\,dt = \lambda_0 \end{gathered} \tag{4.1.30}$$

Für den nichtsingulären Fall gilt $\lambda_0 = 1$ und für den singulären Fall $\lambda_0 = 0$. Die Singularitätsbedingungen hängen natürlich nicht von der Form des Kriteriums ab und fallen mit den analogen Bedingungen für die Grundaufgabe zusammen.

Da die Fläche unter $\lambda(t)$ gleich 1 ist (im nichtsingulären Fall), die Funktion aber nur in den Momenten, in denen $F(x) = Z$ gilt, von Null verschieden ist, kann die Bedingung (4.1.29) wie folgt geschrieben werden

$$\int_0^T F(x)\,\lambda(t)\,dt = \min_{t\in[0,\,T]} F[x(t)] \tag{4.1.31}$$

Dabei kann $\lambda(t)$ auch δ-Bestandteile enthalten. Die übrigen Bedingungen werden entsprechend Gl. (4.1.8) bis (4.1.12) unter Berücksichtigung der Veränderung von R_0 formuliert.

Man kann ohne Schwierigkeiten die Optimalitätsbedingungen für lineare Kombinationen der Kriterien in Form von Integral-Funktionalen und Kriterien funktionellen Typs (4.1.27) ermitteln.

4.1.3. Optimalitätsbedingungen mit Faltungsintegralgleichungen

Ein möglicher Ansatz lautet z. B.

$$x(t) \doteq \int_{-\infty}^{t} K(t-\tau)\,u(\tau)\,d\tau \tag{4.1.32}$$

Hierbei stellt $K(t)$ die Impulscharakteristik eines linearen Objektes dar, die bei $t < 0$ gleich Null ist. Die Zyklusbedingungen lauten

$$x(0) = x(T) \quad \text{oder} \quad x[(i+1)\,T] = x(iT) \tag{4.1.33}$$

Für die Bedingungen mit Faltungsintegralgleichungen gilt dann

$$\int_{-\infty}^{T} [K(T-\tau)\,u(\tau) - K(-\tau)\,u(\tau)]\,d\tau$$
$$= \int_{-\infty}^{T} u(\tau)\,[K(T-\tau) - K(-\tau)]\,d\tau = 0 \tag{4.1.34}$$

Wenn man berücksichtigt, daß $x(iT) = x[(i+1)\,T]$ für $-\infty < i < \infty$ gilt, so erhält man

$$\int_{-\infty}^{0} u(\tau)\,\{K[(i+1)\,T-\tau] - K(iT-\tau)\}\,d\tau = 0 \tag{4.1.35}$$

Hierbei stellt i eine beliebige ganze Zahl dar. Im gegebenen Fall erweist sich die Einführung der nachfolgenden Funktion als vorteilhaft

$$F(T,\tau) = \sum_{i=-\infty}^{\infty} \{K[(i+1)\,T-\tau] - K(iT-\tau)\} \tag{4.1.36}$$

Es kann leicht aufgezeigt werden, daß sie eine periodische Funktion mit der Periode T ist.

Nach Summierung der Gl. (4.1.35) über alle i erhält man unter Beachtung der Beziehung (4.1.36)

$$\int_{-\infty}^{\infty} u(\tau)\, F(T, \tau)\, d\tau = 0 \tag{4.1.37}$$

Da nun aber $u(\tau)$ und $F(T, \tau)$ periodische Funktionen sind, so stellt ihr Produkt ebenfalls eine periodische Funktion dar. Für das Intervall $[0, T]$ erhält man dann

$$\int_{0}^{T} u(\tau)\, F(T, \tau)\, d\tau = 0 \tag{4.1.38}$$

Bei der Bestimmung der Optimalitätsbedingungen müssen aus Tab. 3.3.2 die den Bedingungen (4.1.32) und (4.1.38) entsprechenden Modul-Ausdrücke aufgefunden und in die Funktion R eingesetzt sowie anschließend die Berechnungsgleichungen analog denen der Hauptaufgabe aufgestellt werden.

4.1.4. Optimalitätsbedingungen bei statischer Fahrweise als Grenzfall des zyklischen Betriebes

Zunächst sei der Umstand unterstrichen, daß die optimale statische Fahrweise in Aufgabe (4.1.1) bis (4.1.3) den Bedingungen (4.1.8) bis (4.1.12) genügt. Offensichtlich nehmen die Bedingungen (4.1.1) im Fall, wenn $x(t)$ und $u(t)$ in der Klasse der Konstanten gesucht werden, die Form an

$$f_\nu(x, u, a) = 0, \qquad \nu = 1, 2, \ldots, m \tag{4.1.39}$$

Hierbei werden natürlich auch die Zyklusbedingungen erfüllt. Die Ungleichungen (4.1.3) gehen über in

$$\varphi_j(x, u, a) \leqq r_j, \qquad j = 1, 2, \ldots s. \tag{4.1.40}$$

Das Funktional (4.1.2) lautet dann

$$I = f_0(x, u, a) \to \max \tag{4.1.41}$$

Wenn x^*, u^*, a^* die optimale Lösung der statischen Aufgabe darstellen, so genügt sie den Bedingungen (4.1.8) bis (4.1.12), die in diesem Fall mit den Kuhn-Tucker-Bedingungen [4.1.4] und die Funktion H mit der Lagrangeschen Funktion der statischen Aufgabe zusammenfallen. An Stelle der Maximumbedingungen von H über u nach Gl. (4.1.10) werden für die statische Aufgabe allerdings schwächere Forderungen erfüllt

$$\frac{\partial H}{\partial u}\, \delta u \leqq 0 \tag{4.1.42}$$

Darin stellt δu den Konus der zulässigen Variationen $u \in V_u$ dar (siehe die bereits gegebene Definition der Variationsmenge δa). Im Einzelfall kann Bedingung (4.1.42) eine Lösung bestimmen, über der die Funktion H maximal wird, was aber noch nicht bedeutet, daß nicht die statische Fahrweise des Objektes mittels Einführung zyklischer Fluktuationen verbessert werden könnte. Im weiteren wird auf dieses Problem noch ausführlicher eingegangen.

Literatur

[4.1.1] ZIRLIN, A. M., BALAKIREV, V. S. u. DUDNIKOV, E. G.: „*Variacionnye metody optimizacii upravljaemych objektov*", Verlag Energija, Moskva 1976

[4.1.2] BALAKIREV, V. S., VOLODIN, V. M. u. ZIRLIN, A. M.: „*Optimal'noe upravlenie processami chimičeskoj technologii*", Verlag Chimija, Moskva 1978

[4.1.3] TONKOV, E. L.: Matematičeskaja fizika (1977) Nr. 21, S. 1–32

[4.1.4] HALDY, J.: „*Nelinejnoe i dinamiceskoe programmirovanie*", Verlag Mir, Moskva 1967

4.2. Bestimmung der optimalen zyklischen Fahrweise als Aufgaben der nichtlinearen Programmierung im Mittleren

Die im vorangegangenen Abschnitt untersuchten Aufgaben stellen komplizierte Variationsaufgaben dar, die durch spezifische Zyklusbedingungen an den Grenzen und das Vorhandensein der Parameter T, $x(0)$ und a charakterisiert werden. Deshalb ist die Untersuchung von solchen Aufgaben von besonderem Interesse, die in einem gewissen Sinne eine Zwischenstellung zwischen den statischen und zyklischen Fahrweisen einnehmen. Die Untersuchung dieser Aufgabenstellungen gestattet nicht nur die Bildung allgemeiner Vorstellungen über die optimale Fahrweise sondern erlaubt auch in vielen Fällen ihre Bestimmung [4.2.1. bis 4.2.1].

4.2.1. Quasistatisch-zyklische Fahrweise

Es wird der Fall betrachtet, bei dem die Schwingungsperiode T bedeutend größer als die Dauer der Übergangsprozesse im Objekt ist. Die Übergangszeit ist deshalb nicht zu bestimmen.

Die statische Charakteristik des Objektes möge durch ein Gleichungssystem gegeben sein.

$$f_\nu(x, u, a) = 0 \qquad (4.2.1)$$

$$\nu = 1, 2, \ldots, m$$

Es sei vorausgesetzt, daß Gl. (4.2.1) für jede zulässige Kombination der Steuerungsfaktoren $\vartheta = (u, a)$ die Bestimmung des Zustandsvektors $x \in R^m$ gestatten, wobei der somit charakterisierte Zustand stabil ist. Diese Annahme gestattet die Auflösung nach x und das Einsetzen von $x(u, a)$ in die Funktionen f_0 und φ_j (s. Gl. (4.1.40) und Gl. (4.1.41) des Abschnittes 4.1.).

Man erhält nun folgende Aufgabenstellung

$$\frac{1}{T} \int_0^T f_0[u(t), a] \, dt \to \max \tag{4.2.2}$$

$$\int_0^T \{r_j - \varphi_j[u(t), a]\} \, dt = 0 \tag{4.2.3}$$

$$u \in V_u; \quad a \in V_a; \quad j = 1, 2, \ldots, k$$

Im Unterschied zu Gl. (4.1.40) wird hier die Ressourcenbegrenzung (4.2.3) in Gleichungsform angenommen. Auf die Besonderheiten der Aufgaben mit Ungleichungen wird noch an gegebener Stelle eingegangen.

Die Verwendung der statischen Kennlinie (4.2.1) für die Eliminierung von x ist nur bei den verwendeten Hypothesen zulässig.

Die Aufgabenstellung (4.2.2) und (4.2.3) stellt eine Aufgabe zur Bestimmung der quasistatisch-zyklischen Fahrweise dar. Diese Problemstellung ist mit der Aufgabe der nichtlinearen Programmierung im Mittleren (Abschnitt 3.2.) vergleichbar. Man kann feststellen, daß sie mit der $\overline{N.P.}^u$-Aufgabe identisch ist.

$$\overline{f_0(u, a)}^u \to \max \tag{4.2.4}$$

$$\overline{r_j - \varphi_j(u, a)}^u = 0 \tag{4.2.5}$$

$$j = 1, 2, \ldots, k$$

Die wichtigsten Ergebnisse, die bei der Untersuchung der $\overline{N.P.}^u$-Aufgabe ermittelt wurden, gestatten bei der quasistatisch-zyklischen Fahrweise die Formulierung folgender Thesen:

1. Die optimale Steuerung setzt sich aus einer Folge stückweise-konstanter Steuerungen zusammen.
2. Die Zahl der Basiswerte u^i des Vektors u^*, die in die optimale Steuerfunktion eingehen, übersteigt nicht $(k + 1)$, wobei k die Zahl der Ressourcenbegrenzungen darstellt.
3. Es finden sich solche Multiplikatoren $\lambda = (\lambda_1, \ldots, \lambda_j)$, daß die Funktion R über den Basiswerten u^i ihr absolutes Maximum über u erreicht und über den Parametern a stationär ist. Es gilt

$$R = f_0(u, a) + \sum_{j=1}^{k} \lambda_j [r_j - \varphi_j(u, a)] \tag{4.2.6}$$

Die sich aus diesen drei Thesen ableitenden analytischen Beziehungen haben die Form

$$\sum_{i=0}^{k} \gamma_i \varphi_j(u^i, a) = r_j; \qquad j = 1, 2, \ldots, k \tag{4.2.7}$$

$$\sum_{i=0}^{k} \gamma_i = 1; \quad \gamma_i \geqq 0 \tag{4.2.8}$$

$$u^i = \arg \max_{u \in V_u} \left\{ f_0(u, a) + \sum_{j=1}^{k} \lambda_j [r_j - \varphi_j(u, a)] \right\} \tag{4.2.9}$$

$i = 0, 1, 2, \ldots, k$

$$\sum_{i=1}^{k} \gamma_i \frac{\partial}{\partial a} \left[f_0(u^i, a) + \sum_{j=1}^{k} \lambda_j \varphi_j(u^i, a) \right] \delta a \leqq 0 \tag{4.2.10}$$

Hierbei stellt δa den zulässigen Variationskegel des Parametervektors dar. Die Bedingung (4.2.9) entspricht der Tatsache, daß über allen Basiswerten des Vektors u die LAGRANGEsche Funktion R ein und denselben Wert annimmt, der gleichzeitig ihr Maximum darstellt. Der Koeffizient γ_i stellt den Zeitabschnitt der Periode T dar, in dem u den Wert u^i annimmt. Gln. (4.2.7) bis (4.2.10) gestatten die Bestimmung von u^i, γ_i, λ_j und a ($i = 0, 1, 2, \ldots, k$; $j = 1, 2, \ldots, k$). Zunächst erscheint es aber so, als ob diese Gleichungen dafür nicht ausreichen. Man muß aber berücksichtigen, daß die Bedingungen (4.2.9) $(k + 1)$ Maximumbedingungen und k-Gleichungen, die aus der Gleichheit dieser Maxima hervorgehen, entspricht.

In vielen Fällen erweist sich bei der Lösung der Aufgaben zur Bestimmung der optimalen quasistatisch-zyklischen Fahrweise die Verwendung des Begriffes der „Erreichbarkeitsfunktion" als vorteilhaft. Die Anwendung der Erreichbarkeitsfunktion (s. Abschnitt 3.2.) auf die Problemstellung (4.2.2) und (4.2.3) führt zu den Beziehungen

$$f_0^*(C, a) = \max_u f_0(u, a) \tag{4.2.11}$$

$$\varphi_j(u, a) - r_j = C_j; \quad u \in V_u \tag{4.2.12}$$

$j = 1, 2, \ldots, k$

Die Lösung dieser Aufgabe bestimmt nicht nur die Funktion $f_0^*(C, a)$, sondern auch die Menge $V_C(a)$ solcher Werte des auf der rechten Seite von Gl. (4.2.12) stehenden Vektors C, für den diese Gleichung bei $u \in V_u$ erfüllt wird. Der Wert der Aufgabe (4.2.2) und (4.2.3), d. h. der Maximalwert des Funktionals (4.2.2) ist — wie oben aufgezeigt wurde — gleich der Ordinate der über der Menge V_C bei $C = 0$ und $a = a^*$ errichteten konvexen Hülle f_0^*. Es gilt

$$I = \max_{a \in V_a} Co_{V_C(a)} f_0^*(0, a) \tag{4.2.13}$$

Der Übergang zur Erreichbarkeitsfunktion ist besonders vorteilhaft in dem Falle, wenn keine Parameter a vorhanden sind und die Lösung der Aufgabe (4.2.11) und (4.2.12) relativ einfach ist. So verliert z. B. die Maximierung von Gl. (4.2.11) jeden Sinn, wenn die Dimension des Vektors u kleiner oder gleich k ist. Die Erreichbarkeitsfunktion erhält man nach Austausch von u mit C und dessen Einsetzen in f_0.

Bei Aufgaben, die Ressourcenbegrenzungen in Form von Ungleichungen besitzen $[r_j - \varphi_j(u, a) \geqq 0; j = k]$, enthalten die Ausdrücke (4.2.7) sowie (4.2.12) Ungleichungen des Typs ($\leqq$), und die Multiplikatoren λ_j in (4.2.9) müssen nur bei $r_j = \varphi_j$ negativ sowie von Null verschieden sein. Anwendungsbeispiele für diese Beziehungen werden im nächsten Kapitel angeführt und deshalb hier nicht betrachtet.

4.2.2. *Gleitende zyklische Fahrweise*

Wenn bei der quasistatisch-zyklischen Fahrweise die Umschaltfrequenz der Steuerungsimpulse so gering angenommen werden kann, daß sich die Zustandsvariablen entsprechend der statischen Objektkennlinie verändern, so liegt bei gleitender zyklischer Fahrweise die Umschaltfrequenz der Steuerung über der Ansprechgrenze des Objektes. Bei hochfrequenter Änderung von $u(t)$ bleiben die Zustandsvariablen $x(t)$ praktisch unverändert, und sie nehmen den Wert $\tilde{x}$ an. Dieser Wert genügt der Gleichung

$$\overline{f_\nu(\tilde{x}, u, a)}^u = 0; \qquad \nu = 1, 2, \ldots, m \tag{4.2.13}$$

Hier bedeutet der Querstrich über der Funktion f_ν ebenfalls das Mittel über u. Es gilt deshalb

$$\bar{f}^u = \int_{V_u} f_\nu(\tilde{x}, u, a)\, P(u)\, du = 0 \tag{4.2.14}$$

$$\nu = 1, 2, \ldots, m$$

Gleichung (4.2.13) gestattet die Bestimmung des Vektors $\tilde{x}$, wenn die Verteilungsdichte $P(u)$ und die Parameter a bekannt sind, wobei im Unterschied zu Gl. (4.2.1) der Ausschluß von x aus den Aufgabenbedingungen nicht gelingt.

Das Optimalitätskriterium und die Ressourcenbegrenzungen werden wie folgt formuliert

$$I = \overline{f_0(\tilde{x}, u, a)}^u \to \max \tag{4.2.15}$$

$$\varphi_j\overline{(\tilde{x}, u, a)}^u = 0; \qquad j = 1, 2, \ldots, k \tag{4.2.16}$$

Der physikalische Sinn der Bedingungen (4.2.13) besteht darin, daß in einer beliebig kleinen ε-Umgebung eines beliebigen Zeitmomentes t die mittlere Änderungsgeschwindigkeit der Variablen x_ν über das Intervall $(t - \varepsilon, t + \varepsilon)$ gleich Null ist. Praktisch wird die gleitende zyklische Fahrweise für träge verfahrenstechnische Prozesse bei genügend großer aber nicht unendlich großer Umschaltfrequenz der Steuerung realisiert. Die Abweichungen der Phasenkoordinaten von dem konstanten Wert $\tilde{x}$ erweisen sich dabei als klein. So arbeiten z. B. auch Zweipunktregler bei Temperatur-, Niveau- und anderen Regelungen.

Die Aufgabenstellung (4.2.13) bis (4.2.16) führt ebenso zur Aufgabe der nichtlinearen Programmierung im Mittleren $\overline{N.P.}^u$ (siehe Abschnitt 3.2.). Allerdings beträgt hier die Zahl der Nebenbedingungen $(m + k)$ und nicht k, wie dies bei der Aufgabe zur Bestimmung der quasistatisch-zyklischen Fahrweise der Fall ist. Die Zahl der Variablen ist auf Grund des Vektors $\bar{x}$, der genauso in die Aufgabe eingeht wie der Parameter a, angewachsen. Deshalb bezeichnet man mit $\bar{y}$ den Vektor, der die Bestandteile $\bar{x}$ und a enthält $\bar{y} = (\bar{x}, a)$.

Nunmehr formuliert man die Optimalitätsbedingungen für diese Aufgabe unter Berücksichtigung dessen, daß die optimale Steuerung stückweise konstant ist und die Zahl der Basiswerte $(m + k + 1)$ nicht übersteigt. Es gilt dann

$$R = f_0(y, u) + \sum_{\nu=1}^{m} \lambda_\nu f_\nu(y, u) + \sum_{j=1}^{k} \xi_j \varphi_j(y, u) \tag{4.2.17}$$

$$\sum_{i=0}^{m+k} \gamma_i f_\nu(y, u^i) = 0; \qquad \nu = 1, 2, \ldots, m \tag{4.2.18}$$

$$\sum_{i=0}^{m+k} \gamma_i \varphi_i(y, u^i) = r_j; \qquad j = 1, 2, \ldots, k \tag{4.2.19}$$

$$u^{i*} = \arg\max_{u \in V_u} R(y, u) \tag{4.2.20}$$

$$i = 0, 1, 2, \ldots, k + m$$

$$\sum_{i=0}^{m+k} \gamma_i \frac{\partial R(u^i, y, \lambda, \xi)}{\partial y} \delta y \leqq 0 \tag{4.2.21}$$

$$\sum_{i=0}^{m+k} \gamma_i = 1; \qquad \gamma_i \geqq 0 \tag{4.2.22}$$

Die letzte Ungleichung geht in eine Gleichung für die Bestandteile des Vektors y über, deren optimale Werte innerhalb ihres zulässigen Änderungsbereiches liegen. Hier kann — wie auch in der vorangegangenen Aufgabe — neben den Beziehungen (4.2.18) bis (4.2.22) die auf der Untersuchung der Erreichbarkeitsfunktion basierende Methode verwendet werden.

Die Reihenfolge ihrer Anwendung sei an einem Beispiel aufgezeigt.

Die dynamischen Gleichungen eines Objektes mögen lauten

$$\dot{x}_1 = -ux_1^2 - u^{3/4}x_1 - x_1 + 1 \tag{4.2.23a}$$

$$\dot{x}_2 = ux_1^2 - x_2 \tag{4.2.23b}$$

Es wird gefordert, mittels Veränderung von u den Mittelwert der Koordinate x_2 bei den Nebenbedingungen $u_{\min} = 0{,}5$ und $u_{\max} = 5$ auf maximalem Niveau zu halten.

Die Gleichungen für die gleitende zyklische Fahrweise haben die Form

$$\overline{(-u\bar{x}_1^2 - u^{3/4}\bar{x}_1 - \bar{x}_1 + 1)}^u = 0 \tag{4.2.24a}$$

$$\overline{u\bar{x}_1^2 - \bar{x}_2}^u = 0 \tag{4.2.24b}$$

Aus der letzten Gleichung folgt, daß sich das Optimalitätskriterium der Aufgabe ergibt zu

$$I = \overline{f_0}^u = \bar{x}_2 = \overline{u\bar{x}_1^2}^u \tag{4.2.25}$$

Bei Verwendung der auf der Erreichbarkeitsfunktion basierenden Methode wird die Bedingung (4.2.24a) in die nachstehende Form gebracht

$$-u\bar{x}_1^2 - u^{3/4}\bar{x}_1 - \bar{x}_1 = C - 1 \tag{4.2.26}$$

Wenn es nun gelänge, aus Gl. (4.2.26) u als Funktion von C und $\bar{x}_1$ herauszulösen, so würde man nach Einsetzen von u in f_0 die Erreichbarkeitsfunktion $f^*(C, \bar{x}_1)$ erhalten. Im gegebenen Fall ist das zwar nicht möglich, jedoch kann auch ohne Bestimmung von $f^*(C, \bar{x}_1)$ ein äquivalenter Ausdruck gefunden werden

$$\frac{\partial^2 f^*}{\partial C^2} = \frac{\frac{3}{16} u^{-\frac{5}{4}} \left(\frac{\partial u}{\partial C}\right)^2}{\left(\bar{x}_1^2 + \frac{3}{2} u^{-\frac{1}{4}} \bar{x}_1\right)} \tag{4.2.27}$$

Für ein beliebiges $\bar{x}_1$ ist dieser Ausdruck positiv, folglich ist $f^*(C, \bar{x}_1)$ konkav und die konvexe Hülle von $f^*(C, \bar{x}_1)$ über V_C fällt an den Grenzwerten von C mit f^* zusammen. Es sei bemerkt, daß für ein beliebiges $\bar{x}_1 > 0$ die Größe C monoton von u abhängt, Gl. (4.2.26). Damit ergeben sich die Grenzwerte als Basiswert der Steuerung $u_1 = 0{,}5$ und $u_2 = 5$. Zur Bestimmung der optimalen Werte $\bar{x}_1$, γ_1 und γ_2 werden die nachfolgenden Bedingungen genutzt

$$-\bar{x}_1^2(\gamma_1 u_1 + \gamma_2 u_2)$$
$$-\bar{x}_1(\gamma_1 u_1^{3/4} + \gamma_2 u_2^{3/4}) - \bar{x}_1 + 1 = 0 \tag{4.2.28a}$$

$$\gamma_1 + \gamma_2 = 1; \quad \gamma_1 \geqq 0; \quad \gamma_2 \geqq 0 \tag{4.2.28b}$$

Daraus erhält man $\gamma_1 = 0{,}64$, $\gamma_2 = 0{,}36$ und $\bar{x}_1 = 0{,}2$.

4.2.3. Zyklische Fahrweise eines Systems von Elementen mit unterschiedlichem Zeitverhalten und weitere Aufgabenmodifikationen

Betrachtet werden wiederum Aufgaben zur Bestimmung der optimalen zyklischen Fahrweise, die in Aufgaben der nichtlinearen Programmierung im Mittleren überführt werden können.

Die in den Abschnitten 4.2.1. und 4.2.2. betrachteten Aufgaben stellen im bestimmten Sinne Grenzfälle dar, da im ersten Abschnitt die Schwingungsperiode der Steuerung bedeutend größer und in dem zweiten Abschnitt bedeutend kleiner als die Übergangszeit des Objektes vorausgesetzt worden ist. Daraus folgend wurde bei der quasistatisch-zyklischen Fahrweise die Abhängigkeit zwischen x und u als statisch angenommen und die Lockerung der Nebenbedingungen nur über die Ressourcenbegrenzung im Mittleren erreicht.

Bei der gleitenden zyklischen Fahrweise sind in das Mittel über die Periode auch die Nebenbedingungen in Form der statischen Charakteristika einbezogen worden. In beiden Fällen wurde von der dynamischen Aufgabe zu einer der Varianten der nichtlinearen Programmierung im Mittleren übergegangen.

Die erwähnten Fälle sind nicht die einzigen, bei denen ein solcher Übergang möglich ist. Nunmehr wird nach Abb. 4.2.1 ein System betrachtet, das aus

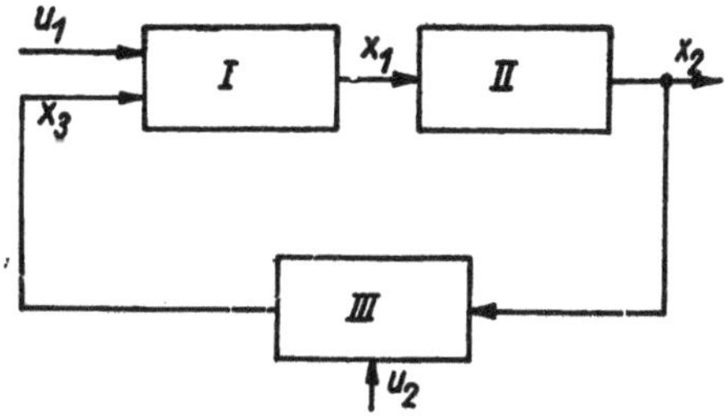

Abb. 4.2.1: Darstellung einer möglichen Struktur eines Systems mit drei Elementen

mehreren miteinander verbundenen Elementen besteht und durch entsprechende Differentialgleichungen charakterisiert wird

$$\dot{x}_1 = f_1(u_1, x_1, x_3) \tag{4.2.29a}$$

$$\dot{x}_2 = f_2(x_1, x_2) \tag{4.2.29b}$$

$$\dot{x}_3 = f_3(x_2, x_3, u_2) \tag{4.2.29c}$$

Die Übergangszeit im zweiten Element soll dabei bedeutend größer sein als die Übergangszeit im ersten und dritten Element.

In diesem Fall ist eine Aufgabenstellung zur Bestimmung einer solchen zyklischen Fahrweise, für die das nachfolgende Kriterium I bei gegebener Ressourcenbegrenzung seinen maximalen Wert annimmt, gerechtfertigt

$$I = \frac{1}{T} \int_0^T f_0(x, u)\, dt \tag{4.2.30}$$

$$\int_0^T [\varphi_j(x, u) - r_j]\, dt = 0; \qquad j = 1, 2, \ldots, k \tag{4.2.31}$$

Die Schwingungsperiode T der Steuerung ist dabei bedeutend kleiner als die Übergangszeit im Element II und bedeutend größer als diese Zeiten für die Elemente I und III. In Gl. (4.2.30) und Gl. (4.2.31) sind x und u Vektoren mit den jeweiligen Bestandteilen x_1, x_2, x_3 und u_1 sowie u_2. Die angenommenen Hypothesen gestatten, x_1 und x_3 durch u sowie x_2 aus den statischen Gleichungen des ersten und des dritten Elementes auszudrücken.

$$f_1(u_1, x_1, x_3) = 0 \tag{4.2.32a}$$

$$f_2(x_2, x_3, u_2) = 0 \tag{4.2.32b}$$

und zur Aufgabe der nichtlinearen Programmierung im Mittleren überzugehen

$$\overline{f_0(x_2, u)}^u \to \max \tag{4.2.33a}$$

$$\overline{\varphi_j(x_2, u)}^u \leqq r_j; \qquad j = 1, 2, \ldots, k \tag{4.2.33b}$$

$$\overline{f_2(x_2, u)}^u = 0 \tag{4.2.33c}$$

Die Berechnungsgleichungen für diese Aufgabe sind analog Gln. (4.2.18) bis (4.2.22). Somit können die Zustandsvariablen $x(t)$, wenn sie sich praktisch gleichzeitig mit $u(t)$ verändern, in der analytischen Aufgabenstellung oder im Stadium der Lösungsbestimmung aus den Nebenbedingungen der Aufgabe unter Verwendung der statischen Kennlinien ausgeschlossen werden. Sind sie jedoch praktisch unverändert, so müssen sie ebenso wie die Parameter a gemeinsam mit den Basiswerten der Steuerung u^i aufgefunden werden.

In einer ganzen Reihe von Fällen entstehen Aufgaben, in die neben den Funktionen im Mittleren auch Funktionen mit Variablenmittelwerten eingehen. So sei z. B. der Gemischdurchsatz am Ausgang einer Prozeßeinheit gleich $u(t)$ und die Produktkonzentration gleich $x(t)$. Dann kann die mittlere Konzentration über die Periode T wie folgt bestimmt werden

$$F = \frac{\int\limits_0^T u(t)\, x(t)\, dt}{\int\limits_0^T u(t)\, dt} \tag{4.2.34}$$

Wird nun die Aufgabe über die optimale quasistatisch-zyklische Fahrweise gelöst, so kann $x(t)$ durch $u(t)$ ausgedrückt werden. Gl. (4.2.34) nimmt dann die Form an

$$F = \frac{\overline{P(u)}^u}{\bar{u}} \tag{4.2.35}$$

Im Zähler von Gl. (4.2.34) und (4.2.35) steht die Produktmenge (Komponentenmenge) für die Periode T und im Nenner das Gesamtvolumen des Gemisches für dieselbe Zeit. Oftmals hängt das Optimalitätskriterium der Aufgabe nichtlinear von der mittleren Konzentration des Zielproduktes ab. Das ist besonders charakteristisch für Trennprozesse, bei denen die Produktkosten mit der Erhöhung der Produktreinheit stark anwachsen. Daraus resultierend stellt das Kriterium eine nichtlineare Funktion von $\bar{u}$ und $\overline{P(u)}$ dar

$$I = f_0[\bar{u}, \overline{P(u)}] \tag{4.2.36}$$

Eine ähnliche Form können auch einige der Ressourcenbegrenzungen haben. Es sei bemerkt, daß das Funktional (4.2.36) durch Einführung einer Zusatzvariablen und der Bedingung

$$y - \overline{P(u)}^{u,v} = 0 \tag{4.2.37}$$

in eine andere Form gebracht werden kann

$$I = f_0(\bar{u}, \bar{y}) \tag{4.2.38}$$

Nunmehr seien Aufgabenstellungen im Mittleren betrachtet, in denen außer den Nebenbedingungen im Mittleren auch Begrenzungen für den Mittelwert der gesuchten Variablen enthalten sind. Es wird nun aufgezeigt, daß alle diese Aufgabenstellungen in der einen oder anderen Form zur Aufgabe der nichtlinearen Programmierung führen.

Aufgabe $\overline{N.P._1}$*:* Es ist das Maximum einer vom Mittelwert des Vektors y abhängenden Funktion zu bestimmen, wenn die zulässige Wertmenge dieses Vektors durch nachstehende Bedingungen charakterisiert wird

$$f_j(y) = 0; \qquad j = 1, 2, \ldots, m; \quad y \in V_y \tag{4.2.39}$$

Die Nebenbedingungen (4.2.39) bestimmen die Menge D und entsprechen den statischen Charakteristika des Prozesses. Die Steuervariablen u und die Zustandsvariablen x sind Bestandteile des Vektors y. Die formelle Aufgabenstellung hat die Form

$$f_0(\bar{y}) \to \max \tag{4.2.40}$$
$$y \in D$$

Die Dimension des Vektors y sei gleich n. Dann gilt $\bar{y} \in C_0D$ und folglich

$$\bar{y} = \sum_{i=0}^{n} y^i \gamma_i \tag{4.2.41}$$

Hierbei sind $y^i \in D$ und γ_i die Wichtungskoeffizienten. Somit erhält man die Aufgabe der nichtlinearen Programmierung zur Bestimmung des Maximums der Funktion f_0 über der Menge CoD, die durch die Bedingung (4.2.41) und die entsprechenden Nebenbedingungen vorgegeben wird

$$f_j(y^i) = 0, \qquad j = 1, 2, \ldots, m \tag{4.2.42a}$$
$$i = 0, 1, \ldots, n$$

$$\gamma_i \geqq 0; \quad \sum_{i=0}^{n} \gamma_i = 1 \tag{4.2.42b}$$

Aufgabe $\overline{N.P._2}$*:* Es ist das Maximum des Mittelwertes der Funktion $f_0(y)$ bei Bedingungen zu bestimmen, die dem Mittelwert des Argumentes auferlegt sind. Formell kann geschrieben werden

$$\overline{f_0(y)} \to \max \tag{4.2.43a}$$
$$f_j(\bar{y}) = 0; \quad y \in V_y \subset R^n; \tag{4.2.43b}$$
$$j = 1, 2, \ldots, m$$

Dabei kommen zwei Lösungsfälle in Betracht:

a) V_y ist eine konvexe Menge. Dann gilt $\bar{y} \in V_y$. Da das Maximum des Mittelwertes der Funktion f_0 über der Menge V_y für den vorgegebenen Mittelwert von y nichts anderes als die Ordinate der konvexen Hülle dieser Funktion darstellt, ist die Aufgabe (4.2.43) der Aufgabe der nichtlinearen Programmierung äquivalent

$$Co_{V_y} f_0(y) \to \max \tag{4.2.44a}$$

$$f_j(y) = 0, \quad j = 1, 2, \ldots, m \tag{4.2.44b}$$

b) Die Menge V_y ist nicht konvex. In diesem Fall gilt für den Vektor $\bar{y} \in Co_{V_y}$. Allerdings ist die über der Menge V_y bestimmte konvexe Hülle der Funktion $f_0(y)$ gleich der konvexen Hülle derselben Funktion über Co_{V_y}. Deshalb ist auch in diesem Fall die Aufgabe (4.2.44) zur Aufgabe (4.2.43) äquivalent.

Aufgabe $\overline{N.P.}_3$: Es ist das Maximum einer vom Mittelwert des Vektors y abhängenden Funktion bei Nebenbedingungen im Mittleren zu bestimmen

$$f_0(\bar{y}) \to \max \tag{4.2.45a}$$

$$\overline{f_j(y)} = 0; \qquad j = 1, 2, \ldots, m \tag{4.2.45b}$$

$$y \in V_y \subset R^n \tag{4.2.45c}$$

Da ein beliebiger Wert $\bar{y}$ in der Form $\bar{y} = \sum_{i=0}^{n} \gamma_i y^i$ dargestellt werden kann, läßt sich die Aufgabe (4.2.45) wie folgt umschreiben

$$\sum_{i=0}^{n} \gamma_i f_0(y^i) \to \max \tag{4.2.46a}$$

$$\sum_{i=0}^{n} \gamma_i f_j(y^i) = 0; \qquad j = 1, 2, \ldots, m \tag{4.2.46b}$$

$$\sum_{i=0}^{n} \gamma_i = 1; \qquad \gamma_i \geqq 0; \quad y^i \in V_y \tag{4.2.46c}$$

Zu bestimmen sind hier γ_i und die Basiswerte y^i des Vektors y, wobei $n > m$ angenommen wird.

Literatur

[4.2.1] Zirlin, A. M., Balakirev, V. S. u. Dudnikov, E. G.: „*Variacionnye metody optimizacii upravljemych objektov*", Verlag Energija, Moskva 1976

[4.2.2] Balakirev, V. S., Volodin, V. M. u. Zirlin, A. M.: „*Optimal'noe upravlenie processami chimičeskoj technologii*", Verlag Chimija, Moskva 1978

[4.2.3] Duklevskij, M. S. u. Zirlin, A. M.: Avtomatika i telemechanika (1977) 9, 5–12

4.3. Angenäherte Berücksichtigung der nichtlinearen dynamischen Eigenschaften bei der Optimierung zyklischer Prozesse

Bei den im Abschnitt 4.2. betrachteten Grenzfällen der zyklischen Fahrweise, der quasistatischen und der gleitenden zyklischen Fahrweise, besaßen die Steuervariablen die Form stückweise konstanter Funktionen. Nunmehr wird unter den Bedingungen, daß die Steuerparameter stückweise konstante Funktionen darstellen, eine Methode zur Berücksichtigung nichtlinearer dynamischer Eigenschaften eines gesteuerten Objektes aufgezeigt [4.3.1, 4.3.2].

4.3.1. Formelle Aufgabenstellung und ihre Lösungsmöglichkeiten

Gegeben sei eine Prozeßeinheit mit konzentrierten Parametern. Die entsprechende Differentialgleichung lautet

$$T_a(u)\,\frac{d^2x}{dt^2} + T_b(u)\,\frac{dx}{dt} + x = f(u) \tag{4.3.1}$$

Als Zielfunktion sei eine geeignete Produktivitätsgröße der Prozeßeinheit $f_0(x, u)$ ausgewählt. Die Differentialgleichung (4.3.1) kann nach Substituierung der Variablen $x_1 = x$ und $x_2 = \dot{x}$ in ein Differentialgleichungssystem 1. Ordnung überführt werden

$$\frac{dx_1}{dt} = f_1(x, u) = x_2 \tag{4.3.2a}$$

$$\frac{dx_2}{dt} = f_2(x, u) = \frac{f(u)}{T_a(u)} - \frac{T_b(u)}{T_a(u)}\,x_2 - \frac{x_1}{T_a(u)} \tag{4.3.2b}$$

Von der in Kapitel 3. allgemein formulierten Optimierungsaufgabe ausgehend ist nun für das betrachtete System (4.3.2) eine solche Steuerung $u(t)$ und eine solche Schwingungsperiode zu finden, daß die Zielfunktion (4.3.3) und die Nebenbedingungen (4.3.4) bis (4.3.7) erfüllt werden:

$$\max I = \max \frac{1}{\tau} \int_0^{\tau} f_0(x, u)\,dt \tag{4.3.3}$$

$$\int_0^{\tau} f_1(x, u)\,dt = 0 \tag{4.3.4}$$

$$\int_0^{\tau} f_2(x, u)\,dt = 0 \tag{4.3.5}$$

$$\frac{1}{\tau} \int_0^{\tau} u\,dt = u_M \tag{4.3.6}$$

$$u \in V_u \tag{4.3.7}$$

Hierbei drücken Gln. (4.3.4) und (4.3.5) die Kontinuitätsbedingungen für die Zustandsvariablen x_1, x_2 bei ihren periodischen Schwingungen aus. Gl. (4.3.6) beschränkt den Mittelwert der Steuervariablen über der Periode τ auf den Vorgabewert u_M (z. B. Begrenzung von Stoff- oder Energieströmen), und Bedingung (4.3.7) bestimmt den zulässigen Wertebereich der Steuervariablen.

Die Besonderheit der Aufgabe (4.3.3) bis (4.3.7) besteht darin, daß weder die Periodendauer τ als obere Integrationsgrenze des Funktionals (4.3.3) noch der Anfangs- oder Endzustand einer Periode $x(0)$ bzw. $x(\tau)$ vorgegeben sind, also einer Bestimmung unterliegen, und τ gleichzeitig als Divisor in Gl. (4.3.3) eingeht. Es sei ausdrücklich vermerkt, daß die Nebenbedingungen des Typs (4.3.4) und (4.3.5) das Auffinden einer stationären Lösung garantieren.

Die Optimalitätsbedingungen für die formulierte Aufgabe (4.3.3) bis (4.3.7) können mit Hilfe des Pontrjaginschen Maximumprinzips aufgestellt werden, das durch Einfügen von Lagrangeschen Multiplikatoren auf diesen Aufgabentyp erweitert wird. Demnach gilt für die Hamiltonfunktion:

$$H = x_1 + \psi_1 f_1(x, u) + \psi_2 f_2(x, u) + \lambda_1 f_1(x, u) + \lambda_2 f_2(x, u) + \lambda_3 (u - u_M) \tag{4.3.8}$$

Die Terme mit den Lagrangeschen Multiplikatoren λ_1, λ_2 sowie λ_3 berücksichtigen die Bedingungen (4.3.4), (4.3.5) und (4.3.6).

Für die Pontrjaginsche Vektorfunktion gelten die Bedingungen

$$\dot{\psi}_i = -\frac{\partial H}{\partial x_i}; \qquad i = 1, 2; \quad t \in (0, \tau) \tag{4.3.9}$$

Da die Zustandsvariablen bei $t = 0$ und $t = \tau$ nicht fixiert sind, ergeben sich die Anfangs- und Randbedingungen für ψ aus

$$\psi(\tau) = \psi(0) = 0 \tag{4.3.10}$$

Die optimale Steuerung $u^*(t)$ erhält man nach Lösung der Gleichungssysteme (4.3.2) und (4.3.9) bei der Bedingung des Maximums von H über u sowie unter Berücksichtigung der Bedingungen (4.3.4) bis (4.3.6) und (4.3.10). Die Bestimmung des optimalen τ^* erfolgt mit Hilfe der Beziehung

$$H(\tau) = \frac{1}{\tau} \int_0^\tau f_0(x, u)\, dt \tag{4.3.11}$$

Die gestellte Aufgabe ist selbst für die relativ unkomplizierte Systemdynamik (4.3.2) nur numerisch lösbar.

Zur Analyse der Optimalität zyklischer Steuerungen bei unterschiedlicher Systemdynamik sei deshalb eine Näherungsmethode angewandt.

Unter Ausnutzung der Erkenntnis, daß bei $\tau \to 0$ und $\tau \to \infty$ die optimale Steuerung $\bar{u}^*(t)$ der Klasse der stückweise konstanten Funktionen angehört (Abb. 4.3.1), wird auch im Bereich $0 < \tau \ll \infty$ die optimale Steuerung inner-

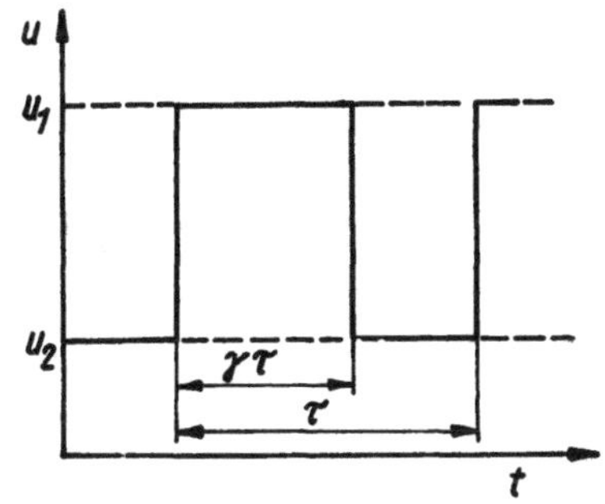

Abb. 4.3.1: Darstellung einer stückweise konstanten Steuerung

T – Periodendauer, u_1, u_2 – Steuerungsniveau, γ – Teil der Periode, in dem die Steuerung den Wert U_1 annimmt.

halb dieser Klasse gesucht. Dadurch vereinfacht sich nicht nur die Lösung der Aufgabe (4.3.3) bis (4.3.7), sondern es können auch einige wichtige Gesetzmäßigkeiten der zyklischen Steuerung abgeleitet werden.

4.3.2. Optimale zyklische Steuerung bei stückweise konstanter Steuerungsfunktion

Nachfolgend werden Systeme 1. und 2. Ordnung untersucht.

A) System 1. Ordnung

Die Zeitkonstante $T_a(u)$ der Differentialgleichung (4.3.1) wird in diesem Fall gleich Null gesetzt. Die aufgefundenen Ergebnisse lassen sich bei der Annahme $f_0(x, u) = x$ wie folgt zusammenfassen:

1. Die Effektivität einer beliebigen zyklischen Steuerung berechnet sich aus

$$I = [x(\gamma\tau) - x(0)]\,\frac{T_4 - T_2}{\tau} + f(u_1)\,\gamma + f(u_2)\,(1-\gamma) \tag{4.3.12}$$

$$x(0) = \frac{f(u_1)\left(1 - e^{-\frac{\gamma\tau}{T_2}}\right) - f(u_2)\left(1 - e^{\frac{\tau(1-\gamma)}{T_4}}\right)}{e^{\frac{(1-\gamma)}{T_4}} - e^{-\frac{\gamma\tau}{T_2}}} \tag{4.3.13}$$

$$x(\gamma\tau) = f(u_1) - [f(u_1) - x(0)]\,e^{-\frac{\gamma\tau}{T_2}} \tag{4.3.14}$$

Hierbei wird die Effektivität des optimalen statischen Zustandes mit $I = 0$ angenommen.

2. Ist die zyklische Steuerung optimal, dann strebt die optimale Periodendauer τ^* entweder gegen Null (unendlich hohe Umschaltfrequenz) oder gegen unendlich (quasistatisches Regime).
3. Die Effektivität der optimalen zyklischen Steuerung bei $\tau^* \to 0$ berechnet sich aus

$$I^* = \frac{f(u_1)\,\gamma T_4/T_2 + f(u_2)\,(1-\gamma)}{\gamma T_4/T_2 + 1 - \gamma} \tag{4.3.15}$$

Bei $\tau^* \to \infty$ gilt offensichtlich

$$I^* = f(u_1)\,\gamma + f(u_2)\,(1 - \gamma) \tag{4.3.16}$$

4. Ist die statische Funktion $f(u)$ eine quadratische Gleichung des Typs $f(u) = au^2 + bu$ bzw. kann sie im Bereich der optimalen statischen Lösung als solche approximiert werden, dann kann man die Optimalität einer zyklischen Steuerung nach folgendem Kriterium abschätzen

$$a|u| > b\,\frac{T_2 - T_4}{T_2 + T_4} \tag{4.3.17}$$

Gilt die Ungleichung (4.3.17), so ist die zyklische Steuerung optimal. Einen quantitativen Wert für den Effektivitätszuwachs bei zyklischer Steuerung im Vergleich zur statischen erhält man aus (4.3.17) allerdings nicht.

B) System 2. Ordnung

Eine analytische Lösung der Aufgabe (4.3.3) bis (4.3.7) bei stückweise konstanter Steuerung wurde aufgefunden.

Da die untersuchte Prozeßeinheit durch ein System gewöhnlicher Differentialgleichungen beschrieben wird, ermöglicht sich eine anschauliche Darstellung der zyklischen Steuerung im Phasenraum (Abb. 4.3.2).

Die einzelnen Ausdrücke für die Zielfunktion und die Funktion der

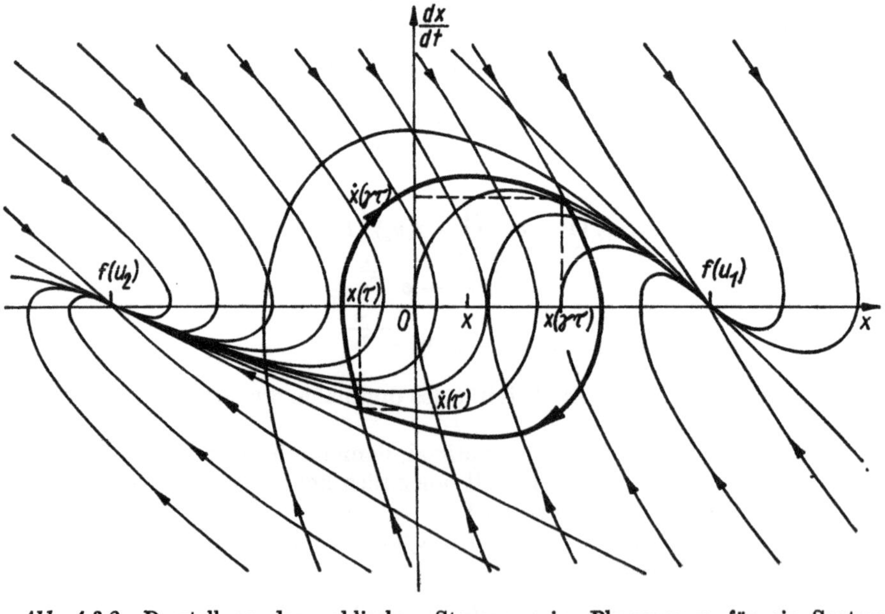

Abb. 4.3.2: Darstellung der zyklischen Steuerung im Phasenraum für ein System zweiter Ordnung, Gl. (4.3.2)

Zustandsvariablen im Phasenraum zeichnen sich durch außerordentliche Kompliziertheit aus. Auf ihre Wiedergabe sei deshalb verzichtet.

Die Analyse zur Optimalität der zyklischen Steuerung brachte folgende Ergebnisse:

Lineare Statik:

1. Unter Voraussetzung linearer statischer Charakteristika $f(u) = K \cdot u$ erweist sich die zyklische Steuerung als optimal, wenn eine der Bedingungen $T_1 < T_3$ oder $T_2 < T_4$ erfüllt ist. Bezüglich der optimalen Schwingungsperiode τ^* gelten folgende drei Aussagen:

$$\begin{aligned} &\text{a) } T_1 < T_3: \quad \text{gilt } \frac{T_2 T_3}{T_1 T_4} > 1 \quad \text{dann} \quad \tau^* \to 0 \\ &\text{b) } T_1 < T_3: \quad \text{gilt } \frac{T_2 T_3}{T_1 T_4} \leqq 1 \quad \text{dann} \quad \tau^* = \tau_C \\ &\text{c) } T_1 \geqq T_3: \quad \text{gilt } T_2 < T_4 \quad \text{dann} \quad \tau^* = \tau_C \end{aligned} \tag{4.3.18}$$

Der Optimalwert τ_C liegt innerhalb der Grenzen

$$(T_2 + T_4)/2 < \tau_C < 1{,}5(T_2 + T_4) \tag{4.3.19}$$

2. Gilt die Bedingung $(T_2T_3)/(T_1T_4) \approx 1$, so hängt der Wert des Optimierungskriteriums I im Bereich $0 \leqq \tau \leqq 1{,}5(T_2 + T_4)$ nur schwach von der Zykluszeit τ ab. In diesem Fall kann die Effektivität der zyklischen Steuerung bei $\tau^* = \tau_C$ mit vernachlässigbar geringem Fehler durch das Regime mit $\tau \to 0$ abgeschätzt werden.
3. Der Optimalwert des Effektivitätskriteriums I^* berechnet sich bei $\tau \to 0$ und $f_0(x, u) = x$ aus

$$I^* = \frac{Ka(T_3 - T_1)}{\left(1 + \sqrt{\frac{T_1}{T_3}}\right) T_1 + \left(1 + \sqrt{\frac{T_3}{T_1}}\right) T_3} \tag{4.3.20}$$

Hierbei ist a das zulässige Steuerungsintervall. Die optimalen Steuerungsniveaus ergeben sich aus

$$u_1^* = \frac{a}{1 + \sqrt{\frac{T_3}{T_1}}}; \quad u_2^* = \frac{a}{1 + \sqrt{\frac{T_1}{T_3}}} \tag{4.3.21}$$

Es sei hinzugefügt, daß der Koordinatensprung des Systems in den optimalen statischen Punkt verlegt wurde. Der Koeffizient γ^* errechnet sich aus

$$\gamma^* = \frac{1}{1 + \sqrt{\frac{T_1}{T_3}}} \tag{4.3.22}$$

Nichtlineare Statik:

Die durch die asymmetrische Systemdynamik bedingte Effektivität einer zyklischen Steuerung kann durch nichtlineare statische Charakteristika sowohl verstärkt als auch abgebaut werden, wobei beide Faktoren additiv in das Optimalitätskriterium eingehen. Da die optimale Periodendauer τ^* ausschließlich von den dynamischen Charakteristika abhängt, kann zunächst über die Kriterien a, b, c auf den Optimalwert τ^* geschlossen werden. Wird keines der Kriterien erfüllt, so braucht lediglich die statische Kennlinie im optimalen statischen Punkt überprüft zu werden. Ist sie in diesem Punkt konkav, so wäre eine quasistatisch-zyklische Fahrweise optimal. Wird nun nach Kriterium a eine optimale Zykluszeit $\tau^* \to 0$ festgestellt, bzw. es gilt $(T_2T_3)/(T_1T_4) \approx 1$, so kann die Zweckmäßigkeit einer solchen Steuerung analog der Bedingung (4.3.17) durch folgende Ungleichung abgeschätzt werden

$$a|u| > b\,\frac{T_1 - T_3}{T_1 + T_3} \tag{4.3.23}$$

Für den Fall einer optimalen Zykluszeit $\tau^* = \tau_C$ und ausgeprägter statischer Nichtlinearität kann nur die Lösung der Optimierungsaufgabe (4.3.3) bis (4.3.7) selbst Aufschluß über die Effektivität einer zyklischen Steuerung geben.

Abschließend sei bemerkt, daß die angeführten Ergebnisse qualitativ auch auf Systeme mit komplizierterer Dynamik anwendbar sind, wenn eine näherungsweise Beschreibung der Prozeßeinheit durch eine Differentialgleichung des Typs (4.3.1) möglich ist.

Literatur

[4.3.1] Böhme, B. u. Zirlin, A. M.: messen — steuern — regeln 18 (1975), 171—173
[4.3.2] Böhme, B.: Optimale zyklische Fahrweisen bei Trennprozessen. Dissertation, Moskauer Institut für Chemiemaschinenbau 1975

4.4. Optimale zyklische Steuerung von parallelgeschalteten Prozeßeinheiten

Bisher wurde nur die Aufgabe zur Bestimmung der optimalen zyklischen Fahrweise einer einzelnen Prozeßeinheit betrachtet. Bedeutend komplizierter ist nun die Aufgabe zur Bestimmung der optimalen stationären Fahrweise eines verfahrenstechnischen Systems unter Berücksichtigung der Möglichkeit von zyklischen Veränderungen der Steuerparameter [4.4.1, 4.4.2]. Nachfolgend wird das Problem der zyklischen Steuerung parallel geschalteter Prozeßeinheiten unter Beachtung von zwei Aspekten untersucht:

- Bestimmung der optimalen Durchsätze der einzelnen Prozeßeinheiten.
- Verringerung der Pulsation des Gesamtdurchsatzes bei zyklischer Fahrweise der parallelgeschalteten Prozeßeinheiten.

4.4.1. Optimale Durchsatzverteilung im Mittleren

Es werden n parallelgeschaltete Prozeßeinheiten angenommen, von denen jede eine bestimmte Ressource $x_i \geqq 0$ $(i = 1, 2, \ldots, n)$ verbraucht und in die allgemeine Sammelleitung ein Produkt $F_i(x_i)$ abgibt. Die Funktion $F_i(x_i)$ wird oft als Belastungscharakteristik bezeichnet. Diese Charakteristik ist in der Regel nicht konvex. Für den Fall, wenn x_i einen Skalar darstellt, zeigt Abb. 4.4.1 das Beispiel einer Belastungscharakteristik. Bei $x_i = 0$ ist die Produktivität $F_i(0)$ gleich Null. Danach bleibt sie über einem bestimmten Abschnitt $x_i > 0$ immer noch gleich Null, d. h. die Prozeßeinheit produziert erst ab einem bestimmten minimalen Energieverbrauch, Komponentendurchsatz usw.

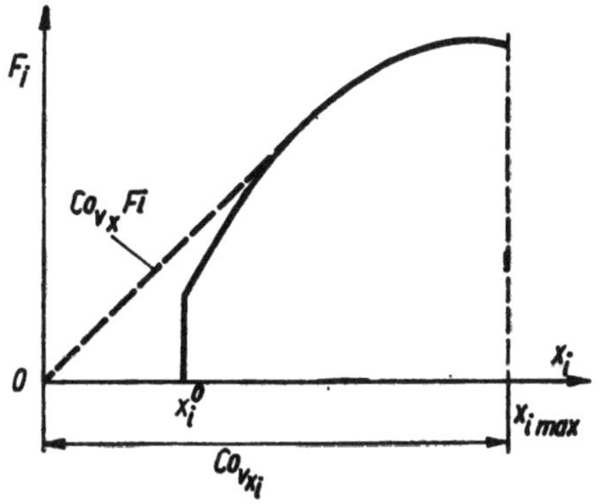

Abb. 4.4.1: Mögliche Belastungscharakteristik einer Prozeßeinheit

Auf den ersten Blick scheint es, als könnte man durch Einführung einer Begrenzung des Typs $x_i^0 \leqq x_i \leqq x_{i\max}$ die zulässige Menge einengen. Bei der Einführung solcher Begrenzungen wird aber die Aufgabe erheblich verändert, und zwar würde die Möglichkeit eines Ausschaltens der Prozeßeinheit bei optimaler Fahrweise verloren gehen. Die Belastungscharakteristik braucht auch über dem Abschnitt, in dem $F_i > 0$ gilt, nicht konvex zu sein.

Die Ressource x_i stellt im allgemeinen Fall eine vektorielle Größe mit den Bestandteilen x_{ij} $(j = 1, 2, \ldots, m)$ dar. In Prozessen der Verfahrenstechnik entspricht der Fall einer vektoriellen Ressource dem Verbrauch verschiedener Komponenten der Eingangsstoffmenge. Die Belastungscharakteristik hängt für eine vektorielle Ressource von m Variablen ab, und oftmals ist ihre Wölbung über der zulässigen Wertmenge x_i nur schwer zu erforschen.

Einer quasistatisch-zyklischen Fahrweise des Systems entspricht folgende Aufgabenstellung:

Zu bestimmen sind die mittleren Ressourcendurchsätze $\bar{x}_i$ und das Arbeitsregime der einzelnen Prozeßeinheiten, bei denen die mittlere Produktivität ihren maximalen Wert annimmt

$$I = \sum_{i=1}^{n} \overline{F_i(x_i)} \to \max \tag{4.4.1}$$

Hierbei besteht die Nebenbedingung darin, daß der mittlere Ressourcenverbrauch gleich dem vorgegebenen ist

$$\sum_{i=1}^{n} \overline{x_{ij}} = S_j; \qquad x_i \in V_{xi}; \qquad j = 1, 2, \ldots, m \tag{4.4.2}$$

Im gegebenen Fall ist die Lösung der Aufgabe im Mittleren bedeutend einfacher als die Lösung der Verteilungsaufgabe ohne Mittelwertbildung. Tatsächlich wird die Aufgabe nach Gln. (4.4.1) und (4.4.2) in zwei Etappen gelöst. Auf der ersten wird für die i-te Prozeßeinheit das optimale Regime bei der Annahme bestimmt, daß der mittlere Ressourcenverbrauch für sie bekannt und gleich $\hat{x}_i$ ist.

Man erhält damit die Aufgabe

$$\overline{F_i(x_i)} \to \max; \qquad \bar{x}_i = \hat{x}_i \tag{4.4.3}$$

Der Aufgabenwert $\hat{F}_i(x)$ stellt die Ordinate der konvexen Hülle der Funktion $F_i(x_i)$ über der Menge V_{x_i} der zulässigen Vektorwerte x_i dar. Man kann annehmen, daß die Aufgabe (4.4.3) für jede der n Prozeßeinheiten und für alle möglichen Werte x_i lösbar und somit die Funktion $\hat{F}_i(x_i) = Co_{V_{x_i}} F_i(x_i)$ auffindbar ist.

In diesem Fall kann die Aufgabe nach Gl. (4.4.1) und Gl. (4.4.2) in eine andere Form überführt werden

$$I = \sum_{i=1}^{n} \hat{F}_i(\hat{x}_i) \to \max \tag{4.4.4a}$$

$$\sum_{i=1}^{n} \hat{x}_{ij} = S_j; \qquad \hat{x}_i \in Co_{V_{x_i}}, \qquad j = 1, 2, \ldots, m \tag{4.4.4b}$$

Somit wurde die Aufgabe zur Verteilung der Ressource S im Mittleren zwischen parallelgeschalteten Prozeßeinheiten in eine gewöhnliche Aufgabe überführt, in der die Belastungscharakteristika und die zulässigen Wertmengen der Vektoren x_i mit ihren konvexen Hüllen ausgetauscht wurden (Abb. 4.4.1). Die Aufgabe (4.4.4) ist konvex. Entsprechende Lösungsmethoden für konvexe Aufgaben der Ressourcenverteilung sind detailliert entwickelt worden [4.4.1 bis 4.4.3].

Besonders einfach ist die Lösung der Verteilungsaufgabe im Mittleren im Fall einer skalaren Ressource, da man die konvexe Hülle einer Funktion mit skalarem Argument graphisch ermitteln kann.

Beispiel von zwei parallelgeschalteten Prozeßeinheiten

Die Lösung der Aufgabe zur Verteilung der Durchsätze im Mittleren erfolgt für zwei parallelgeschaltete Prozeßeinheiten, deren Charakteristika im Bild 4.4.2a dargestellt sind. Im vorliegenden Fall sind vier Lösungsschritte erforderlich:

1. Schritt: Bestimmung der konvexen Hüllen der Belastungscharakteristika $\hat{F}_i$

2. Schritt: Aus der Maximumbedingung der konvexen Lagrangeschen Funktion für die Aufgabe (4.4.4) folgt

$$R = \sum_{i=1}^{n} [\hat{F}_i(\hat{x}_i) + \lambda\hat{x}_i] - \lambda S \tag{4.4.5}$$

Im Punkt $\hat{x}_i^*$, der sich innerhalb der Menge $Co_{V_{x_i}}$ befindet, gilt die Gleichung

$$\frac{\partial \hat{F}_i}{\partial x_i} = \lambda^*; \qquad i = 1, 2, \ldots \tag{4.4.6}$$

Die partielle Ableitung $\partial\hat{F}_i/\partial x_i$ wird nach Abb. 4.4.2b ermittelt.

3. Schritt: Ermittlung der Funktion $s(\lambda) = \hat{x}_1(\lambda) + \hat{x}_2(\lambda)$ für verschiedene Anstiegswerte der Charakteristika. Diese Funktion ist auf Grund der konvexen Funktion $\hat{F}_i(x_i)$ monoton. Nach Gleichsetzen von $s(\lambda)$ mit dem vorgegebenen Wert S wird λ^* aufgefunden. Man erhält $\hat{x}_1^* = \hat{x}_1(\lambda^*)$ und $\hat{x}_2^* = \hat{x}_2(\lambda^*)$. Hierzu sei Abb. 4.4.2c betrachtet.

4. Schritt: Um die Aufgabe im Mittleren lösen zu können, müssen für die aufgefundenen mittleren Durchsatzwerte jeder der Prozeßeinheiten die Basiswerte des Durchsatzes x_i^ν und die Wichtungskoeffizienten γ_ν bestimmt werden. Wenn für den aufgefundenen Wert $\hat{x}_i$ Belastungscharakteristik und konvexe Hülle zusammenfallen, so stellt das optimale Regime des i-ten Apparates eine statische Fahrweise bei $x_i^* = \hat{x}_i^*$ dar. In diesem Beispiel betrifft dies die zweite Prozeßeinheit. Wenn jedoch bei $x_i = \hat{x}_i^*$ die konvexe Hülle über $F_i(x_i)$ verläuft, so entsprechen die Basisdurchsätze den Punkten, in denen die Hülle erstmals mit der Funktion F_i rechts und links von x_i zusammentrifft. Diese Punkte entsprechen bei der ersten Prozeßeinheit den Durchsätzen x_1^1 und x_1^2. Die Koeffizienten γ_i werden bestimmt aus

$$\gamma_{11} + \gamma_{12} = 1 \text{ und } \gamma_{11}x_1^1 + \gamma_{12}x_1^2 = \hat{x}_1^* = S - x_2^*.$$

Somit muß in diesem Beispiel die 2. Prozeßeinheit im statischen und die 1. Prozeßeinheit im zyklischen Regime mit zwei Basisdurchsätzen betrieben werden.

Prozeßeinheiten mit übereinstimmenden Charakteristika

Nunmehr sei der Sonderfall betrachtet, daß alle oder ein Teil der Prozeßeinheiten des gleichen Typs sind und praktisch gleiche Durchsatzcharakteristika besitzen. Prozeßeinheiten gleichen Typs kann man durch eine äquivalente Durchsatzcharakteristik $F_{\ddot{a}} = KF(x_i)$ darstellen, wobei K die Anzahl der Prozeßeinheiten gleichen Typs und x_i den Durchsatz der i-ten Prozeßeinheit bezeichnet.

Es wird angenommen, daß im Ergebnis der Aufgabenlösung der mittlere Durchsatz $\hat{x}_{\ddot{a}}$ für die äquivalente Prozeßeinheit aufgefunden wurde. Der Durchsatz muß nun auf die K Prozeßeinheiten gleichen Typs so aufgeteilt werden, daß die mittlere Produktivität ihr Maximum erreicht. Dazu erweist es sich als

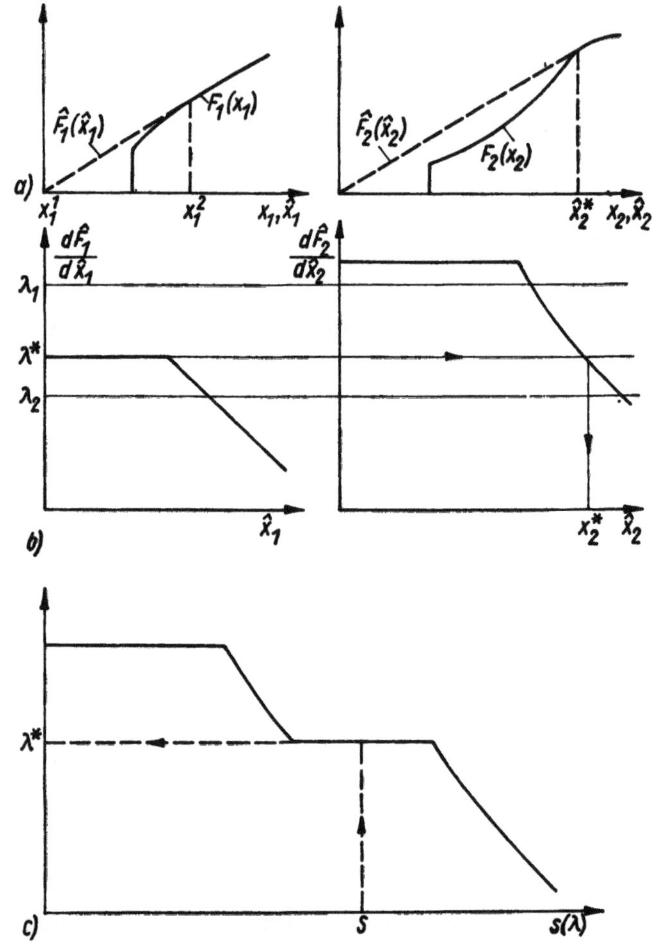

Abb. 4.4.2a: Mögliche Belastungscharakteristiken von zwei parallelgeschalteten Prozeßeinheiten
Abb. 4.4.2b: Ableitung der Belastungscharakteristiken nach Abb. 4.4.2a
Abb. 4.4.2c: Parameter der LAGRANGEschen Funktion (4.4.5)

notwendig, eine Aufgabe der Form (4.4.1) und (4.4.2) zu lösen. Ein Unterschied besteht jedoch darin, daß alle Funktionen F_i einander identisch und gleich $F(x_i)$ sind. Außerdem fungiert auf den rechten Seiten von Gl. (4.4.2) an Stelle von S_j die Größe $\hat{x}_{\delta j}$.

Auf den ersten Blick scheint es so, als ob die Aufgabenstellung im Mittleren im Falle von Prozeßeinheiten gleichen Typs keinen Sinn besitzt. Tatsächlich, wozu auch den Durchsatz zwischen seinen Basiswerten umschalten, wenn die eine Prozeßeinheit ständig mit einem und die andere ständig mit dem anderen der Basiswerte usw. gefahren werden kann. Im allgemeinen Fall sind diese Überlegungen aber fehlerhaft.

Nunmehr wird z. B. angenommen, daß für zwei identische Prozeßeinheiten und einer skalaren Ressource mit $\hat{x}_{ä} = 10$ ME die entsprechenden Basiswerte $x_{ä1} = 4$ ME und $x_{ä2} = 12$ ME betragen. Für die entsprechenden Koeffizienten gilt $\gamma_1 = 0{,}25$ und $\gamma_2 = 0{,}75$. Damit bei statischer Fahrweise die gleiche Effektivität wie bei zyklischer Fahrweise erreicht wird, muß der statische Durchsatz der ersten Prozeßeinheit $x_1 = x_{ä1}/2 = 2$ ME und der der zweiten $x_2 = x_{ä2}/2 = 6$ ME betragen, da die Charakteristik $F_ä(x_ä)$ durch einfache Verdopplung der Charakteristik der einzelnen Prozeßeinheit über den Koordinatenachsen nach Abb. 4.4.3 erhalten wurde. Für die Summe gilt aber $x_1 + x_2 = 8 \neq \hat{x}_ä$.

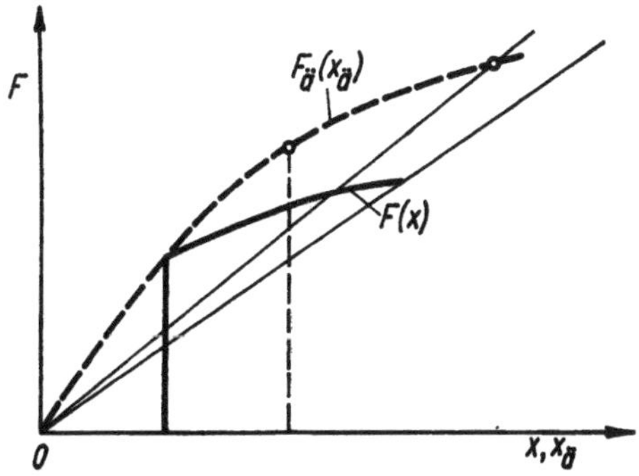

Abb. 4.4.3: Äquivalente Belastungscharakteristik von zwei gleichen Prozeßeinheiten

Somit ist das statische Regime sogar bei Prozeßeinheiten gleichen Typs dem zyklischen nicht äquivalent. Man kann allerdings behaupten, daß sich mit Vergrößerung der Anzahl von Prozeßeinheiten gleichen Typs der Unterschied zwischen den Werten der Aufgabe im Mittleren nach Gl. (4.4.1) sowie Gl. (4.4.2) und der entsprechenden statischen Aufgabe verringert.

4.4.2. Abstimmung der Zyklen bei parallelgeschalteten Prozeßeinheiten

Bei zyklischer Prozeßfahrweise entstehen bestimmte Schwierigkeiten, die mit den periodischen Schwingungen und Geschwindigkeiten, der Durchsätze usw. verbunden sind. Wenn diese Schwingungen für andere Elemente des verfahrenstechnischen Systems unerwünscht sind, so müssen Trennbehälter (Speicher) aufgestellt oder die Zyklen der einzelnen Prozeßeinheiten untereinander abgestimmt werden. Deshalb wird die Aufgabe zur Bestimmung einer solchen Phasenverschiebung zwischen den Zyklen parallel-arbeitender Prozeßeinheiten betrachtet, bei der die Pulsation im Gesamtsystem maximal verringert wird. Für diesen Fall wird ein System mit mehreren Elementen nach Abb. 4.4.4 vorausgesetzt. Die Produktivität jeder der $(N + 1)$ Prozeßeinheiten schwingt zyklisch mit der Periode T (die für alle Prozeßeinheiten gleich ist) nach einer bekannten Funktion $f_i(t - \tau_i)$. Hierbei stellt τ_i die Zeitverschiebung des Zyklus der i-ten Prozeßeinheit im Vergleich zum Zyklus der nullten Prozeßeinheit ($\tau_0 = 0$) dar. Die Funktionen $f_i(t - \tau_i)$ sind periodische und bei fast allen t und τ differenzierbare Funktion mit der Periode T, wobei ihre Ableitungen absolut integrierbar sind.

Es muß ein solcher Vektor $\tau = \{\tau_1, \tau_2, \ldots, \tau_N\}$ aufgefunden werden, bei dem die Gesamtproduktivität des Systems so wenig wie möglich über der Zeit schwingt. Unter Verwendung eines quadratischen Kriteriums gilt

$$I(\tau) = \int_0^T [P(t, \tau) - M]^2 \, dt \to \min_\tau \tag{4.4.7}$$

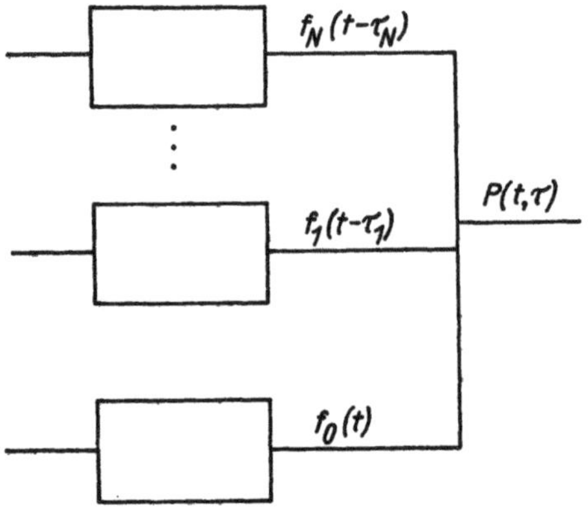

Abb. 4.4.4: **Darstellung eines Systems mit parallelgeschalteten Elementen**

Hierbei ist $I(\tau)$ die zu minimierende Gesamtproduktivitätsschwingung

$$P(t, \tau) = \sum_{i=0}^{N} f_i(t - \tau_i)$$

Ferner bedeutet M den Mittelwert von $P(t, \tau)$ über der Periode T. Der Mittelwert der Produktivität des Systems hängt nicht von t und τ ab und stellt die Summe der mittleren Produktivität der einzelnen Prozeßeinheiten dar

$$M = \sum_{i=0}^{N} \frac{1}{T} \int_0^T f_i(t) \, dt \tag{4.4.8}$$

Optimalitätsbedingungen

Die notwendigen Optimalitätsbedingungen in der betrachteten Aufgabe sind:

$$\frac{\partial I}{\partial \tau_i} = 0; \qquad i = 1, 2, \ldots, N \tag{4.4.8a}$$

oder

$$\frac{\partial}{\partial \tau_i} \int_0^T [P(t, \tau) - M]^2 \, dt = 0; \qquad i = 1, 2, \ldots, N \tag{4.4.8b}$$

Bei der Berücksichtigung, daß die Ableitung eines Integrals nach einem Parameter gleich dem Integral der Ableitung der unter dem Integral stehenden Funktion ist (vorausgesetzt letztere existiert), bringt man den Ausdruck (4.4.8) in eine neue Form

$$\int_0^T [P(t, \tau) - M] \frac{\partial P}{\partial \tau_i} \, dt$$

$$= \int_0^T P(t, \tau) \, \dot{f}_i(t - \tau_i) \, dt - M \int_0^T \dot{f}_i(t - \tau_i) \, dt = 0 \tag{4.4.9}$$

Dabei gilt folgende Beziehung

$$\frac{\partial P}{\partial \tau_i} = \frac{\partial f_i(t - \tau_i)}{\partial \tau_i} = -\dot{f}_i(t - \tau_i) \tag{4.4.10}$$

Das Integral der Ableitung einer periodischen Funktion im Intervall [0, T] ist gleich Null, so daß der zweite Summand in Gl. (4.4.9) in Null übergeht und die Gleichungen die Form annehmen

$$\int_0^T \dot{f}_i(t - \tau_i) \sum_{\nu=0}^{N} f_\nu(t - \tau_\nu) \, dt = 0; \qquad i = 1, 2, \ldots, N \tag{4.4.11}$$

Es sei bemerkt, daß aus der Summe (4.4.11) der i-te Bestandteil herausgelöst werden kann.
Tatsächlich gilt angesichts der Periodizität der Funktion $f_i^2(t)$

$$\int_0^T f_i(t - \tau_i) \, \dot{f}_i(t - \tau_i) \, dt = \frac{1}{2} [f_i^2(T - \tau_i) - f_i^2(-\tau_i)] = 0 \tag{4.4.12}$$

Somit können die Optimalitätsbedingungen (4.4.11) in einer anderen Form dargestellt werden

$$\int_0^T \dot{f}_i(t - \tau_i) \sum_{\substack{\nu=0 \\ \nu \neq i}}^{N} f_\nu(t - \tau_\nu) \, dt = 0; \qquad i = 1, 2, \ldots, N \tag{4.4.13}$$

Das Gleichungssystem (4.4.13) stellt ein System von N nichtlinearer Gleichungen mit N unbekannten τ_i dar.

Eine seiner Lösungen entspricht dem Minimum des Kriteriums $I(\tau)$. Infolge der Periodizität der Funktion $f_i(t)$ ist es ausreichend, nur die Lösungen zu betrachten, die den Bedingungen $0 \leqq \tau_i \leqq T$ genügen.

Demonstrationsbeispiel

Zur Illustration wird ein System betrachtet, das aus zwei Prozeßeinheiten gleichen Typs besteht und deren Durchsätze sich nach Abb. 4.4.5a wie folgt ändern

$$f_0(t) = t - [t] \tag{4.4.14a}$$

$$f_1(t - \tau) = t - \tau - [t] \tag{4.4.14b}$$

Mit $[t]$ wird hier ein ganzer Wert des Argumentes t bezeichnet.

Es ist ein solches $\tau = \tau^*$ $(0 \leqq \tau^* \leqq 1)$ aufzufinden, für das die nachstehenden Gleichungen gelten

$$I(\tau) = \int_0^1 [f_0(t) + f_1(t - \tau) - M]^2 \, dt \to \min \tag{4.4.15}$$

$$M = \int_0^1 f_0(t) \, dt + \int_0^1 f_1(t - \tau) \, dt \tag{4.4.16}$$

Die notwendige Optimalitätsbedingung (4.4.13) besitzt für die gegebene Aufgabe die Form

$$\int_0^1 f_0(t) \, f_1(t - \tau) \, dt = 0 \tag{4.4.17}$$

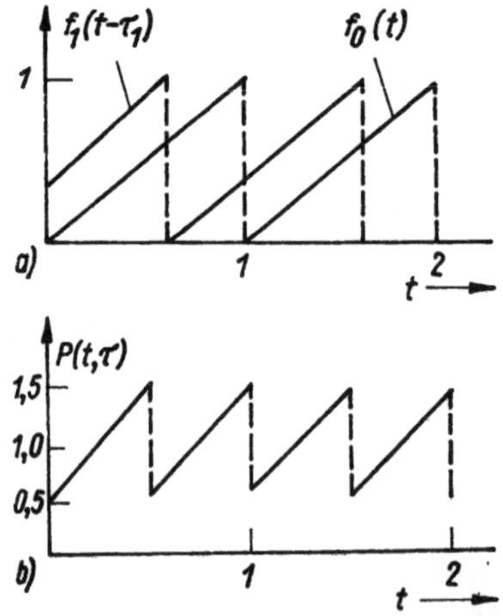

Abb. 4.4.5: Zur Koordinierung der Belastungscharakteristiken von zwei parallelgeschalteten Prozeßeinheiten gleichen Typs

Bestimmt man den Wert von $\dot{f}_1(t - \tau^*)$ im Intervall $0 \leqq t \leqq 1$, so folgt

$$\dot{f}_1(t - \tau^*) = \left\{\frac{1, t \neq \tau^*}{-\delta(t - \tau^*), t = \tau}\right\} \tag{4.4.18}$$

Die Gleichung (4.4.17) kann umgeformt werden. Dabei sind Gl. (4.4.18) und der nachfolgende Ausdruck zu berücksichtigen

$$\int_{\tau^*-0}^{\tau^*+0} f_0(t)\, \delta(t - \tau^*)\, dt = f_0(\tau^*) \tag{4.4.19}$$

Somit geht Gl. (4.4.17) über in

$$\int_0^1 t \cdot 1 \cdot dt - \tau^* = 0 \rightarrow \tau^* = \int_0^1 t\, dt = 0{,}5 \tag{4.4.20}$$

Der für τ erhaltene Wert entspricht tatsächlich dem Minimum des Kriteriums I. Die Funktion $P(t, \tau^*)$ ist in Abb. 4.4.5b dargestellt.

Literatur

[4.4.1] Sučkov, V. P. u. Zirlin, A. M.: Izvestija AN SSSR, Techničeskaja kibernetika (1972) 3, 17–24
[4.4.2] Sučkov, V. P. u. Zirlin, A. M.: Izvestija AN SSSR, Techničeskaja kibernetika (1972) 3, 180–189

4.5. Stabilität zyklischer Betriebszustände

Im Anschluß an die Auswahl des einen oder anderen stationären Zustandes eines gesteuerten Objektes muß seine Stabilität bewertet werden. Der statische Betriebszustand entspricht dem Gleichgewichtszustand des gesteuerten Objektes.

Für die Untersuchung der Stabilität des Betriebszustandes werden gewöhnlich die Differentialgleichungen des Systems in seiner Umgebung linearisiert. Man erhält somit ein System linearer Differentialgleichungen mit konstanten Koeffizienten. Die Methoden zur Untersuchung der Stabilität solcher Systeme sind gut entwickelt [4.5.1 bis 4.5.5]. Die zyklische Fahrweise betreffend, erweist sich das linearisierte System als ein System mit periodisch sich verändernden Koeffizienten. Analog der statischen Aufgabe gilt hier die Behauptung: Ist das linearisierte System stabil, so ist auch der Zustand, in dessen Umgebung die Linearisierung durchgeführt wurde, stabil. Ist das linearisierte System instabil, so ist auch der zyklische Zustand instabil. Nachfolgend werden nun sehr kurz die wesentlichsten Grundlagen dargelegt, die die Stabilität linearer Gleichungen mit periodischen Koeffizienten betreffen.

4.5.1. Reduktion nach Ljapunow *für Systeme linearer Differentialgleichungen mit periodischen Koeffizienten*

Als Grundlage der Stabilitätsbetrachtungen dient nachstehendes Gleichungssystem

$$\dot{y} = P(t) \cdot y; \qquad y(0) = y_0 \tag{4.5.1}$$

Darin sind $y(t)$ eine Vektorfunktion und $P(t)$ eine ununterbrochene und über t periodische Matrix (mit der Periode T), wobei $P(t + T) = P(t)$ gilt.

Es sei $\hat{y}(t)$ die Lösung von Gl. (4.5.1) für Einheitsanfangsbedingungen. Wegen der Linearität des Systems kann die Lösung der Aufgabe (4.5.1) für beliebige Anfangsbedingungen durch $y(t)$ wie folgt ausgedrückt werden

$$y(t) = \hat{y}(t)\, y_0 \tag{4.5.2}$$

Da $P(t)$ periodisch ist, erhält man nach Auswahl des Anfangszeitmomentes $t = KT$, wobei K eine beliebige ganze Zahl darstellt

$$y(KT + t) = y(KT) \cdot \hat{y}(t) \tag{4.5.3}$$

Dieser Ausdruck gilt, da ja der Vektor $y(KT)$ die Anfangsbedingung bei $t > KT$ für Gl. (4.5.1) darstellt. Die Größe $\hat{y}(T)$ zeigt die relative Veränderung des Vektors y nach einem Zyklus

$$\hat{y}(T) = \frac{y[(K+1)\,T]}{y(KT)} \tag{4.5.4}$$

Diese Größe kann auch in einer anderen Form [4.5.6] dargestellt werden

$$\hat{y}(T) = e^{BT} \tag{4.5.5}$$

Hierin ist B eine konstante Matrix. Nunmehr kann eine neue Variable $z(t)$ eingeführt werden, die der nachfolgenden Differentialgleichung genügt

$$\dot{z} = Bz \tag{4.5.6}$$

Bei Einheitsanfangsbedingungen ist die Lösung von Gl. (4.5.6) im allgemeinen

$$\hat{z}(t) = e^{BT} \tag{4.5.7a}$$

und für $t_k = KT$

$$\hat{z}(t_k) = \hat{y}(t_k) \tag{4.5.7b}$$

Nun ist eine Matrix $Q(t)$ so auszuwählen, daß $y(t)$ dargestellt werden kann

$$\hat{y}(t) = Q(t)\, \hat{z}(t) \tag{4.5.8}$$

Darin ist $Q(t)$ eine periodische Matrix mit der Periode T. Der Ausdruck (4.5.8) wird nun in Gl. (4.5.1) eingesetzt

$$\frac{d}{dt}\,[Q(t)\,z(t)] = P(t)\,Q(t)\,z(t) \tag{4.5.9}$$

Nach Ausführung der Differentiation, dem Austausch von $\dot{z}(t)$ mit $B \cdot z(t)$ und Kürzen mit $z(t)$ erhält man aus Gl. (4.5.9) die Reduktionsbedingung des Systems (4.5.1) im Sinne LJAPUNOWS

$$B = Q^{-1}(t)\left[P(t)\,Q(t) - \frac{dQ}{dt}\right] \tag{4.5.10}$$

Somit muß die Matrix $Q(t)$ so beschaffen sein, daß die rechte Seite in Gl. (4.5.10) nicht von t abhängt. Für Systeme mit periodischen Koeffizienten kann die Bedingung (4.5.10) immer erfüllt werden [4.5.1]. Was nun aber lineare Systeme allgemeinen Typs mit veränderlichen Koeffizienten betrifft, so ist die Darstellung ihrer Lösungen unter Verwendung des Ausdruckes (4.5.8) längst nicht in allen Fällen möglich.

Zur Veranschaulichung der behandelten Grundlagen sei ein Demonstrationsbeispiel angeführt. Die Ausgangsgleichung (4.5.1) möge die spezielle Form besitzen

$$\dot{y} = (a + b \sin 2\pi t)\,y \tag{4.5.11}$$

Die Reduktionsbedingung (4.5.10) lautet

$$B = Q^{-1}(t)\left[(a + b \sin 2\pi t)\,Q(t) - \frac{dQ}{dt}\right] \tag{4.5.12}$$

Im gegebenen Fall sind $P(t)$ und $Q(t)$ skalare Funktionen und Gl. (4.5.12) wird wie folgt umgeschrieben

$$\dot{Q} = (a + b \sin 2\pi T - B)\,Q(t) \tag{4.5.13}$$

Dieser Gleichung genügt die Lösung

$$B = a; \quad Q(t) = e^{-\frac{b(\cos 2\pi t - 1)}{2\pi}} \tag{4.5.14}$$

Die Matrix B bestimmt die Stabilität des Systems (4.5.6). Da die Lösung dieses Systems in den Momenten $t = KT$ mit $y(t)$ zusammenfällt, so hängt von der Matrix B auch die Stabilität des Ausgangssystems ab. Die Eigenwerte der Matrix B (sie sind auch die Wurzeln der charakteristischen Gleichung, die Gl. (4.5.6) entsprechen) werden als charakteristische Kennzahlen der periodischen Matrix $P(t)$ bezeichnet. Wichtig ist, daß die Summe dieser charakteristischen Kennzahlen unmittelbar aus der Matrix $P(t)$ ohne Errechnung von B nach der Formel (4.5.10) aufgefunden werden kann [4.5.2].

$$\sum_{\nu} P_{\nu} = \frac{1}{T}\int_0^T t_r P(t)\,dt \tag{4.5.15}$$

Hier wurde mit dem Symbol $t_r P$ die Spur der Matrix $P(t)$ bezeichnet, d. h. die Summe der in ihrer Hauptdiagonale stehenden Elemente. In dem Einzelfall, wenn $P(t)$ eine Dreiecksmatrix darstellt, errechnet sich jede der charakteristischen Kennzahlen nach der zu Gl. (4.5.15) analogen Formel

$$P_\nu = \frac{1}{T} \int_0^T P_{\nu\nu}(t)\, dt \tag{4.5.16}$$

Hierbei ist $P_{\nu\nu}(t)$ das ν-te Element der Hauptdiagonale der Matrix $P(t)$.

Wenn das auf der rechten Seite von Gl. (4.5.15) stehende Integral positiv ist, so ist wenigstens eine der Wurzeln $P_\nu > 0$ und das System mit Sicherheit instabil. Somit ist für die Stabilität des Systems (4.5.1) notwendig aber nicht hinreichend, daß das Integral in Gl. (4.5.15) kleiner als Null ist. Es sei bemerkt, daß für komplexe Koeffizienten der Matrix $P(t)$ und der Wurzeln P_ν in Gl. (4.5.15) die realen Teile der entsprechenden Ausdrücke fungieren.

4.5.2. *Stabilität periodischer Lösungen*

Am Beispiel des nachfolgenden Differentialgleichungssystems wird die Reihenfolge der Stabilitätsuntersuchungen aufgezeigt

$$\dot{x} = f(x, t) \tag{4.5.17}$$

Darin ist die Funktion f stetig und periodisch über t mit der Periode T. Zu ähnlichen Systemen gelangt man bei der Untersuchung zyklischer Fahrweisen in Prozeßeinheiten, deren Charakteristika mit der Zeit unveränderlich sind, da die in die rechte Seite von Gl. (4.5.17) eingehenden Steuerparameter $u(t)$ bei diesen Fahrweisen periodische Funktionen der Zeit sind.

Es sei $x(t)$ die periodische Lösung mit der Periode T, deren Stabilität untersucht werden soll. Das System (4.5.17) wird in der Umgebung dieser Lösung linearisiert. Deshalb schreibt man

$$x(t) = y(t) + x^*(t) \tag{4.5.18}$$

Die Elemente der Matrix $P(t)$ werden wie folgt berechnet

$$P_{ij}(t) = \frac{\partial f_i[x^*(t), t]}{\partial x_j} \tag{4.5.19}$$

Diese Matrix ist periodisch und besitzt die Periode T. Die Gleichungen für die Abweichungen werden in Form von Gl. (4.5.1) dargestellt.

Wie schon festgestellt wurde, ist der zyklische Betriebszustand $x^*(t)$ asymptotisch stabil, wenn bei $t \to \infty$ alle Lösungen von Gl. (4.5.1) gegen Null streben. Besitzt jedoch wenigstens eine der charakteristischen Kennzahlen der Matrix $P(t)$ einen positiven realen Teil, so ist die Lösung $x^*(t)$ instabil.

Bis jetzt wurde nur die nach Programm erzwungene Realisierung zyklischer Fahrweisen betrachtet, wenn die Funktionen der Steuerparameter $u^*(t)$ und Zustandsparameter $x^*(t)$ vorgegeben waren. Es ist jedoch auch eine Realisierung zyklischer Fahrweisen in Form einer Synthese möglich, d. h. die Vorgabe einer solchen Funktion $u^*(x)$, bei der das aus der Prozeßeinheit und dem Steuerungsteil bestehende System in Eigenschwingungen übergeht. Bei einer solchen Realisierung des zyklischen Zustandes ist das System (4.5.17) autonom

$$\dot{x} = f(t) \tag{4.5.20}$$

Es besitzt die periodische Lösung $x^*(t)$, deren Stabilität untersucht werden muß. Der Fall des autonomen Systems unterscheidet sich vom allgemeineren Fall des Systems (4.5.17) dadurch, daß eine der charakteristischen Kennzahlen des Systems (4.5.1), die aus Gl. (4.5.20) durch ihre Linearisierung im Umkreis von $x^*(t)$ erhalten wurden, mit Sicherheit Null beträgt. Die Ursache besteht darin, daß die Lösung $x^*(t)$ für das autonome System nicht die einzig mögliche darstellt, die dem statischen Zustand genügt. Eine beliebige Lösung $x^*(t + \Delta)$, die man nach einer Verschiebung von $x^*(t)$ entlang der Zeitachse um die Größe Δ erhält, stellt eine Lösung von (4.5.20) dar. Hierzu sei Abb. 4.3.2 betrachtet. Wenn für das System (4.5.17) die Änderung der Anfangsbedingungen, die eine Verschiebung von $x^*(t)$ über die Zeit hervorrufen, zur Bildung der Variation $y(t)$ führt, die im stationären System gegen Null strebt, so führt im Falle von Gl. (4.5.20) diese Variation nicht gegen Null. Das bedeutet, daß sich das System (4.5.20) zu Störungen der Phasentrajektorie, die den Bildpunkt auf der Phasenebene des Systems „entlang des Schwingungszyklus" bewegen, neutral verhält. Das entspricht nun dem Null-Wert einer der charakteristischen Kennzahlen. In der Regel interessiert allerdings die Stabilität der Phasentrajektorie und nicht die Lage des Bildpunktes entlang der Phasentrajektorie. Die Stabilität ist garantiert, wenn die übrigen charakteristischen Kennzahlen des linearisierten Systems (4.5.1) negative reale Bestandteile besitzen. Ferner sei noch bemerkt, daß im Einzelfall für autonome Systeme zweiter Ordnung das POINCARÉ'sche Stabilitätskriterium gilt. In diesem Fall lauten die Differentialgleichungen

$$\dot{x}_1 = f_1(x_1, x_2) \tag{4.5.21a}$$

$$\dot{x}_2 = f_2(x_1, x_2) \tag{4.5.21b}$$

Das POINCARÉ'sche Stabilitätskriterium für die zyklische Bewegung $x^*(t)$ besagt, daß diese Bewegung stabil ist, wenn folgende Ungleichung erfüllt wird

$$P = \frac{1}{T} \int_0^T \left[\frac{\partial f_1(x_1^*, x_2^*)}{\partial x_1} + \frac{\partial f_2(x_1^*, x_2^*)}{\partial x_2} \right] dt < 0 \tag{4.5.22}$$

Tatsächlich steht unter dem Integral (4.5.22) die Spur der Matrix $P(t)$. Folglich stellt P die Summe der charakteristischen Kennzahlen dar. Da es aber nur zwei sind, wobei eine mit Sicherheit gleich Null ist, zeigt die Ungleichung (4.5.22), daß die zweite charakteristische Kennzahl negativ sein muß. Somit ist die Bewegung $x^*(t)$ stabil gegenüber beliebigen Störungen, die den Bildpunkt von der Phasentrajektorie $x^*(t)$ verdrängen könnten.

4.5.3. *Stabilität gleitend-zyklischer Steuerungen*

Bei quasistatisch-zyklischer Fahrweise gehen die Änderungen der Steuerparameter so langsam vor sich, daß sich die Zustandsparameter in Übereinstimmung mit der Form der statischen Kennlinien verändern. Diese Fahrweise ist stabil, wenn der statische Zustand des Prozesses, der jedem der Basiswerte der Steuerung entspricht, stabil ist.

Die Frage der Stabilität des Prozeßzustandes $\bar{x}^*$ bei gleitend-zyklischer Fahrweise mit sehr großer Schwingungsfrequenz der Steuerparameter ist komplizierter. Es ist möglich, daß sich der statische Zustand x^* bei schnell ändernder Steuerung als instabil erweist, obwohl er bei unveränderten Werten u stabil ist. Für die Praxis ist außerdem von großer Bedeutung, daß man unter Verwendung von hochfrequenten Steuerimpulsen Prozeßstabilität ohne jegliche Regelungssysteme erreichen kann. In diesem Zusammenhang sei auf interessante Veröffentlichungen hingewiesen [4.5.3 und 4.5.4]. Die Mehrzahl dieser Arbeiten basieren auf der Methode der Mittelwertbildung [4.5.5]. Die wesentlichsten Gedanken werden nachfolgend dargelegt. Es sei angenommen, daß das den Prozeß charakterisierende vektorielle Gleichungssystem die Form besitzt

$$\dot{x} = f[x, u(t)] \tag{4.5.23}$$

Darin ist $u(t)$ eine schnell fluktuierende periodische Funktion, die bei der Optimierung des Betriebszustandes erhalten wurde. Davon ausgehend, daß die „schnellen“ Schwingungen von u nur eine geringe Vibration von x hervorrufen, wird aus der Funktion $x(t)$ der „langsame“ Bestandteil $\xi(t)$ herausgelöst. Dieser Bestandteil wird iterativ aufgefunden.

Nach seiner Änderung kann die Stabilität des Systems beurteilt werden. Ferner sei vorausgesetzt, daß die Änderungsfrequenz von $u(t)$ gleich ω ist. Die Funktion f über t ist dann periodisch. Sie kann in eine Fourier-Reihe zerlegt werden

$$f[x, u(t)] = \sum_{k=0}^{\infty} \varphi_K(x)\, e^{ik\omega t} \tag{4.5.24}$$

Die erste Näherung $\xi_1(t)$ für $\xi(t)$ erhält man nach Verzicht auf die Summanden des Ausdrucks (4.5.24). Davon muß jedoch $\xi_0(*)$ ausgenommen sein. Für $\xi_1(t)$ erhält man die Gleichung

$$\dot{\xi}_1(t) = \varphi_0(\xi) = \overline{f[\xi_1, u(t)]}^t \tag{4.5.25}$$

Hier bedeutet das Symbol $\bar{f}^t$ die Bildung des Mittelwertes über die explizit eingehende Zeit, d. h. es wird u als eine bestimmte Funktion von t vorgegeben und x bei der Mittelwertbildung als konstant betrachtet

$$\overline{F(x, u)}^t = \lim_{T \to \infty} \frac{1}{T} \int_0^T F(x, t)\, dt \tag{4.5.26}$$

In den Ausdrücken (4.5.25) ist die Funktion f bei der Mittelwertbildung verwendet worden. An die Stelle von x wurde die erste Näherung für ihren „langsamen" Bestandteil eingesetzt. Um nun die nächste Näherung für $\xi(t)$ zu erhalten, müssen in Gl. (4.5.24) die schwingenden Summanden, deren Summe mit $\tilde{f}[x, u(t)]$ bezeichnet wird, berücksichtigt werden. Diese Summe kann wertmäßig sehr groß sein. Die mit dem Schwingungsbestandteil von Gl. (4.5.24) verbundene Vibration der Lösung ist allerdings wegen des großen ω klein. Man bezeichnet sie mit δx und nimmt an, daß die Koeffizienten in Gl. (4.5.24) nur vom „langsamen" Bestandteil abhängen. Die Größe der „Vibration" erhält man dann nach dem Integrieren von Gl. (4.5.24)

$$\delta x \approx \sum_{K=1}^{\infty} \varphi_K(\xi) \frac{e^{ik\omega t}}{ik\omega} \tag{4.5.27}$$

Die Differentialgleichung für die zweite Näherung der „langsamen" Lösung hat die Form

$$\dot{\xi} = \overline{f[(\xi + \delta x), u(t)]}^t \tag{4.5.28}$$

Da δx klein ist, kann man Gl. (4.5.28) nach Zerlegung der rechten Seite in eine Taylorsche Reihe umschreiben.

Dementsprechend erhält man für die zweite Näherung

$$\dot{\xi}_2 = \overline{f[\xi_2, u(t)]}^t + \frac{\partial \overline{f[\xi_2, u(t)]}^t}{\partial \xi_2} \delta x \tag{4.5.29}$$

Es sei unterstrichen, daß die rechten Teile von Gl. (4.5.28) nicht von t abhängen, da der Mittelwert über t gebildet wurde. Nach dem gleichen Schema kann man auch die Näherungen höherer Ordnung erhalten, auf die hier jedoch nicht eingegangen wird. In vielen Fällen kann die Stabilität einer sich der gleitend-zyklischen nahe befindlichen Fahrweise über Gl. (4.5.29) eingeschätzt werden. Zu den hier aufbereiteten Grundlagen sei ein Demonstrationsbeispiel behandelt. Es möge folgendes Differentialgleichungssystem gelten

$$\dot{x}_1 = x_2 = f_1(x_1, x_2, u) \tag{4.5.30 a}$$

$$\dot{x}_2 = -mx_2 + \frac{g - u(t)}{l} x_1 = f_2(x_1, x_2, u) \tag{4.5.30 b}$$

Die Steuervariable wird beschrieben mit

$$u(t) = a\omega^2 \sin \omega t \tag{4.5.31}$$

Die Aufgabe besteht nun in der Bestimmung der Stabilität des Gleichgewichtszustandes dieses Systems unter Verwendung der Mittelwertmethode. Es sind drei typische Bearbeitungsschritte erforderlich:

Schritt 1: Bestimmung des Vektors $\xi_1 = (\xi_{11}, \xi_{12})$ aus der Bedingung

$$\bar{f}_1^u = \xi_{12} = 0 \tag{4.5.32a}$$

$$\bar{f}_2^u = -m\xi_{12} + \frac{g}{l}\,\xi_{11} - \frac{\overline{u(t)\,\xi_{11}}^t}{l} = 0 \tag{4.5.32b}$$

Bei der Berücksichtigung, daß für einen beliebigen konstanten Wert von ξ_{11} und für $u(t)$ Gl. (4.5.31) mit $\overline{u(t)\,\xi_{11}}^t = 0$ gilt, erhält man $\xi_{11} = \xi_{12} = 0$.

Schritt 2: Ermittlung von $\delta x = (\delta x_1, \delta x_2)$ unter Berücksichtigung, daß gilt

$$f_2(x_1, x_2, u) = -mx_2 + \frac{g}{l}\,x_1 - \frac{a\omega^2 x_1}{l}\sin\omega t \tag{4.5.33}$$

Daraus folgt

$$\varphi_1(x) = -\frac{a\omega^2 x_1}{l}; \qquad \varphi_2(x) = \varphi_3(x) = \cdots = 0 \tag{4.5.34}$$

In Übereinstimmung mit Gl. (4.5.27) gilt

$$\delta x_2 = \frac{a\omega^2 \xi_{21}}{\omega}\cos\omega t = a\omega\xi_{21}\cos\omega t \tag{4.5.35a}$$

$$\delta\dot{x}_1 = \delta x_2 \to \delta x_1 = a\xi_{21}\sin\omega t \tag{4.5.35b}$$

Schritt 3: Formulierung von Gl. (4.5.29) für ξ_2. Man erhält

$$\dot{\xi}_{21} = \xi_{22} + \overline{\delta x_2}^t = \xi_{22} + \overline{a\omega\xi_{21}\cos\omega t}^t = \xi_{22} \tag{4.5.36a}$$

$$\dot{\xi}_{22} = -m\xi_{22} + \overline{\frac{g - a\omega^2\sin\omega t}{l}}^t\,\xi_{21}$$

$$+ \overline{\frac{g - a\omega^2\sin\omega t}{l}\,a\xi_{21}\sin\omega t}^t + 0$$

$$= -m\xi_{22} + \frac{g}{l}\,\xi_{21} - \frac{a^2\omega^2}{l}\,\xi_{21}\,\overline{\sin^2\omega t}^t \tag{4.5.36b}$$

Hierbei wurde berücksichtigt, daß $\overline{\sin\omega t\cdot\xi_{21}}^t = \overline{m\delta x_2(t)}^t = 0$ gilt. Da $\overline{\sin^2\omega t}^t = \frac{1}{2}$, erhält man nach Weglassen des Indexes 2 bei ξ, der der laufenden Näherung entspricht, endgültig

$$\dot{\xi}_1 = \xi_2 \tag{4.5.37a}$$

$$\dot{\xi}_2 = -m\xi_2 + \frac{1}{l}\left(g - \frac{a^2\omega^2}{2}\right)\xi_1 \tag{4.5.37b}$$

Dieses System kann man als Differentialgleichung zweiter Ordnung mit konstanten Koeffizienten formulieren

$$\ddot{\xi}_1 + m\dot{\xi}_1 - \frac{1}{l}\left(g - \frac{a^2\omega^2}{2}\right)\xi_1 = 0 \tag{4.5.38}$$

Für die Stabilität des entsprechenden Systems ist notwendig und hinreichend, daß die Koeffizienten in Gl. (4.5.38) positiv sind, d. h.

$$m > 0; \quad \frac{1}{l}\left(\frac{a^2\omega^2}{2} - g\right) > 0 \tag{4.5.39}$$

Wenn $g > 0$ gilt, so ist das System beim Fehlen einer Steuerungseinwirkung ($a = 0$) instabil. Beim Einwirken einer genügend schnell fluktuierenden Steuerung wird es aber stabil.

Literatur

[4.5.1] Rozo, M.: „*Nelinejnye kolebanija i teorija ustojčivosti*", Verlag Nauka, Moskva 1971

[4.5.2] Markus, M. u. Mink, Ch.: „*Obzor po teorii matric i matričnych neravenstv*", Verlag Nauka, Moskva 1972

[4.5.3] Meerkov, S. M.: Metod usrednenija i ustojčivost' sistem upravlenija differencial'nye uravnenija (1974) Nr. 4, S. 1609—1617

[4.5.4] Fedorčenko, A. M.: Problemy matematiki i mechaniki (1961) 5, 938—940

[4.5.5] Mitropol'skij, Ju. A.: „*Metod usrednija v nelinejnoj mechanike*", Verlag Naukova Dumka, Kiev 1971

[4.5.6] Korn, G. u. Korn, T.: „*Spravočnik po matematike dlja naučnych rabotnikov i inženerov*", Verlag Nauka, Moskva 1970

4.6. Bewertungskriterien für die Zweckmäßigkeit des Übergangs von der statischen zur zyklischen Steuerung

Wie bereits im Abschnitt 4.1. aufgezeigt worden ist, stellt die Aufgabe zur Bestimmung der optimalen stationären Fahrweise in der Klasse der zyklischen eine Variationsaufgabe dar, die noch durch die spezifischen Randbedingungen (Zyklusbedingungen) kompliziert wird. Es ist deshalb wünschenswert, ohne Berechnung der optimalen zyklischen Fahrweise herauszufinden, ob der Übergang von der optimalen statischen Fahrweise zur zyklischen Fahrweise zu einer Erhöhung der Prozeßeffektivität führt sowie die mögliche Effektivitätserhöhung abzuschätzen.

In einer Reihe von Aufgaben sind die Forderungen an die statische Fahrweise solcher Art, daß eine ihnen genügende Fahrweise in der Klasse der statischen nicht existiert. In diesem Fall ist es wichtig zu wissen, ob eine zyklische Fahrweise existiert, bei der die entsprechenden Forderungen erfüllt werden [4.6.1 bis 4.6.3].

4.6.1. Zyklische Erweiterung von Aufgaben der nichtlinearen Programmierung

Zunächst sei an die Aufgabenstellung zur Bestimmung der optimalen zyklischen Fahrweise erinnert (Abschnitt 3.1.). Diese Problemstellung entspricht der Aufgabe Z:

$$I_z = \frac{1}{T} \int_0^T f_0[x(t), u(t)]\, dt \to \max \qquad (4.6.1)$$

Die Nebenbedingungen sind

$$\dot{x}_i = f_i[x(t), u(t)]; \qquad i = 1, 2, \ldots, m \qquad (4.6.2)$$

$$\int_0^T \{\varphi_\nu[x(t), u(t)] - C_\nu\}\, dt \leqq 0; \qquad \nu = 1, 2, \ldots, n \qquad (4.6.3)$$

$$\int_0^T f_i[x(t), u(t)]\, dt = 0 \qquad (4.6.4)$$

Diese Nebenbedingungen sind in der gleichen Reihenfolge die dynamischen Gleichungen des gesteuerten Objektes, die Ressourcenbegrenzungen und Zyklusbedingungen. Die der Aufgabe Z entsprechende Aufgabe zur Bestimmung des optimalen statischen Zustandes ist die Aufgabe S (Abschnitt 3.1.). Sie hat die Form

$$f_0(x, u) \to \max \qquad (4.6.5)$$

Die dazugehörigen Nebenbedingungen lauten

$$f_i(x, u) = 0; \qquad i = 1, 2, \ldots, m \qquad (4.6.6)$$

$$\varphi_\nu(x, u) \leqq C; \qquad \nu = 1, 2, \ldots, n \qquad (4.6.7)$$

Die Aufgabe Z genügt der in Abschnitt 3.1. gegebenen Definition der Erweiterung von Aufgabe S. Die somit erhaltene Erweiterung wird als zyklische Erweiterung bezeichnet. Die oben gestellten Fragen reduzieren sich somit auf die Existenz einer Lösung und die Effektivität der zyklischen Erweiterung.

Man bezeichnet die Effektivitätskennzahl der zyklischen Erweiterung mit

$$\Delta_z = I_z^* - f_0^* \qquad (4.6.8)$$

Hier stellen I_z^* und f_0^* die Maximalwerte des Effektivitätskriteriums bei zyklischer bzw. statischer Fahrweise dar.

Es sei angenommen, daß die Lösung der statischen Aufgabe $x = x^*$ und $u = u^*$ existiert.

Die LAGRANGEsche Funktion der statischen Aufgabe für den optimalen statischen Zustand hat bei $\lambda_0 = 1$ die Form

$$R_s^* = f_0(x^*, u^*) + \sum_i \lambda_i^* f_i(x^*, u^*) + \sum_\nu \xi_\nu^*[\varphi_\nu(x^*, u^*) - C_\nu] \tag{4.6.9}$$

4.6.2. *Oberer Schätzwert der Effektivität der zyklischen Erweiterung*

Die Effektivitätskennzahl Δ_z genügt der Ungleichung

$$\Delta_z = \left[\sup_{u \in V_u} \sup_{x \in V_x} R_s(x, u, \lambda^*, \xi^*) - R_s^*\right] \tag{4.6.10}$$

Aus der Ungleichung (4.6.10) folgt, daß der Übergang zur zyklischen Fahrweise mit Bestimmtheit unzweckmäßig ist, wenn im Punkt x^*, u^* die LAGRANGEsche Funktion der statischen Aufgabe ihr absolutes Maximum über x und u als unabhängige Variable erreicht. Das gleiche gilt für den Fall, wenn die Aufgabe S über x und u konvex ist. Mit einigen zusätzlichen Berechnungen kann der Schätzwert (4.6.10) genauer bestimmt werden. Es sei bemerkt, daß über der optimalen Lösung der statischen Aufgabe ihre LAGRANGEsche Funktion mit der Zielfunktion identisch ist

$$R_s^* = f_0(x^*, u^*) \tag{4.6.11}$$

Der korrigierte obere Schätzwert der Effektivität der zyklischen Erweiterung hat unter Berücksichtigung von Gl. (4.6.11) die Form

$$\Delta_z = \left[\inf_{\lambda, \xi} \sup_{u \in V_u} \sup_{x \in V_x} R_s(x, u, \lambda, \xi) - f_0^*\right] \tag{4.6.12}$$

Der Beweis für diese und die folgenden Ungleichungen wird im Abschnitt 4.6.4. gegeben.

4.6.3. *Unterer Schätzwert der Effektivität der zyklischen Erweiterung und die Nichtkonstanzbedingung der optimalen stationären Fahrweise*

In der LAGRANGEschen Funktion der statischen Aufgabe werden die Werte von x, ξ und λ auf dem Niveau der optimalen statischen Werte x^*, ξ^* und λ^* fixiert. Der Vektor u in der Funktion R_s wird als variabel und der gegebenen Menge V_u zugehörig angesehen. Dadurch erhält man

$$R_s(u) = R_s(x^*, u, \xi^*, \lambda^*) \tag{4.6.13}$$

Wenn die durch eine solche Verfahrensweise gewonnene Funktion im Punkt u^* nicht ihr absolutes Maximum über V_u erreicht, so ist die zyklische Erweiterung effektiv.

Nun wäre es wünschenswert, die Größe der Effektivitätssteigerung abzuschätzen, da ein Übergang von der statischen zur zyklischen Fahrweise unter Umständen mit einer Komplikation des Steuerungssystems und manchmal auch der Apparatekonstruktion verbunden sein kann.

Wenn die statische Aufgabe so formuliert werden kann, daß die Zahl der Nebenbedingungen in Gleichungsform die Anzahl der Variablen des Vektors u nicht überschreitet, so kann die Effektivität der zyklischen Fahrweise von unten abgeschätzt werden mit

$$\Delta_z \geqq \left[\inf_{\lambda,\xi} \max_{u \in V_u} R_s(x^*, u, \lambda, \xi) - f_0^*\right] \tag{4.6.14}$$

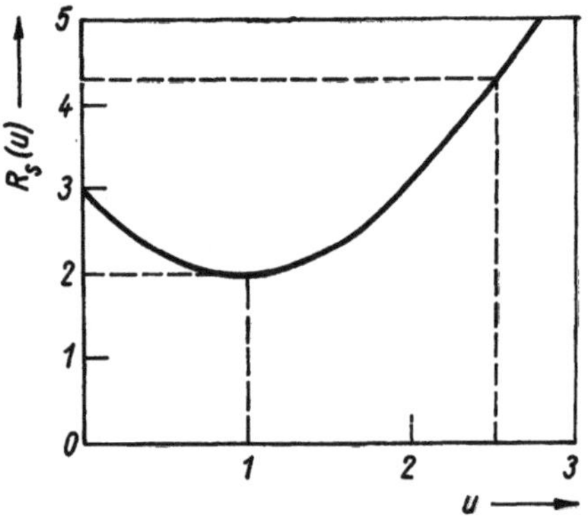

Abb. 4.6.1: Darstellung der Gl. (4.6.15)

Zur Veranschaulichung der aufbereiteten Grundlagen wird ein Berechnungsbeispiel behandelt. Es sei eine Aufgabe S betrachtet

$$f_0 = x + u^2 \rightarrow \max \tag{4.6.15}$$

Die Nebenbedingungen sind

$$x - 2u + 1 = 0; \qquad 0 \leqq u \leqq 2{,}5 \quad \text{und} \quad x - 1 \leqq 0.$$

Wie unschwer zu erkennen ist, lautet die Lösung $x^* = 1$; $u^* = 1$ und $f_0^* = 2$. Hierbei nehmen die entsprechenden Lagrangeschen Multiplikatoren die Werte $\xi^* = -2$ und $\lambda^* = 1$ an.

In Abb. 4.6.1 ist die Funktion $R_s(u)$ dargestellt

$$R_s(u) = u^2 - 2u + 3 \tag{4.6.16}$$

Diese Funktion erreicht kein Maximum im Punkt $u^* = 1$. Folglich ist die zyklische Erweiterung effektiv. Nunmehr können die Schätzwerte der Effektivität bestimmt werden. Da im gegebenen Fall $R_s(x, u, \lambda^*, \xi^*)$ mit $R_s(u)$ übereinstimmt, folgt nach Gl. (4.6.10) die Differenz

$$\Delta_z \leqq 4{,}25 - 2 = 2{,}25.$$

Den präzisierten Schätzwert nach Gl. (4.6.12) erhält man bei einer solchen Auswahl von λ und ξ, bei denen die Funktion $R_s(\lambda, u)$ gleiche Werte bei $u = 0$ und $u = 2{,}5$ annimmt. Ihr Maximalwert beträgt dabei 3,5. Somit gilt $\Delta_z \leqq 3{,}5 - 2 = 1{,}5$. Andererseits gilt nach Gl. (4.6.14)

$$\Delta_z \geqq \left[\inf_{\lambda,\xi} \sup_u R_s(\lambda, \xi, x^*, u) - f_0^*\right] \geqq 3{,}5 - 2 = 1{,}5 \qquad (4.6.17)$$

Somit ist die Effektivität der zyklischen Erweiterung mit $\Delta_z = 1{,}5$ genau bestimmt. Dies resultiert aus der Tatsache, daß die Aufgabe linear nach x und über der Menge V_x von unten nicht begrenzt ist.

4.6.4. Beweis der Schätzkriterien als Ungleichungen

Die Beweisführung basiert auf der Lösung von zwei Hilfsaufgaben. Die eine ordnet sich zwischen den Aufgaben Z und S ein. Die andere entspricht einer Erweiterung der Aufgabe Z. Danach müssen lediglich die Werte dieser Aufgaben gefunden oder abgeschätzt werden, d. h. der maximal erreichbare Wert des Optimalitätskriteriums ist zu bestimmen.

Beide Hilfsaufgaben werden so ausgewählt, daß ihre Werte durch die LAGRANGEsche Funktion der Ausgangsaufgabe zur Bestimmung der optimalen statischen Fahrweise ausgedrückt werden können. Somit folgt Aufgabe $\bar{S}^u$:

$$\overline{f_0(x, u)}^u \to \max \qquad (4.6.18\text{a})$$

$$\overline{f_i(x, u)}^u = 0, \qquad i = 1, 2, \ldots, m \qquad (4.6.18\text{b})$$

$$\overline{\varphi_\nu(x, u)}^u - C_\nu \leqq 0, \qquad \nu = 1, 2, \ldots, n \qquad (4.6.18\text{c})$$

$$\text{Aufgabe } \bar{S}^{x,u}\text{:} \quad \overline{f_0(x, u)}^{x,u} \to \max \qquad (4.6.19\text{a})$$

$$\overline{f_i(x, u)}^{x,u} = 0, \qquad i = 1, 2, \ldots, m \qquad (4.6.19\text{b})$$

$$\overline{\varphi_\nu(x, u)}^{x,u} - C_\nu \leqq 0, \qquad \nu = 1, 2, \ldots, n \qquad (4.6.19\text{c})$$

Die Lösungswerte der beiden Aufgaben werden entsprechend mit $\bar{f}_0^{u*}$ und $\bar{f}_0^{x,u*}$ bezeichnet. Man kann zeigen, daß diese Werte untereinander und mit dem Lösungswert der Aufgabe zur Bestimmung der optimalen zyklischen Fahrweise durch folgende Ungleichung verbunden sind

$$\bar{f}_0^{u*} \leqq I_z^* \leqq \bar{f}_0^{x,u*} \qquad (4.6.20)$$

In einer Untersuchung [4.6.4] und in dem zu ihr gehörenden Anhang II ist aufgezeigt worden, daß die Mittelwertbildung über den Variablen der ersten Gruppe bei Optimierungsaufgaben allgemeinen Typs zu einer äquivalenten Erweiterung führt. Die Anwendung dieser Erweiterung auf die Aufgabe Z bedeutet, daß ihr Wert I_z gleich dem Maximalwert des Optimalitätskriteriums der Aufgabe $\bar{Z}^u$ ist

$$I_{\bar{z}} = \frac{1}{T} \int_0^T \overline{f_0[x(t), u]}^u \, dt \to \max \tag{4.6.21a}$$

$$\dot{x}_i = \overline{f_i[x(t), u]}^u; \qquad x(0) = x(T) \tag{4.6.21b}$$

$$\int_0^T \left\{ \overline{\varphi_\nu[x(t), u]}^u - C_\nu \right\} dt \leqq 0 \tag{4.6.21c}$$

$$\overline{f[x(t), u]}^u = \int_{V_u} f[x(t), u] \, P(u, t) \, dt \tag{4.6.21d}$$

In dieser Aufgabe wird die Funktion $x(t)$ und die Differentialverteilung $P(u, t)$ gesucht. Es ist klar, daß die Menge der zulässigen Lösungen der Aufgabe $\bar{S}^u$ eine Untermenge der Lösungsmenge für die Aufgabe $\bar{Z}^u$ darstellt, wobei $x(t) = x$ und $P(u, t) = P(u)$ gilt. Man erhält

$$\overline{f_0}^{u*} \leqq I_{\bar{z}}^* \tag{4.6.22}$$

Wegen der Äquivalenz der Aufgaben $\bar{Z}^u$ und Z folgt aus dieser Ungleichung die linke Hälfte der Ungleichungen (4.6.20).

Um die rechte Hälfte der Ungleichungen (4.6.20) zu beweisen, löst man aus der Aufgabe Z die Nebenbedingungen in Form von Differentialgleichungen heraus. Dadurch ergibt sich die Aufgabe $\hat{Z}$. Sie lautet

$$I_{\hat{z}} = \frac{1}{T} \int_0^T f_0[x(t), u(t)] \, dt \tag{4.6.23a}$$

$$\int_0^T f_i[x(t), u(t)] \, dt = 0; \qquad i = 1, 2, \ldots, m \tag{4.6.23b}$$

$$\int_0^T \{\varphi_\nu[x(t), u(t)] - C_\nu\} \, dt \leqq 0, \qquad \nu = 1, 2, \ldots, n \tag{4.6.23c}$$

Da der Fortfall der Nebenbedingungen nur zu einer Erweiterung der zulässigen Lösungsmenge führen kann, gilt

$$I_{\hat{z}}^* \geqq I_z^* \tag{4.6.24}$$

Andererseits ist die Aufgabe $\hat{Z}$ zur Aufgabe $\bar{S}^{x,u}$ äquivalent (s. Kap. 3.). Somit folgt auch aus der Beziehung (4.6.24) die rechte Hälfte der Ungleichungen (4.6.20). Der Aufgabenwert $\bar{S}^{x,u}$ kann aus der nachfolgenden Beziehung bestimmt werden

$$\overline{f_0}^{x,u*} = \inf_{\lambda,\xi} \sup_{x,u} R_s(\lambda, \xi, x, u) \tag{4.6.25}$$

Nach Bildung der Differenz zwischen I_z^*, $\overline{f_0}^{x,u*}$ und der Größe f_0^* erhält man die Beziehung (4.6.12), die aus der rechten Hälfte der Ungleichung (4.6.20) folgt. Die Ungleichung (4.6.10) ergibt sich aus der Beziehung (4.6.12).

Der Wert $\overline{f_0}^{u*}$ der Aufgabe $\overline{S}^u$ läßt sich nicht unmittelbar über die LAGRANGEsche Funktion der statischen Aufgabe in Analogie zu Gl. (4.6.25) bestimmen. Durch die Funktion R_s kann allerdings ein unterer Schätzwert für diesen Aufgabenwert ausgedrückt werden. Dafür wird in Gl. (4.6.18) der Vektor x mit seinem optimalen Wert x^* bei statischer Fahrweise angenommen. In dieser modifizierten Aufgabe überschreitet der Wert des Effektivitätskriteriums $\overline{f_0}^{u*}(x^*)$ nicht den Wert von $\overline{f_0}^{u*}$, da die der Variablen x zusätzlich auferlegte Bedingung die Menge der zulässigen Lösungen dieser Aufgabe verringert. Bei fixiertem Wert von x geht die Aufgabe $\overline{S}^u$ ähnlich wie $\overline{S}^{xu}$ in eine Aufgabe der nichtlinearen Programmierung im Mittleren über und ihr Wert kann analog Gl. (4.6.25) wie folgt bestimmt werden

$$\overline{f_0}^{u*}(x^*) = \inf_{\lambda,\xi} \sup_{u} R_s(\lambda, \xi, x^*, u) \tag{4.6.26}$$

Dabei darf die Zahl der Nebenbedingungen die Dimension des Vektors u nicht überschreiten. Unter Berücksichtigung der Ungleichungen

$$\overline{f_0}^{u*}(x^*) \leqq \overline{f_0}^{u*} \leqq I^* \tag{4.6.27}$$

und des Ausdruckes (4.6.26) erhält man den unteren Schätzwert für Δ_z in Form der Beziehung (4.6.14). Bei fixiertem Wert von x führen die Optimalitätsbedingungen der Aufgabe $\overline{S}^u$ über u zur Forderung

$$u^* = \arg \sup_{u \in V_u} R_s(\lambda, \xi, x^*, u) \tag{4.6.27}$$

In diesem Zusammenhang sei wiederum auf das 3. Kapitel verwiesen. Wenn der Vektor u^* bei optimaler statischer Fahrweise der Bedingung (4.6.27) nicht genügt, so ist die Lösung der Aufgabe $\overline{S}^u$ für die Aufgabe S nicht zulässig und folglich $\overline{f_0}^{u*} > f_0^*$, d. h. die zyklische Fahrweise ist effektiver.

4.6.5. Die Effektivität zyklischer Steuerungen bei linearen Objekten

Es wird angenommen, daß die Funktion R_s über einigen Variablen der Lösung linear ist. Diese Variablen gehen deshalb auch linear in das Optimalitätskriterium und in Gln. (4.6.2) und (4.6.3) ein. Man bezeichnet sie mit $y(t)$ und setzt zunächst voraus, daß die Vektorfunktion $y(t)$ sowohl Phasenkoordinaten $x_i(t)$ als auch Steuervariable einschließt, über denen die Aufgabe linear ist. Weiterhin sei die Funktion $y(t)$ unbegrenzt bei jedem t. Unter diesen Voraussetzungen wird die untere Grenzlinie über λ und ξ im rechten Teil des Ausdruckes (4.6.12) mit Sicherheit nur bei Erfüllung der nachfolgenden Bedingung erreicht.

$$\frac{\partial R_s}{\partial y} = 0 \tag{4.6.28}$$

Unter Berücksichtigung der Linearität von R_s über y müssen also λ, ξ und z so beschaffen sein, daß die Funktion R_s von y nicht abhängt. Hier sind mit z die Bestandteile der Lösung bezeichnet, die nicht in y eingehen. Wenn Gl. (4.6.28) nicht erfüllt wird, so ergibt sich auch kein Maximum von R_s über y, da der Wert dieser Funktion beliebig groß werden kann.

Nunmehr wird Linearität der Aufgabe über den Zustandsvariablen x angenommen. In diesem Fall folgt aus der Bedingung (4.6.28), daß die Funktion R_s nicht von x abhängt und die ersten Summanden in den runden Klammern der rechten Seiten der Ungleichungen (4.6.12) und (4.6.14) einander gleich sind. Das wiederum bedeutet, daß in jeder dieser Ungleichungen nur das Gleichheitszeichen belassen werden kann. Die Schätzwerte geben somit den genauen Wert der Effektivität beim Übergang zur zyklischen Fahrweise an. Der Wert des Optimalitätskriteriums, der $\inf_{\lambda,\xi} \sup_{u} R_s(x^*, u, \lambda, \xi)$ entspricht, wird aber nur bei zyklischer Fahrweise mit unendlich hoher Umschaltfrequenz (gleitend-zyklische Fahrweise) erreicht. Hieraus folgt, daß sich der maximale Effekt durch Einführung von zyklischen Schwingungen bei zyklisch gleitender Fahrweise nur dann ergibt, wenn die Aufgabe der statischen Optimierung über den Zustandsvariablen linear ist.

4.6.6. Über die Existenz einer Lösung bei zyklischer Steuerung

Wie bereits betont wurde, besteht die Möglichkeit, daß eine statische Fahrweise, die den Aufgabenbedingungen genügt (Forderungen an die Produktqualität, Steuerungsbegrenzungen usw.), nicht existiert. Um zu erfahren, ob den gegebenen Bedingungen bei zyklischer Fahrweise entsprochen werden kann, sollte berücksichtigt werden, daß sich die Mengen der zulässigen Lösungen der Aufgaben $\bar{S}^u$ und $\bar{S}^{x,u}$ so zueinander verhalten, wie dies in Abb. 4.6.2 gezeigt wird. Wenn also $\bar{S}^u$ eine Lösung besitzt, so existiert auch eine Lösung für die Aufgabe Z. Wenn aber für $\bar{S}^{x,u}$ keine Lösung vorliegt, so existiert auch keine Lösung der Aufgabe Z.

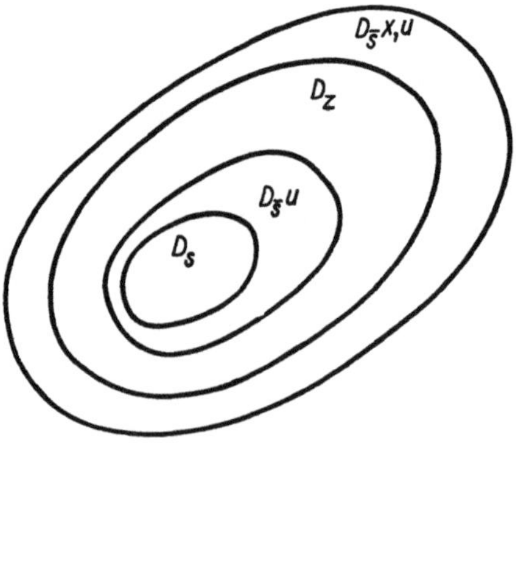

Abb. 4.6.2: Mengen von zulässigen Lösungen bei der statischen und zyklischen Fahrweise

Als Beispiel einer Aufgabe, bei der eine den Aufgabenbedingungen genügende statische Fahrweise nicht existiert, kann die Bestimmung der Fahrweise eines Rohrreaktors, in dem im Verlaufe des Prozesses die Gemischviskosität anwächst, angeführt werden. Bei gegebenem Umsatz und der daraus bestimmten Durchflußgeschwindigkeit erfolgt ein Anwachsen des Produktes an den Rohrwänden (Verkrustung). Eine statische Fahrweise ist deshalb unangebracht. Bei zyklischer Fahrweise mit periodischen Geschwindigkeitsänderungen kann man ein Abreißen der Produktschicht erzielen. Dadurch läßt sich der vorgegebene Umsatz erreichen (Abschnitt 1.2.4.).

Literatur

[4.6.1] Zirlin, A. M., Balakirev, V. S. u. Dudnikov, E. G.: „*Variacionnye metody optimizacii upravljaemych objektov*", Verlag Energija, Moskva 1976

[4.6.2] Balakirev, V. S., Volodin, V. M. u. Zirlin, A. M.: „*Optimal'noe upravlenie processami chimiceskoj technologii*", Verlag Chimija, Moskva 1978

[4.6.3] Duklevskij, M. S. u. Zirlin, A. M.: Avtomatika i telemechanika (1977) 9, 5—12

[4.6.4] Zirlin, A. M.: Izvestija AN SSSR, Techničeskaja kibernetika (1974) 2, 27—33

5. Analyse und optimale Steuerung ausgewählter dynamischer Grundoperationen der Verfahrenstechnik

In den vorangestellten Kapiteln sind die mathematischen Grundlagen der Modellierung, Bewertung und Optimierung der dynamischen Grundoperationen der Verfahrenstechnik in dem Umfang behandelt worden, um nachfolgend an Hand ausgewählter Anwendungsfälle die optimale Steuerung der betrachteten Prozesse zu bestimmen. Es ist jeweils notwendig, die dynamischen Modelle der Grundoperationen bereitzustellen. Die Optimalitäts- bzw. Effektivitätskriterien werden ausgewählt und angegeben. Auf die Angabe der Optimierungsmethodik wird verzichtet. Allerdings werden an gegebener Stelle die erforderlichen Bezüge zu den Optimierungsgrundlagen im dritten und vierten Kapitel hergestellt.

Als Anwendungsfälle werden diskontinuierliche, semikontinuierliche und zyklische Fahrweisen untersucht. Die konkreten Prozesse werden aus der thermischen und mechanischen Verfahrenstechnik sowie aus der chemischen und mikrobiologischen Reaktionstechnik ausgewählt.

5.1. Die zyklische Rektifikation

Ausgehend von der Bedeutung des Rektifikationsprozesses in der Verfahrenstechnik wird in diesem Abschnitt seine zyklische Fahrweise umfassend behandelt. Neben der Analyse des zyklischen Regimes für einen einzelnen Stoffaustauschboden und einer Rektifikationskolonne als geschlossenes System wird auch auf Realisierungsfragen sowie einige physikalische sowie thermodynamische Aspekte der zyklischen Fahrweise eingegangen. Bevor jedoch die zyklische Rektifikation modelliert und optimiert wird, sind Bemerkungen zum optimalen stationären Zustand einer Rektifikationskolonne notwendig, da dieser ja als Basis für einen Effektivitätsvergleich mit der zyklischen Fahrweise heranzuziehen ist. Bei der optimalen stationären Fahrweise von Rektifikationskolonnen kommt dem Rücklaufverhältnis eine dominierende Bedeutung zu. Das gewählte Rücklaufverhältnis beeinflußt maßgeblich die Invest- und Betriebskosten. Die Optimierung der stationären Fahrweise von Rektifikationskolonnen stellt eine Kompromißlösung von gegenläufigen Kostenarten bezüglich der geforderten Durchsätze und der Trennschärfe dar. Zur Stabilisierung der optimalen stationären Fahrweise werden gewöhnlich die Rektifikationskolonnen mit einem relativ komplizierten Regelungssystem ausgerüstet. Jegliche Abweichung vom optimalen Zustand ist unerwünscht und wird als nachteilig angesehen. In modernen Rektifikationssystemen ohne

Rechnersteuerung bzw. bei Prozeßrechnereinsatz mit DDC-Betrieb wird deshalb mittels Kopplung verschiedener Regelkreise versucht, die Abweichung vom statischen Optimum bei zufälligen Störungen minimal zu halten. Auch die Untersuchungen des dynamischen Verhaltens von Rektifikationskolonnen hatten letztlich in den meisten Fällen nur eine Verbesserung der Arbeitsweise des automatischen Regelungssystems zum Ziel. Das zu beobachtende asymmetrische dynamische Verhalten von Rektifikationskolonnen wurde dabei nur ungenügend erforscht, bewertet und zielgerichtet genutzt. Gerade dieser Aspekt der asymmetrischen Dynamik ist für die zyklische Rektifikation von besonderem Interesse.

5.1.1. Analyse der zyklischen Funktion eines Rektifikationsbodens

Der Kolonnenboden bzw. die theoretische Stoffaustauscheinheit ist ein wichtiger Baustein von Rektifikationskolonnen, zumal seine Analyse bereits markante Folgerungen über die hauptsächlichen Gesetzmäßigkeiten der zyklischen Fahrweise von Rektifikationssystemen zuläßt. Nachfolgend seien nur binäre Stoffgemische betrachtet. Bei der mathematischen Modellierung von Stoffaustauschböden werden in der Regel Vereinfachungen angenommen [5.1.1, 5.1.2]. Die wichtigsten Annahmen sind:

1. Die Dampfphase strömt durch die Stoffaustauschböden nach dem Prinzip der idealen Verdrängung (Kolbenströmung). Zwischen den Kolonnenböden (Stoffaustauscheinheiten) möge vollkommene Durchmischung herrschen.
2. Auf den Böden bzw. in den Stoffaustauscheinheiten wird eine ideale Durchmischung der flüssigen Phase angenommen.
3. Der Druckverlust wird bei Stoffaustauschbetrachtungen unberücksichtigt gelassen.
4. Es herrscht äquimolarer Stoffaustausch.
5. Der Bodenwirkungsgrad nach Murphree E_i sei konstant.
6. Die Dampf- bzw. Gasmenge auf den Böden kann im Vergleich zum Flüssigkeits-hold-up vernachlässigt werden.
7. Auf den Böden bzw. in den Stoffaustauscheinheiten liegt eine unveränderliche Flüssigkeitsmenge H_i vor.
8. Beim Aufsteigen des Dampfes soll keine Flüssigkeit mitgerissen werden.

Mit Bezug auf Abb. 5.1.1 und die Berücksichtigung der obigen Annahmen gilt nachstehende Stoffbilanzgleichung für die leichtsiedende Komponente

$$\frac{d}{dt}\,[H(t)\,x(t)] = V(t)\,[y_e(t) - y_a(t)] + L_e(t)\,x_e(t) - L_a(t)\,x(t) \quad (5.1.1)$$

$$\frac{d}{dt}\,H(t) = L_e(t) - L_a(t) \quad (5.1.2)$$

H — Flüssigkeits-hold-up des Stoffaustauschbodens, L — zeitlicher Flüssigkeitsdurchsatz, V — zeitlicher Durchsatz der Dampfphase, x — Konzentration der leichter-

siedenden Komponente in der flüssigen Phase, y — Konzentration der leichtersiedenden Komponente in der Dampfphase
Die Indices e, a beziehen sich jeweils auf den Ein- bzw. Ausgang des Stoffaustauschbodens.

Die momentane Dampfkonzentration $y_a(x)$ wird in Übereinstimmung mit den bereits genannten Annahmen durch die Gleichung

$$y_a(x) = Ey^*(x) + (1 - E)\, y_e(t) \tag{5.1.3}$$

bestimmt, wobei $y^*(x)$ die Gleichgewichtslinie des Zweistoffgemisches beschreibt

$$y^*(x) = f(x) \tag{5.1.4}$$

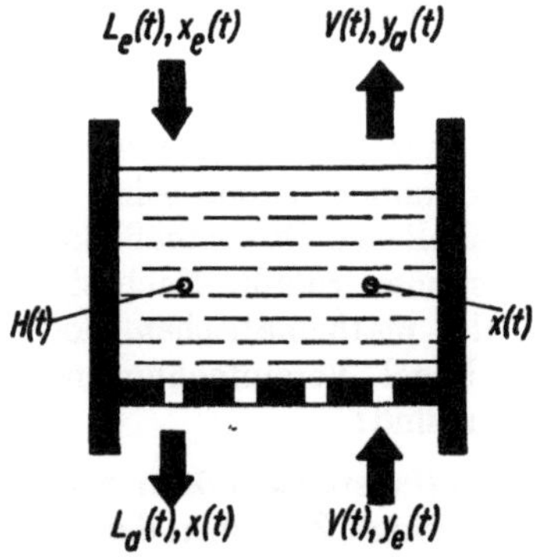

Abb. 5.1.1: Vereinfachtes Schema eines Stoffaustauschbodens

Die Größe E ist der MURPHREE-Austauschgrad. Es sei ferner angenommen, daß es sich bei der betrachteten Stoffaustauscheinheit um einen Siebboden handelt und somit die Flüssigkeitsmenge $H(t)$ sowohl durch den Dampfstrom $V(t)$ als auch durch den Flüssigkeitszustrom $L_e(t)$ bestimmt wird. Der den Boden verlassende Flüssigkeitsstrom $L_a(t)$ wird als nichtlineare Funktion von $V(t)$ und $H(t)$ dargestellt. Für die qualitative Untersuchung des einzelnen Austauschbodens ist es ausreichend, diese Funktion in der Form

$$L_a(t) = K_1 \sqrt{H(t)}\,[1 + K_2 V(t)] \tag{5.1.5}$$

darzustellen. Die Koeffizienten K_1 und K_2 werden durch die Parameter des stationären Zustandes bestimmt:

$$L_a(H_{ST}, V_{ST}) = L_{ST} \tag{5.1.5a}$$

$$L_a(H, V_{\max}) = 0 \tag{5.1.5b}$$

Somit gilt:

$$K_1 = \frac{L_{ST}}{\sqrt{H_{ST}}\,(1 + K_2 V_{ST})} \tag{5.1.5c}$$

$$K_2 = -\frac{1}{V_{\max}} \tag{5.1.5d}$$

Der Index ST kennzeichnet den stationären Zustand. Als Steuervariable bieten sich der Flüssigkeitszustrom $L_e(t)$ und der Dampfdurchsatz $V(t)$ an. Nunmehr kann folgende Optimierungsaufgabe formuliert werden:

Bei vorgegebenen, zeitlich nicht veränderlichen Konzentrationen x_e und y_e sind solche Steuerfunktionen $V(t)$ sowie $L_e(t)$ aufzufinden, für die die mittlere Konzentration der den Boden verlassenden Dampfphase ihren maximalen Wert annimmt. Deshalb kann man für das Effektivitätskriterium schreiben

$$I = \frac{1}{T} \int_0^T V(t)\, y_a(t)\, dt \to \max \qquad (5.1.6)$$

Als Nebenbedingungen bzw. Zyklusbedingungen für die Phasenkoordinaten sind Gln. (5.1.1) bis (5.1.5) zu beachten

$$\int_0^T \left\{\frac{d}{dt} [H(t)\, x(t)]\right\} dt = 0 \qquad (5.1.7)$$

$$\int_0^T \left[\frac{dH(t)}{dt}\right] dt = 0 \qquad (5.1.8)$$

Ferner gelten die Begrenzungen

$$\int_0^T [V(t) - V_{ST}]\, dt = 0 \qquad (5.1.9)$$

$$\int_0^T [L_e(t) - L_{ST}]\, dt = 0 \qquad (5.1.10)$$

$$\int_0^T L_a(t)\, [x(t) - x_{ST}]\, dt = 0 \qquad (5.1.11)$$

$$L_e \in V_{L_e}; \qquad V \in V_V; \qquad H \in V_H \qquad (5.1.12)$$

Die Begrenzung (5.1.11) sichert im Zusammenhang mit (5.1.8) und (5.1.10), daß die über die Periode T mit dem Flüssigkeitsstrom den Boden verlassende Menge der leichtersiedenden Komponente mit ihrem stationären Wert zusammenfällt. In diesem Fall charakterisiert die mittlere Dampfstromkonzentration die Trennleistung des Bodens. Es ist lediglich zu beachten, daß der Konzentrationswert x_e als variabel zu betrachten ist und in Übereinstimmung mit den Nebenbedingungen (5.1.7) bis (5.1.12) ausgewählt werden muß. Die formulierte Aufgabe (5.1.6) mit nichtlinearen Nebenbedingungen (5.1.1) bis (5.1.5) und (5.1.7) bis (5.1.12) ist analytisch nicht lösbar. Es wird deshalb im folgenden auf ein numerisches Beispiel eingegangen.

Zunächst sind aus der Aufgabe $I_{ST} = V y_a(x) \to \max$ mit der Nebenbedingung $d[H(t)\,x(t)]/dt = 0$ und Gln. (5.1.3) bis (5.1.5) die Parameter des optimalen statischen Regimes zu bestimmen. Die Ausgangsdaten sind:

$K_1 = 4\,\text{Mol}^{0,5}/\text{ZE}$; $K_2 = -1\,\text{ZE/Mol}$; $x_e = 20\,\text{Mol-\%}$; $y_e = 15\,\text{Mol-\%}$; $E = 1$; $0 \leqq H \leqq 0{,}5\,\text{Mol}$.

Die Gleichgewichtslinie wird durch die Funktion $y^*(x) = \alpha x/[1 + (\alpha - 1)\,x]$ beschrieben. Die relative Flüchtigkeit α wurde mit 2 angenommen. Es ist unschwer zu erkennen, daß die maximal mögliche Dampfstromgeschwindigkeit $V_{\max} = 1\,\text{Mol/ZE}$ beträgt. Die Lösung der statischen Aufgabe ergab folgende optimale Parameter:

$V_{ST} = 0{,}8060\,\text{Mol/ZE}$; $y_a{}^{ST} = 20{,}74\,\text{Mol-\%}$; $H_{ST} = 0{,}5\,\text{Mol}$; $x_{ST} = 11{,}57\,\text{Mol-\%}$; $L_{ST} = 0{,}5480\,\text{Mol/ZE}$. Das Effektivitätskriterium nahm den Wert $I_{ST} = V_{ST} y_a{}^{ST} = 16{,}72$ an. Die Bestimmung des optimalen zyklischen Regimes erfolgte für folgende zulässige Wertmengen der Steuer- und Zustandsvariablen

$$0 \leqq V \leqq 1{,}2 V_{\max}; \qquad 0 \leqq L_e \leqq \infty; \qquad 0 \leqq H \leqq 1{,}5 H_{ST} \quad (5.1.13)$$

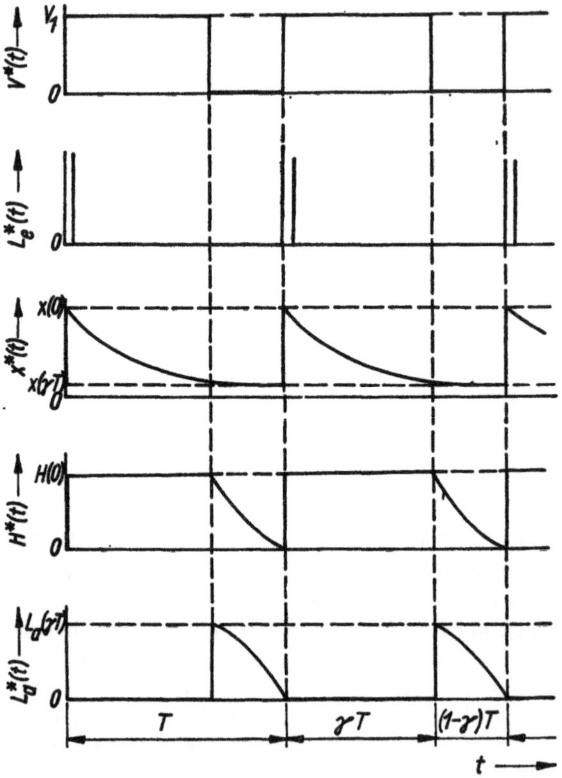

Abb. 5.1.2: **Optimales zyklisches Regime eines Austauschbodens**

Der relativ große Wertebereich für L_e erleichtert die qualitative Untersuchung, obwohl der Wert $L_e \to \infty$ praktisch nicht realisierbar erscheint. Theoretisch kann man sich jedoch einen unendlich großen Durchsatz durch die Zugabe einer endlichen Flüssigkeitsmenge in einem unendlich kleinem Zeitabschnitt vorstellen. Die Lösung der Aufgabe (5.1.1) bis (5.1.13) auf einer EDVA vom Typ BESM-4 ergab die in Abb. 5.1.2 dargestellten optimalen Funktionen der Steuer- und Zustandsvariablen über die Zeit. Das optimale zyklische Regime wird dabei durch folgende Parameter charakterisiert: $V_1^* = 1{,}2$ Mol/ZE; $\gamma_V^* = 0{,}6717$; $T^* = 1{,}2725$ ZE; $x_e^* = x^*(0) = 0{,}4075$; $H^*(0) = 0{,}6981$ Mol. Der maximale Wert des Effektivitätskriteriums stieg um 168% von 16,72 auf 28,10. Es sei noch darauf verwiesen, daß die optimale Periodendauer T^* nahe dem Verhältnis $T^0 = H^*(0)/L_{ST} = 1{,}265$ liegt. Die erhaltenen Resultate verändern sich qualitativ auch dann nicht, wenn an Stelle der Funktion (5.1.5) eine andere, genauere Funktion verwendet oder der zulässige Wertebereich (5.1.13) eingeengt wird.

5.1.2. Die zyklische Fahrweise einer Rektifikationskolonne

Ausgehend von den im Abschnitt 5.1.1. erhaltenen Ergebnissen kann der Prozeß der zyklischen Rektifikation in einer Kolonne unter Berücksichtigung der Kopplungsbedingungen für alle Stoffaustauschböden wie folgt charakterisiert bzw. konkretisiert werden:

- Als Steuergrößen fungieren die Flüssigkeits- und Dampfstromdurchsätze (L, V).
- Die optimalen Steuerfunktionen für beide Variablen gehören der Klasse der stückweise konstanten Funktionen an (vgl. Abb. 5.1.2, oben).
- Die optimalen Basiswerte fallen bei beiden Steuergrößen mit den Grenzwerten des zulässigen Wertebereiches zusammen:

$$L = \begin{cases} 0 & 0 \leqq t \leqq (1-\gamma)\,T \\ L_{\max} & (1-\gamma)\,T \leqq t \leqq T \end{cases}$$

$$V = \begin{cases} V_{\max} & 0 \leqq t \leqq (1-\gamma)\,T \\ 0 & (1-\gamma)\,T \leqq t \leqq T \end{cases}$$

- Der optimale Phasentransport erfolgt nach dem Prinzip der idealen Verdrängung (Kolbenströmung).

Von der Realisierung dieser für einen beliebigen zyklischen Rektifikationsprozeß geltenden Prämissen hängt in entscheidendem Maße die Effektivität der zyklischen Fahrweise ab. Daraus ableitend machen sich auch gewisse konstruktive Veränderungen an den Kolonneneinbauten erforderlich. So kann z. B. auf Grund des absatzweisen Flüssigkeitstransportes auf die üblichen Überlaufeinrichtungen verzichtet werden. Die Böden wiederum müssen konstruktiv so ausgelegt werden, daß bei abgeschaltetem Dampfstrom ein rascher

Flüssigkeitstransport von Boden zu Boden erfolgen kann. Geeignet sind demnach vor allem Siebböden, die bei praktischen Untersuchungen auch den Vorzug vor speziellen Bodenkonstruktionen erhielten [5.1.3 bis 5.1.8].

5.1.2.1. Mathematisches Modell einer zyklisch arbeitenden Rektifikationskolonne

Bei der Formulierung des mathematischen Modells werden unter Berücksichtigung der oben genannten vier Prämissen folgende Annahmen zusätzlich zu denen, die bereits im Abschnitt 5.1.1. angeführt sind, getroffen:

1. Das zu trennende Stoffgemisch und der Rücklauf (Phlegma) werden zyklisch in die Kolonne eingespeist.
2. Während der Dampfstromperiode erfolgt kein Flüssigkeitstransport.
3. Während des Flüssigkeitstransportes erfolgt kein Stoffaustausch, und von allen Böden einer Sektion (z. B. Abtriebssäule, Verstärkungssäule) fließen konstante und gleiche Flüssigkeitsmengen.
4. Die Konzentration des aus dem Verdampfer aufsteigenden Dampfes ist gleich der Sumpfproduktkonzentration.
5. Der die Kolonne verlassende Dampf wird im Kondensator vollständig kondensiert.

Das Modell des zyklischen Prozesses setzt sich somit aus zwei Teilen zusammen, und zwar einen Teil für den Transport der dampfförmigen Phase (Dampfstromperiode) und einen Teil für den Transport der flüssigen Phase (Flüssigkeitsstromperiode). Beide Teile werden durch die globalen Zyklusbedingungen gekoppelt. Zunächst sei jedoch noch auf eine Besonderheit des zyklischen Regimes hingewiesen. Wie bekannt, wird beim optimalen statischen Betrieb angestrebt, daß die Konzentration des zu trennenden Stoffgemisches beim Einspeisen in die Kolonne mit der Flüssigkeitskonzentration auf dem Zulaufboden übereinstimmt. Damit werden nichtumkehrbare thermodynamische Mischungsverluste vermieden. Eine relativ gute Übereinstimmung erreicht man in der Regel nur bei einer großen Anzahl von Rektifizierböden und konstanter Konzentration des Zulaufgemisches. Konzentrationsänderungen des Rohstoffgemisches führen unweigerlich zu Mischungsverlusten, wenn man den Zulaufboden nicht variiert. In der Regel ist die Nutzung des gleichen Zulaufbodens üblich. Bei zyklischer Fahrweise hingegen ändert sich die Konzentration der Bodenflüssigkeit über die Zeit, so daß zur Verhinderung von Mischungsverlusten das Zulaufgemisch während der Dampfstromperiode im Moment der Konzentrationsgleichheit der Bodenflüssigkeit zugegeben werden muß. Im Unterschied zur statischen Fahrweise führen bei der zyklischen Fahrweise Konzentrationsänderungen des zu trennenden Gemisches zu keinem zusätzlichen Verlust, da bei letzterer lediglich der Einspeisezeitpunkt zu variieren ist.

Dampfstromperiode $(0, \gamma T)$

Während dieser Periode wird der Rektifikationsprozeß durch ein System nichtlinearer Differentialgleichungen erster Ordnung für alle Austauschböden, den Verdampfer und den Kondensator beschrieben. Für den i-ten Boden gilt (siehe Abb. 5.1.3)

$$H_i \frac{dx_i(t)}{dt} = V[y_{i-1}(t) - y_i(t)] \tag{5.1.14}$$

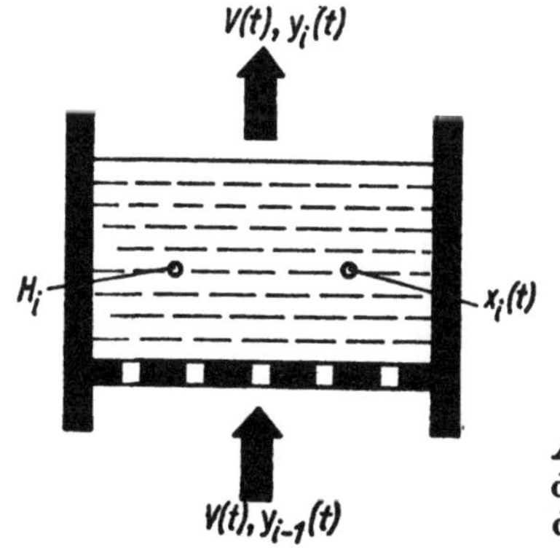

Abb. 5.1.3 Vereinfachtes Schema des i. Austauschbodens während der Dampfstromperiode

Nach dem Einsetzen von Gl. (5.1.3) erhält man

$$\theta_i \frac{dx_i(t)}{dt} = -y_i^*(x) + y_{i-1}(t) \tag{5.1.15}$$

Dabei sind $\theta_i = H_i/VE_i$ und $i = 1, 2, \ldots, n$.

Da innerhalb einer Sektion (Untersäule oder Obersäule) das Flüssigkeits-hold-up für alle Böden gleich ist, gilt

$$\theta_i = \frac{H_1}{VE_i}; \qquad i = 1, 2, \ldots, k - 1 \quad \text{(Untersäule)}$$

$$\theta_i = \frac{H_2}{VE_i}; \qquad i = k + 1, \ldots, n \quad \text{(Obersäule)}$$

Für den Zulaufboden erhält man bei optimaler Einspeisung

$$\theta_k = \frac{H_2}{VE_k} \quad \text{bei} \quad x_k(t) > x_F$$

$$\theta_k = \frac{H_1}{VE_k} \quad \text{bei} \quad x_k(t) = x_F$$

Hierbei kennzeichnet x_F die Konzentration der leichtsiedenden Komponente im Zulauf.

Der Kondensator (Dephlegmator) wird durch die Differentialgleichung

$$\frac{d}{dt}\,[H_d(t)\,x_d(t)] = H_d(t)\,\frac{dx_d(t)}{dt} + x_d(t)\,\frac{dH_d(t)}{dt} = V y_n(t) \tag{5.1.16a}$$

beschrieben. Da sich während der Dampfstromperiode V nicht verändert, gilt $dH_d(t)/dt = V$, so daß für die Differentialgleichung folgt

$$\theta_d(t)\,\frac{dx_d(t)}{dt} = -x_d(t) + y_n(t) \tag{5.1.16b}$$

Darin ist $\theta_d(t) = H_d(t)/V$. Das Aufstellen einer analogen Differentialgleichung für den Verdampfer erübrigt sich, da nach der 4. Annahme die Sumpfproduktkonzentration x_W unverändert bleibt.

Flüssigkeitsstromperiode $(\gamma T, T)$

Die Beschreibung dieser Periode wäre sehr einfach, wenn der Flüssigkeitstransport nach dem Prinzip der idealen Verdrängung erfolgen und man damit eine Durchmischung der flüssigen Phase unterschiedlicher Konzentration verhindern würde. Praktisch jedoch läßt sich dies ohne spezielle Einbauten nicht erreichen, so daß bei den betrachteten Siebböden immer eine gewisse Durchmischung der noch auf dem jeweiligen Boden befindlichen Flüssigkeit mit der vom nächsthöheren zufließenden Flüssigkeit erfolgt. Dieser, im weiteren als „zyklische Durchmischung" bezeichnete Vorgang hat entscheidenden Einfluß auf die Effektivität der zyklischen Rektifikation und beeinflußt demzufolge auch die Parameter des optimalen Regimes. Zur mathematischen Modellierung dieses Prozesses bietet sich die bekannte Methode an, das hydrodynamische Regime während der Flüssigkeitsstromperiode durch ein Zweizellenmodell darzustellen [5.1.6]. Danach wird jeweils eine Zelle mit idealer Verdrängung und idealer Durchmischung in Reihe geschaltet. Den Grad der zyklischen Durchmischung charakterisiert der Koeffizient β, wobei βH_i den Teil der Flüssigkeitsmenge H_i darstellt, der als ideal durchmischt angesehen wird. Es sei die Flüssigkeitskonzentration in der Zelle mit idealer Durchmischung des i-ten Bodens mit $z_i(t)$ bezeichnet. Die dynamische Stoffbilanz für diese Zelle ergibt dann

$$\beta H_i\,\frac{dz_i(t)}{dt} = \frac{\eta H_i}{(1-\gamma)\,T}\,\{u(t - T_{tr} - \gamma T)\,x_{i+1}(\gamma T) - z_i(t)$$
$$+ [1 - u(t - T_{tr} - \gamma T)]\,x_i(\gamma T)\} \tag{5.1.17}$$

Darin sind $T_{tr} = (1-\beta)\,(1-\gamma)\,T/\eta$ und $i = 1, 2, \ldots, k-1, k+1, \ldots, n$. Hierbei stellt ηH_i die in einem Zyklus vom i-ten Boden abfließende Flüssigkeitsmenge dar. Fließt in einem Zyklus die gesamte Bodenflüssigkeit ab, so beträgt $\eta = 1$. Der Parameter T_{tr} wird als Transporttotzeit bezeichnet. Er drückt die Zeit aus, die von der Bodenflüssigkeit zum Durchqueren des nächstniederen Bodens benötigt wird. Bei $\eta + \beta < 1$ ist die Totzeit immer größer als die Dauer der Flüssigkeitsstromperiode. Die Funktion $u(t - T_{tr} - \gamma T)$ stellt die Heavisidesche Einheitsfunktion dar.

$$u(t) = \begin{cases} 1 & \text{für} \quad t \geqq 0 \\ 0 & \text{für} \quad t < 0 \end{cases} \tag{5.1.18}$$

Die Anfangsbedingung für die Differentialgleichung (5.1.17) lautet

$$z_i(\gamma T) = x_i(\gamma T) \tag{5.1.19}$$

Für den Zulaufboden gilt:

$$\beta H_1 \frac{dz_k(t)}{dt} = \frac{\eta}{(1-\gamma)\,T} \{H_2 x_{k+1}(\gamma T)\, u(t - T_{tr} - \gamma T) - H_1 z_k(t) + H_1 x_k(\gamma T)\,[1 - u(t - T_{tr} - \gamma T)]\} \tag{5.1.20}$$

Die Konzentration der Bodenflüssigkeit bei $t = T$ wird durch die Gleichung

$$x_i(T) = \beta z_i(T) + \frac{\eta}{(1-\gamma)\,T} \int_{T-T_{tr}}^{T} z_{i+1}(t)\, dt \tag{5.1.21}$$

bestimmt. Dabei ist $i = 1, 2, \dots k - 1, k + 1, \dots, n$. Analog gilt für den Zulaufboden

$$x_k(T) = \beta z_k(T) + \frac{H_2 \eta}{H_1(1-\gamma)\,T} \int_{T-T_{tr}}^{T} z_{k+1}(t)\, dt \tag{5.1.22}$$

Hierbei ist zu beachten, daß Gln. (5.1.17) bis (5.1.22) nur bei $(1 - \beta)/\eta < 1$ zu berücksichtigen sind. Ist die Transporttotzeit gleich oder größer als die Dauer der Flüssigkeitsstromperiode ($\eta + \beta = 1$), so wird der Flüssigkeitstransport durch die algebraische Gleichung

$$x_i(T) = \eta x_{i+1}(\gamma T) + (1 - \eta)\, x_i(\gamma T) \tag{5.1.23}$$

$$i = 1, 2, \dots, k - 1, k + 1, \dots, n$$

beschrieben. Für $i = k$ gilt analog

$$x_k(T) = \frac{H_2}{H_1} \eta x_{k+1}(\gamma T) + (1 - \eta)\, x_k(\gamma T) \tag{5.1.24}$$

Obwohl die Gln. (5.1.17) bis (5.1.24) den vor sich gehenden Mischungsprozeß nicht exakt beschreiben, modellieren sie doch recht gut den auftretenden integralen Effekt. Ausschlaggebend für die Adäquatheit des Modells ist die möglichst genaue Bestimmung des Koeffizienten β. Er muß, da er ja als fiktive Größe nicht meßbar ist, durch die indirekte Methode der Modellanpassung aufgefunden werden.

5.1.2.2. Optimierung der zyklischen Zweistoffrektifikation

Die Bewertung von Rektifikationsprozessen kann zweckmäßigerweise mit Hilfe des thermodynamischen Kriteriums der relativen Trennfähigkeit erfolgen. Dieses Kriterium stellt das Verhältnis von minimaler Trennarbeit A_T, die zur Trennung eines Gemisches mit vorgegebener Zusammensetzung in Produkte mit den Konzentrationen x_d und x_w geleistet werden muß, zur analogen Trennarbeit A_T^0, die zur Trennung des gleichen Stoffgemisches in reine Produkte benötigt wird, dar.

Optimalitätskriterium

Für ein binäres Gemisch nimmt dieses Kriterium die Form

$$I = \frac{A_T}{A_T^0} = \frac{N(D_F, x_F) - N(D_d, x_d) - N(D_w, x_w)}{N(D_F, x_F)} \tag{5.1.25}$$

an, wobei die Funktion $N(D, x)$ wie folgt dargestellt wird:

$$N(D, x) = -D[x \ln x + (1 - x) \ln (1 - x)]$$

Bei zyklischer Fahrweise hängt die Größe $\bar{I}$ von den Mittelwerten der Variablen über den Zyklus T ab. In bekannten Arbeiten [5.1.9, 5.1.10] werden alle Aspekte des Kriteriums (5.1.25) ausführlich diskutiert und seine Verbindung zu anderen technisch-ökonomischen Kriterien aufgezeigt. Die Aufgabe zur Bestimmung des optimalen zyklischen Regimes einer Rektifikationskolonne kann nun wie folgt formuliert werden:

Bei vorgegebenen mittlerem Durchsatz des Zulaufgemisches $\bar{D}_F$, seiner Konzentration x_F und des maximalen Dampfstromes $V_{\max}$ sind solche Funktionen $V(t)$, $L(t)$, $D_F(t)$ und der Parameter τ zu bestimmen, für die das Kriterium der relativen Trennfähigkeit der Kolonne seinen maximalen Wert annimmt

$$\bar{I} = I(\bar{D}_F, \bar{D}_d, \bar{D}_w, \bar{x}_d, \bar{x}_w) \rightarrow \max \tag{5.1.26}$$

Darin sind

$$\bar{D} = \frac{1}{T}\int_0^T D(t)\,dt; \quad \bar{x}_d = \frac{\int_0^T D_d(t)\,x_d(t)\,dt}{T\bar{D}_d};$$

$$\bar{x}_w = \frac{\int_0^T D_w(t)\,x_w(t)\,dt}{T\bar{D}_w}$$

Nebenbedingungen:

1. Dampfstromperiode ($0 \leqq t \leqq \gamma T$)

Für dieses Intervall gelten Gln. (5.1.15), (5.1.16b), (5.1.3) und (5.1.4)

$$\theta_i \frac{dx_i(t)}{dt} = -y_i^*(x) + y_{i-1}(t) \tag{5.1.27}$$

$$\theta_d(t) \frac{dx_d(t)}{dt} = -x_d(t) + y_n(t) \tag{5.1.28}$$

$$y_i(t) = E_i y_i^*(x) + (1 - E_i)\, y_{i-1}(t) \tag{5.1.29}$$

$i = 1, 2, \ldots, n$

$$y^*(t) = f(x) \tag{5.1.30}$$

2. Flüssigkeitsstromperiode ($\gamma T \leqq t \leqq T$)

Für dieses Intervall muß man zwei Fälle unterscheiden:

1. Fall: $T_{tr} \geqq (1 - \gamma)\, T$

Hierbei kann man auf Gln. (5.1.23) und (5.1.24) zurückgreifen

$$x_i(T) = \eta x_{i+1}(\gamma T) + (1 - \eta)\, x_i(\gamma T) \tag{5.1.31}$$

$i = 1, 2, \ldots, k - 1, k + 1, \ldots, n$

$$x_k(T) = \frac{H_2}{H_1} \eta x_{k+1}(\gamma T) + (1 - \eta)\, x_k(\gamma T) \tag{5.1.32}$$

Die entsprechenden Anfangsbedingungen sind

$$x_d(T) = x_d(\gamma T) \tag{5.1.33}$$

$$x_w(T) = x_1(\gamma T) \tag{5.1.34}$$

2. Fall: $T_{tr} < (1 - \gamma)\, T$

Hierfür gelten Gln. (5.1.17), (5.1.19), (5.1.21), (5.1.20) und (5.1.22)

$$\frac{dz_i(t)}{dt} = \frac{\eta}{\beta(1 - \gamma)\, T} \{u(t - T_{tr} - \gamma T)\, x_{i+1}(\gamma T) - z_i(t) + [1 - u(t - T_{tr} - \gamma T)]\, x_i(\gamma T)\} \tag{5.1.35}$$

bei der Anfangsbedingung

$$z_i(\gamma T) = x_i(\gamma T) \tag{5.1.36}$$

$$x_i(T) = \beta z_i(T) + \frac{\eta}{(1-\gamma)\,T} \int\limits_{T-T_{tr}}^{T} z_{i+1}(t)\,dt \tag{5.1.37}$$

$i = 1, 2, \ldots, k-1, k+1, \ldots, n$

$$\frac{dz_k(t)}{dt} = \frac{\eta}{\beta(1-\gamma)\,T}\left\{\frac{H_2}{H_1}\,x_{k+1}(\gamma T)\,u(t - T_{tr} - \gamma T) - z_k(t) + x_k(\gamma T)\,[1 - u(t - T_{tr} - \gamma T)]\right\} \tag{5.1.38}$$

bei der Anfangsbedingung

$$z_k(\gamma T) = x_k(\gamma T) \tag{5.1.39}$$

$$x_k(T) = \beta z_k(T) + \frac{H_2\eta}{H_1(1-\gamma)\,T} \int\limits_{T-T_{tr}}^{T} z_{k+1}(t)\,dt \tag{5.1.40}$$

Die Funktion $u(t - T_{tr} - \gamma T)$ genügt der Bedingung (5.1.18). Die Transporttotzeit ergibt sich aus

$$t_{tr} = \frac{1-\beta}{\eta}\,(1-\gamma)\,T \tag{5.1.41}$$

Außer diesen zwei Fällen muß man noch beachten:

$$x_d(T) = x_d(\gamma T) \tag{5.1.42}$$

$$x_w(T) = x_1(\gamma T) \tag{5.1.43}$$

Die Zyklusbedingungen lauten

$$x_i(0) = x_i(T); \qquad i = 1, 2, \ldots, n \tag{5.1.44}$$

$$x_d(0) = x_d(T) \tag{5.1.45}$$

$$x_w(0) = x_w(T) \tag{5.1.46}$$

Ferner gelten die Stoffbilanzgleichungen

$$\bar{D}_F = \bar{D}_d + \bar{D}_w \tag{5.1.47}$$

$$\bar{D}_d = V - \bar{L}_2 \tag{5.1.48}$$

$$\bar{L}_2 = V\,\frac{R}{R+1} \tag{5.1.49}$$

$$V = \gamma V_{\max} \tag{5.1.50}$$

Die Koeffizienten der oben angeführten Gleichungen werden nach folgenden Beziehungen berechnet

$$\left.\begin{aligned}
&\theta_i = \frac{H_1}{V_{\max} E_i}; \qquad \theta_i = \frac{H_2}{V_{\max} E_i};\\
&i = 1, 2, \ldots, k; \quad i = k+1, \ldots, n\\
&H_1 = H_2 + \frac{T}{\eta}\,\bar{D}_F; \qquad H_2 = \frac{T}{\eta}\,L_2\\
&\theta_d(t) = \frac{H_d^0 + V_{\max} t}{V_{\max}}
\end{aligned}\right\} \tag{5.1.51}$$

Der mittlere Durchsatz der flüssigen Phase in der oberen Kolonnenhälfte $\bar{L}_2$ wird durch folgende Gleichung bestimmt

$$\bar{L}_2 = \frac{1}{(1-\gamma)\,T} \int\limits_{\gamma T}^{T} k_H \sqrt{H_2(t)}\, dt \tag{5.1.52}$$

Hierbei ist zu beachten, daß für ein stabiles Regime die hydrodynamischen Eigenschaften der Böden unterhalb und oberhalb des Zulaufbodens aufeinander abgestimmt sein müssen. Es muß gewährleistet sein, daß der Transport der optimalen Flüssigkeitsmenge in beiden Kolonnenteilen die gleiche Zeit beansprucht. Weiterhin bestehen Begrenzungen für das Flüssigkeits-hold-up V_H auf den Kolonnenböden

$$H_1, H_2 \in V_H \tag{5.1.53}$$

Die Gleichungen (5.1.27) bis (5.1.53) stellen das vollständige mathematische Modell einer zyklisch arbeitenden Rektifikationskolonne dar, wobei der Bodenwirkungsgrad E_i, die Koeffizienten β und k_H experimentell zu bestimmen sind. Die Ermittlung des optimalen zyklischen Regimes im Sinne des Kriteriums (5.1.26) kann nur numerisch mit Hilfe einer Methode der nichtlinearen Programmierung erfolgen und ist mit einem erheblichen rechentechnischen Aufwand verbunden. Das ist vor allem auf die wiederholte Integration der Differentialgleichungssysteme (5.1.27), (5.1.28), (5.1.35) und (5.1.38) zurückzuführen, da bei jedem Endschritt zunächst das den Zyklusbedingungen (5.1.44) bis (5.1.46) entsprechende Konzentrationsprofil in der Kolonne aufgefunden werden muß. Dieses Konzentrationsprofil zu Beginn eines Zyklus kann entweder durch einen speziellen Suchalgorithmus oder durch Modellierung des Übergangsprozesses vom stationären zum zyklischen Zustand bestimmt werden. In letzterem Fall muß allerdings mit wenigstens 100 Iterationen gerechnet werden.

Demonstrationsbeispiel

Als Lösungsbeispiel soll eine Rektifikationskolonne mit fünf Böden betrachtet werden. Abb. 5.1.4 zeigt den Übergangsprozeß vom stationären zum zyklischen Zustand (Konzentrationsänderung der Bodenflüssigkeit über die Zeit jeweils bei $t = 0, T, 2T$ usw.) bei folgenden Parametern:

$\bar{D}_F = 0{,}1$ Mol/ZE	$R = 4$
$x_F = 0{,}5$ Mol-Anteile	$k_H = 0$
$V_{max} = 0{,}25$ Mol/ZE	$\eta = 1$
$E_i = 0{,}7$	$n = 5$
$H_1 = 1{,}5$ Mol	$k = 3$
$H_2 = 1$ Mol	$\beta = 0$
$T = 1$ ZE	

Als zu trennendes Gemisch wurde ein ideales binäres Gemisch mit einer relativen Flüchtigkeit $\alpha = 2{,}8$ angenommen.

Nach den bereits dargestellten Grundlagen wurde die Aufgabe gelöst. An Hand Tab. 5.1.1 ist leicht zu erkennen, daß sich durch die zyklische Prozeßführung die Trennschärfe der Kolonne bei unverändertem mittleren Produktdurchsatz wesentlich erhöhte. Entsprechende Optimalitätsuntersuchungen für verschiedene Werte der Koeffizient β und k_H führten zu den in Abb. 5.1.5 bis 5.1.8 dargestellten Ergebnissen.

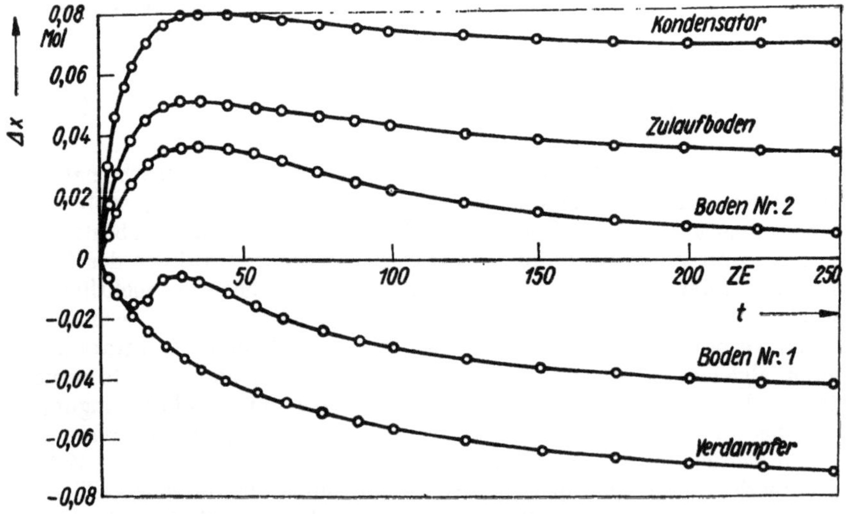

Abb. 5.1.4: Konzentrationsänderung der Bodenflüssigkeit beim Übergang vom statischen zum zyklischen Regime (in den Zeitpunkten $t = 0$, T, 2T usw.)

Tabelle 5.1.1: Gegenüberstellung der Konzentrationen bei statischer und zyklischer Fahrweise einer binären Rektifikation

Ort	Konzentration	
	Stationärer Konzentrationswert Mol-Anteile	Zyklischer Konzentrationswert bei $t = 0$ Mol-Anteile
Verdampfer	0,1747	0,1031
Boden Nr. 1	0,1747	0,2465
Boden Nr. 2	0,2899	0,4246
Boden Nr. 3	0,4185	0,5684
Boden Nr. 4	0,5537	0,7780
Boden Nr. 5	0,7011	0,8955
Kondensator	0,8253	0,8955

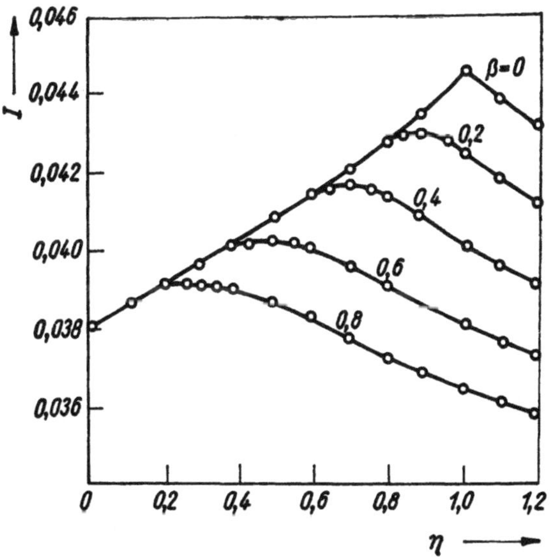

Abb. 5.1.5: Einfluß der Parameter β und η auf das Optimalitätskriterium $V_{max} = 0{,}15$ Mol/ZE, $E = 0{,}7$; $K_H = 2$, $\alpha = 2{,}8$; $H_1 = 1{,}5$ Mol, $R \to \infty$.

Zunächst kann man feststellen, daß die „zyklische Durchmischung“ der Bodenflüssigkeit die Effektivität des zyklischen Regimes entscheidend beeinflußt (Abb. 5.1.5). Bei bestimmten Kombinationen von β und η erweist sich dieses Regime sogar schlechter als die stationäre Fahrweise. Der Wert $\eta = 1$ ist nur bei Fehlen der zyklischen Durchmischung optimal. Mit dem Auftreten der zyklischen Durchmischung und der Vergrößerung des Koeffizienten β ist es nicht mehr vorteilhaft, das gesamte Volumen der auf den Böden befind-

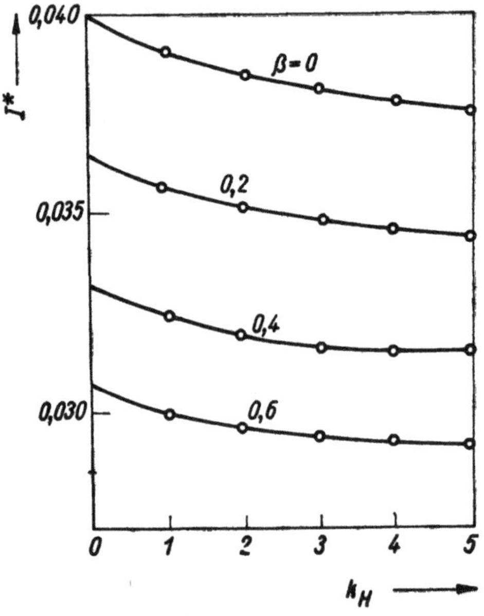

Abb. 5.1.6: Der Optimalwert des Effektivitätskriteriums in Abhängigkeit von β und K_H

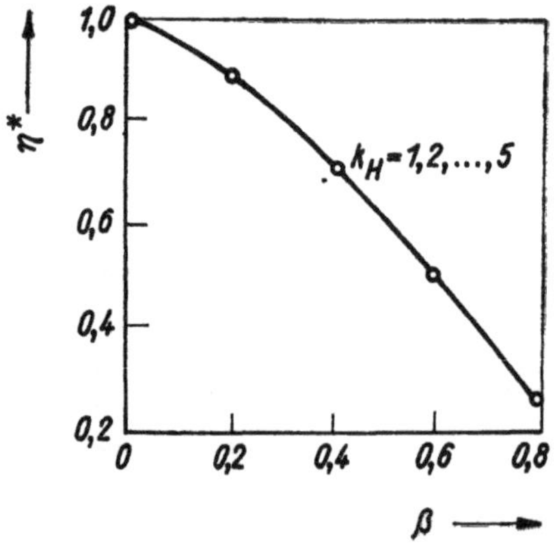

Abb. 5.1.7: Die Abhängigkeit des optimalen Parameters η^* vom Grad der zyklischen Durchmischung

lichen Flüssigkeit eine Trennstufe tiefer fließen zu lassen, da durch den Mischeffekt eine bestimmte Menge Bodenflüssigkeit diese Stufe sofort mit der noch abfließenden Flüssigkeit passieren würde. Der optimale Wert des Parameters ist deshalb bei $\beta > 0$ immer kleiner eins. Mit Erhöhung des hydrodynamischen Koeffizienten k_H und der damit verbundenen Verringerung des mittleren Dampfdurchsatzes verkleinert sich das optimale Rücklaufverhältnis, da sich der mittlere Kopfproduktdurchsatz bei unveränderlichem Rücklaufverhältnis zu stark verringern würde.

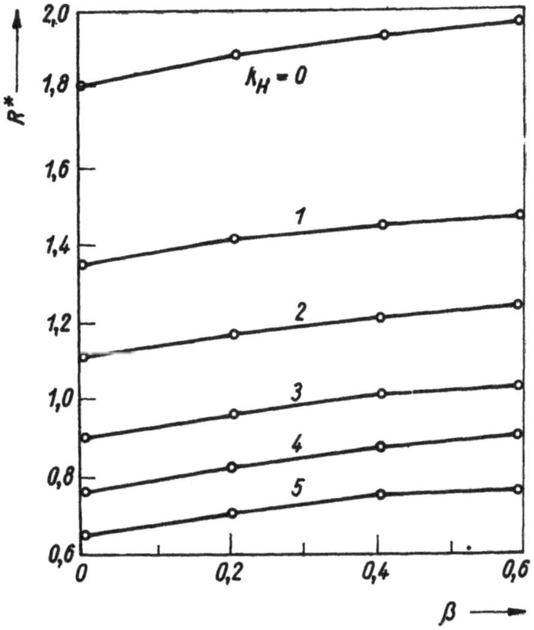

Abb. 5.1.5: **Das optimale mittlere Rücklaufverhältnis in Abhängigkeit von β und K_H**

5.1.3. Analyse und Bewertung der Triebkrafterhöhung bei der zyklischen Zweistoffrektifikation

Die mittlere Triebkraft auf einem Austauschboden bei stationärer Fahrweise errechnet sich bekanntlich nach der Gleichung

$$\Delta y = \frac{(y_i^* - y_i) - (y_i^* - y_{i-1})}{\int\limits_{y_i}^{y_{i-1}} \frac{dy_i}{y_i - y_i^*}} \qquad (5.1.54)$$

Bei vollständiger Durchmischung der Flüssigkeit und kontinuierlichem Gegenstrom des Dampfes läßt sich das Integral in Gl. (5.1.54) lösen, so daß unter Verwendung von Gl. (5.1.3) der bekannte Ausdruck entsteht

$$\Delta y = k(y_i^* - y_{i-1}) \qquad (5.1.55)$$

$$k = -E/\ln(1 - E)$$

Die Konzentrationsänderungen während der Dampfstromperiode bei zyklischer Fahrweise führen zu Triebkraftänderungen, so daß die mittlere Triebkraft über die Periode T gefunden werden muß.

Unter Berücksichtigung der im Abschnitt 5.1.2.1. getroffenen Annahmen gilt

$$\overline{\Delta y^z} = \frac{k}{T} \int_0^{\gamma T} [y_i^* - y_{i-1}(t)]\, dt \tag{5.1.56}$$

Für ideale Zweistoffgemische mit der relativen Flüchtigkeit ist die Lösung des Integrals in (5.1.56) möglich. Als Resultat erhält man

$$\overline{\Delta y^z} = \frac{\alpha H k}{T E V_{max}(\alpha - 1)^2} \left[\frac{1}{y_i^*(\gamma T) - \frac{\alpha}{\alpha - 1}} - \frac{1}{y_i^*(0) - \frac{\alpha}{\alpha - 1}} \right] \tag{5.1.57}$$

Die Gleichung (5.1.57) beschreibt somit die Abhängigkeit der mittleren Triebkraft des Stoffaustauschprozesses der i-ten Trennstufe von den Parametern des zyklischen Regimes. Ein Effektivitätsvergleich zwischen der stationären und der zyklischen Rektifikation als Verhältnis $\varepsilon = \overline{\Delta y^z}/\Delta y$ läßt sich besonders einfach für den untersten und den obersten Kolonnenboden durchführen. Die Resultate entsprechender Untersuchungen (Abb. 5.1.9 und 5.1.10) zeugen von einer erheblichen Steigerung der mittleren Triebkraft bei zyklischer Fahrweise. Unter Berücksichtigung dieser Ergebnisse sowie nach Abschätzung

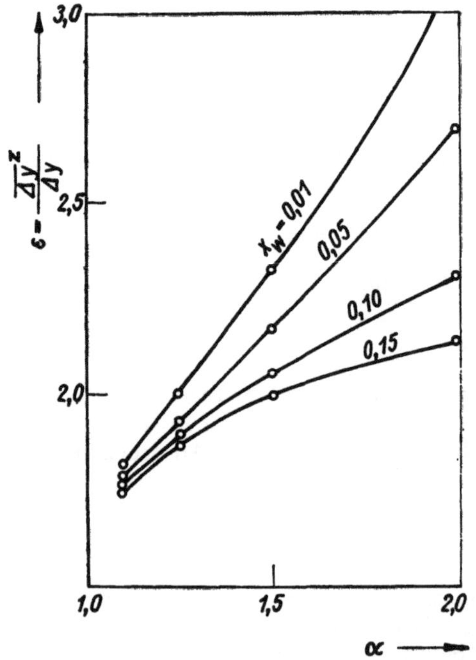

Abb. 5.1.9: **Verhältnis der mittleren Triebkräfte des zyklischen und stationären Regimes auf dem untersten Kolonnenboden in Abhängigkeit von der relativen Flüchtigkeit α**

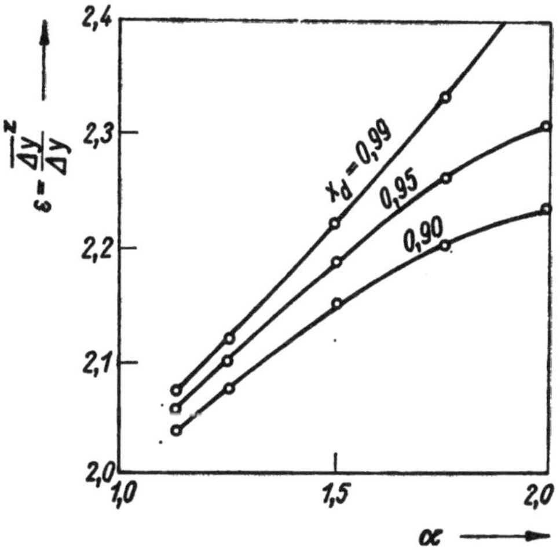

Abb. 5.1.10: **Verhältnis der mittleren Triebkräfte des zyklischen und stationären Regimes auf dem obersten Kolonnenboden in Abhängigkeit von der relativen Flüchtigkeit α**

der mittleren Triebkräfte für alle dazwischenliegenden Böden kann festgestellt werden, daß die zyklische Fahrweise auf Grund ihrer ungewöhnlich hohen Triebkraftentwicklung beim Stoffaustauschprozeß eine Effektivitätssteigerung des Rektifikationsprozesses auf mehr als 200% gestattet.

Experimentelle Untersuchungen an Labor- und halbtechnischen Rektifikationskolonnen bestätigen diese Größenordnung der Effektivitätssteigerung [5.1.3—5.1.8]. Als Ursache der hohen Prozeßeffektivität bei zyklischer Fahrweise sind natürlich in erster Linie die nichtlinearen dynamischen Eigenschaften der Rektifikationskolonne zu betrachten. Ein zweiter bestimmender Faktor liegt jedoch auf dem Gebiet der Thermodynamik. Die periodische Steuerung des Prozesses erhöht seine thermodynamische Effektivität durch Verringerung der inneren nichtumkehrbaren thermodynamischen Mischungsverluste. Bei idealer zyklischer Steuerung des Rektifikationsprozesses wird eine Flüssigkeitsdurchmischung zwischen den einzelnen Trennstufen ausgeschlossen, da während der Dampfstromperiode ein Durchregnen oder Abfließen der Flüssigkeit verhindert wird und in der sich anschließenden Flüssigkeitsstromperiode die flüssige Phase kontinuierlich von oben nach unten ohne jegliche Vermischung abfließt. Die „zyklische Durchmischung" während der Flüssigkeitsstromperiode wirkt sich somit ungünstig auf die thermodynamische Prozeßeffektivität aus, da sie zu nichtumkehrbaren thermodynamischen Mischungsverlusten führt. Die Realisierung eines durchmischungsfreien Flüssigkeitstransportes zwischen den einzelnen Trennstufen muß deshalb als eines der wichtigsten Kriterien bei der zyklischen Rektifikation angesehen werden. Wie Versuche an Labor- und halbindustriellen Kolonnen bewiesen, bedarf es zur Anwendung der zyklischen Fahrweise in industriellen Kolonnen gewisser konstruktiver Veränderungen, die das optimale hydrodynamische Regime stabilisieren und den absatzweisen Flüssigkeitstransport in möglichst idealer Weise gewährleisten. Diesbezügliche konstruktive Anregungen sind bereits gegeben worden [5.1.11].

Bei optimaler zyklischer Fahrweise kann angesichts der Triebkrafterhöhung sowie der Intensivierung des Stoffaustausches durch Steigerung der Dampfgeschwindigkeit bis zur oberen Belastungsgrenze (V_{max}) eine Prozeßeffektivität von über 200% erwartet werden.

Literatur

[5.1.1] Kafarov, V. V.: „*Grundlagen der Stoffübertragung*“, Akademie-Verlag, Berlin 1977

[5.1.2] Dudnikov, E. G., Balakirev, V. S. u. Krivsunov, V. N.: „*Erstellung mathematischer Modelle chemisch-technologischer Objekte*“ [Postroenie matematičeskich modelej chimiko-technologičeskich ob-ektov], Verlag Chimija, Moskva 1970

[5.1.3] Cannon, M. R.: Ind. Eng. Chem. 53 (1961), 629–636

[5.1.4] Mc Whirther, I. R. u. Lloyd, W. A.: Chem. Eng. Progr. 59 (1963) 6, 58–64

[5.1.5] Schrodt, V. N. u. a.: Chem. Eng. Sci. 22 (1967), 759–765

[5.1.6] Gerster, J. A. u. Scull, H.: AIChE J. 16 (1970) 1, 108–115

[5.1.7] Konobeev, B. I., Arutjunjan, G. R. u. Nazarov, P. S.: Teoretičeskie osnovy chemičeskoj technologii 11 (1977) 4, 491–502

[5.1.8] Furzer, I. A.: Chem. Eng. Sci. 28 (1973), 296–302

[5.1.9] Galzov, A. V. u. Majkov, V. P.: Teoretičeskie osnovy chimičeskoj technologii 5 (1971) 2, 303–307

[5.1.10] Majkov, V. P., Vilkov, G. G. u. Galzov, A. V.: Chimija i technologija topliv i masel (1971) 6, 19–26

[5.1.11] Böhme, B.: Optimale zyklische Fahrweisen bei Trennprozessen. Dissertation, Moskauer Institut für Chemiemaschinenbau 1975

5.2. Die diskontinuierliche bzw. periodische Rektifikation

Dieser Stofftrennprozeß — auch absatzweise Rektifikation genannt — ist der kontinuierlichen in den Fällen vorzuziehen, wenn relativ kleine Stoffmengen zu trennen sind, das zu trennende Gemisch diskontinuierlich (in unregelmäßigen Zeitabständen) anfällt und Finalprodukte mit hoher Reinheit gefordert werden. Ein weiterer Anlaß für die Anwendung der absatzweisen Rektifikation kann darin bestehen, daß die Herstellung vieler kleiner Produktmengen bzw. mehrere Grundoperationen in ein und derselben Prozeßeinheit erledigt werden sollen. Außerdem paßt sich die absatzweise Rektifikation den möglichen Konzentrationsänderungen der zu trennenden Gemische besser an. Es haben sich grundsätzlich zwei Fahrweisen herausgebildet [5.2.1 bis 5.2.5]:

- Absatzweise Rektifikation bei konstanter Zusammensetzung des Destillates und zeitlich veränderlichem Rücklaufverhältnis,
- absatzweise Rektifikation bei konstantem Rücklaufverhältnis und zeitlich veränderlicher Zusammensetzung des Destillates.

Außerdem ist die Kombination beider Fälle möglich. Damit ergibt sich ein Optimierungsproblem. Als Optimalitätskriterium interessiert häufig die Rektifikationszeit, Energieaufwand oder ein anderes Gütekriterium. Die Optimierung kann nach zwei grundsätzlichen Methoden erfolgen, durch experimentelle Erfassung und statistische Auswertung und mittels mathematischer Modellbildung und Bestimmung der optimalen Steuereingriffe.

Eine kombinierte Vorgehensweise ist ebenfalls möglich. Bei der Optimierung der absatzweisen Rektifikation wird häufig die Rektifikationszeit T, in der eine Mengeneinheit des zu trennenden Gemisches in Produkte mit vorgegebener Reinheit zerlegt wird, als Gütekriterium angewandt. Eine analoge Aufgabe stellt die Erreichung eines maximalen Trenneffektes bei vorgegebener Zeit T dar. Da die Trennzeit monoton mit der Erhöhung der Qualitätsforderungen an die Trennprodukte wächst, ist die optimale Steuerung des Rücklaufverhältnisses für eine beliebige der beiden Aufgabenstellungen gleich. Nachfolgend wird die zweite der genannten Aufgaben gelöst.

5.2.1. Formulierung des mathematischen Modells der absetzweisen Rektifikation

Als Grundlage der Untersuchungen dient der in Abb. 5.2.1 betrachtete Fall.

Bei der Aufstellung des mathematischen Kolonnenmodells wird von folgenden Voraussetzungen ausgegangen:

1. Das „hold up" der Kolonnenböden sowie des Kondensators ist im Vergleich zur Flüssigkeitsmenge in der Blase vernachlässigbar gering.
2. Getrennt wird ein reales Zweistoffgemisch.
3. Der Dampfstromdurchsatz V bleibt über die gesamte Periode T konstant.
4. Die Dampfstromkonzentration $y_a(t)$ wird als Funktion der Blasenkonzentration $x_w(t)$ und des Rücklaufverhältnisses $R(t)$ mit Hilfe einer Regressionsgleichung dargestellt:

$$y_a(t) = y_a(R, x_w) = f[R(t), x_w(t)] \tag{5.2.1}$$

Die letzte Bedingung soll noch näher erläutert werden. Es wird davon ausgegangen, daß die Konzentration des die Kolonne verlassenden Dampfes genügend schnell der Konzentrationsänderung in der Blasenflüssigkeit folgt. Die momentane Konzentration der leichter siedenden Komponente des die Kolonne verlassenden Dampfes kann deshalb durch eine statische Funktion in Abhängigkeit von dem Rücklaufverhältnis R und der Blasenkonzentration x_w bestimmt werden. Eine solche Methode umgeht zweckmäßigerweise die Notwendigkeit einer Konzentrationsbestimmung der leichtersiedenden Komponente in Flüssigkeit und Dampf von Boden zu Boden über die gesamte Kolonnenhöhe. Nunmehr kann das mathematische Modell mit Bezug auf Abb. 5.2.1 formuliert werden. Es sei noch zusätzlich angenommen, daß der Dampf im Kondensator völlig kondensiert.

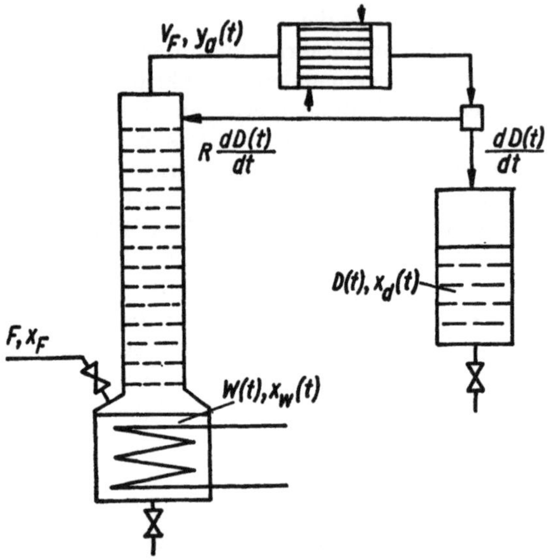

Abb. 5.2.1: Schema einer diskontinuierlichen Rektifikationsanlage

Die Änderungsgeschwindigkeit der Flüssigkeitsmenge in der Blase ist gleich dem Destillatdurchsatz in dem Sammelbehälter

$$\frac{dW(t)}{dt} = -\frac{dD(t)}{dt} \tag{5.2.2}$$

$W(t)$ — momentane Menge der Blasenflüssigkeit, $D(t)$ — momentane Destillatmenge im Sammelbehälter.

Den Destillatdurchsatz kann man bekanntlich auch in einer anderen Form ausdrücken

$$\frac{dD(t)}{dt} = \frac{V_F}{R(t) + 1} \tag{5.2.3}$$

V_F — Dampfstrom in der Kolonne

Die Stoffbilanzgleichung der Kolonne für die leichter siedende Komponente kann wie folgt formuliert werden

$$\frac{d[W(t)\,x_w(t)]}{dt} = -\frac{dD(t)}{dt}\,y_a(R, x_w) \tag{5.2.4}$$

Nach Öffnung der Ableitung erhält man unter Berücksichtigung von Gl. (5.2.2)

$$\frac{dx_w(t)}{dt} = \frac{y_a(R, x_w) - x_w}{W(t)}\,\frac{dW(t)}{dt} \tag{5.2.5}$$

Die Konzentration des Destillates im Sammelbehälter im Moment $t = T$ errechnet sich aus der Beziehung

$$x_d(T) = \frac{W(0)\,x_w(0) - W(T)\,x_w(T)}{W(0) - W(T)} \tag{5.2.6}$$

Somit wird die absatzweise arbeitende Rektifikationskolonne durch Gln. (5.2.2) bis (5.2.6) und ihre individuelle Funktion (5.2.1) charakterisiert. Diese individuelle Funktion beschreibt sowohl den Stoffaustauschprozeß in der Kolonne als auch die Charakteristika des zu trennenden Gemisches.

Bei der Auswahl der Struktur dieser Funktion $y_a(R, x_w)$ muß berücksichtigt werden, daß mit dem Anwachsen von x_w die Größe y_a bei einem beliebigen Wort R monoton ansteigt, dabei aber immer kleiner als eins bleibt. Bei Er-

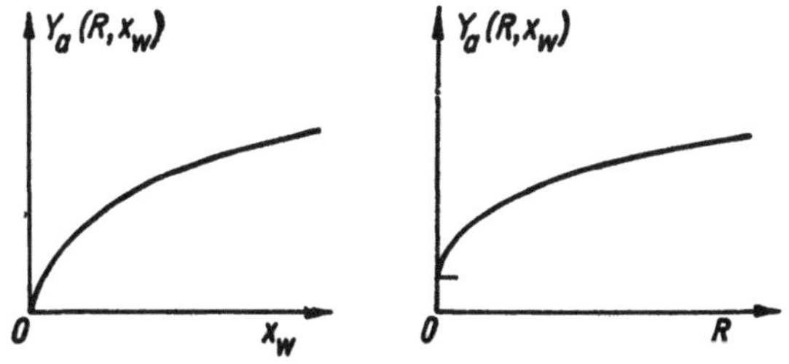

Abb. 5.2.2: **Abhängigkeit wesentlicher Variablen bei der diskontinuierlichen Rektifikation**

höhung des Rücklaufverhältnisses R steigt y_a für ein beliebiges x_w an und strebt bei $R \to \infty$ zu einem bestimmten Grenzwert $y_a(\infty, x_w)$, wobei der Einfluß von Änderungen des Rücklaufverhältnisses auf y_a bei Werten von y_a, die nahe bei eins liegen, abfällt. Dieser Zusammenhang wird in Abb. 5.2.2 veranschaulicht.

Diesen Bedingungen genügt zum Beispiel eine Funktion der Form

$$y_a(R, x_w) = \frac{x_w}{K_1 + K_2 x_w}\left[1 + \left(1 - \frac{x_w}{K_1 + K_2 x_w}\right)(1 - K_3 e^{-K_4 R})\right] \tag{5.2.7}$$

Die Koeffizienten $K_1, \ldots, K_4$ sind experimentell zu bestimmen. Ihre Auswahl gestattet die Approximation der Abhängigkeit (5.2.1) für eine große Zahl realer Gemische mit genügender Genauigkeit.

5.2.2. Optimierung des zeitvarianten Rücklaufverhältnisses einer absetzweisen Rektifikation

Diese Aufgabenstellung kann folgendermaßen formuliert werden. Für die beschriebene absatzweise arbeitende Rektifikationskolonne ist bei gegebener Eingangsstoffmenge F, seiner Konzentration x_F, der Blasenendmenge W_{TF}, der Periodendauer T und konstanter Dampfstromgeschwindigkeit V_F eine solche Steuerung des Rücklaufverhältnisses $R(W)$ aufzufinden, die zu einer minimalen Blasenkonzentration nach Beendigung des Rektifikationsprozesses führt. Als Argument wird hier nicht die Zeit t, sondern der momentane Blaseninhalt W verwandt. Die optimale Steuerung des Rücklaufverhältnisses als Funktion von W, das man als Endergebnis der Berechnungen erhält, kann bei entsprechender Notwendigkeit ohne Schwierigkeiten in den Zeitbereich transformiert werden.

Optimalitätskriterium

Mit Bezug auf obige Erläuterungen gilt dann

$$I = \int_{x_w(F)}^{x_w(W_{TF})} dx_w(W) \to \min \tag{5.2.8}$$

Als Nebenbedingungen sind zu beachten

$$-\int_F^{W_{TF}} \frac{R(W)+1}{V_F}\, dW = T \tag{5.2.9}$$

$$\frac{dx_w(W)}{dW} = \frac{y_a(R, x_w) - x_w(W)}{W} \tag{5.2.10}$$

$$x_w(W)|_{W=F} = x_F \tag{5.2.11}$$

$$R(W) \geqq 0 \tag{5.2.12}$$

Hierbei stellt die Beziehung (5.2.9) die isoperimetrische Phlegmabegrenzung dar (da $V_F = \text{const.}$ und F sowie W_{TF} vorgegeben sind), die aus Gln. (5.2.2) und (5.2.3) erhalten wurde.

Als dynamisches Modell der Kolonne fungiert Gl. (5.2.10). Ihre Anfangsbedingung gibt die Beziehung (5.2.11) an. Gl. (5.2.12) begrenzt den zulässigen Wertebereich für die Steuergröße R. Zur besseren Überschaubarkeit der mathematischen Abhandlungen kann man alle Mengen und Durchsätze wie folgt normieren: $W_T = W_{TF}/F$ und $V = V_F/F$. Nunmehr kann an die Stelle des Integranden des Optimalitätskriteriums nach Gl. (5.2.8) der entsprechende aus Beziehung (5.2.10) gewinnbare Ausdruck eingesetzt werden. Durch Vertauschen der oberen und unteren Integrationsgrenze folgt dann eine Umkehrung des Vorzeichens des Optimalitätskriteriums. Deshalb wird an Stelle des Minimums das Maximum bestimmt. Die Aufgabe der optimalen Kolonnensteuerung nimmt nun die endgültige Form an

$$I = \int_{W_T}^{1} \frac{y_a(R, x_w) - x_w(W)}{W}\, dW \to \max \tag{5.2.13}$$

Die Nebenbedingungen lauten jetzt

$$\int_{W_T}^{1} \frac{R(W) + 1}{V} \, dW = T \quad \text{oder} \tag{5.2.14a}$$

$$\int_{W_T}^{1} R(W) \, dW = TV - 1 + W_T = C \tag{5.2.14b}$$

$$\frac{dx_w(W)}{dW} = \frac{y_a(R, x_w) - x_w(W)}{W} \tag{5.2.15}$$

$$x_w(W)|_{W=1} = x_F \tag{5.2.16}$$

$$R(W) \geqq 0 \tag{5.2.17}$$

Lösungsalgorithmus

In Übereinstimmung mit dem im 3. Kapitel dargelegten „Umverteilungsalgorithmus" wird die Aufgabe in folgender Reihenfolge gelöst:

1. Aufstellung des Funktionals S

$$S = I + \int_{W_T}^{1} [x_w(W) \, \psi(W)]' \, dW = \int_{W_T}^{1} R' dW \tag{5.2.18}$$

Darin ist

$$R' = \frac{y_a(R, x_w) - x_w}{W} + \frac{\partial \psi(W)}{\partial W} x_w + \psi(W) \frac{y_a(R, x_w) - x_w}{W} \tag{5.2.19}$$

2. Nach Vorgabe einer der isoperimetrischen Bedingung (5.2.14) genügenden Anfangsnäherung $R^0(W)$ und anschließender Bestimmung von $x_w{}^0(W)$ aus Gl. (5.2.15) wird $\psi^0(W)$ aus der Bedingung $\partial R'/\partial x_w = 0$ aufgefunden. Für die betrachtete Aufgabe gilt

$$\frac{\partial \psi(W)}{\partial W} = - \frac{1 + \psi(W)}{W} \times \left\{ \frac{K_1}{A^2} \left[1 + \left(1 - \frac{2 x_w}{A} \right) (1 - K_3 e^{-K_4 R(W)}) \right] - 1 \right\} \tag{5.2.20}$$

$$\psi(W_T) = 0 \tag{5.2.21}$$

$$A = K_1 + K_2 x_w(W) \tag{5.2.22}$$

3. Die nächste Näherung für $R(W)$ wird aufgefunden nach

$$R^{K+1}(W) = R^K(W) + \gamma \left[\left(\frac{\partial R'}{\partial R} \right)_K - \left(\overline{\frac{\partial R'}{\partial R}} \right)_K \right] \tag{5.2.23}$$

Der Index K orientiert hier auf die Tatsache, daß $\partial R'/\partial R$ und $\overline{\partial R'/\partial R}$ für die aus dem K-ten Schritt errechneten Werte von R, x_w und ψ bestimmt werden. Die Größe γ bestimmt die Schrittgröße. Die partielle Ableitung der LAGRANGEschen Funktion R' nach $R(W)$ liefert

$$\frac{\partial R'}{\partial R(W)} = \frac{1 + \psi(W)}{W} \cdot \frac{\partial y_a(R, x_w)}{\partial R(W)} \tag{5.2.24}$$

Unter Berücksichtigung der Ableitung $\partial y_a/\partial R$ erhält man

$$\frac{\partial R'}{\partial R} = \frac{1 + \psi}{W} \cdot \frac{x_w}{A} \left(1 - \frac{x_w}{A}\right) K_3 K_4 e^{-K_4 R} \tag{5.2.25}$$

Die mehrfach erwähnte Größe $\overline{\partial R'/\partial R}$ entspricht der Empfindlichkeit des Effektivitätskriteriums bezüglich des Rücklaufverhältnisses

$$\left(\overline{\frac{\partial R'}{\partial R}}\right) = \frac{1}{1 - W_T} \int\limits_{W_T}^{1} \frac{\partial R'}{\partial R}\, dW \tag{5.2.26}$$

Nach diesen Aufbereitungen kann unschwer gezeigt werden, daß der Bedingung (5.2.14) nicht nur die Anfangsnäherung, sondern auch jede beliebige K-te Näherung $R(W)$ genügt.

Der Rechenvorgang wird beendet, wenn für die K-te Iteration auf dem Abschnitt $(1, W_T)$ die nachstehende Bedingung erfüllt wird

$$\max \left| \left(\frac{\partial R'}{\partial R}\right)_K - \left(\overline{\frac{\partial R'}{\partial R}}\right)_K \right| \leqq \varepsilon \tag{5.2.27}$$

Hierbei ist ε die vorgegebene Genauigkeit. Solche Berechnungen sind auf einer EDVA durchzuführen. Nach Abschluß der Berechnungen läßt man sich die optimale Funktion $R^*(W)$ in diskreten Intervallen ΔW ausdrucken. Weiterhin besteht die Möglichkeit einer Ausgabe der optimalen Blasen- und Destillatkonzentrationen $x_w^*(W)$ und $x_d^*(W)$.

Auf Grundlage des angeführten Algorithmus wurde ein entsprechendes EDV-Programm in ALGOL-60 unter Verwendung von Standardprozeduren des Translators TA-1M für EDVA mit Kommandosystemen des Typs M-20 erarbeitet (das sind u. a. die sowjetischen EDVA BESM-4, M-220).

Als Eingabedaten werden gefordert: Konzentration des zu trennenden Gemisches x_F, Menge des Blasenendproduktes W_T, allgemeine Rektifikationszeit T (vom Moment der Herstellung des normalen Betriebszustandes an gerechnet), Dampfstromdurchsatz in der Kolonne V und die Koeffizienten $K_1, \ldots, K_4$ der Regressionsgleichung (5.2.7). Zur Bestimmung der Anfangsnäherung ist es vorteilhaft, zunächst die Betriebszustände $R = \text{const}$ und $x_d = \text{const}$, die der isoperimetrischen Bedingung (5.2.14) genügen, aufzufinden. Die Fahrweise, die zu einem höheren Wert des Funktionals (5.2.13) führt, wird als Anfangsnäherung $R^0(W)$ gewählt.

Anwendungsbeispiel

Grundvoraussetzung für die Anwendung des dargestellten Algorithmus zur Bestimmung des optimalen Rücklaufverhältnisses ist das Vorhandensein der Koeffizienten der Regressionsgleichung (5.2.7). Zur Approximation der realen Funktion $y_a(R, x_w)$ durch diese Gleichung wurden entsprechende experimentelle Kurven für eine halbtechnische Rektifikationskolonne mit 21 Böden und das Gemisch Ethanol–Wasser ermittelt. Die Untersuchungen wurden folgendermaßen durchgeführt: Nach Beschickung der Blase mit dem zu trennenden Stoffgemisch und Herstellung eines normalen Betriebszustandes wurde ein bestimmtes Rücklaufverhältnis stabilisiert. Nach Beendigung des Übergangsprozesses in der Kolonne ist das Rücklaufverhältnis sprunghaft verändert und auf dem neuen Niveau stabilisiert worden. Nach Abklingen des Übergangsprozesses wurde abermals das Rücklaufverhältnis sprunghaft verändert usw. Die Konstanz der Dampfstromgeschwindigkeit während des

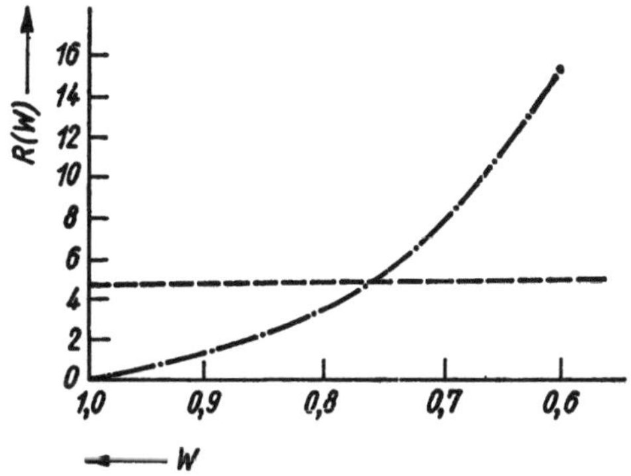

Abb. 5.2.3: **Abhängigkeit des Rücklaufverhältnisses vom Blaseninhalt bei der diskontinuierlichen Rektifikation**

Rektifikationsprozesses ist durch Verstärkung der elektrischen Blasenbeheizung erreicht worden. Eine spezielle Meßapparatur gestattete die stetige Messung des Destillatdurchflusses sowie die Dichte des erhaltenen Destillates. Das Experiment wurde beendet, nachdem es nicht mehr gelang, die Dampfstromgeschwindigkeit auf dem gewählten Niveau zu halten. Nach Umrechnung der Destillatdichte in Mol-Konzentrationen konnte über die Stoffbilanzgleichungen die entsprechende Konzentrationsänderung der Blasenflüssigkeit über die Rektifikationsperiode bestimmt werden.

Der Fehler bei der Approximation der experimentellen Werte mittels Gl. (5.2.7) überstieg nicht 2%. Folgende Koeffizientenwerte wurden ermittelt $K_1 = 0{,}0384$; $K_2 = 1{,}0100$; $K_3 = 1{,}0420$; $K_4 = 0{,}0520$.

Die Eingabedaten für den Anwendungsfall sind ferner $x_F = 40$ Mol-%; $V = 0{,}075$ Mol/Mol Ausgangsstoffmenge und Zeiteinheit; $T = 300$ ZE und $W_T = 0{,}6$ Mol/Mol Ausgangsstoffmenge. Die optimale Phlegmasteuerung $R^*(W)$, die unter Verwendung des oben beschriebenen Algorithmus erhalten wurde, ist in Abb. 5.2.3 dargestellt.

Zum Vergleich wurde im gleichen Bild als punktierte Linie die Fahrweise mit konstanten Rücklaufverhältnis bei gleichen Eingangsdaten eingetragen. Tab. 5.2.1 zeigt eine weitere Gegenüberstellung.

Zum anschaulicheren Effektivitätsvergleich dieser beiden Fahrweisen wurde eine zusätzliche Berechnung durchgeführt. Es konnte festgestellt werden, daß der Trenneffekt, den man bei optimaler Phlegmasteuerung erhält, im Regime $R = \text{const}$ nur bei einer Rektifikationszeit $T = 346{,}58$ ZE erreicht werden kann. Das entspricht einer Verlängerung der Rektifikationszeit im Vergleich zur optimalen Fahrweise um 15,6%.

Tabelle 5.2.1: Gegenüberstellung der Konzentrationen (Mol-%) bei alternativen Fahrweisen einer absatzweisen Rektifikation eines Äthanol-Wasser-Gemisches

Fahrweise	$R^*(W)$	$R = \text{const}$
Destillatkonzentration bei $t = T$	87,597	87,226
Konzentration der Blasenflüssigkeit bei $t = T$	8,269	8,516

Die Verwendung einer Funktion des Typs (5.2.7) mit dieser oder jenen Struktur, ist auch in den Fällen sinnvoll, wenn die Kolonne erst projektiert werden soll, ihr mathematisches Modell aber schon vorhanden ist. Die Durchführung eines Experimentes und die Approximation der Funktion $y_a(R, x_w)$ gestatten eine schnellere Bestimmung der optimalen Steuerung und damit der optimalen Kolonnenproduktivität als eine reine experimentell-statistische Vorgehensweise.

Aus der Literatur sind weitere Untersuchungen dahingehend bekannt, daß durch eine optimierte Prozeßführung der Energie- und Zeitaufwand bei der absatzweisen Rektifikation bis zu 30% gesenkt werden konnte [5.2.1, 5.2.3, 5.2.4]. Für die absatzweise Rektifikation ist bei sehr großen Produktausbeuten die Fahrweise mit zeitvariantem Rücklaufverhältnis und bei mittleren Ausbeuten die Fahrweise mit konstantem Rücklaufverhältnis zu empfehlen [5.2.4]. Die Optimierungsergebnisse sind jeweils in starkem Maße von den thermodynamischen Eigenschaften der zu trennenden Stoffgemische abhängig.

Literatur

[5.2.1] Höffer, K.: Chemie-Ing.-Techn. 42 (1970) 14, 930–933

[5.2.2] Vogelpohl, A.: Chemie-Ing.-Techn. 43 (1971) 20, 1116–1121

[5.2.3] Ruby, V., Egly, H. u. Seid, B.: Verfahrenstechnik 12 (1978) 7, 421–425

[5.2.4] Block, U., Schoenmakers, H. u. Wolf, D.: Verfahrenstechnik 12 (1978) 10, 678–681

[5.2.5] Böhme, B.: Optimale zyklische Fahrweisen bei Trennprozessen. Dissertation, Moskauer Institut für Chemiemaschinenbau 1975

5.3. Die diskontinuierliche bzw. periodische Reaktionsdestillation

Unter absatzweiser Reaktionsdestillation wird hier die Prozeßkopplung von chemischer Stoffumwandlung und gleichzeitiger destillativer (rektifikativer) Trennung der Zielprodukte verstanden. Die Prozeßeinheit besteht aus dem beheiztem Reaktionsbehälter (Blase) mit aufgesetzter Verstärkungssäule (Kolonne). Die nachfolgenden Ausführungen stützen sich in den speziellen Details auf einen katalytischen Veresterungsprozeß [5.3.1]

$$A + B \rightleftharpoons C + D$$

5.3.1. Prozeßmodell der Reaktionsdestillation

Den grundsätzlichen Aufbau der Prozeßeinheit zeigt Abb. 5.3.1. Im Falle der Veresterungsreaktion möge der Stoff D die leichtersiedende Komponente der Zielprodukte sein. Durch die Abtrennung der Komponente D verschiebt sich das chemische Gleichgewicht zugunsten der Zielprodukte, d. h. der chemische Umsatz erhöht sich im Reaktionsbehälter. Das Prozeßmodell der absatzweisen Reaktionsdestillation ist ein dynamisches Modell. Es umfaßt die Massen-, Komponenten- und Energiebilanzen sowie die Beziehungen für das Phasengleichgewicht, das chemische Gleichgewicht und die Stöchiometrie. Die herkömmlichen Komponenten- und Energiebilanzen der absatzweisen Rektifikation für Blase und Kolonne sind durch die entsprechenden Reaktionsterme zu erweitern.

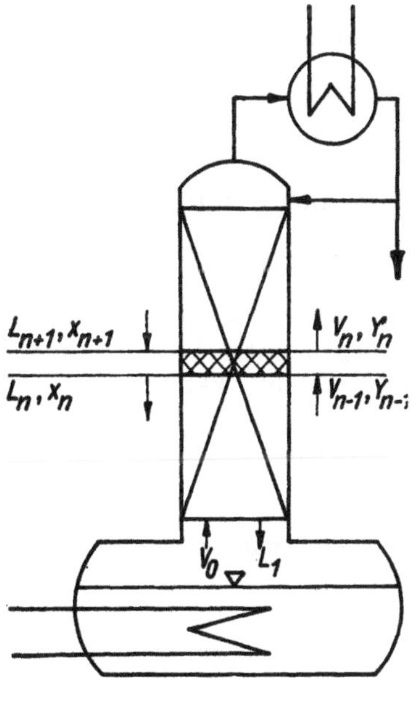

Abb. 5.3.1: Schema eines Reaktionsbehälters mit Verstärkungssäule

Nachfolgend wird vorausgesetzt, daß die Modellierung mit konzentrierten Parametern erfolgen kann. Für die Massen- und Komponentenbilanzen ergeben sich z. B.:

Massebilanz des Reaktionsbehälters

$$\frac{dB_0(t)}{dt} = L_1(t) - V_0(t) = -\frac{V_0(t)}{1 + R_{1,0}(t)} \tag{5.3.1}$$

R — örtliches Rücklaufverhältnis $R_{1,0} = L_1/(V_0 - L_1)$, B_0 — momentane Blasenfüllung.

Komponentenbilanz des Reaktionsbehälters

$$\frac{d}{dt}\,[B_0(t)\,x_{i,0}(t)] = L_1(t)\,x_{i,1}(t) - V_0(t)\,y_{i,0}(t) + r_i(t) \tag{5.3.2}$$

r — Reaktionsterm in Form der Stoffquelle bzw. -senke, Index i kennzeichnet die jeweilige Stoffkomponente.

Massebilanz eines Kolonnensegments

$$\frac{dB_n(t)}{dt} = L_{n+1}(t) - L_n(t) + V_{n-1}(t) - V_n(t) \tag{5.3.3}$$

In diesem Falle gibt B den „hold up" des Kolonnensegmentes an. Unter Benutzung des Rücklaufverhältnisses lassen sich auch hier in Analogie zur Gl. (5.3.1) andere Formen der Massenbilanzgleichung finden.

Komponentenbilanz eines Kolonnensegments

Wenn auch in der Verstärkungssäule chemische Reaktionen ablaufen, kann man schreiben

$$\frac{d}{dt}\,[B_n(t)\,x_{i,n}(t)] = L_{n+1}(t)\,x_{i,n+1}(t) - L_n(t)\,x_{i,n}(t) + V_{n-1}(t)\,y_{i,n-1}(t) - V_n(t)\,y_{i,n}(t) + r_i(t) \tag{5.3.4}$$

Die Reaktionsterme $r_i(t)$ sind so zu bestimmen, daß das Massenwirkungsgesetz erfüllt wird. Im Falle der bereits genannten Veresterungsreaktion, wenn sie schnell zugunsten der Zielprodukte abläuft, kann der Reaktionsterm unberücksichtigt bleiben [5.3.1].

Phasengleichgewicht

Für die diskreten Kolonnenabschnitte ist nachstehender Ansatz für ideale Mischungen möglich

$$y_{i,n} = K_{i,n} x_{i,n} \tag{5.3.5}$$

Der Proportionalitätsfaktor kann bestimmt werden nach

$$K_{i,n} = \frac{p_i^0[\vartheta_n(x_n)]}{P_n} y_{i,n}(\underline{x}_n) \tag{5.3.6}$$

P_n — Gesamtdruck, p_i^0 — Dampfdruck der Komponente i, ϑ_n — Temperatur und $\underline{x}_n$ — Vektor der Flüssigkeitskonzentration.

Im Falle von nichtidealen Mischungen sind die Konzentrationen mit den jeweiligen Aktivitätskoeffizienten zu multiplizieren.

Chemisches Gleichgewicht

Für chemische Reaktionen der Form

$$\nu_1 A_1 + \nu_2 A_2 + \cdots \rightleftharpoons \nu_3 A_3 + \nu_4 A_4 + \cdots$$

kann das Gleichgewicht mit Hilfe des Massenwirkungsgesetzes beschrieben werden. Für Reaktionen in idealen Mischungen gilt

$$\frac{[A_3]^{\nu_3}\,[A_4]^{\nu_4}\ldots}{[A_1]^{\nu_1}\,[A_2]^{\nu_2}\ldots} = k(p, \vartheta) \tag{5.3.7}$$

Die in den eckigen Klammern stehenden Größen sind die jeweiligen Konzentrationen der Komponenten. Mit ν werden die betreffenden stöchiometrischen Koeffizienten angegeben. Für nichtideale Mischungen gilt die gleiche Korrektur wie die beim Phasengleichgewicht.

Das mathematische Modell der Reaktionsdestillation ist durch weitere Begrenzungen bzw. Bedingungen, wie z. B. $1 \leqq n \leqq N$, $\sum x_i = 1$ usw., zu komplettieren.

5.3.2. Optimierungsergebnisse einer Reaktionsdestillation

Es kann auf einen speziellen Anwendungsfall der Veresterung zurückgegriffen werden [5.3.1]. Dieser Untersuchung liegen folgende Voraussetzungen zugrunde:

- Die Verstärkungssäule ist eine Füllkörperkolonne, deren „hold up“ vernachlässigt werden kann.
- Das System ist adiabat.
- Die Dampfbelastung ist orts- und zeitunabhängig.
- Die Rieseldichte ist über die Kolonnenhöhe konstant.
- Es treten keine Wärmetönungen auf.
- Im Reaktionsbehälter stellt sich zu jedem Zeitpunkt das chemische Gleichgewicht ein, was um so mehr zutrifft, je größer die Reaktionsgeschwindigkeit ist.

Entsprechend diesen Annahmen ist die Modellierung und Optimierung vorgenommen worden [5.3.1].

Optimierungsproblem [5.3.1]

Die optimale Steuerungsaufgabe der absatzweisen Reaktionsdestillation besteht darin, den Prozeß aus einem gegebenem Anfangszustand so in den vorgeschriebenen Endzustand zu überführen, daß ein gewähltes Gütekriterium, z. B. Energieaufwand oder Rektifikationszeit, minimiert wird. Diese Zielstellung ist durch die geeignete Wahl eines von der Zeit abhängigen Rücklaufverhältnisses erreichbar. Dabei muß ein gewünschter Umsatz und eine spezifizierte mittlere Konzentration des Kopfproduktes der gesamten Charge erreicht werden.

Das der Optimierung zugrunde liegende mathematische Modell besteht aus den Zustandsdifferentialgleichungen und den Anfangs- sowie Endbedingungen

$$\dot{\underline{x}}(t) = \underline{f}[\underline{x}(t), \underline{u}(t)] \tag{5.3.8}$$

$$x_0(t_0) = x_0 \tag{5.3.9}$$

$$\underline{h}[\underline{x}(t_f)] = 0 \tag{5.3.10}$$

$\underline{x}$ — Zustandsvektor, $\underline{u}$ — Steuervektor, t_0 — Anfangszeit, t_f — Endzeit und $\underline{h}$ — Endbedingungen.

Die Endbedingungen (5.3.10) können als algebraische Gleichungen oder aber in Integralform vorliegen.

Das für die Optimierung benutzte Gütekriterium hat die Form

$$I = \varphi[\underline{x}(t_f)] + \int_{t_0}^{t_f} L[x(t), u(t)]\, dt \tag{5.3.11}$$

Im vorliegenden Fall [5.3.1] ist das Optimalitätskriterium mit Methoden der Variationsrechnung gelöst worden. Nach Einführung einer Multiplikatorfunktion $\lambda(t)$ konnte die Optimierungsaufgabe in ein Randwertproblem überführt werden. Entsprechende mathematische Grundlagen liegen vor [5.3.2]. Bei der numerischen Behandlung des Problems wurde auf ein erweitertes konjugiertes Gradientenverfahren [5.3.3] zurückgegriffen.

Rechen- und Versuchsergebnisse

In Abb. 5.3.2 wird eine Gegenüberstellung des konstanten mit dem optimierten zeitvarianten Rücklaufverhältnis vorgenommen. Bei der Prozeßführung mit veränderlichem Rücklaufverhältnis wird eine Kapazitätserhöhung von 47% und eine Energieeinsparung von 32% gegenüber der Fahrweise mit konstantem Rücklaufverhältnis erreicht. Im vorliegenden Fall ist die zeitoptimale Lösung mit der energieminimalen Lösung identisch. Durch Experimente an einer Technikumsanlage konnte eine gute Übereinstimmung mit den berechneten Größen festgestellt werden. Darüber informiert Abb. 5.3.3.

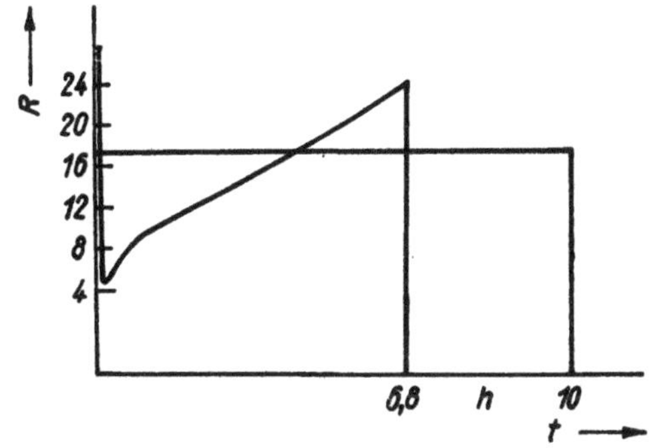

Abb. 5.3.2: Konstantes und zeitvariantes Rücklaufverhältnis des Veresterungsprozesses [5.3.1]

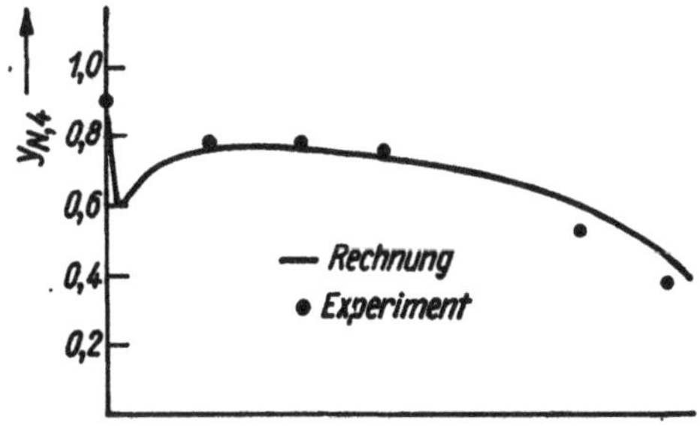

Abb. 5.3.3: Vergleich der berechneten und gemessenen Kopfkonzentration des Veresterungsprozesses [5.3.1]

Literatur

[5.3.1] Ruby, V., Egly, H. u. Seid, B.: Verfahrenstechnik 12 (1978) 7, 421–425
[5.3.2] Athans, M. u. Falb, P. L.: „*Optimal Control*", Mc Graw Hill, New York 1966
[5.3.3] Lasdon, L. S., Mitter, S. K. u. Waren, A. D.: IEEE Transactions on Automatic Control. A C 12 (1967) 2, 132–138

5.4. Zyklische Fahrweise von chemischen Reaktoren

Den nachfolgenden Betrachtungen werden isotherme Betriebsbedingungen zugrunde gelegt. Für die zyklische Fahrweise von Reaktoren kommen dann die Möglichkeiten zyklischer Durchsatzänderungen und zyklischer Durchsatz- und Konzentrationsänderungen in Betracht.

Die Zweckmäßigkeit bzw. Effektivität der zyklischen Fahrweise kann in beiden Fällen mit relativ einfachen Entscheidungskriterien beantwortet werden.

5.4.1. Zyklische Durchsatzänderungen in chemischen Reaktoren

Die zyklische Zuführung des Reaktionsgemisches gehört zu den einfachsten Aufgaben der Prozeßsteuerung in Reaktoren. Nach der stationären Fahrweise ist bekannt, daß bei niedrigerem Durchsatz die Produktivität und bei höherem Durchsatz die Konzentration der Zielprodukte abfällt. Für die zyklische Fahrweise ergibt sich ein Optimierungsproblem.

5.4.1.1. Optimierungsgrundlagen der zyklischen Durchsatzänderung in chemischen Reaktoren

Als Optimalitätskriterium wird die Produktivität des Reaktors gewählt. Im vorliegenden Fall sei diese gegeben durch

$$I = \frac{1}{T} \int_0^T D(t) \sum_{i=1}^{n} P_i c_{ai}(t)\, dt \tag{5.4.1}$$

T — Zyklusdauer, $D(t)$ — zeitlicher Reaktordurchsatz, n — Anzahl der Zielprodukte, P_i — ökonomische Bewertungsgröße (z. B. Preis, Gewinn, Verlust, Kosten), c_{ai} — Konzentration des i-ten Zielproduktes.

Unter optimaler zyklischer Fahrweise wird nun die Fahrweise verstanden, die dem Maximum des Mittelwertes des Optimalitätskriteriums (5.4.1) über die Periode T entspricht. Unter Umständen sind Nebenbedingungen zu beachten. Dazu seien einige angegeben:

1. Bedingung des mittleren Durchsatzes

$$\int_0^T [D(t) - \bar{D}]\, dt = 0 \tag{5.4.2 a}$$

2. Bedingung der mittleren ökonomischen Bewertungsgröße

$$\bar{P} = \frac{\int_0^T D(t) \sum_{i=1}^{n} P_i c_{ai}(t)\, dt}{\int_0^T D(t)\, dt} \tag{5.4.2b}$$

3. Bedingung für die mittlere Konzentration eines Zielproduktes

$$\bar{c}_{aj} = \frac{\int_0^T D(t)\, c_{aj}(t)\, dt}{\int_0^T D(t)\, dt} \tag{5.4.2c}$$

4. Zyklusbedingung

$$c_a(T) = c_a(0) \tag{5.4.2d}$$

5. Natürliche Bedingungen

$$c_{ai}(t) \geqq 0$$

$$\sum_{i=1}^{n} c_{ai}(t) = \varrho = \text{const.} \qquad (\varrho = 1 \quad \text{bei Molbrüchen}) \tag{5.4.2e}$$

Für die Lösung derartiger Optimierungsaufgaben ist die Kenntnis des Zusammenhanges zwischen der Ausgangskonzentration $c_a(t)$ und dem Reaktordurchsatz $D(t)$ notwendig.

Das Ergebnis der Optimierung läßt sich dann durch die Größen $D^*(t) \geqq 0$ und $T^* > 0$ angeben.

Modifikation der Nebenbedingungen für die quasistatisch-zyklische Fahrweise

Die zyklische Fahrweise kann dann als quasistatisch angesehen werden, wenn die Periode T etwa mehr als das Fünffache größer ist als die Übergangszeit des Prozesses. In diesem Fall kann der Zusammenhang zwischen Ausgangskonzentration und dem Durchsatz mit Hilfe statischer Modellgleichungen beschrieben werden.

Nun sei eine Aufgabe mit dem Optimalitätskriterium (5.4.1) unter der Voraussetzung betrachtet, daß nur eine der Nebenbedingungen (5.4.2a), (5.4.2b) oder (5.4.2c) notwendig ist. Die Bedingungen (b) und (c) kann man in die nachstehende Form überführen

$$\int_0^T \left\{\sum_i^n P_i c_{ai}[D(t)] - \bar{P}\right\} D(t)\, dt = 0 \tag{5.4.3}$$

$$\int_0^T \{c_{aj}[D(t)] - \bar{c}_{aj}\} D(t)\, dt = 0 \tag{5.4.4}$$

Bei einer Nebenbedingung — wie hier vorausgesetzt — nimmt die Steuergröße $D(t)$ bei optimaler quasistatisch-zyklischer Fahrweise innerhalb einer Periode nicht mehr als zwei Werte $D_1{}^*$ und $D_2{}^*$ an. Auf diesen Tatbestand ist bereits im 3. Kapitel hingewiesen worden.

Bezeichnet man die Integranden der Gln. (5.4.2a), (5.4.3) und (5.4.4) mit $Q(D)$, $S(D)$ bzw. $X_j(D)$, so folgt

$$Q(D) = D - \bar{D} \tag{5.4.5}$$

$$S(D) = \left[\sum_i^n P_i c_{ai}(D) - \bar{P}\right] D \tag{5.4.6}$$

$$X_j(D) = [c_{aj}(D) - \bar{c}_{aj}]\, D \tag{5.4.7}$$

Ferner kann der Integrand des Optimalitätskriteriums (5.4.1) mit $\dot{K}$ (Kosten, Gewinn bzw. Preis je Zeiteinheit) ersetzt werden

$$\dot{K}(D) = D \sum_{i=1}^{n} P_i c_{ai}(D) \tag{5.4.8}$$

Zunächst sei der Fall betrachtet, daß die mittlere Zielproduktkonzentration c_{aj} nach der Bedingung (5.4.4) begrenzt ist (1. Fall). Für diese Voraussetzung kann die Funktion $\dot{K}(X_j)$ durch Variation des Durchsatzes von $D_{\min}$ bis $D_{\max}$ bestimmt werden. In Abb. 5.4.1 wird der qualitative Zusammenhang dar-

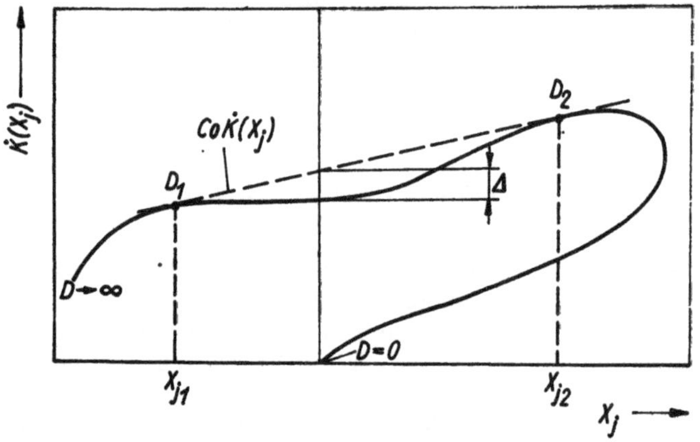

Abb. 5.4.1: **Qualitativer Zusammenhang zwischen X nach Gl. (5.4.7) und der modifizierten Produktivität nach Gl. (5.4.8)**

gestellt. Jedem Punkt dieser Kurve entspricht ein bestimmter Durchsatz. Da für den Mittelwert $\overline{X}_j = 0$ gilt, ist eine zyklische Fahrweise unter Beachtung der Nebenbedingung (5.4.4) dann vorteilhaft, wenn bei $X_j = 0$ die konvexe Hülle $Co\dot{K}(X_j)$ streng über der Funktion $\dot{K}(X_j)$ liegt. Die Effektivitätssteigerung der quasistatisch-zyklischen Fahrweise ist nach Abb. 5.4.1 durch den Betrag Δ gekennzeichnet. Dabei nimmt der Durchsatz die Werte $D_1{}^*$ und $D_2{}^*$ an, die den Berührungspunkten von $\dot{K}(X_j)$ und $Co\dot{K}(X_j)$ entsprechen. Die Abschnitte der Periode γ_1 und γ_2, für die $D = D_1{}^*$ und $D = D_2{}^*$ gilt, sind durch nachstehende Bedingungen bestimmt

$$\left.\begin{array}{l} \gamma_1 X_{j1} + \gamma_2 X_{j2} = 0; \\ \gamma_1 + \gamma_2 = 1; \qquad \gamma_1 \geqq 0; \quad \gamma_2 \geqq 0; \\ X_{j1} = X_j(D_1{}^*); \qquad X_{j2} = X_j(D_2{}^*) \end{array}\right\} \tag{5.4.9}$$

Eine andere Festlegung der Nebenbedingung besteht darin, daß der mittlere Durchsatz in Gl. (5.4.2a) vorgegeben ist (2. Fall). Unter dieser Voraussetzung existiert eine optimale Lösung dann, wenn der mittlere Durchsatz $\overline{D}$ dem konkaven Abschnitt der Funktion $\dot{K}(D)$ nach Abb. 5.4.2 entspricht.

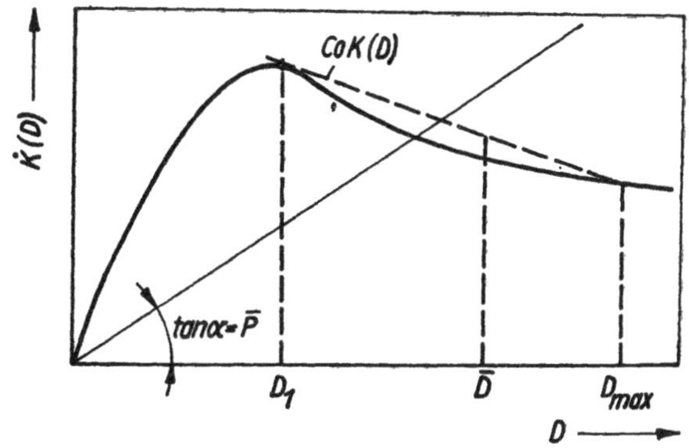

Abb. 5.4.2: Qualitativer Zusammenhang zwischen Durchsatz und Produktivität

Bei optimaler zyklischer Fahrweise nimmt der Durchsatz die Werte $D_1{}^*$ und $D_2{}^*$ an, wobei γ_1 und γ_2 aus den nachstehenden Bedingungen zu bestimmen sind

$$\left.\begin{aligned}&\gamma_1 D_1{}^* + \gamma_2 D_2{}^* = \bar{D}\\&\gamma_1 + \gamma_2 = 1; \qquad \gamma_1 \geqq 0; \quad \gamma_2 \geqq 0\end{aligned}\right\} \tag{5.4.10}$$

Schließlich kommt noch die Beachtung der Nebenbedingung (5.4.3) in Betracht (3. Fall). Unter dieser Voraussetzung gilt

$$S(D) = \dot{K}(D) - \bar{P}D \tag{5.4.11}$$

Diese Beziehung folgt aus Gln. (5.4.6) und (5.4.8). Ferner kann man schreiben

$$\overline{S(D)}^D = 0 \tag{5.4.12}$$

Damit erhält man aus Gl. (5.4.11)

$$\bar{P} = \frac{\overline{\dot{K}(D)}^D}{\bar{D}} \tag{5.4.13}$$

Diese Geradengleichung kann in Abb. 5.4.2 dargestellt werden. Der Wert $\dot{K}^*(D)$ stellt dann die Produktivität des Reaktors im optimalen quasistationären Betriebsregime unter Berücksichtigung der Nebenbedingung (5.4.3) dar. Die Durchsätze $D_1{}^*$ und $D_2{}^*$ sind die gleichen Werte wie in der vorangegangenen Aufgabenstellung (2. Fall). Allerdings sind jetzt die Größen γ_1 und γ_2 unter Beachtung von Gln. (5.4.11) bis (5.4.13) zu bestimmen

$$\left.\begin{aligned}&\gamma_1[\dot{K}(D_1{}^*) - \bar{P}D_1{}^*] + \gamma_2[\dot{K}(D_2{}^*) - \bar{P}D_2{}^*] = 0\\&\gamma_1 + \gamma_2 = 1; \qquad \gamma_1 \geqq 0; \quad \gamma_2 \geqq 0\end{aligned}\right\} \tag{5.4.14}$$

Modifikation des Optimalitätskriteriums für die quasistatisch-zyklische Fahrweise

Für den Fall, daß man entweder auf die Nebenbedingung des mittleren Durchsatzes (Gl. 5.4.2a) oder die mittlere ökonomische Bewertungsgröße (Gl. 5.4.2b) zurückgreift, ist es nicht notwendig, das Optimalitätskriterium $\dot{K}(D)$ nach Gl. (5.4.8) zu quantifizieren. Es erweist sich als ausreichend, von folgender äquivalenter Funktion auszugehen:

$$k(c_e, \tau) = \sum_{i=1}^{n} P_i c_{ai}(c_e, \tau) \tag{5.4.15}$$

P_i — ökonomische Bewertungsgröße des i-ten Zielproduktes, c_{ai} — Konzentration des i-ten Ausgangs- bzw. Zielproduktes, c_e — Eingangskonzentration, τ — Reaktionszeit.

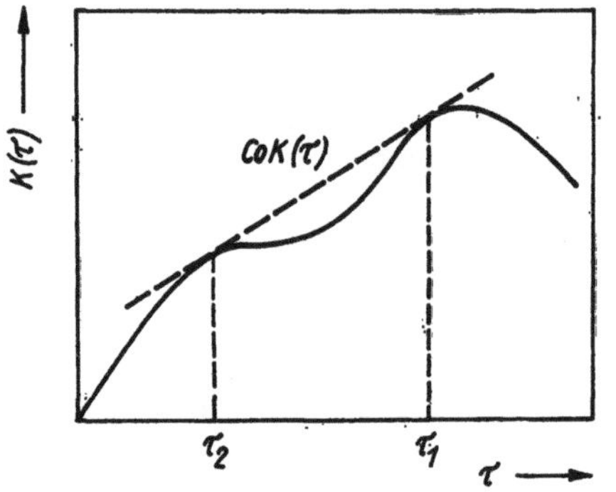

Abb. 5.4.3: Qualitativer Zusammenhang zwischen Reaktionszeit und Produktivität nach Gl. (5.4.15)

Für den Fall des vollkommen durchmischten Reaktors ist $\tau = V/D$ die mittlere Verweilzeit. Eine qualitative Darstellung der Funktion (5.4.15) zeigt Abb. 5.4.3. Die quasistatische Fahrweise unter Beachtung der Nebenbedingungen (5.4.2a) oder (5.4.2b) ist dann und nur dann effektiv, wenn sich die Funktion (5.4.15) auf dem Abschnitt von τ_2 bis τ_1 unter ihrer konvexen Hülle nach Abb. 5.4.3 befindet [5.4.1]. Diese Behauptung beruht auf dem Umstand, daß die Vorzeichen der zweiten Ableitungen von $d^2\dot{K}(D_0)/dD^2$ und $d^2k(C_0, \tau_0)/d\tau^2$ bei $\tau_0 = V/D_0$ übereinstimmen.

5.4.1.2. Folgereaktionen bei quasistatisch-zyklischer Fahrweise

Die im vorangegangenen Abschnitt dargestellten Optimierungsgrundlagen der zyklischen Durchsatzänderung werden nachfolgend auf drei Fälle angewandt. Als Reaktionstyp wird angenommen

$$A \xrightarrow{k_1} B \xrightarrow{k_2} C$$

Die Reaktionsbedingungen mögen isotherm sein.

Beispiel 1: Es sei ein Rohrreaktor mit idealer Verdrängung gegeben. Die mittlere Verweilzeit beträgt $t = V/D$. Es werden folgende dimensionslose Größen eingeführt: Verhältnis der Reaktionsgeschwindigkeitskonstanten $\mu = k_2/k_1$, relative Zeit $\theta = k_1 t$ und modifizierter Durchsatz $\delta = D/k_1 V = 1/\theta$. Die Konzentration der Stoffe A, B und C kann ebenfalls in dimensionsloser Form angegeben werden mit $x = c_A/c_{A_0}$, $y = c_B/c_{A_0}$ und $z = c_C/c_{A_0}$. Unter diesen Voraussetzungen lautet das kinetische Modell der obigen Folgereaktion (1. Ordnung)

$$\frac{dx}{d\theta} = -x \tag{5.4.16a}$$

$$\frac{dy}{d\theta} = x - \mu y \tag{5.4.16b}$$

$$\frac{dz}{d\theta} = \mu y \tag{5.4.16c}$$

Dieses Differentialgleichungssystem ist analytisch lösbar. Man erhält

$$x = e^{-\theta} \tag{5.4.17a}$$

$$y = \frac{1}{\mu - 1}(e^{-\theta} - e^{-\mu\theta}) \tag{5.4.17b}$$

$$z = \frac{1}{\mu - 1}[\mu(1 - e^{-\theta}) - (1 - e^{-\mu\theta})] \tag{5.4.17c}$$

Die Bestimmung der optimalen quasistatisch-zyklischen Fahrweise möge nach der Zielfunktion (5.4.1) bzw. (5.4.8) erfolgen. Außerdem wird die Nebenbedingung (5.4.2a) bzw. (5.4.5) berücksichtigt. Damit liegt ein Aufgabentyp vor, bei dem der mittlere Durchsatz vorgegeben ist. Für diese Annahmen ergibt sich als Optimalitätskriterium

$$\dot{K}(\delta) = \delta k_1 V \left\{P_A e^{-1/\delta} + P_B[e^{-1/\delta} - e^{-\mu/\delta}]\frac{1}{\mu - 1} + P_C[\mu(1 - e^{-1/\delta}) - (1 - e^{-\mu/\delta})]\frac{1}{\mu - 1}\right\} \tag{5.4.18}$$

$\delta k_1 V = D$ und P_A, P_B, P_C — spezifische ökonomische Bewertungsgrößen mit den Maßeinheiten einer Währungseinheit je Volumeneinheit der Produkte (WE/VE).

Zur Lösung dieses Beispiels seien folgende numerische Daten vorausgesetzt: $P_A = -0{,}1$ WE/VE; $P_B = 1$ WE/VE; $P_C = 0{,}1$ WE/VE; $\mu = 0{,}1$; $\bar{\delta} = 0{,}15$; $0 \leq \delta \leq 1$ und $k_1 V = 9{,}26$ VE/ZE.

Mit diesen Annahmen erhält das Optimalitätskriterium den in Abb. 5.4.4 dargestellten Verlauf.

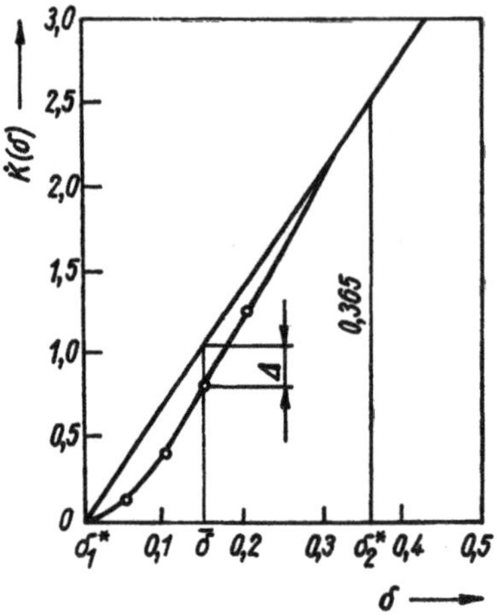

Abb. 5.4.4: Abhängigkeit der Reaktoreffektivität vom Durchsatz

Die Auswertung dieser Funktion führt zu folgenden Ergebnissen:

- Die Produktivität des Reaktors bei einem vorgegebenen mittleren Durchsatz von $\bar{\delta} = 0{,}15$ beträgt $\dot{K}(\bar{\delta}) = 0{,}849$ WE/VE.
- Als optimale Durchsätze der quasistatisch-zyklischen Fahrweise ergeben sich $\delta_1{}^* = 0$ und $\delta_2{}^* = 0{,}365$.
- Unter Verwendung der Beziehungen $\delta_1{}^*\gamma_1 + \delta_2{}^*\gamma_2 = \bar{\delta}$ und $\gamma_1 + \gamma_2 = 1$ können die Koeffizienten γ_1 und γ_2 ermittelt werden zu $\gamma_1 = 0{,}59$ und $\gamma_2 = 0{,}41$. Das bedeutet, daß die zyklische Fahrweise optimal verläuft, wenn 59% der Periode mit einem Durchsatz von $\delta = 0$ und 41% der Periode mit einem Durchsatz von $\delta = 0{,}365$ gefahren wird. Damit ergab sich als Optimum ein semikontinuierlicher Prozeß.
- Die Effektivitätssteigerung durch die zyklische Fahrweise kann wie folgt bestimmt werden

$$\Delta = \gamma_2 \dot{K}(\delta_2{}^*) - \dot{K}(\bar{\delta})$$

$$\Delta = \gamma_2 \dot{K}(0{,}365) - \dot{K}(0{,}15)$$

$$\Delta = 0{,}41 \cdot 2{,}636 - 0{,}849 = 0{,}234$$

Diese Steigerung entspricht einer Effektivitätserhöhung des Prozesses von 27,6%.

Beispiel 2: Es wird das gleiche kinetische Modell und Optimalitätskriterium wie im Beispiel 1 angenommen. Der Rohrreaktor sei durch eine ideale Verdrängung gekennzeichnet. Ferner wird die Nebenbedingung (5.4.2c) bzw. (5.4.7) berücksichtigt. Damit liegt ein Aufgabentyp vor, bei dem die mittlere Konzentration eines der Endprodukte vorgegeben ist. Diese Aufgabenstellung muß numerisch gelöst werden. Folgende Daten mögen vorgegeben sein: $P_A = -0{,}1$ WE/VE; $P_B = -0{,}1$ WE/VE; $P_C = 10$ WE/VE; $\bar{z} = 0{,}1$ und $0{,}05 \leq \delta \leq 2$.

Auch in diesem Fall ergibt sich eine Steigerung der Reaktorproduktivität um $\Delta = 0{,}035$. Die Durchsätze in den markanten Punkten betragen $\delta_1^* = 2$ und $\delta_2^* = 0{,}21$. Für die Koeffizienten γ_1 und γ_2 erhält man $\gamma_1 = 0{,}182$ sowie $\gamma_2 = 0{,}818$.

Beispiel 3: Im Gegensatz zu den Beispielen 1 und 2 wird jetzt ein Reaktor mit vollkommener Durchmischung vorausgesetzt. Sonst möge der gleiche chemische Prozeß $A \to B \to C$ ablaufen. Über die Stoffbilanzierung aller Komponenten erhält man unter Berücksichtigung der kinetischen Beziehungen (5.4.16) die Gleichungen

$$x - x_e + \theta x = 0 \tag{5.4.19a}$$

$$y - y_e - \theta(x - \mu y) = 0 \tag{5.4.19b}$$

$$z - z_e - \theta \mu y = 0 \tag{5.4.19c}$$

$$\theta = k_1 V/D = 1/\delta.$$

Unter Berücksichtigung von $y_e = 0$, $z_e = 0$ und $x_e = 1$ erhält man für die Ausgangskonzentrationen

$$x(\delta) = \frac{\delta}{1 + \delta} \tag{5.4.20a}$$

$$y(\delta) = \frac{\delta}{(\delta + \mu)(\delta + 1)} \tag{5.4.20b}$$

$$z(\delta) = \frac{\mu}{(\delta + \mu)(\delta + 1)} \tag{5.4.20c}$$

Für dieses Reaktionsmodell soll der Durchsatz maximiert werden. Als Nebenbedingung sei die mittlere ökonomische Bewertungsgröße nach Gl. (5.4.2b) bzw. (5.4.6) berücksichtigt. Die gegebenen Daten sind $P_A = -0{,}1$ WE/VE; $P_B = 0{,}2$ WE/VE; $P_C = 20$ WE/VE; $P = 0{,}25$ WE/VE; $\mu = 0{,}1$ und $0{,}05 \leqq \delta \leqq 1{,}8$. Die numerische Lösung ergibt: $\Delta = 0{,}02$; $\bar{K}(\delta) = 0{,}3$; $\dot{K}(\bar{\delta}) = 0{,}28$; $\delta_1^* = 0{,}4$; $\delta_2^* = \delta_{\max} = 1{,}8$; $\gamma_1 = 0{,}46$ und $\gamma_2 = 0{,}54$. Auch diese Aufgabe zeigt, daß die Reaktorproduktivität mittels zyklischen Durchsatzänderungen erhöht werden kann.

5.4.2. Zyklische Durchsatz- und Konzentrationsänderungen unter Berücksichtigung der Erreichbarkeitsfunktion

In diesem Abschnitt werden einige typische Aufgabenstellungen für die Optimierung des zyklischen Betriebsregimes bei verschiedenen Reaktionsbedingungen untersucht. Es handelt sich um Optimierungsaufgaben im Mittleren, die mit Hilfe der Erreichbarkeitsfunktion lösbar sind (vgl. Abschnitt 3.2.). Man kann drei typische Fälle unterscheiden [5.4.2].

Aufgabe I: Es ist die Produktivität des Reaktors bezogen auf das Zielprodukt bei mittlerem Durchsatz und bei mittlerer Eingangskonzentration zu maximieren. Als Anwendungsfälle werden einseitig verlaufende, Gleichgewichts- und Parallelreaktionen behandelt.

Aufgabe II: Bei vorgegebener mittleren Produktivität des Reaktors bezüglich des Zielproduktes A und vorgegebenem mittleren Eingangskomponentenstrom ist die mittlere Produktivität hinsichtlich eines Nebenproduktes A_j (z. B. Abfall) zu minimieren. Als Demonstrationsbeispiel wird eine Parallelreaktion gewählt.

Aufgabe III: Hierbei ist die Konzentration und der Durchsatz des Eingangsstoffes sowie die Produktivität eines Zielproduktes im Mittleren vorgegeben. Die Produktivität (z. B. Ausbeute) eines Nebenproduktes ist zu minimieren. Als Anwendungsfall wird eine Parallelreaktion dargestellt.

In allen drei Fällen werden isotherme Bedingungen, ideale Durchmischung und ein konstantes Reaktionsvolumen angenommen.

5.4.2.1. Einseitig verlaufende Reaktionen

Die Reaktionsgeschwindigkeit r möge durch folgenden Ansatz beschreibbar sein

$$r = K \prod_{j=1}^{m} c_j^{\beta_j} = K \prod_{j=1}^{m} (c_{e_j} - \alpha_j x)^{\beta_j}; \qquad m < s \tag{5.4.21}$$

K — kinetischer Faktor, c_j — Konzentration des j-ten Produktes, c_{e_j} — Eingangskonzentration des j-ten Stoffes, α_j — modifizierter stöchiometrischer Koeffizient des j-ten Stoffes, x — Konzentration des Zielproduktes, β_j — Exponent (Reaktionsordnung) des j-ten Stoffes, s — Anzahl der an der Reaktion teilnehmenden Stoffe.

Präzisierung der Aufgabe I: Als Steuervariable, die periodische Schwingungen zulassen, werden die Konzentrationen der Eingangsstoffe c_{e_j} und der Durchsatz D des Reaktors gewählt.

Die Aufgabe I kann mathematisch in folgender Form dargestellt werden

$$\bar{f}_0 = \overline{Dx} \to \max \tag{5.4.22}$$

Diese Zielfunktion entspricht dem Mittelwert des Zielproduktstromes. Unter Beachtung von Gl. (5.4.21) gilt die Stoffbilanz

$$Dx = VK \prod_{j=1}^{m} (c_{ej} - \alpha_j x)^{\beta_j} \tag{5.4.23}$$

V — Reaktionsvolumen.

Als Nebenbedingungen der Steuergrößen sind zu beachten

$$c_{ej\min} \leqq c_{ej} \leqq c_{ej\max} \tag{5.4.24a}$$

$$D_{\min} \leqq D \leqq D_{\max} \tag{5.4.24b}$$

Die im Mittleren auferlegten Nebenbedingungen lauten

$$\overline{Dc_{ej}} = \alpha_j c_e \overline{D} = \alpha_j a; \qquad j = 1, 2, \ldots, m \tag{5.4.25a}$$

$$\overline{D} = b \tag{5.4.25b}$$

Die m Nebenbedingungen können durch eine ersetzt werden, da die reduzierte Konzentration $c_e = c_{ej}/\alpha_j$ für alle $j = 1, 2, \ldots, m$ konstant ist.

Unter Verwendung der Bezeichnungen $u_1 = c_e$ und $u_2 = D$ kann man die Aufgabe I in eine äquivalente Schreibweise überführen bei $x(0) = 0$

$$\overline{u_2 x^u} \to \max \tag{5.4.26}$$

$$\overline{u_1 u_2{}^u} = a; \qquad \overline{u_2} = b \tag{5.4.27}$$

$$u_2 x = Vkn(u_1 - x)^A \tag{5.4.28}$$

$$u_{i\min} \leqq u_i \leqq u_{i\max}; \qquad i = 1, 2 \tag{5.4.29}$$

In der modifizierten Stoffbilanzgleichung (5.4.28) bedeutet A die summarische Reaktionsordnung und n das Produkt der stöchiometrischen Koeffizienten. Es gilt

$$A = \sum_j \beta_j; \qquad n = \prod_j \alpha_j \tag{5.4.30}$$

Nunmehr kann die Erreichbarkeitsfunktion gebildet werden. Dafür wird folgende Aufgabenfamilie gelöst

$$f_0{}^* = \max\,(u_2 x) = \max f_0 \tag{5.4.31}$$

Die Nebenbedingungen sind

$$u_1 u_2 - a = \hat{C}_1; \qquad u_2 - b = \hat{C}_2 \tag{5.4.32}$$

Hierbei sind Gln. (5.4.26) bis (5.4.29) zu berücksichtigen.

Bezeichnet man mit C_1 und C_2 die Summen $(\hat{C}_1 + a)$ bzw. $(\hat{C}_2 + b)$, so ist zu bemerken, daß C_1 und C_2 nicht negativ sein können, da u_1 und $u_1 u_2$ immer größer oder gleich Null sind. Die Dimension des Vektors u ist gleich der Anzahl der Nebenbedingungen (5.4.32), weshalb man die Erreichbarkeitsfunktion $f_0{}^*(C_1, C_2)$ ohne Maximumbestimmung durch den einfachen Austausch von u_1 und u_2 durch C_1 und C_2 in f_0 erhält. Es gilt

$$f^*(C_1, C_2) = f_0(C_1, C_2) = C_2 x \tag{5.4.33}$$

Darin ist x aus den Beziehungen (5.4.26) bis (5.4.29) zu bestimmen. Unter Beachtung der obigen Substitutionen $C_1 = u_1 u_2 = c_e D$ und $C_2 = u_2 = D$ erhält man nach Gl. (5.4.28)

$$x = \frac{V}{C_2}\, kn \left(\frac{C_1}{C_2} - x\right)^A = \frac{V}{C_2}\, r \tag{5.4.34}$$

Untersuchung des Charakters der Erreichbarkeitsfunktion

Die Menge V_C der zulässigen Variablenwerte C_1 und C_2 wird durch die Bedingung (5.4.33) bestimmt. Es gilt $u_1 u_2 = C_1$ und $u_2 = C_2$. Unter Berücksichtigung der Nebenbedingungen für die Steuerparameter erhält man die in Abb. 5.4.5 gezeigten Abhängigkeiten. Nunmehr ist der Charakter der Erreichbarkeitsfunktion $f^*(C_1, C_2)$ als implizite Funktion zweier Variabler zu untersuchen. Aus Gl. (5.4.33) folgt

$$\operatorname{sign} \frac{\partial f^*}{\partial C} = \operatorname{sign} \frac{\partial x}{\partial C} \tag{5.4.35a}$$

$$\operatorname{sign} \frac{\partial^2 f^*}{\partial C_1^2} = \operatorname{sign} \frac{\partial^2 x}{\partial C_1^2} \tag{5.4.35b}$$

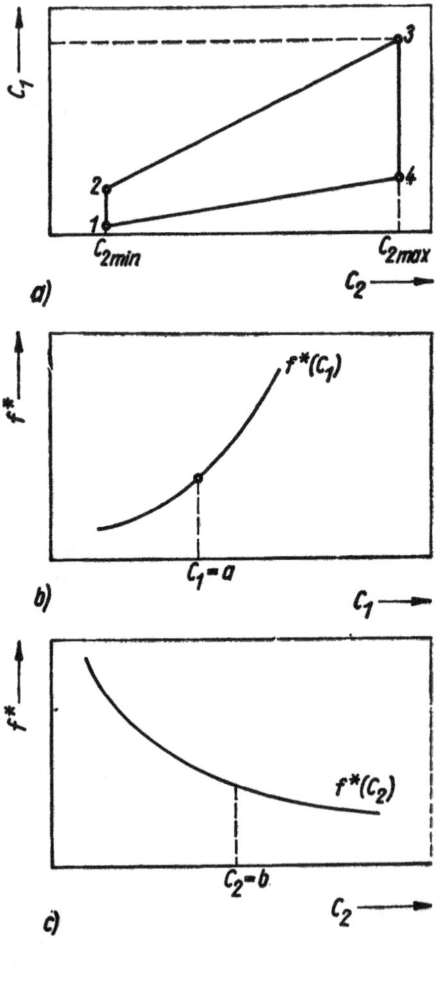

Abb. 5.4.5: **Veranschaulichung der Erreichbarkeitsfunktion bei der Aufgabenstellung I**

Hierbei ist „*sign*" eine Vorzeichenfunktion. Die entsprechenden Ableitungen lauten

$$\frac{\partial x}{\partial C_1} = \frac{AVr\Big/\left[C_2^2\left(\frac{C_1}{C_2} - x\right)\right]}{1 + AVr/\left[C_2\left(\frac{C_1}{C_2} - x\right)\right]} \qquad (5.4.36\text{a})$$

$$\frac{\partial^2 x}{\partial C_1^2}\left\{1 + AVr/\left[C_2\left(\frac{C_1}{C_2} - x\right)\right]\right\}$$
$$= \frac{V}{C_2} A(A-1)\, Kn\left(\frac{C_1}{C_2} - x\right)^{A-2}\left(\frac{1}{C_2} - \frac{x}{C_1}\right) \qquad (5.4.36\text{b})$$

Aus den angeführten Gleichungen folgt offensichtlich

$$0 < \frac{\partial x}{\partial C_1} < \frac{1}{C_2} \qquad (5.4.37\text{a})$$

$$\text{sign}\, \frac{\partial^2 x}{\partial C_1^2} = \text{sign}\,(A - 1) \qquad (5.4.37\text{b})$$

Somit ist die Erreichbarkeitsfunktion nach Abb. 5.4.5b bei einem beliebigen Wert C_2 innerhalb V_C über C_1 konvex, wenn die summarische Reaktionsordnung den Wert 1 übersteigt. Es sei weiterhin bemerkt, daß sich aus Gln. (5.4.33) und (5.4.34) die nachfolgenden Beziehungen ergeben

$$\text{sign}\, \frac{\partial f^*}{\partial C_2} = \text{sign}\, \frac{\partial r}{\partial C_2} \qquad (5.4.38\text{a})$$

$$\text{sign}\, \frac{\partial^2 f^*}{\partial C_2^2} = \text{sign}\, \frac{\partial^2 r}{\partial C_2^2} \qquad (5.4.38\text{b})$$

Darin sind

$$\frac{\partial r}{\partial C_2} = -\frac{Ar/C_2}{1 + AVr/(C_1 - Vr)} < 0 \qquad (5.4.39\text{a})$$

$$\text{sign}\, \frac{\partial^2 r}{\partial C_2} = \text{sign}\,[(A-1)\, Vr(C_1 + Vr) + 2(C_1 - Vr)] \qquad (5.4.39\text{b})$$

Aus den angeführten Beziehungen ist ersichtlich, daß die Erreichbarkeitsfunktion über C_2 nach Abb. 5.4.5c für ein beliebiges $C_1 \in V_C$ konvex ist, wenn die summarische Reaktionsordnung den Wert 1 übersteigt. Diese Zusammenhänge gestatten die Schlußfolgerung, daß das optimale Arbeitsregime des Reaktors durch eine periodisch umschaltende Fahrweise für die Steuerparameter u_1 und u_2 gekennzeichnet wird.

Ungeachtet dessen, daß die zweiten Ableitungen der Erreichbarkeitsfunktion positiv sind, ist diese trotzdem nicht konkav, da die Determinante der

Matrix der zweiten Ableitungen (siehe Abschnitt 4.2.) über der Menge V_C einen negativen Wert besitzt

$$\Delta = \frac{\partial^2 f^*}{\partial C_1^2} \cdot \frac{\partial^2 f^*}{\partial C_2^2} - 2 \frac{\partial^2 f^*}{\partial C_1 \partial C_2} \tag{5.4.40}$$

Hieraus folgt, daß u_{max} und u_{min} nicht unbedingt die Basiswerte der Steuervariablen darstellen. Zu ihrer Bestimmung muß die konvexe Hülle der Erreichbarkeitsfunktion ermittelt und die Ordinate in den Punkten $C_1 = a$, $C_2 = b$ aufgefunden werden.

Bestimmung des Charakters des optimalen Umschaltregimes

Es ist bekannt, daß für die Bestimmung der konvexen Hülle einer Funktion im zweidimensionalen Fall drei Basiswerte des Vektors C vorhanden sein müssen. Im vorliegenden Fall gilt allerdings folgende Behauptung:

Die konvexe Hülle einer über den Koordinaten für beliebige Punkte C_1 und $C_2 \in V_C$ konkaven Erreichbarkeitsfunktion (5.4.33) kann mit zwei Basiswerten des Vektors C realisiert werden und zwar mit einem, der sich auf der Geraden 2—3, und einem, der sich auf der Geraden 1—4 befindet.

Diese Behauptung sei noch näher erläutert. Zunächst ist klar, daß sich innerhalb V_C keine Basiswerte befinden können, da für jeden innerhalb gelegenen Punkt die konkaven Hüllen der Schnitte der Erreichbarkeitsfunktion entlang der Koordinaten C_1 und C_2 Geraden darstellen, die sich auf Grenzpunkte der Menge V_C stützen. Die Basiswerte können sich ebenfalls nicht auf den Geraden 1—2 und 3—4 nach Abb. 5.4.6a befinden.

Ferner kann die Zahl der Basiswerte nicht drei betragen. Um dies aufzuzeigen, bestimme man die Ableitungen der Erreichbarkeitsfunktion über den Richtungen 2—3 und 1—4. Es gelten

$$\frac{\partial f^*}{\partial C} = \frac{Ax^2}{u + x(A-1)} \tag{5.4.41a}$$

$$\frac{\partial^2 f}{\partial C^2} = Ax \frac{\partial x}{\partial C} [2u + x(A-1)] < 0 \tag{5.4.41b}$$

für beliebige $A > 0$, da

$$\frac{\partial x}{\partial C} = -\frac{x/C_2}{1 + Ax/(u - x)} \tag{5.4.41c}$$

Hierbei ist $u_1 = u_{1max}$ für die Richtung 2—3 und $u_1 = u_{1min}$ für die Richtung 1—4. Somit stellen die Schnitte von $f^*(C)$ entlang der Richtungen 2—3 und 1—4 konvexe Funktionen dar.

Nun sei angenommen, daß 3 Basiswerte vorhanden sind. Dann liegen zwei von ihnen unbedingt auf einer der Geraden 2—3 oder 1—4, da sie weder der inneren Menge von V_C noch den inneren Punkten der Geraden 1–2 und 3–4 angehören. Entsprechend der Definition muß der Schritt der konvexen Hülle zwischen zwei Basispunkten eine Gerade darstellen. Der aufgezeigte Widerspruch beweist die Unmöglichkeit der Existenz dreier Basiswerte.

Hieraus folgt eine wichtige Schlußfolgerung über den Charakter des optimalen Reaktorregimes:

Die optimale Prozeßführung wird durch eine zyklische Fahrweise für die Konzentration des zugegebenen Stoffgemisches und seinen zeitlichen Durchsatz erreicht, wobei die Konzentration zwischen den zulässigen Grenzwerten nach (5.4.24a) $c_{ej\min}$ *und* $c_{ej\max}$ *umgeschaltet werden muß.*

Abschließend sei der Fall nach Aufgabe I betrachtet. Das mathematische Modell ist durch Gln. (5.4.22) bis (5.4.24) gegeben. Die Nebenbedingung im Mittleren für den Durchsatz (5.4.25b) möge fehlen. Die Erreichbarkeitsfunktion und ihre konvexe Hülle für diesen Fall wird in Abb. 5.4.6a dargestellt.

Es ist zu erkennen, daß für einen vorgegebenen Durchsatz innerhalb der Grenzen von $C_{1\min}$ bis C_1^* eine zyklische Fahrweise die optimale darstellt, da $C_0 f^* > f^*$. Auf diesem Abschnitt gilt $D_{\text{opt}} = D_{\min}$ (vgl. Abb. 5.4.6c). Die

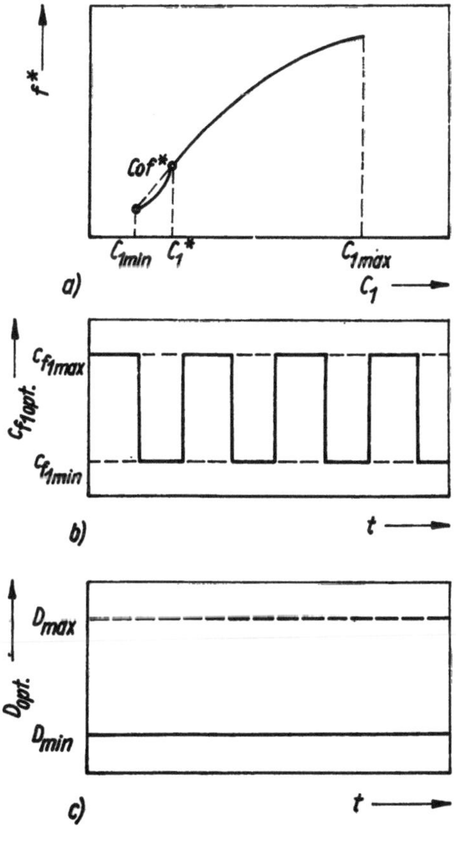

Abb. 5.4.6: Charakteristik des zyklischen Betriebsregimes eines Reaktors

Umschaltung zwischen den Punkten C_1^* und $C_{1\min}$ entspricht einer Umschaltung der Konzentration c_{e1} zwischen Maximal- und Minimalwert nach Abb. 5.4.6b.

Beispiel 1: Für einen Reaktor mit idealer Durchmischung, in dem eine Reaktion 2. Ordnung des Typs $2A \to B$ verläuft, ist die optimale Fahrweise aufzufinden. Vorgegeben sind:

$a = 0{,}1$; $b = 0{,}1$; $0{,}05 \leqq \delta \leqq 1{,}0$; $0{,}1 \leqq c_e \leqq 1{,}0$; $KV = 1$ VE/ZE.

Die Durchsatz- und Konzentrationsgrößen sind hier dimensionslos angegeben. Nunmehr kann die Menge V_C in Abb. 5.4.7a dargestellt werden. Die Erreichbarkeitsfunktion wird durch die Ausdrücke (5.4.33) und (5.4.34) bei $A = 2$ bestimmt. In diesem Beispiel erwiesen sich die Punkte $1(C_{11} = 0{,}1$; $C_{21} = 0{,}05)$ und $2(C_{12} = 0{,}1$; $C_{22} = 1{,}0)$ als Basispunkte. Die Wichtungskoeffizienten γ_1 und γ_2 wurden aus dem linearen Gleichungssystem $\gamma_1 C_{11} + \gamma_2 C_{12} = 0{,}1$ und $\gamma_1 + \gamma_2 = 1$ bestimmt. Es wurden die Werte $\gamma_1 = 1/19$ und $\gamma_2 = 18/19$ aufgefunden. Weiterhin ergab sich, daß die Parameter δ und c_e zwischen ihren Grenzwerten in Gegenphase nach Bild 5.4.7b/c umgeschaltet

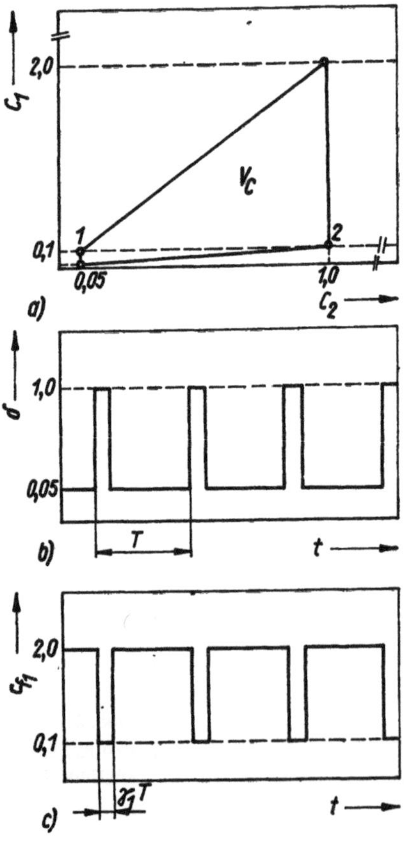

Abb. 5.4.7: Charakteristik der Parameter einer zyklischen Reaktorfahrweise

werden müssen. Dabei stieg der Mittelwert der Zielfunktion $\bar{f}_0$ im Vergleich zum Wert der Zielfunktion bei stationärer Fahrweise um 11%. An anderer Stelle [5.4.3] untersuchte man eine ähnliche Aufgabe ohne Hinzuziehung der hier dargelegten Methoden, wobei sinusförmige Durchsatz- und Konzentrationsänderungen angenommen wurden. Dabei zeigte sich, daß die optimalen Änderungsfrequenzen von δ und c_e gleich und die Amplituden die maximal zulässigen sein müssen sowie die Phasenverschiebung 180° beträgt. Diese Erkenntnisse stimmen mit den oben erhaltenen Resultaten überein.

Beispiel 2: Betrachtet wird die exotherme Reaktion der Verseifung von Ethylazetat

$$NaOH + CH_3COOC_2H_5 \rightarrow CH_3COONa + C_2H_5OH$$

In allgemeiner Form kann man schreiben $A_1 + A_2 - A_3 - A_4 = 0$. Der Prozeß möge in einem isothermen Reaktor mit vollkommener Durchmischung verlaufen. Die Reaktion sei erster Ordnung für jeden der Eingangsreagenten. Dann gilt für die Reaktionsgeschwindigkeit

$$r = K(c_{A1}^0 - x_{A1})\,(c_{A2}^0 - x_{A2}) \tag{5.4.42}$$

Darin ist $x_A = c_A{}^0 - c_A$ der „Umwandlungsgrad“. Der kinetische Koeffizient kann nach der ARRHENIUS-Gleichung bestimmt werden

$$K = K_0 \exp\left(-\frac{E}{RT}\right) \tag{5.4.43}$$

Da die Mol-Konzentrationen der Reagenten A_1 (Lauge) und A_2 (Äthyläther) gleich sind, kann für die Stoffbilanzgleichung mit $c_0 = c_{A1}^0 = c_{A2}^0$ und $x = c_0 - c_A$ geschrieben werden

$$\frac{V}{D}\frac{dx}{dt} = -x + \frac{V}{D}K(c_0 - x)^2 \tag{5.4.44}$$

V — Reaktorinhalt, D — zeitlicher Durchsatz des Gemisches, x der Umwandlungsgrad.

Der betrachtete Reaktor besitzt einen Doppelmantel, durch den das Kühlmittel geführt wird. Die Energiebilanzgleichung für eine solche Reaktionsbedingung hat folgende Form

$$\frac{V}{D}\frac{dT}{dt} = T_e - T + \frac{V}{D}\frac{\Delta H}{\varrho c_m}K(c_0 - x)^2 - \frac{z(T - T_i)}{D\varrho c_m} \tag{5.4.45}$$

T_e — Temperatur des Reaktionsgemisches am Reaktoreingang, ΔH — Reaktionsenthalpie, ϱ — Dichte des Reaktionsgemisches, c_m — mittlere spezifische Wärme des Gemisches, T_i — Temperatur des Kühlwassers, z — Produkt aus Wärmedurchgangszahl und Wärmeübertragungsfläche.

Es ist die Maximierung der mittleren Reaktorproduktivität für das Zielprodukt bei vorgegebenem mittlerem Komponentenstrom $\overline{Dc_0} = 0{,}02$ Mol/min und mittlerem Volumendurchsatz $\bar{D} = 0{,}2l/\text{min}$ gefordert

$$\overline{Dx^{c_0x}} \to \max \tag{5.4.46}$$

Die periodische Schwingungen zulassenden Steuerparameter D und c sind durch die Werte $0{,}1l/\text{min} \leqq D \leqq 1l/\text{min}$ und $0{,}02\ \text{Mol}/l \leqq c_0 \leqq 0{,}2\ \text{Mol}/l$ begrenzt. Die Parameter der Bilanzgleichungen sind: $E = 46{,}97$ MJ/kmol, $R = 8{,}34$ kJ/(kmol K), $K_0 = 10^9 l/(\text{Mol min})$, $\Delta H = 74{,}2$ MJ/kmol, $\varrho = 1000$ g/l, $c_m = 0{,}42$ kJ/(kg K) und $z = 2{,}47$ W/K.

Für den stationären Reaktorzustand wurden bei $D = 0{,}2l/\text{min}$, $c_0 = 0{,}1$ Mol/l, $T_e = 50{,}5\,°\text{C}$, $T_i = 20{,}2\,°\text{C}$ über Gln. (5.4.44) und (5.4.45) die Werte für den Umwandlungsgrad $x = 0{,}075$ Mol/l und die Temperatur im Reaktor $T = 28{,}5\,°\text{C}$ aufgefunden.

Der Zielfunktionswert ergab sich zu $f_0 = 0{,}015$ Mol/min. Die summarische Reaktionsordnung beträgt 2. Das führt dazu, daß die Erreichbarkeitsfunktion über den Koordinaten konvex verläuft.

Unter Verwendung der Resultate des Abschnittes 4.2. können die optimalen Werte der Parameter des zyklischen Regimes bestimmt werden. Man erhält $\gamma_1 = 8/9$, $D_1 = 0{,}1l/\text{min}$, $c_{01} = 0{,}2\ \text{Mol}/l$, $\gamma_2 = 1/9$, $D_2 = 1l/\text{min}$ und $c_{02} = 0{,}02\ \text{Mol}/l$. Diesen Ergebnissen entspricht ein Mittelwert der Zielfunktion $\bar{f}_0 = \gamma_1 x_1 D_1 + \gamma_2 x_2 D_2 = 0{,}0165$ Mol/min, wobei $\gamma_2 = 1 - \gamma_1$ gilt und x_1 und x_2 über Gl. (5.4.44) berechnet werden. Im Vergleich zur stationären Fahrweise beträgt die Effektivitätssteigerung 8% bei optimaler zyklischer Fahrweise.

Hierbei wird vorausgesetzt, daß die Temperatur des Reaktionsgemisches für beide stationäre Reaktorzustände 28,5 °C beträgt. Solche Bedingungen können mittels Temperaturänderungen des in den Reaktor eintretenden Gemisches, des Kühlwassers oder durch Änderungen des Volumendurchsatzes des Kühlmittels geschaffen werden. Wird nur die erste Variante betrachtet, dann beträgt die zur Realisierung eines Basiszustandes des Reaktors ($D_1 = 0{,}1l/\text{min}$, $c_{01} = 0{,}2\ \text{Mol}/l$) notwendige Temperatur des Eingangsstoffgemisches nach Gl. (5.4.45) $T_{e1} = 71{,}8\,°\text{C}$. Für den anderen Basiszustand ($D_2 = 1l/\text{min}$, $c_{02} = 0{,}02\ \text{Mol}/l$) erhält man $T_{e2} = 33{,}1\,°\text{C}$.

5.4.2.2. *Gleichgewichtsreaktionen*

In diesem Fall möge die Reaktionsgeschwindigkeit beschreibbar sein mit

$$r = r_H - r_R = K_H p \left(\frac{C_1}{C_2} - x\right)^A - K_R q x^B \tag{5.4.47}$$

H — Hinreaktion, R — die Rückreaktion.

Die Größen C_1 und C_2 haben die gleiche Bedeutung, wie dies in Gln. (5.4.33) und (5.4.34) der Fall ist. Ferner sind

$$A = \sum_{j=1}^{m} \beta_j; \qquad B = \sum_{j=m+1}^{s} \gamma_j \tag{5.4.48 a, b}$$

$$p = \prod_{j=1}^{m} \alpha_j^{\beta_j}; \qquad q = \prod_{j=m+1}^{s} \alpha_j^{\gamma_j} \tag{5.4.49 a, b}$$

Mit A und B werden die entsprechenden summarischen Reaktionsordnungen gekennzeichnet. Die partiellen Reaktionsordnungen sind β bzw. γ. Schließlich ist mit α der modifizierte stöchiometrische Koeffizient angegeben worden. Die Eingangs- bzw. Anfangskonzentration des Zielproduktes ist $x(0) = 0$.

Die zyklische Fahrweise bei Gleichgewichtsreaktionen soll auch hier unter dem Gesichtspunkt der Aufgabenstellung I gesehen werden. Somit ist die mathematische Formulierung der Aufgabe durch Gln. (5.4.22), (5.4.24a, b) und (5.4.25a, b) gegeben.

Die Erreichbarkeitsfunktion wird wieder eine implizite Funktion zweier Variablen C_1, C_2, die ihrerseits Elemente der Menge V_C nach Abb. 5.4.5 sind, darstellen, wobei für $x = Vr/C_2$ gilt.

Untersucht man die Vorzeichen der zweiten Ableitungen der Erreichbarkeitsfunktion mit dem Ziel, die Verhältnisse zwischen den Reaktionsordnungen und -geschwindigkeiten der Hin- und Rückreaktion, bei denen $f^*(C)$ über den Koordinaten konvex ist, zu bestimmen, so erhält man

$$\operatorname{sign} \frac{\partial^2 f^*}{\partial C_1^2} = \operatorname{sign} \left\{ \sqrt{(A-1)\,A} \left[(B-1) + \frac{r_H}{r_R} \right] - A \sqrt{(B-1)\,B\,\frac{r_H}{r_R}} \right\} \tag{5.4.50a}$$

$$\operatorname{sign} \frac{\partial^2 f^*}{\partial C_2^2} = \operatorname{sign} \left[A(A-1) \frac{r_H}{r_R} \left(1 + \frac{B r_R}{r} + \frac{B V r_R}{C_1 - Vr} \right)^2 - B(B-1) \left(1 + \frac{A r_H}{r} + \frac{A V r_H}{C_1 - Vr} \right)^2 + 2 \left(A \frac{r_H}{r_R} - B \right) \left(1 + \frac{A V r_H}{C_1 - Vr} + B \frac{r_R}{r} \right) \right] \tag{5.4.50b}$$

Diese Ausdrücke sind für eine unmittelbare Analyse zu kompliziert. Wenn allerdings die Größen A, B, K_H, K_R, p und q für eine konkrete Reaktion bekannt sind, so kann eine Analyse mit numerischen Methoden unter Verwendung der EDV durchgeführt werden. Die Prozedur vereinfacht sich, wenn eine der Reaktionen erster Ordnung oder die Geschwindigkeit der Rückreaktion klein ist, d. h. $r_H/r_R \gg 1$. Im letzteren Fall erhält man eine Annäherung zu den Beziehungen, die für einseitig verlaufende Reaktionen entwickelt wurden.

Es sei bemerkt, daß sich bei gleichen summarischen Reaktionsordnungen $A = B$ die Bedingung (5.4.50a) vereinfacht. Man erhält

$$\operatorname{sign} \frac{\partial^2 f^*}{\partial C_1^2} = \operatorname{sign} (A-1) \operatorname{sign} \left(\sqrt{\frac{r_H}{r_R}} + 1 - A \right) \tag{5.4.50c}$$

Im vorliegenden Fall verläuft die Erreichbarkeitsfunktion über C_1 konvex, wenn z. B. die Geschwindigkeit der Hinreaktion die der Rückreaktion für alle zulässigen Werte von C_1 und C_2 um das Zehnfache übersteigt und sich die summarische Reaktionsordnung in den Grenzen von 1 bis 4 befindet. Eine zyklische Steuerung bezüglich Durchsatz und Eingangskonzentration erweist sich als optimal.

5.4.2.3. *Parallelreaktionen verschiedener Ordnungen*

Es wird ein relativ einfacher Fall von Parallelreaktionen, die nichtumkehrbare Zersetzung des Stoffes A_1 auf zwei verschiedenen Wegen, betrachtet $A_1 \xrightarrow{K_1} A_2$ und $A_1 \xrightarrow{K_2} A_3$. Obwohl das Modell für diesen Reaktionstyp recht einfach ist, kann es bei der Analyse komplizierterer Systeme nützlich sein. Bei der genannten Reaktion können z. B. sein: A_1 die höhersiedende Fraktion von rohem Erdöl, A_2 seine niedrigsiedende Fraktion und A_3 ein verestertes Abfallprodukt [5.4.4]. Als Zielprodukt wird die Fraktion A_2 angenommen. Die Reaktionsordnungen werden als verschieden vorausgesetzt, so daß die Beziehungen für die Reaktionsgeschwindigkeiten wie folgt darstellbar sind

$$r_1 = K_1(c_e - x_1 - x_2)^{\beta_1} \tag{5.4.51a}$$

$$r_2 = K_2(c_e - x_1 - x_2)^{\beta_2} \tag{5.4.51b}$$

c_e — Eingangskonzentration des Stoffes A_1, x_1, x_2 — Umwandlungsgrade der entsprechenden Reaktionen.

Formulierung der Aufgabe I im Mittleren

Bei vorgegebenem mittlerem Komponentenstrom und mittlerem Durchsatz ist die mittlere Ausbeute des Produktes A_2 zu maximieren. Es wird ein ideal durchmischter Rührkessel betrachtet.

Nach Einführung der Bezeichnungen $u_1 = c_e$, $u_2 = D$ nimmt Aufgabe I die Form an

$$\overline{u_1 x_1}^u \to \max \tag{5.4.52a}$$

$$\overline{u_1 u_2}^u = a; \qquad \overline{u_2} = b \tag{5.4.52b}$$

$$x_1 = \frac{V}{u_2} r_1(u_1, x_1, x_2) \tag{5.4.52c}$$

$$x_2 = \frac{V}{u_2} r_2(u_1, x_1, x_2) \tag{5.4.52d}$$

$$u_{i\min} \leqq u_i \leqq u_{i\max}; \qquad i = 1, 2 \tag{5.4.52e}$$

Die Erreichbarkeitsfunktion wird ausgedrückt durch

$$f^*(C_1, C_2) = C_2 x_1 \tag{5.4.53}$$

Für die Umwandlungsgrade gilt

$$x_1 = \frac{V}{C_2} K_1 \left(\frac{C_1}{C_2} - x_1 - x_2\right)^{\beta_1} \tag{5.4.54a}$$

$$x_2 = \frac{V}{C_2} K_2 \left(\frac{C_1}{C_2} - x_1 - x_2\right)^{\beta_2} \tag{5.4.54b}$$

Die Variablen C_1 und C_2 gehören der Menge V_C an, die die in Abb. 5.4.5 gezeigte Form besitzt. Bei der Untersuchung der Vorzeichen der zweiten Ableitungen der Erreichbarkeitsfunktion über den Koordinaten C_1 und C_2 erhält man die Beziehungen

$$\operatorname{sign} \frac{\partial^2 f^*}{\partial C_1^2} = \operatorname{sign} \left\{(\beta_1 - 1) \left[\frac{C_1}{C_2} - x_1(1 - \beta_1) - x_2(1 - \beta_2)\right] + (1 - \beta_1)\, \beta_1 x_1 + (1 - \beta_2)\, \beta_2 x_2\right\} \tag{5.4.55a}$$

$$\operatorname{sign} \frac{\partial^2 f^*}{\partial C_2^2} = \operatorname{sign} \left(\frac{\beta_1 + 1}{\beta_1 - 1}\right) \operatorname{sign} \frac{\partial^2 f^*}{\partial C_1^2} \tag{5.4.55b}$$

Das Vorzeichen des Ausdruckes in (5.4.55a) wird positiv bei folgenden Bedingungen: $\beta_2 \geqq 1$ und $\beta_1 \geqq \beta_2 + 1$. Das Vorzeichen des Ausdruckes in (5.4.55b) wird positiv, wenn die Bedingung $\beta_2 < \beta_1 + 1$ erfüllt wird. Genügen nunmehr β_1 und β_2 den angeführten Bedingungen, die ihrerseits für die gesamte Menge V_C gelten, so stellt die optimale Reaktorfahrweise für beide der Steuerparameter — Durchsatz und Eingangskonzentration — eine zyklische Fahrweise mit Rechteckschwingungen dar. Eine solche Fahrweise erhält man zum Beispiel, wenn die Reaktion $A_1 \to A_3$ eine Reaktion erster Ordnung darstellt und für die Reaktionsordnung der Reaktion $A_1 \to A_2$ gilt $\beta_1 \geqq 2$.

Formulierung der Aufgabe II im Mittleren

Bei vorgegebener mittlerer Produktivität für den Stoff A_2 und mittlerer Eingangskonzentration sowie vorgegebenem mittlerem Durchsatz ist die mittlere Reaktorproduktivität bezogen auf den Stoff A_3 (der als Abfall angenommen wird) zu minimieren. Die Betrachtung erfolgt für den ideal durchmischten Reaktor.

Als Steuerparameter, die periodische Schwingungen zulassen, werden die Konzentrationen $c_e = u_1$ des Stoffes A_1 am Reaktoreingang und der Durchsatz $D = u_2$ ausgewählt. Formell kann man schreiben

$$-\overline{u_2 x_2}^u = -V\overline{r_2}^u \to \max \tag{5.4.56}$$

Die Nebenbedingungen lauten

$$\overline{u_1 u_2}^u = a; \qquad \overline{x_1 u_2}^u = b \tag{5.4.57}$$

$$u_{i\min} \leqq u_i \leqq u_{i\max}; \qquad i = 1, 2 \tag{5.4.58}$$

Außerdem sind die Beziehungen (5.4.54a, b) zu berücksichtigen. Die Erreichbarkeitsfunktion für diese Aufgabe kann wie folgt dargestellt werden

$$f^* = -Vr_2 = -VK_2(c_e - x_1 - x_2)^{\beta_2} \tag{5.4.59}$$

Ferner gilt

$$K_1(c_e - x_1 - x_2)^{\beta_1} = \frac{C_2}{V} x_1 \tag{5.4.60a}$$

$$x_2 = \frac{V}{C_2} r_2 \qquad c_e = \frac{C_1}{C_2} x_1 \tag{5.4.60b}$$

Die Untersuchung der Erreichbarkeitsfunktion als implizite Funktion der Variablen C_1 und C_2 ergab, daß bei beliebigem $C_2 \in V_C$ gilt $f^*(C_1) = \text{const}$, d. h., daß sie von C_1 nicht abhängt. Gleichzeitig stellt f^* bei beliebigem $C_1 \in V_C$ über C_2 eine konvex ansteigende Funktion dar, wenn die Reaktionsordnung der ersten Reaktion die der zweiten Reaktion übersteigt, d. h.

$$\operatorname{sign} \frac{\partial^2 f^*}{\partial C_2^2} = \operatorname{sign} (\beta_1 - \beta_2) \tag{5.4.61}$$

Somit ergibt sich bei $\beta_1 > \beta_2$ wiederum als optimales Betriebsregime des Reaktors eine Fahrweise mit zyklischen Rechteckschwingungen der Steuerparameter. Für die Bestimmung der Regimeparameter macht es sich erforderlich, über der Menge V_C die konvexe Hülle der Erreichbarkeitsfunktion zu errichten. Da im gegebenem Fall an der Formierung der Menge V_C die Größe x_1 beteiligt ist, die ihrerseits durch die nichtlinearen statischen Gleichungen des Reaktors (5.4.52a—e) bestimmt wird, stellen die Grenzen der Menge keine geraden Linien dar, wie dies in den vorangegangenen Beispielen der Fall war. Bei $\beta_1 > \beta_2$ wird die konvexe Hülle durch eine Geradenschar gebildet, die die Grenzpunkte der Menge V_C miteinander verbinden. Die Aufgabe besteht in der Bestimmung einer solchen durch den Punkt ($C_1 = a$, $C_2 = b$) gehenden Gerade, für die sich bei wechselnder Umschaltung der Steuerparameter zwischen den zwei Basiswerten der Mittelwert der Erreichbarkeitsfunktion als maximal erweist. Die Analyse der Erreichbarkeitsfunktion gestattete auch in diesem Fall eine Vereinfachung der Aufgabe.

Formulierung der Aufgabe III im Mittleren

Bei vorgegebener mittlerer Produktivität für den Stoff A_2 ist die mittlere Produktivität des Reaktors für den Stoff A_3 zu minimieren. Die Konzentration und der Durchsatz des Stoffes A_1 werden als vorgegeben angenommen, während als Steuerparameter die Temperatur des Reaktionsgemisches ausgewählt wird. Die Ordnung der ersten Reaktion sei $\beta_1 = 2$ und die der zweiten Reaktion $\beta_2 = 1$. Die Stoffbilanzgleichung des Reaktors für die Stoffe A_1 und

A_2 können dann wie folgt formuliert werden

$$-K_{10}e^{-E_1/RT}c_1^2 - K_{20}e^{-E_2/RT}c_1 + \frac{D}{V}(c_{e1} - c_1) = 0 \qquad (5.4.62\text{a})$$

$$K_{10}e^{-E_1/RT}c_1^2 - \frac{D}{V}c_2 = 0 \qquad (5.4.62\text{b})$$

Auch hier wird der ideal durchmischte Reaktor betrachtet. Es lassen sich folgende Substitutionen einführen

$$x_1 = \frac{c_1}{c_{e1}}; \quad x_2 = \frac{c_2}{c_{e2}}; \quad \varrho = \frac{E_2}{E_1} \qquad (5.4.63\text{a})$$

$$u = \frac{K_{10}V}{D} c_{e1}e^{-E_1/RT} \qquad (5.4.63\text{b})$$

$$a = \frac{K_{20}V}{D}\left(\frac{K_{10}V}{D} c_{e1}\right)^{-\varrho} \qquad (5.4.63\text{c})$$

Die Gleichungen (5.4.62a, b) lauten nunmehr

$$-ux_1^2 - au^\varrho x_1 - x_1 + 1 = 0 \qquad (5.4.64\text{a})$$

$$ux_1^2 - x_2 = 0 \qquad (5.4.64\text{b})$$

Als äquivalente Steuerung tritt die Größe u auf

$$u_{\min} \leqq u \leqq u_{\max} \qquad (5.4.64\text{c})$$

Mit dieser Einschränkung liegen auch die Temperaturgrenzen fest. Die Aufgabe III kann nun wie folgt präzisiert werden

$$\overline{f_0(u)}^u = \overline{x_1(u)}^u \to \max \qquad (5.4.65)$$

$$\overline{x_2(u)}^u = b \qquad (5.4.66)$$

$$u_{\min} \leqq u \leqq u_{\max} \qquad (5.4.67)$$

Die Funktionen $x_1(u)$ und $x_2(u)$ können aus Gln. (5.4.64a, b) bestimmt werden

$$x_1(u) = \frac{1}{2u}\{[(au^\varrho + 1) + 4u]^{1/2} - (au^\varrho + 1)\} \qquad (5.4.68\text{a})$$

$$x_2(u) = ux_1^2 \qquad (5.4.68\text{b})$$

Für die konkreten Werte $b = 0{,}05$; $u_{\min} = 0{,}1$; $u_{\max} = 0{,}8$; $a = 6{,}1$; $\varrho = 4/3$ zeigt Abb. 5.4.8 die Erreichbarkeitsfunktion.

Die periodische Lösung erweist sich somit als optimal. Die Basiswerte betragen $u_1 = 0{,}1$; $u_2 = 0{,}8$ und die Wichtungskoeffizienten $\gamma_1 = 0{,}85$ sowie $\gamma_2 = 0{,}15$.

5.4.2.4. *Polymerisationsreaktionen*

Die Eigenschaften und die Qualität des erhaltenen Polymers hängt bekanntlich in hohem Grade von der Molmassen- bzw. Molekulargewichtsverteilung (MGV) ab. Diese Verteilung kann durch entsprechende Steuerungsmaßnahmen beeinflußt werden.

Probleme der MGV-Steuerung

Die Möglichkeiten der MGV-Steuerung im stationären Zustand sind leider stark eingeschränkt. Deshalb konzentriert man sich zum gegenwärtigen Zeitpunkt darauf, Polymerprodukte aus verschiedenen Reaktoren zu mischen. Es sind einige Arbeiten [5.4.5, 5.4.6] erschienen, in denen die Möglichkeiten einer MGV-Steuerung mittels periodischer Konzentrationsänderungen der in den Reaktor gegebenen Monomere und Initiatoren erörtert wurden. Entsprechende Untersuchungen ergaben, daß Veränderungen des mittleren Umsatzes des Monomers und der MGV-Momente zu beobachten waren, wenn sich diese Konzentrationen langsam sinusförmig änderten. Die Größe dieser Veränderungen hing natürlich von der Amplitude und der Frequenz der Konzentrationsänderungen ab. Hauptsächlich verbreiterte sich die MGV. Bei einigen Fahrweisen war auch eine Einengung der MGV zu beobachten, die bis zu 6% der Dispersion betrug. Der Effekt einer gleichzeitigen Konzentrationsänderung von Monomer und Initiator wurde nicht untersucht. Diese Resultate regen zu neuen Aufgabenstellungen für die Steuerung von Polymerisationsreaktoren an. Offensichtlich resultiert die Änderung von Parametern der MGV aus den nichtlinearen Charakteristika der Reaktoren. Aus letzterer Tatsache ergibt sich die Möglichkeit einer Effektivitätserhöhung, wenn die optimalen Werte bestimmter Steuerparameter nicht in der Klasse der konstanten Funktionen gesucht werden. Nach Auswahl der konkreten Steuerparameter, die periodische Schwingungen zulassen, und nach Lösung der Aufgabe im Mittleren werden die Bedingungen, bei denen die periodische Fahrweise das optimale Regime des Reaktors darstellt, sowie der Bereich und die Art und Weise der Steuerungsänderungen aufgefunden. Um den Erhalt analytischer Ergebnisse nicht zu komplizieren, werden in den unten angeführten Beispielen isotherme Durchlaufreaktoren mit idealer Durchmischung betrachtet.

Kinetisches Polymerisationsmodell und Aufgabenstellung im Mittleren

Es wird ein Polymerisationsprozeß ohne Berücksichtigung der Abbruchreaktion betrachtet. Folglich besteht der Reaktionsmechanismus nur aus der Initiierung und dem Kettenwachstum

$$I + M \xrightarrow{K_1} P_1 \tag{5.4.69a}$$

$$P_j + M \xrightarrow{K_2} P_{j+1}, \qquad j = 1, 2, \ldots, \tag{5.4.69b}$$

I, M, P_j — Konzentration des Initiators, des Monomeren und des Polymeren mit der Kettenlänge j im Reaktor.

Einem solchen Mechanismus entspricht zum Beispiel die Polymerisation des Caprolaktams mit Wasser als Initiator. Es sei nunmehr vorausgesetzt, daß die Geschwindigkeitskonstante K_2 nicht von der Kettenlänge des Polymers abhängt. Das Modell des Prozesses kann dann wie folgt dargestellt werden

$$\dot{I} + \frac{D}{V}(I - I_0) = -K_1IM \tag{5.4.70a}$$

$$\dot{M} + \frac{D}{V}(M - M_0) = -K_1IM - K_2M\sum_j P_j \tag{5.4.70b}$$

$$\dot{P}_j + \frac{D}{V}P_j = K_1IM\delta(j - 1) - K_2M(P_j - P_{j-1}) \tag{5.4.70c}$$

$$j = 1, 2, \ldots$$

Dabei wird mit δ das KRONECKERsche Deltasymbol und mit M_0, I_0 die Konzentration des Monomers und des Initiators am Reaktoreingang bezeichnet. Gewöhnlich wird ein solches unendliches System von Differentialgleichungen mit Hilfe der z-Transformation in ein System algebraischer Gleichungen überführt

$$P(z) = \sum_{j=1}^{\infty} z^{-j}P_j \tag{5.4.71}$$

Durch Verwendung dieser Methode erhält man

$$\frac{dI}{d\tau} + I - I_0 = -K_1IM\frac{V}{D} \tag{5.4.72a}$$

$$\frac{dM}{d\tau} + M - M_0 = -(K_1IM + K_2MM_0)\frac{V}{D} \tag{5.4.72b}$$

$$\frac{dM_0}{d\tau} + M_0 = K_1IM\frac{V}{D} \tag{5.4.72c}$$

$$\frac{dM_1}{d\tau} + M_1 = K_2MM_0\frac{V}{D} \tag{5.4.72d}$$

$$\frac{dM_2}{d\tau} + M_2 = K_2M(2M_1 + M_0)\frac{V}{D} \tag{5.4.72e}$$

Hierbei stellt $\tau = tD/V$ die dimensionslose Zeit und M_K ($K = 0, 1, 2$) die MGV-Momente des Polymers dar, die unmittelbar aus der z-Transformation bestimmt werden

$$M_K = \lim_{z\to1}\frac{d^KP(z)}{d(\ln 1/z)^K} = \sum_{n=1}^{\infty} n^KP_n \tag{5.4.73}$$

Aus den MGV-Momenten sind leicht die Ausdrücke für die zu messenden Charakteristika des Polymers zu erhalten. So errechnet sich zum Beispiel der mittlere molekulare Polymerisationsgrad aus der Gleichung

$$N_p = \frac{\sum_{n=1}^{\infty} nP_n}{\sum_{n=1}^{\infty} P_n} = \frac{M_1}{M_0} \tag{5.4.74}$$

Ferner ergibt sich die Dispersion zu

$$D_p = \frac{\left(\sum_n n^2P_n\right)\left(\sum_n P_n\right)}{\left(\sum_n nP_n\right)^2} = \frac{M_2M_0}{(M_1)^2} \tag{5.4.75}$$

Die Reaktorstatik wird durch ein System algebraischer Gleichungen charakterisiert, welches aus Gln. (5.4.72a—e) durch Nullsetzung der ersten Ableitungen erhalten wird.

Unter Beachtung der Größen M_0, I_0 und D als Steuerparameter kann folgende Optimierungsaufgabe im Mittleren formuliert werden:

Bei vorgegebenen mittleren Monomer- und Initiatordurchsätzen sowie vorgegebener mittlerer Strömungsgeschwindigkeit ist der mittlere Polymerisationsgrad N_p zu maximieren, d. h.

$$\max_{M_0,D,J_0} \overline{N_p}^{M_0,D,J_0} \tag{5.4.76}$$

bei den Nebenbedingungen

$$\overline{M_0D} = s_1 \tag{5.4.77a}$$

$$\overline{D} = s_2 \tag{5.4.77b}$$

$$\overline{I_0D} = s_3 \tag{5.4.77c}$$

und den Einschränkungen

$$M_{0\min} \leqq M_0 \leqq M_{0\max} \tag{5.4.78a}$$

$$D_{\min} \leqq D \leqq D_{\max} \tag{5.4.78b}$$

$$I_{0\min} \leqq I_0 \leqq I_{0\max} \tag{5.4.78c}$$

Somit wird angenommen, daß die Qualität des Polymers nur durch den mittleren molekularen Polymerisationsgrad bestimmt wird. Zu den Aufgabenbedingungen muß noch die Gleichung der Reaktorstatik hinzugefügt werden, die man aus Gln. (5.4.72a—e) erhält

$$M + \frac{aM}{D}\,\frac{I_0}{1 + \frac{aM}{D}}\left(1 + \frac{bM}{D}\right) = M_0 \tag{5.4.79}$$

Dabei sind $a = K_1 V$ und $b = K_2 V$. Außerdem gilt $N_p = M_1/M_0 = bM/D$. Die Größen M_0, D, I_0 und M können mit u_1, u_2, u_3 und x bezeichnet werden. Somit erhält man die endgültige Aufgabenstellung

$$\overline{b \frac{x}{u_2}}^{u} \to \max \tag{5.4.80}$$

Die Nebenbedingungen lauten

$$\overline{u_1 u_2}^{u} = C_1; \qquad \overline{u_2} = C_2; \qquad \overline{u_2 u_3} = C_3 \tag{5.4.81a}$$

$$x + \frac{ax}{u_2} \frac{u_3}{1 + \frac{ax}{u_2}} \left(1 + \frac{bx}{u_2}\right) = u_1 \tag{5.4.81b}$$

$$u \in V_u$$

Dabei wird V_u durch die Beschränkungen nach Gln. (5.4.78a—c) bestimmt.

Bestimmung des Charakters der optimalen Fahrweise

Zur Lösung der Aufgabe (5.4.80) wird die Erreichbarkeitsfunktion gebildet

$$f^*(C_1, C_2, C_3) = \frac{bx}{C_2} \tag{5.4.82}$$

Die Größe $x = M$ erhält man aus

$$x + \frac{ax}{C_2\left(1 + \frac{ax}{C_2}\right)} \frac{C_3}{C_2} \left(1 + \frac{bx}{C_2}\right) = \frac{C_1}{C_2} \tag{5.4.83}$$

Die Menge V_C wird hier durch die Nebenbedingungen (5.4.77a—c) bestimmt und stellt ein konvexes dreidimensionales Vieleck nach Abb. 5.4.8a dar. Nunmehr kann das Verhalten der Erreichbarkeitsfunktion über der Menge V_C untersucht werden. Aus Gln. (5.4.82) und (5.4.83) folgt

$$\frac{\partial f^*}{\partial C_1} < 0; \quad \frac{\partial^2 f^*}{\partial C_1^2} > 0 \tag{5.4.84a}$$

Der zweite partielle Differentialquotient gilt nur bei $K_2 < K_1$. Ferner erhält man für beliebige C_1 und C_3 der Menge V_C

$$\frac{\partial f^*}{\partial C_2} < 0; \quad \frac{\partial^2 f^*}{\partial C_2^2} > 0 \tag{5.4.84b}$$

Über die gesamte Menge V_C gilt

$$\frac{\partial f^*}{\partial C_3} < 0; \quad \frac{\partial^2 f^*}{\partial C_3^2} > 0 \tag{5.4.84c}$$

Somit kann die Schlußfolgerung gezogen werden, daß auch in diesem Fall die optimale Reaktorfahrweise eine zyklische Fahrweise für jeden der Steuerparameter darstellt. Die Bestimmung ihrer Basiswerte für die Aufgabe allgemeiner Form nach Gl. (5.4.80) ist relativ schwierig, da sie mit der Notwendigkeit der Ermittlung der konvexen Hülle einer vierdimensionalen Funktion über V_C verbunden ist. Diese Aufgabe kann vereinfacht werden, wenn die Nebenbedingung für den mittleren Initiatordurchsatz als unbedeutend angenommen wird. Dabei muß die Initiatorkonzentration auf dem minimal zulässigen Wert gehalten werden, da die Zielfunktion mit ihrer Verminderung anwächst

$$\frac{\partial N_p}{\partial u_3} = \frac{b}{C_2} \frac{\partial x}{\partial u_3} = -\frac{b}{C_2} \frac{1 + \frac{bx}{C_2}}{1 + \frac{b}{C_2}} < 0 \tag{5.4.85}$$

Somit gilt $u_3 = u_{3\min}$.

Beispiel: Es sei die Lösung der Aufgabe (5.4.80) am Beispiel der Polymerisationsreaktion des Caprolaktams mit Wasser als Initiator betrachtet. Die Polymerisationsreaktion möge in einem kontinuierlichem isothermen Durchlaufreaktor mit vollkommener Durchmischung verlaufen. Die Werte für das stationäre Regime (S) dieses Prozesses werden wie folgt angenommen [5.4.6]:

$K_{1S} = 8 l/\text{Mol h}$; $K_{2S} = 10 l/\text{Mol h}$; $M_0{}^S = 10\ \text{Mol}/l$; $\theta^S = \frac{V}{D_S} = 5\ \text{h}$ und $I_{0S} = 0{,}1\ \text{Mol}/l$.

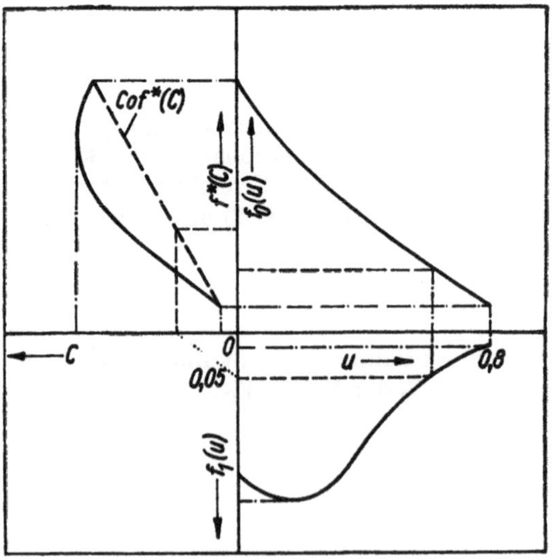

Abb. 5.4.8: Veranschaulichung der Erreichbarkeitsfunktion bei der Aufgabenstellung III

Die Beschränkung des mittleren Initiatordurchsatzes wird als unwesentlich angenommen. Da im gegebenen Fall $K_2 > K_1$ gilt, ergibt sich über der Menge V_C

$$\frac{\partial^2 f^*}{\partial C_1^2} < 0; \quad \frac{\partial^2 f^*}{\partial C_2^2} > 0 \tag{5.4.86}$$

Das bedeutet, daß die Erreichbarkeitsfunktion über der einen Koordinate konvex und über der anderen konkav ist. Folglich stellt das optimale Reaktionsregime eine zyklische Fahrweise für C_1 und C_2 dar. Für die Werte $M_{0\min} = 5$ Mol/l, $M_{0\max} = 20$ Mol/l, $\theta_{\min} = V/D_{\max} = 2{,}5$ h, $\theta_{\max} = 10$ h, $I_{0\min} = I_{0\max} = 0{,}1$ Mol/l, $V/C_2 = 5$ h und $C_1/C_2 = 10$ Mol/l wurden die Parameter der optimalen zyklischen Fahrweise bestimmt. Die Basiswerte der Steuerung

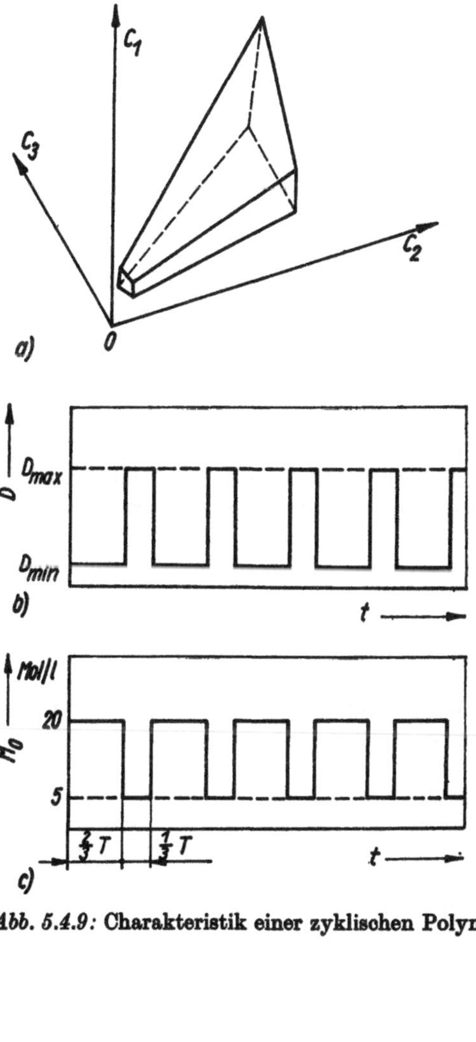

Abb. 5.4.9: Charakteristik einer zyklischen Polymerisationsreaktion

sind $M_{01} = 20$ Mol/l, $M_{02} = 5$ Mol/l, $D_1 = V/10$ h, $D_2 = V/2{,}5$ h. Als Wichtungskoeffizienten findet man $\gamma_1 = 2/3$ und $\gamma_2 = 1/3$. Die letzteren Werte wurden aus dem linearen Gleichungssystem $\gamma_1 D_1 + \gamma_2 D_2 = D^S$ und $\gamma_1 + \gamma_2 = 1$ aufgefunden. Die Werte für die Konzentration des Monomers erhält man aus Gl. (5.4.79) zu $M_1 = 1{,}817$ Mol/l und $M_2 = 1{,}435$ Mol/l. Somit ergibt sich folgender Mittelwert für die Zielfunktion $\overline{N_p} = K_2(\gamma_1 M_1 \theta_{\max} + \gamma_2 M_2 \theta_{\min}) = 133{,}2$. Bei der vorliegenden Aufgabe, in der die Steuerung nur einen zeitlich unveränderlichen Wert annehmen kann, beträgt der optimale Wert der Zielfunktion $N_p = 83{,}25$. Die Effektivitätssteigerung beträgt somit 60%. Den Charakter des optimalen zyklischen Regimes zeigt Abb. 5.4.8b.

Literatur

[5.4.1] Andrlevekaja, G. M., Zaev, A. V., Flejtchaker, B. N. u. Cirlin, A. M.: Avtomatizacija chimičeskich proizvodstv (1979) 4, 29–35

[5.4.2] Dorogov, N. N.: Avtoreferat disert. K. T. N., Moskva, MIChM 1973

[5.4.3] Codell, R. B. u. Engel, R. B.: A. I. Ch. E. J. 17 (1971) 1, 220–225

[5.4.4] Aris, R.: „*Analiz processov v chimičeskich reaktorach*" Verlag Chimija, Leningrad 1967, (s. S. 40 dieser Monografie, Lit. [1.2.1.])

[5.4.5] Lannus, A. u. Kershenbaum, L. S.: A. I. Ch. E. J. 16 (1970) 329–331

[5.4.6] Lund, M. M. u. Seagrave, R. C.: A. I. Ch. E. J. 17 (1971) 1, 30–37

5.5. Semi-kontinuierliche bzw. zyklische Fahrweise von Fermentoren

In der chemischen und biologischen Verfahrenstechnik sind Fahrweisen anzutreffen [5.5.1 bis 5.5.4], bei denen eine Portion (Teilvolumen) ΔV des Eingangsstoffes periodisch (zyklisch) in die Prozeßeinheit mit dem Arbeitsvolumen V zudosiert und gleichzeitig die gleiche Menge Zielprodukt entnommen wird. Diese Prozesse werden manchmal als halbkontinuierlich (in der Mikrobiologie auch als Zulauf-Ablauf Verfahren der Kultivierung von Mikroorganismen) bezeichnet. Die Besonderheit dieser Fahrweise, weswegen man sie auch gesondert behandeln kann, besteht darin, daß ein endlicher Teil des Reaktionsgemisches in der Prozeßeinheit während einer im Vergleich zur Dauer der Übergangsprozesse unendlich kleinen Zeitspanne erneuert wird. Formell besitzt der Durchsatz einen δ-Bestandteil (Dirac-Impuls) und der Konzentrationsvektor ändert sich sprungförmig, d. h. er stellt über die Zeit eine unstetige Funktion dar.

Zunächst werden die grundlegenden Gleichungen, die einen derartigen Prozeß bei angenommener idealer Durchmischung im Reaktor bzw. Fermentor charakterisieren, formuliert sowie die Optimalitäts- und Stabilitätsbedingungen eines solchen Regimes aufgefunden. Danach wird ein konkreter Prozeß der Kultivierung von Mikroorganismen betrachtet.

5.5.1. Grundlagen der Modellierung und Optimierung semikontinuierlicher Fermentationsprozesse

Der Vektor $C = (C_1, \dots, C_m)$ sei der Konzentrationsvektor der Schlüsselkomponenten im Fermentor und C_e der zeitlich unveränderliche Vektor, der die Konzentration des Eingangsstoffgemisches charakterisiert. Die Konzentration C_e sei mit Null angenommen. Sollte das nicht der Fall sein, so kann ein äquivalenter Konzentrationsvektor mittels Umformung $y = (C - C_e)$ eingeführt werden. Das mathematische Modell der Kinetik wird in Form eines Gleichungssystems vorgegeben

$$y_i = f(y); \qquad i = 1, 2, \dots, m \tag{5.5.1}$$

Die halbkontinuierliche (zyklische) Fahrweise wird durch die Periodendauer T, den Verdünnungskoeffizienten $\gamma = \Delta V/V$ sowie die Konzentration am Anfang des Zyklus $y(0)$ und an dessen Ende $y(T)$ charakterisiert. Aus den Gleichungen der Stoffbilanz erhält man die Beziehungen zwischen den Konzentrationen vor und nach Zugabe des Eingangsstoffgemisches. Die Verdünnungsbedingung lautet

$$y_i(0) = y_i(T)\,(1 - \gamma); \qquad i = 1, 2, \dots, m \tag{5.5.2}$$

Der Prozeß verläuft folgendermaßen. Im Moment t_0 wird der Fermentor mit dem Eingangsstoffgemisch der Konzentration y^0 beschickt. Danach erfolgt die Stoffumwandlung entsprechend Gl. (5.5.1) bis zu einer bestimmten Konzentration $y(T)$. Jetzt wird das Endprodukt entnommen und Eingangsstoffgemisch hinzugegeben, so daß sich die Konzentration im Fermentor sprungförmig auf $y(0)$ ändert. Danach stellt sich ein zyklisches Regime ein. In Abb. 5.5.1 wird der Charakter der zeitabhängigen Konzentrationsänderungen y_i und in Abb. 5.5.2 der Verlauf des Prozesses in der Phasenebene mit den Koordinaten y_1, y_2 gezeigt. Die Anfangskonzentration y^0 bestimmt diejenige der Phasentrajektorien, entlang derer die freie Bewegung des Systems von

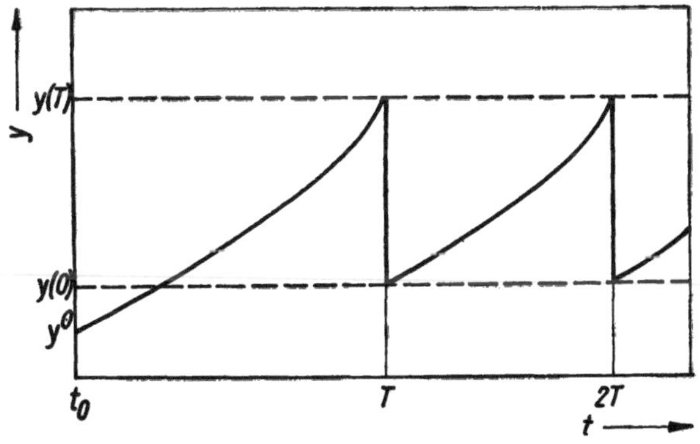

Abb. 5.5.1: Zyklisches Arbeitsregime eines Fermentationsprozesses (Semikontinuierlicher Prozeß)

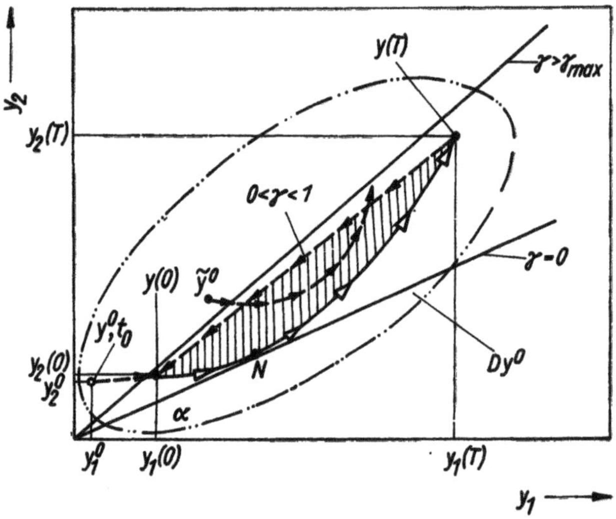

Abb. 5.5.2: Schematische Darstellung eines zyklischen Prozesses im Phasendiagramm

Null bis T verläuft. Die Verdünnungsbeziehung (5.5.2) fungiert hier als Zyklusbedingung und bedeutet, daß die Punkte, die dem Anfang und dem Ende der freien Bewegung im Zyklus entsprechen, auf einer Geraden liegen, die aus dem Koordinatenursprung in den Phasenraum verläuft. Wenn die Gerade die Phasentrajektorie nur berührt (tangiert), so bedeutet das, daß $y(T) \to y(0)$ und $\gamma \to 0$, was einer kontinuierlichen Fahrweise mit konstantem Durchsatz entspricht (Abb. 5.5.2, Punkt N).

Als Optimalitätskriterium wird die äquivalente Produktivität ausgewählt, die die mittlere Ausbeute der Zielprodukte in einer Zeiteinheit und einer Volumeneinheit des Fermentors unter Berücksichtigung der Kosten der Eingangs- und Zielprodukte charakterisiert. Dieses Kriterium kann wie folgt formuliert werden

$$I = \frac{\gamma}{T} \{[P, y(T)] - P_0\} \tag{5.5.3}$$

Hierbei stellt P_0 den Preis einer Volumeneinheit des in den Fermentor eindosierten Stoffgemisches und $P = (P_1, P_2, \ldots, P_m)$ den Preisvektor der ihn verlassenden Zielprodukte dar. Die Optimierungsaufgabe besteht in der Bestimmung solcher Vektoren y^0, $y(0)$, $y(T)$, des Koeffizienten γ und der Periode T, für die das Effektivitätskriterium (5.5.3) seinen maximalen Wert erreicht.

Aus Gl. (5.5.1) erhält man durch Integration

$$y_i(0) = y_i^0 + \int_{t_0}^{0} f_i[y(t)]\, dt, \qquad i = 1, 2, \ldots, m \tag{5.5.1a}$$

$$y_i(T) = y_i^0 + \int_{t_0}^{T} f_i[y(t)]\, dt, \qquad i = 1, 2, \ldots, m \tag{5.5.1b}$$

Für die eben genannte Optimierungsaufgabe kann die Zahl der freien Parameter bestimmt werden. Die Gesamtzahl der Variablen stellt die Summe von y_i^0, $y_i(0)$, $y_i(T)$ für $i = 1, 2, \ldots, m$, γ, T und t_0 dar und beträgt somit $3m + 3$. Aus Gln. (5.5.2), (5.5.1a) und (5.5.1b) ergeben sich die Bedingungen zu $3m$. Somit hängt die Zahl der freien Variablen nicht von der Dimension des Vektors y ab und übersteigt nicht drei. Wenn jedoch bei der Auswahl des Vektors y^0 zusätzliche Bedingungen in Gleichungsform zu berücksichtigen sind, so ist die Anzahl der freien Variablen kleiner als drei. Ist zum Beispiel der Vektor y^0 fixiert, so errechnet sich die Zahl der freien Parameter bei Verdünnung wie $2m + 3 - 3m = 3 - m$ und bei $m = 3$ verliert die Aufgabe ihren Sinn. Oftmals ist der Vektor y^0 nicht festgelegt, befindet sich aber auf einem Strahl, der aus dem Koordinatenursprung in den Punkt $y(T)$ führt, d. h. die Auswahl der einen oder anderen Phasentrajektorie wird durch entsprechende Wahl von γ bei fixiertem $y(T)$ verwirklicht (vgl. Abb. 5.5.2). Variable sind in diesem Fall $y(0)$, $y(T)$, γ und T, die durch die Bedingung

$$y_i(T) = y_i(0) + \int_0^T f_i(y)\, dt, \qquad i = 1, 2, \ldots, m \tag{5.5.4}$$

und die Verdünnungsbeziehung (5.5.2) verbunden sind. Die Zahl der freien Parameter beträgt $(2m + 2) - 2m = 2$ und hängt wie auch in der allgemeinen Aufgabenstellung nicht von der Dimension des Vektors y ab.

Es bestehen zwei Möglichkeiten zur Vorgabe des kinetischen Modells des Prozesses:

1. Gegebene Gesamtheit der kinetischen Kurven $y[t, y(0)]$ oder des äquivalenten Phasenportrait mit Zeitmarken auf den Phasentrajektorien

Die Verdünnungsbedingung (5.5.2) und das Optimalitätskriterium (5.5.3) kann auf folgende Form gebracht werden

$$y(0) = (1 - \gamma)\, y[P, y(0)] \tag{5.5.2a}$$

$$I = \frac{\gamma}{T} \left\{ \left[P, \frac{y(0)}{1 - \gamma} \right] - P_0 \right\} \tag{5.5.3a}$$

Damit ergab sich eine Aufgabe der nichtlinearen Programmierung zur Bestimmung des Maximums von (5.5.3a) mit m Anfangsbedingungen (5.5.2a) und Nebenbedingungen für die gesuchten Variablen, die die möglichen Werte von $y(0)$, γ und $T \geqq 0$ bestimmen. Die Dimension der Aufgabe kann erheblich verringert werden, wenn in den Anfangsbedingungen (5.5.2a) $y(0)$ durch γ und T ausgedrückt sowie in (5.5.3a) einsetzbar ist. In diesem Fall erhält man eine Optimierungsaufgabe mit zwei Variablen und ohne Einschränkungen.

Für ein Gleichungssystem mit zwei Variablen kann das Phasenportrait erfolgreich verwendet werden. Jede aus dem Koordinatenursprung herausgehende und eine Phasentrajektorie in zwei Punkten berührende oder schneidende Gerade bestimmt eine zyklische Fahrweise. Die Schnittpunkte entsprechen den Konzentrationen $y(0)$ und $y(T)$, die Größe von γ wird aus der Bedingung (5.5.2) aufgefunden und der Wert von T wird mittels der Zeitmarken auf dem Phasenportrait bestimmt (Abb. 5.5.2). Ein und dieselbe Gerade kann mehrere Trajektorien schneiden, von denen jeder ein Wert $\bar{y}^0$ entspricht (Abb. 5.5.2). Aus diesen Schnittpunkten kann eine zyklische Fahrweise so ausgewählt werden, daß das Optimalitätskriterium I seinen größten Wert erreicht. Dadurch erhält man die Funktion $I_{\max}(\alpha)$. Hierbei stellt α den Neigungswinkel des Strahls dar. $I_{\max}$ gibt den größten Wert der Produktivität des Fermentors für Fahrweisen an, die dem fixierten Winkel α zugehören. Das Maximum dieser Funktion über α entspricht der optimalen Fahrweise.

2. Bestimmung von $y(t)$ durch Differentialgleichungen

In diesem Fall stellt die Aufgabe zur Bestimmung des Maximums des Kriteriums (5.5.3) bei Nebenbedingungen in Form von Differentialgleichungen (5.5.1) und der Verdünnungsbedingung (5.5.2) eine Variationsaufgabe mit einer großen Zahl von Variablen und der sie verbindenden Bedingungen dar. Die Spezifik dieser Aufgabe besteht darin, daß in ihr zwei oder drei Parameter frei sind. Entsprechende Hinweise dazu sind bereits weiter oben gegeben worden. Die genannte Besonderheit führt dazu, daß die Verwendung von numerischen Algorithmen, die auf der LAGRANGEschen Funktion basieren, wegen der großen Zahl von Hilfsgleichungen unzweckmäßig sind. Vorteilhafter ist in diesem Fall die Anwendung von direkten Suchalgorithmen im Raum der freien Parameter. Gleichzeitig ist damit das Lösen der Hauptgleichungen der Optimierungsaufgabe für jeden Punkt auf der Suchtrajektorie zu verbinden. Für solche Aufgaben kann zum Beispiel eine Variante der Simplex-Algorithmen der nichtlinearen Programmierung empfohlen werden, da sie verhältnismäßig weniger Rechenaufwand erfordern.

5.5.2. Stabilität semi-kontinuierlicher Fermentationsprozesse

Es sei angenommen, daß eine Lösung, und zwar die im Intervall $(0, T)$ bestimmte Vektorfunktion $y^*(t)$, und der Wert des Verdünnungskoeffizienten γ aufgefunden wurde. Durch Linearisierung von Gl. (5.5.1) in der Umgebung der aufgefundenen Lösung bezüglich des Intervalls der freien Bewegung im Phasenraum erhält man die Gleichungen in Variationsform:

$$v_i = \sum_j a_{ij}(t)\, v_j, \tag{5.5.5}$$

$$t \in (0, T), \qquad i, j = 1, 2, \ldots, m$$

Offensichtlich gilt die Verdünnungsbedingung (5.5.2) auch für die Variation der Lösung $v(t)$

$$v(KT) = (1 - \gamma)\, v[T(K + 1)]; \qquad K = 0, 1, 2, \ldots \tag{5.5.6}$$

Der Sprung der Funktion v im Moment $t = KT$ gestattet es nicht, auf das Gleichungssystem (5.5.5) die im Abschnitt 4.5. dargelegten Methoden anzuwenden. Das kann jedoch unter Einführung eines Hilfssystems bezüglich der Variablen $v(t)$ unschwer erreicht werden. Innerhalb des Intervalls $(0, T)$ fügt sich die Vektorfunktion $v(t)$ Gl. (5.5.5) $v(\hat{0}_+) = v(0_+)$ und bei $t = 0 + KT$ ist sie stetig, d. h.

$$\dot{\hat{v}}_j = \sum_j a_{ij}(t)\,\hat{v}_i, \qquad i = 1, 2, \ldots, m \tag{5.5.5a}$$

$$\hat{v}(KT) = \hat{v}[T(K+1)], \qquad K = 0, 1, 2, \ldots \tag{5.5.6a}$$

Offensichtlich sind $\hat{v}(0 + KT)$ und $v(0 + KT)$ miteinander wie folgt verbunden

$$v(KT) = \hat{v}(KT)\,(1-\gamma)^K \tag{5.5.7}$$

Auf das Hilfssystem (5.5.5a) und (5.5.6a) können nun die Stabilitätsbedingungen nach Ljapunow angewendet werden.

Es sei angenommen, daß eine konstante Matrix $\hat{B}$, die die Stabilität des Systems (5.5.5a) und (5.5.6a) bestimmt (siehe Abschnitt 4.5.) aufgefunden wurde. Gl. (5.5.7) gestattet nun die Behauptung, daß die Matrix B, die die Werte des Vektors $v(t)$ für die Momente $t = KT$ bestimmt, charakteristische Zahlen besitzt, die man durch Verschiebung der $(m-1)$-ten charakteristischen Zahl der Matrix B entlang der realen Achse um die Größe $\alpha = \frac{\ln(1-\gamma)}{T}$ erhält. Betrachtet wird die $(m-1)$-te Zahl, da das Gleichungssystem (5.5.1), durch dessen Linearisierung das System (5.5.6) erhalten wurde, die Zeit nicht in expliziter Form enthält. Für die skalare Funktion $v(t)$ gilt

$$\frac{v[T(K+1)]}{v(KT)} = \frac{\hat{v}[T(K+1)]}{v(KT)}\,(1-\gamma) = e^{(\lambda+\alpha)T} \tag{5.5.8}$$

Im allgemeinen Fall können die äquivalenten charakteristischen Kennzahlen, die die Stabilität der zyklischen Fahrweise mit Verdünnung bestimmen, aus den charakteristischen Kennzahlen der Matrix $A = \|a_{ij}\|$ durch die Gleichungen

$$\lambda_{\nu\hat{a}} = \lambda_{\nu A} + \alpha \tag{5.5.9}$$

erhalten werden.

Da sich der Verdünnungskoeffizient $\gamma = \Delta V/V$ immer zwischen Null und Eins befindet, gilt $\alpha < 0$, was die Stabilität des Systems noch erhöht. Nach Addition der linken und rechten Seiten von Gl. (5.5.9) in den Grenzen von $\nu = 1$ bis $\nu = m$ und unter Verwendung von Gl. (4.5.10) des Abschnittes 4.5. erhält man die notwendige Bedingung der negativen realen Teile aller charakteristischer Kennzahlen außer den nullten

$$\begin{aligned}\sum_{\nu=1}^{m-1} \lambda_{\hat{a}} &= \sum_{\nu=1}^{m-1} \lambda_{\nu A} + \alpha(m-1) \\ &= \frac{1}{T}\int_0^T \sum_{i=1}^{m} a_{ii}(t)\,dt + \frac{m-1}{T}\ln(1-\gamma) < 0\end{aligned} \tag{5.5.10a}$$

oder

$$\frac{1}{m-1}\int_0^T \sum_{i=1}^m a_{ii}(t)\,dt < -\ln(1-\gamma) \qquad (5.5.10\text{b})$$

Für ein System zweiter Ordnung ($m = 2$) ist Bedingung (5.5.10b) notwendig und hinreichend für die Stabilität. In Anlehnung an das Stabilitätskriterium nach Poincaré (vgl. Abschnitt 4.5.) kann für Prozesse mit Verdünnung formuliert werden

$$(1-\gamma)\, e^{\int_0^T [a_{11}(t)+a_{22}(t)]dt} < 1 \qquad (5.5.11)$$

Somit können im statischen Regime instabile Prozesse ($\gamma = 0$) bei zyklischer Fahrweise mit Verdünnung stabil gefahren werden.

5.5.3. Anwendungsfall einer zyklischen Fahrweise zur Kultivierung von Mikroorganismen

Die Kultivierung von Mikroorganismen stellt den technologischen Grundprozeß bei der Herstellung von Produkten auf Basis der Biosynthese dar. Sie wird gewöhnlich in geschlossenen Behältern in einem flüssigen Medium, das Mikroorganismen und aufgelöste Nährstoffe enthält, durchgeführt (Abb. 5.5.3). Die

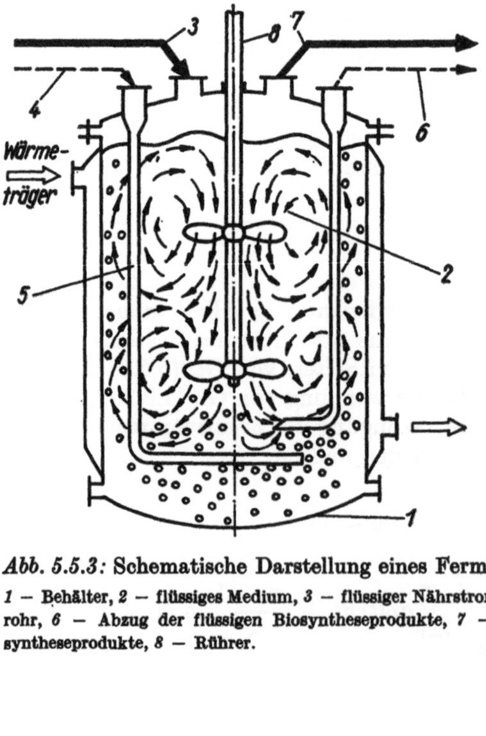

Abb. 5.5.3: Schematische Darstellung eines Fermentors

1 – Behälter, *2* – flüssiges Medium, *3* – flüssiger Nährstrom, *4* – Gasstrom, *5* – Sprudelrohr, *6* – Abzug der flüssigen Biosyntheseprodukte, *7* – Abzug der gasförmigen Biosyntheseprodukte, *8* – Rührer.

Nährstoffe werden in den Fermentor durch den Flüssigkeitsstrom (3) und das Gasgemisch (4) eingeführt. Die in das Medium (2) abgeschiedenen Produkte des Biosyntheseprozesses zieht man entweder als flüssige (6) oder gasförmige (7) Phase ab.

Der Inhalt des Fermentors (1) unterliegt einer intensiven Durchmischung durch den Rührer (8) sowie den sprudelnden Gasstrom (4, 5). Die Temperatur T, der Druck P, der pH-Wert, das Arbeitsvolumen V und einige andere Variablen, die das Medium (2) im Fermentor charakterisieren, werden auf ihren optimalen Werten stabilisiert und hängen praktisch nicht von den Konzentrationen $y = \{y_1, y_2, \ldots, y_m\}$ der Schlüsselkomponenten (Konzentration der Mikroorganismen, Konzentration der Nährstoffe und einiger Biosyntheseprodukte) ab.

Das kinetische Modell des Biosyntheseprozesses sei in Form eines Systems von nichtlinearen Differentialgleichungen vorgegeben

$$\dot{y}(t) = f[y(t)], \tag{5.5.12}$$

$y(t)$, $\dot{y}(t)$ — Vektorfunktionen der Schlüsselkomponentenkonzentration. $y_i(t)$ mit $i = 1, 2, \ldots, m$ — ihre ersten Ableitungen nach der Zeit t

Die Lösung des Gleichungssystems (5.5.12) beschreibt die Kultivierung von Mikroorganismen in einem diskontinuierlich arbeitenden Fermentor bei völliger Durchmischung. Diese Bedingung entspricht einer breiten Klasse von Aufgaben der Mikroorganismenkultivierung.

Bei einer ganzen Reihe von Produktionsprozessen (z. B. bei der Herstellung von bakteriellen Präparaten) sind Kultivierungsregime verbreitet, bei denen dem Fermentor mit dem Arbeitsvolumen V periodisch eine Portion ΔV eines Mediums mit bestimmter Zusammensetzung (gewöhnlich ist das das flüssige Eingangsnährmedium 3) zugeführt und gleichzeitig ΔV Gemisch dem Fermentor entnommen wird, d. h. Regimes mit gesteuerter Verdünnung des Fermentorinhaltes (semi-kontinuierliche Fahrweise).

Im allgemeinen erweist es sich dabei als zweckmäßig, die Möglichkeit der periodischen (zyklischen) Zugabe eines beliebigen i-ten Reaktanten ($i = 1, 2, \ldots, m$) zu berücksichtigen.

Die Besonderheit des Kultivierungsprozesses von Mikroorganismen besteht darin, daß der Konzentrationsvektor der Schlüsselkomponenten im Eingangsstoffgemisch y_0 ungleich Null ist.

Als konkretes Beispiel sei nunmehr die Kultivierung von Diphteriebakterien des Stammes PW-8 betrachtet.

Das mathematische Modell des Prozesses hat die Form

$$\dot{x} = \mu(p)\, x = f_x(x, p) \tag{5.5.13a}$$

$$\dot{p} = \nu(p)\, x = f_p(x, p) \tag{5.5.13b}$$

$x(t)$, $p(t)$ — Konzentration der Mikroorganismen bzw. der Biosyntheseprodukte.

Die relative Wachstumsgeschwindigkeit der Population $\mu(p)$ und die relative Bildungsgeschwindigkeit der Biosyntheseprodukte $\nu(p)$ können wie folgt dargestellt werden

$$\mu(p) = \mu_m \frac{K_p}{K_p + p(t)} \tag{5.5.14a}$$

$$\nu(p) = a\mu(p) + b \tag{5.5.14b}$$

μ_m, K_p, a und b — kinetische Konstanten.

Die Bestimmung der Parameterwerte des Modells (5.5.13) erfolgte auf Grundlage von experimentell ermittelten Konzentrationen $x_{\text{exp}}(t)$ und $p_{\text{exp}}(t)$. Eine Gegenüberstellung der mittels Modell bestimmten Funktionen $\mu(p)$ und $\nu(p)$ sowie ihrer experimentellen Ausgangswerte zeigt Abb. 5.5.4.

Das optimale zyklische Regime des Prozesses (5.5.13) wurde durch Maximierung des Kriteriums

$$I = \frac{\gamma}{\tau} \left[P_x x(\tau) + P_p p(\tau) - P_0\right] \tag{5.5.15}$$

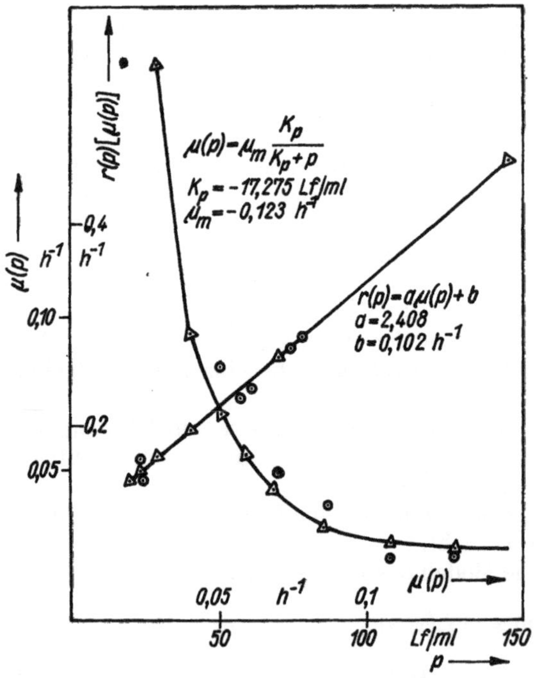

Abb. 5.5.4: Darstellung der relativen Wachstumsgeschwindigkeit $\mu(p)$ und der relativen Bildungsgeschwindigkeit der Biosyntheseprodukte $r(P)$ für *Corynebacterium diphteriae* des Stammes PW-8

△ — Modellwerte, ⊙ — experimentelle Werte

über dem zulässigen Wertebereich D bei einem Preisverhältnis zwischen Nährflüssigkeit, Mikrobenmasse und Zielprodukt von $P_0 : P_x : P_p = 0{,}1 : 0{,}5 : 1{,}0$ bestimmt. Der zulässige Wertebereich der Variablen folgt aus den Nebenbedingungen (5.5.13), die entsprechend Gln. (5.5.1a) und (5.5.1b) in folgender Form auftreten

$$x(0) = x^0 + K_1 \int\limits_{t_0}^{0} \frac{x(t)}{K_p + p(t)}\, dt \tag{5.5.16a}$$

$$p(0) = p^0 + \int\limits_{t_0}^{0} \left(\frac{K_2}{K_p + p(t)} + b \right) dt \tag{5.5.16b}$$

$$x(\tau) = x^0 + K_1 \int\limits_{t_0}^{\tau} \frac{x(t)}{K_p + p(t)}\, dt \tag{5.5.16c}$$

$$p(\tau) = p^0 + \int\limits_{t_0}^{\tau} \left(\frac{K_2}{K_p + p(t)} + b \right) dt \tag{5.5.16d}$$

$K_1 = \mu_m \cdot K_p, \quad K_2 = a \cdot K_1.$

Die Zyklusbedingungen haben entsprechend Gl. (5.5.2) die Form $x(0) = x(\tau)\,(1 - \gamma)$ und $p(0) = p(\tau)\,(1 - \gamma)$. Weiterhin gelten die Ungleichungen $0 \leqq \gamma \leqq 1, \tau > 0, x(t) > 0$ und $p(t) \geqq 0$.

Im betrachteten Beispiel wurden als freie Variable x^0, p^0 und $x(0)$ (bei einer Gesamtzahl von 9 Variablen und 6 Nebenbedingungen in Gleichungsform) ausgewählt. Die gesuchten optimalen Werte der Variablen $\overset{*}{x}{}^0$, $\overset{*}{p}{}^0$, $\overset{*}{x}(0)$, $\overset{*}{p}(0)$, $\overset{*}{x}(\tau)$, $\overset{*}{\gamma}$, $\overset{*}{\tau}$ und $\overset{*}{t}_0$ wurden numerisch auf einer EDVA vom Typ BESM-4 bestimmt. Für die Berechnung der Werte t_0 und τ sind folgende Ausdrücke verwendet worden

$$t_0 = -\int\limits_{x^0}^{x(0)} F(x^0, p^0, x)\, dx \tag{5.5.17a}$$

$$\tau = \int\limits_{x(0)}^{x(\tau)} F(x^0, p^0, x)\, dx \tag{5.5.17b}$$

Dabei gilt

$$F = \frac{1}{\dot{x}} = \frac{1}{x \cdot \mu(p)} \tag{5.5.17c}$$

Der Zusammenhang zwischen p und x, d. h. die Funktion $p(x)$ erhält man durch Lösung der Differentialgleichung

$$\frac{dp}{dx} = \frac{\nu(p)}{\mu(p)} = a + \frac{b}{\mu(p)} = a + \frac{b(K_p + p)}{\mu_m K_p} \tag{5.5.18}$$

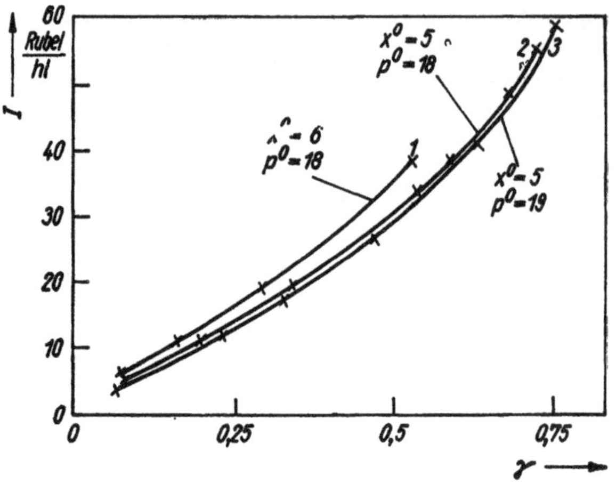

Abb. 5.5.5: **Abhängigkeit der Reaktorproduktivität I im zyklischen Regime vom Verdünnungskoeffizienten**

bei der Anfangsbedingung $p(x_0) = p_0$. Die Beziehung (5.5.18) folgt aus Gln. (5.5.13) und (5.5.14). Wie aus Abb. 5.5.5 ersichtlich ist, kann sich die Reaktorproduktivität I im zyklischen Regime in Abhängigkeit von den ausgewählten Werten der Zyklusparameter selbst bei einer Variation der Parameter x^0 und p^0 in einem relativ schmalen Bereich stark verändern (vom Wert 37,4 der Kurve 1 bis zum Wert 58,7 der Kurve 3, d. h. um 36%).

Abbildung 5.5.6 zeigt die Abhängigkeit des Maximums des Kriteriums I vom Vektor der Eingangskonzentration. Im untersuchten Bereich wird die

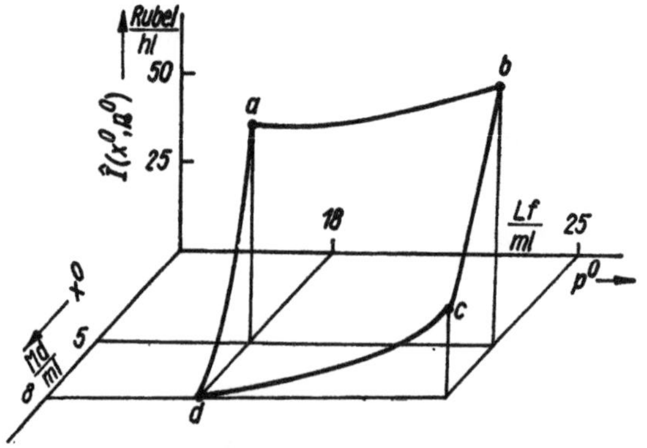

Abb. 5.5.6: **Abhängigkeit des Maximums des Kriteriums $\hat{I}$ vom Vektor der Ausgangskonzentration**

a) $\hat{I}(5,18) = 59{,}7$; $\gamma = 0{,}75$, b) $\hat{I}(5,25) = 70{,}2$; $\gamma = 0{,}82$, c) $\hat{I}(8,25) = 22{,}7$; $\gamma = 0{,}38$, d) $\hat{I}(8,18) = 1{,}1$; $\gamma = 0{,}02$.

optimale zyklische Fahrweise bei folgenden Parametern realisiert:

$\mathring{x}^0 = 5$ Md/ml; $\mathring{p}^0 = 25$ Lf/ml; $\gamma = 0{,}82$ oder

$\Delta V^* = 33l$; $\tau^* = 1{,}8$ h; $\mathring{x}(0) = 5$ Md/ml; $\mathring{p}(0) = 25$ Lf/ml;

$\mathring{x}(\tau) = 27{,}4$ Md/ml; $\mathring{p}(\tau) = 137{,}1$ Lf/ml.

Darin bedeuten die Maßeinheiten Md = Milliarden und Lf = Limes-Flockungs-Wert.

Das Optimalitätskriterium I erreicht dabei einen Wert von 70,2 Rubel/hl, was den Wert des Kriteriums für den kontinuierlichen Prozeß bei gleichen Anfangsbedingungen bei weitem übersteigt ($I = 0{,}659$ Rubel/hl). In Übereinstimmung mit (5.5.5) und (5.5.11) wurde die Stabilität des aufgefundenen optimalen zyklischen Kultivierungsregimes abgeschätzt. Bezüglich des Systems (5.5.13) gilt demzufolge

$$\dot{v}_1 = \frac{K_1}{K_p + p(t)} v_1(t) - \frac{K_2}{[K_p + p(t)]^2} x(t) v_2(t) \tag{5.5.19}$$

$$\dot{v}_2 = \left[\frac{K_2}{K_p + p(t)} + b\right] v_1(t) - \frac{K_2}{[K_p + p(t)]^2} x(t) v_2(t) \tag{5.5.20}$$

Ferner ist Gl. (5.5.11) gegeben

$$(1 - \gamma) \exp \int_0^\tau [a_{11}(t) + a_{22}(t)]\, dt < 1 \tag{5.5.21}$$

Darin sind jetzt

$$a_{11}(t) = \frac{K_1}{K_p + p(t)} \quad \text{und} \quad a_{22}(t) = -\frac{K_2 x(t)}{[K_p + p(t)]^2}$$

Die linke Seite der Ungleichung (5.5.21) besitzt den Wert 0,204. Sie ist damit kleiner als 1. Das aufgefundene zyklische Regime erweist sich deshalb als stabil.

Literatur

[5.5.1] Horn, F. I. M.: Ind. Engng. Chem., Process Design Development **6** (1967) 1, 21–29

[5.5.2] „*Sb. Nepreryvnoe kul'tivirovanie mikroorganizmov pod obšč*", redakcij I. Maleka i Z. Fencla Piščevaja promyšlennost', Moskau 1969

[5.5.3] Nikolaev, P. I.: Mikrobiologičeskaja promyšlennost' (1970), 3–14

[5.5.4] Kantere, V. M., Krylov, Ju. M. u. Basnak'jan, I. A.: Mikrobiologičeskaja promyslennost' (1970), 1–16

5.6. Zyklische Fahrweise einer biologischen Abwasserreinigungsanlage

Die biologische Abwasserreinigung nach dem Belebtschlammverfahren nimmt eine dominierende Stellung im Rahmen des Umweltschutzes und der Brauchwasserrückgewinnung ein [5.6.1]. In der Regel besitzen solche Anlagen eine zeitabhängige bzw. stochastische Belastungscharakteristik, d. h. die Abwasserzulaufmenge und ihre Schadstoffinhalte können zeitlichen Schwankungen unterliegen. Dadurch treten häufig unvernachlässigbare Instationaritäten auf. Eine Reihe von Arbeiten beschäftigen sich mit der Ausnutzung dynamischer Charakteristiken zur Effektivitätssteigerung bei biologischen Abwasserreinigungsanlagen [5.6.2 bis 5.6.4]. Für den Fall, daß die Belastungscharakteristik (wie z. B. Zulaufmenge und/oder Schadstoffe) mit Hilfe periodischer Funktionen approximiert werden kann, ist die Bestimmung einer optimalen zyklischen Fahrweise möglich. Dieser Fall wird nachfolgend untersucht [5.6.3].

5.6.1. Belastungscharakteristik und Prozeßmodell der biologischen Abwasserreinigung

In Abb. 5.6.1 ist ein mögliches Schema einer biologischen Abwasserreinigungsanlage nach dem Belebtschlammverfahren angegeben. Die Funktion solcher Anlagen ist bekannt [5.6.1]. In die biologischen Stufen II(1) und III(2) wird

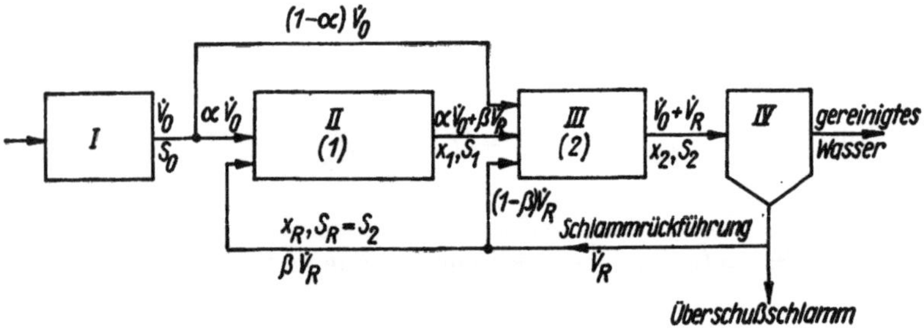

Abb. 5.6.1: Blockschema einer biologischen Abwasserreinigungsanlage

I – mechanische und chemische Vorreinigung, *II* – erste biologische Stufe (1), *III* – zweite biologische Stufe (2), *IV* – Absetzbecken

Sauerstoff (Luft) eingetragen. Dadurch soll angenommen werden, daß in den Belebtschlammbecken (1, 2) vollkommene Durchmischung herrscht. Diese Voraussetzung konnte an Großanlagen mit intensiver Belüftung nachgewiesen werden [5.6.4]. Aus diesem Grunde sind nachstehende dynamische Modelle formulierbar.

1. Biologische Stufe (II)

$$V_1 \frac{ds_1}{dt} = \alpha \dot{V}_0 s_0 + \beta \dot{V}_R s_2 - (\alpha \dot{V}_0 + \beta \dot{V}_R)\, s_1 - V_1 r_s(x_1, s_1, y) \quad (5.6.1)$$

$$V_1 \frac{dx_1}{dt} = \beta \dot{V}_R x_R - (\alpha \dot{V}_0 + \beta \dot{V}_R)\, x_1 + V_1 r_x(s_1, x_1) \quad (5.6.2)$$

2. Biologische Stufe (III)

$$V_2 \frac{ds_2}{dt} = (1 - \alpha)\, \dot{V}_0 s_0 + (\alpha \dot{V}_0 + \beta \dot{V}_R)\, s_1 + (1 - \beta)\, \dot{V}_R s_2 - (\dot{V}_0 + \dot{V}_R)\, s_2 - V_2 r_s(x_2, s_2, y) \quad (5.6.3)$$

$$V_2 \frac{dx_2}{dt} = (\alpha \dot{V}_0 + \beta \dot{V}_R)\, x_1 + (1 - \beta)\, \dot{V}_R x_R - (\dot{V}_0 + \dot{V}_R)\, x_2 + V_2 r_x(s_2, x_2) \quad (5.6.4)$$

V — Füllvolumen der biologischen Stufe, s — Substrat- bzw. Schadstoffkonzentration, x — Schlammkonzentration, $\dot{V}$ — zeitlicher Volumenstrom, r_s — Substratabbaugeschwindigkeit, r_x — Schlammbildungsgeschwindigkeit, y — Schlamm-Substrat-Verhältnis, α bzw. β — Aufteilungsverhältnisse.

Die Eingangsgrößen $\dot{V}_0$ und s_0 sind in einem gegebenen praktischen Fall [5.6.3] mit Hilfe einer Sinusfunktion approximierbar. Die in Abb. 5.6.2 dargestellte Belastungscharakteristik kann durch tageszeitliche Schwankungen zustande kommen. Für solche Belastungsbedingungen kann man schreiben

$$s_i(t) = s_i(t + T); \qquad i = 1, 2, \ldots \quad (5.6.5)$$

$$x_i(t) = x_i(t + T); \qquad i = 1, 2, \ldots \quad (5.6.6)$$

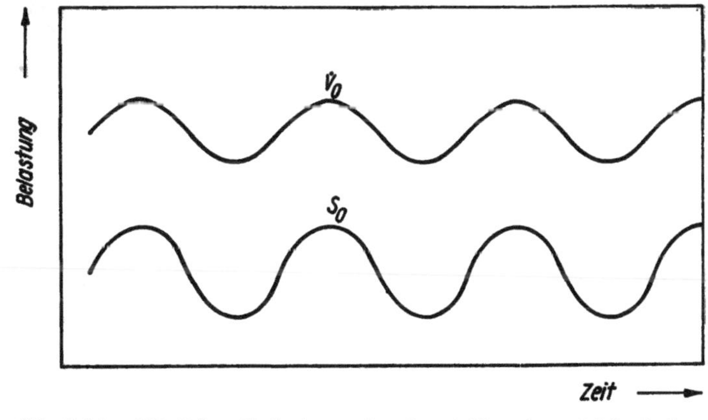

Abb. 5.6.2: Mögliche Belastungscharakteristik einer biologischen Abwasserreinigungsanlage

Es bietet sich an, die Schlammrückführung $\dot{V}_R$ und das Aufteilungsverhältnis α als Steuervariable zu wählen [5.6.3]. Es gilt dann

$$\dot{V}_R(t) = \dot{V}_R(t + T) \tag{5.6.7}$$

$$0 \leqq \dot{V}_R(t) \leqq \dot{V}_{R\max} \tag{5.6.8}$$

$$\alpha(t) = \alpha(t + T) \tag{5.6.9}$$

$$0 \leqq \alpha(t) \leqq 1 \tag{5.6.10}$$

Unter diesen Bedingungen lassen sich dann die entsprechenden Mittelwerte berechnen

$$\bar{s}_2 = \frac{\int_0^T [\dot{V}_0(t) + \dot{V}_R(t)]\, s_2(t)\, dt}{\int_0^T [\dot{V}_0(t) + \dot{V}_R(t)]\, dt} \tag{5.6.11}$$

$$\bar{\dot{V}}_R = \frac{1}{T} \int_0^T \dot{V}_R(t)\, dt \tag{5.6.12}$$

Die Anwendung dieser Grundlagen wird an einem praktischen Fall aufgezeigt.

5.6.2. Optimales zyklisches Betriebsregime der biologischen Abwasserreinigung

Als Optimalitätskriterium wird eine auf die Periode T bezogene Schadstoffbelastung nach der zweiten biologischen Stufe verwendet [5.6.3]

$$I = \frac{1}{T} \int_0^T [\dot{V}_0(t) + \dot{V}_R(t)]\, s_2(t)\, dt \to \min! \tag{5.6.13}$$

In diesem Zusammenhang ist die Gültigkeit von Gln. (5.6.5) bis (5.6.12) zu beachten. Darüber hinaus kann die durch die zyklische Steuerung bewirkte Effektivitätssteigerung mit Hilfe des Kriteriums der mittleren quadratischen Abweichung kontrolliert werden [5.6.3]

$$K = \sqrt{\frac{1}{T} \int_0^T [s_2(t) - \bar{s}_2]^2\, dt} \tag{5.6.14}$$

Die in den Bilanzgleichungen (5.6.1) bis (5.6.4) enthaltenen kinetischen Terme konnten im gegebenen Fall [5.6.3] wie folgt beschrieben werden

$$r_s = \frac{ksx}{y} \tag{5.6.15}$$

$$r_x = ksx \tag{5.6.16}$$

k — kinetischer Koeffizient, s — Substratkonzentration, x — Schlammkonzentration, y — Schlamm-Substrat-Verhältnis.

Die Belastungscharakteristik nach Abb. 5.6.2 konnte mit Hilfe folgender Beziehungen beschrieben werden [5.6.3]

$$\dot{V}_0 = 6 \cdot 10^3 \left[1 + \sin\left(2\pi \frac{t}{T}\right)\right] \text{ m}^3/\text{h} \tag{5.6.17}$$

$$s_0 = 0{,}1 \left[2 + \sin\left(2\pi \frac{t}{T}\right)\right] \text{ kg/m}^3$$

Weiterhin sind dazu noch folgende Prozeßparameter bekannt bzw. berechenbar: $\beta = 1$, $x_R = 8$ kg/m³, $\bar{\dot{V}}_R = 1{,}5 \cdot 10^3$ m³/h, $\dot{V}_{R\max} = 3 \cdot 10^3$ m³/h, $V = 6 \cdot 10^3$ m³, $y = 0{,}5$ kg Schlamm/kg Substrat, $k = 5$ m³/kg h und $T = 24$ h.
Die Optimierung des Problems führte zu der Erkenntnis, daß $\alpha(t) = 1$ gesetzt und die Schlammrückführung zyklisch gesteuert werden sollte. Abb. 5.6.3 und 5.6.4 zeigen die zu vergleichenden Ergebnisse.

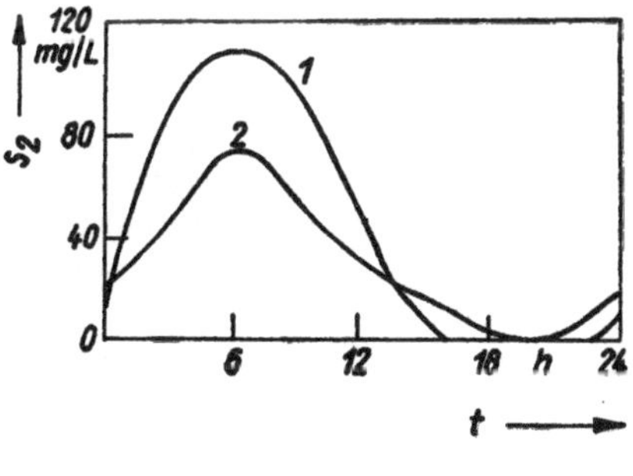

Abb. 5.6.3: Zeitlicher Verlauf der Substratkonzentration nach der zweiten biologischen Stufe einer Abwasserreinigungsanlage [5.6.3]

1 — bei konstantem Schlammrückführungsverhältnis, *2* — bei zyklisch gesteuertem Schlammrückführungsverhältnis

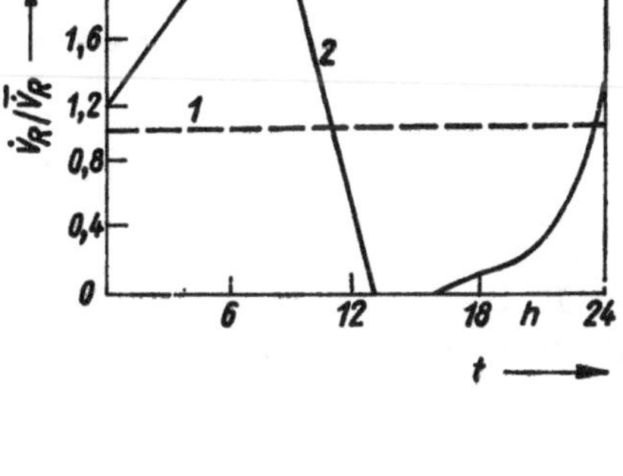

Abb. 5.6.4: Zeitlicher Verlauf des Schlammrückführungsverhältnisses [5.6.3]

1 — bei konstanter Rückführung, *2* — bei zyklisch gesteuerter Rückführung

Durch die optimierte zyklische Steuerung konnte der Schadstoffabbau nach Gl. (5.6.13) um 26,5% verbessert werden. Der Koeffizient der mittleren quadratischen Abweichung nach Gl. (5.6.14) verkleinerte sich um 44,8%.

Literatur

[5.6.1] MANGOLD, K.-H., KAEDING, J., LORENZ, K. u. SCHUSTER, H.: „*Abwasserreinigung in der chemischen und artverwandten Industrie*", Deutscher Verlag für Grundstoffindustrie, Leipzig 1973
[5.6.2] ANDREWS, J. F.: Water Research 8 (1974), 261–289
[5.6.3] SINCIC, D. u. BAILEY, J. E.: AIChE Sympos. Ser. 73 (1977) 167, 135–139
[5.6.4] WINKLER, M.: Ein Beitrag zur Analyse und Steuerung biologischer Abwasserreinigungsanlagen, Dissertation A, IH Köthen 1980

5.7. Zyklische Naßgranulation des technischen Kohlenstoffs

Der Prozeß der nassen Granulation stellt einen der wichtigsten Teilabschnitte der technologischen Linie bei der Produktion von technischen Kohlenstoff (Ruß) dar. Er dient der Herstellung des verkaufsfähigen Produktes. Das betrachtete Verfahren erhielt in den letzten Jahren große Verbreitung im Weltmaßstab, da es für alle Sorten von technischem Kohlenstoff unabhängig von seiner Strukturierung und dem Dispersionsgrad universell einsetzbar ist [5.7.1].

5.7.1. Qualitätscharakteristik des technischen Kohlenstoffs

Das Verfahren der nassen Granulation gestattet die Produktion von gekörntem Ruß in einem breiten Qualitätsbereich durch Änderung der Regimeparameter und Zugabe verschiedener Bindemittel. Die Kornqualität wird durch seine Transporteigenschaften bestimmt und kann durch bestimmte Kennziffern wie Korngrößenzusammensetzung, Dichte und Festigkeit ausgedrückt werden. Die Forderungen an die Korngrößenzusammensetzung bestehen in Beschränkungen des Anteils von kleinen und großen Körnern. Das verkaufsfähige Produkt darf Korngrößen zwischen 0,5 und 2,0 mm enthalten. Es sei unterstrichen, daß die oben angeführten Qualitätsparameter der Granulierung wechselseitig miteinander verbunden sind. Es ist aufgezeigt worden [5.7.2], daß die Korngrößen zwischen 0,5 und 2 mm eine höhere Festigkeit besitzen und der Verklumpung einen höheren Widerstand entgegensetzen als Körner mit kleineren oder größeren Abmaßen. Somit können durch die Forderung, granulierten Kohlenstoff mit einem maximalen Anteil der jeweiligen Korngröße (Sorte) zu produzieren, auch andere technische Kennziffern verbessert werden. Außerdem verringert sich bei Erhöhung des Anteils verkaufsfähiger Produkte die Staubbildung sowie der Anteil großer Körner, wodurch sich die ökonomischen Kennziffern des Prozesses entscheidend verbessern. Die Senkung des Staubanteils führt zu einer Produktivitätserhöhung der Anlage, zur

Einsparung von Wasser und Elektroenergie, da sich die Rückführung von technischem Kohlenstoff zur nochmaligen Granulation vermindert. Die Verkleinerung des Anteils grobkörniger Produkte verbessert die Trocknungsbedingungen und führt zu einer Senkung des Gasverbrauches. Außerdem verringert sich die Staubentwicklung während des Trocknungsprozesses durch Zerstörung von Körnern mit großen Abmaßen, was sich ebenfalls günstig auf die Rückführung auswirkt.

5.7.2. *Charakteristik der nassen Kohlenstoffgranulation*

Der staubförmige technische Kohlenstoff wird mit Hilfe eines pneumatischen Transportsystems aus der Auffanganlage in einen Zwischenbehälter (Verdichter) transportiert. Aus diesem Behälter wird der technische Kohlenstoff über einen sektoriellen Beschicker in den Mischgranulator befördert, in welchem sich durch intensive Durchmischung des technischen Kohlenstoffs mit einer schäumenden Granulierungsflüssigkeit (wässrige Lösungen von Melasse oder anderer Bindemittel) nasse Körner bilden.

Die Menge des in den Mischgranulator geförderten technischen Kohlenstoffs kann durch Drehzahländerung des sektoriellen Beschickers geregelt werden. Das Gewicht des technischen Kohlenstoffs im Zwischenbehälter wird durch einen tensoriellen Geber kontrolliert. Bei Erreichung des unteren oder oberen zulässigen Niveaus im Behälter wird der Durchsatz des technischen Kohlenstoffs in den Mischgranulator durch Drehzahländerung des Beschickers verändert. Daraus folgt, daß das stationäre Regime der Granulatorbeschickung mit technischem Kohlenstoff einen periodischen Charakter besitzt. Unter Berücksichtigung dessen, daß die Organisation des technologischen Prozesses die Realisierung eines periodischen Regimes vorsieht und der Anteil des verkaufsfähigen granulierten Kohlenstoffs im Gesamtprodukt nur im „Mittel“ optimal sein muß, erweist es sich als vorteilhaft, eine Optimierungsaufgabe zur Bestimmung des optimalen periodischen (zyklischen) Betriebszustandes zu stellen.

5.7.3. *Bestimmung des optimalen zyklischen Regimes der nassen Kohlenstoffgranulation und seine technische Realisierung*

Nachfolgend wird mit $u_1(t)$ der Durchsatz an technischem Kohlenstoff (Rohstoff) und mit $u_2(t)$ der durch den Elektromotor des Mischgranulators aufgenommene Strom bezeichnet. Innerhalb des zulässigen Wertebereiches V_u werden solche Funktionen $u_1(t)$ und $u_2(t)$ ausgewählt, für die bei vorgegebenem mittlerem Rohstoffdurchsatz ein maximaler Produktanteil von granuliertem Kohlenstoff mit einer Korngröße zwischen 0,5 und 2 mm erzielt wird. Dieser Anteil der Produktqualität am Gesamtprodukt sei mit $\alpha(u)$ gekennzeichnet. Der funktionelle Zusammenhang zwischen $\alpha(u)$ und den Steuervariablen wird durch folgende Regressionsgleichung beschrieben

$$\begin{aligned}\alpha = 74 &- 0{,}023(u_1 - 1350) + 0{,}00025(u_1 - 1350)^2\\ &- 5{,}29(u_2 - 17{,}8) - 5{,}8(u_2 - 17{,}8)^2\\ &+ 0{,}0228(u_1 - 1350)(u_2 - 17{,}8)\end{aligned} \tag{5.7.1}$$

Darin sind u_1 in kg/h und u_2 in A anzugeben.

Die Gleichung (5.7.1) wurde bei dem Kennwert „Fettigkeitszahl", der den Strukturierungsgrad des technischen Kohlenstoffs charakterisiert, von 105 ml/100 g aufgestellt. Experimentell wurde nachgewiesen, daß dieser Parameter die Bildung von Korngrößen zwischen 0,5 und 2 mm linear beeinflußt. Der zulässige Wertebereich von u_1 wird durch technologische Bedingungen eingegrenzt und befindet sich zwischen 1100 und 1600 kg/h.

Die mittlere Produktion von Korngrößen zwischen 0,5 und 2 mm pro Zyklus errechnet sich als Mittelwert des Produktes der Konzentration dieser Größengruppe mit dem Durchsatz

$$\beta = \overline{\alpha(u)\, u_1}^{u} \tag{5.7.2}$$

Die Optimierungsaufgabe besteht in der Maximierung von β bei vorgegebenem mittlerem Durchsatz

$$\overline{u_1} = M \tag{5.7.3}$$

In Übereinstimmung mit der im 3. Kapitel dargelegten Optimierungsmethodik wird zunächst zur Lösung dieser Aufgabe die Erreichbarkeitsfunktion formuliert

$$f^*(C) = \max_{u_2} \alpha(u)\, u_1 = \max_{u_2} \alpha(u_2 C)\, C \tag{5.7.4}$$
$$u_1 = C.$$

Die graphische Darstellung dieser Funktion und ihre konvexe Hülle $Cof^*(C)$ über der zulässigen Wertmenge von u_1 zeigt Abb. 5.7.1. Die Ordinate der

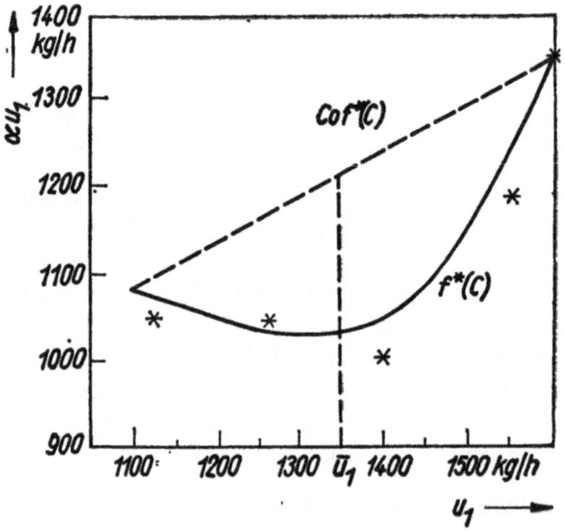

Abb. 5.7.1: Erreichbarkeitsfunktion und konvexe Hülle für den Prozeß der nassen Granulierung des technischen Kohlenstoffs

konvexen Hülle liegt bei $C = u_1$ streng über der Erreichbarkeitsfunktion, so daß das zyklische Regime optimal ist.

Aus der Bedingung

$$\gamma_1 u_1^1 + \gamma_2 u_1^2 = \overline{u_1} \tag{5.7.5}$$

sind die Werte von γ_1 und γ_2 bestimmbar. Im gegebenen Fall werden u_1^1 und u_1^2 durch die Charakteristik des Beschickers begrenzt, so daß als Basislösungen die Grenzwerte $u_1^{1*} = 1100$ kg/h und $u_1^{2*} = 1600$ kg/h in Betracht kommen. Bei einem mittlerem Durchsatz $\overline{u_1} = 1350$ kg/h gilt dann für γ_1 und $\gamma_2 = 0{,}5$. Im Vergleich zum statischen Regime wird bei zyklischer Fahrweise eine Produktivitätserhöhung von 19% erreicht.

Die Regressionsgleichung (5.7.1) wie auch alle anderen Betrachtungen lassen die Apparatedynamik unberücksichtigt. Die rechnerisch ermittelten Werte lassen sich deshalb in der Praxis nur dann nachweisen, wenn die Zykluszeit T die Dauer der Übergangsprozesse bei weitem übertrifft. Entsprechende experimentelle Untersuchungen der Granulatordynamik zeigten, daß die Übergangsprozesse eine Dauer von etwa 1,5 Min besitzen. Folglich muß die Zykluszeit mindestens 10 Min betragen, was praktisch möglich ist, da der Zwischenbehälter etwa 3 t technischen Kohlenstoff aufnehmen kann.

Das aufgefundene optimale zyklische Regime wurde unter industriellen Bedingungen nachgeprüft. Die experimentellen Ergebnisse für einige optimale statische Regime sind in Abb. 5.7.1 dargestellt.

Die technische Realisierung des optimalen zyklischen Regimes erfordert keine großen zusätzlichen Aufwendungen. Für die Steuerung des zyklischen Prozesses kann die Signalisation des unteren und oberen Niveaus des zulässigen Gewichtes des technischen Kohlenstoffs im Zwischenspeicher verwendet werden. Die entsprechenden Signale führen zur Drehzahländerung des sektoriellen Beschickers. Gleichzeitig mit der Änderung der Beschickungsgeschwindigkeit des technischen Kohlenstoffs in den Granulator wird ein Signal zur Änderung von u_2 (Mischungsintensität) erzeugt.

Literatur

[5.7.1] SUEV, I. P. u. MICHAJLOV, I. I.: „*Proizvodstvo saši*", Verlag Chimija, Moskva 1970

[5.7.2] ŠETININ, G. P., KALINOVSKIJ, V. F., RJABINKOV, D. J., OSIPOV, I. M. u. ŠILINA, E. S.: „*Ocenka transportabelnosti granilisovannych saš metodom komkiemosti*", Sammelband „*Proizvodstvo i svojstva uglerodnych saš*", Westsibirischer Verlag, Omsk 1972

5.8. Ausgewählte Grundlagen der zyklischen Leistungssteuerung

Über den Zweck der Leistungssteuerung von elektroenergieintensiven Prozessen ist bereits eine Einführung im Abschnitt 1.3.5. gegeben worden. Nach Darstellung weiterer Grundlagen über Funktion und Art der Leistungssteuerung sowie ihrer ökonomischen Bewertung werden anschließend ausgewählte Probleme am Beispiel von Infrarottrocknungsöfen, Elektrolysezellen und Carbidöfen behandelt.

5.8.1. Funktion und Art der Leistungssteuerung

Der Lastgang elektrischer Verbundnetze ist bekanntlich in seiner Höhe über den Tag sehr unterschiedlich und durch typische Spitzenbelastungen geprägt. Die Abdeckung dieser Spitzen ist relativ aufwendig, da aufgrund der beschränkten Speicherfähigkeit der Elektroenergie Spitzenkraftwerke und entsprechende Fortleitungsanlagen erforderlich sind [5.8.1].

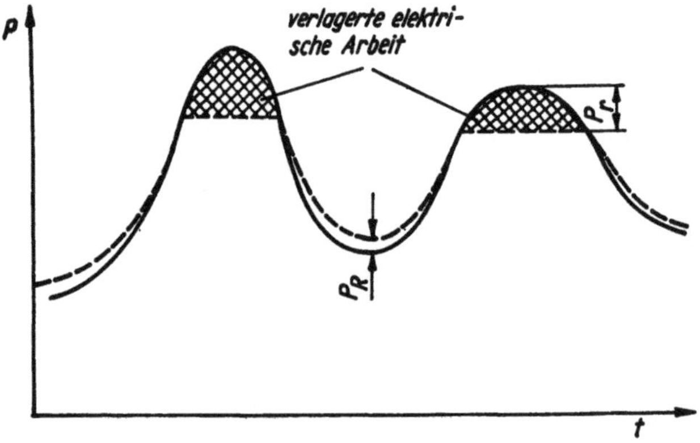

Abb. 5.8.1: **Beeinflussung des Verbundnetzlastganges durch regelbare Verbraucher (Leistungssteuerung)**

Deshalb sind Maßnahmen zur Absenkung der Spitzenbelastungen durch die Elektroenergieanwender von besonderem volkswirtschaftlichen Interesse. Abb. 5.8.1 zeigt eine Möglichkeit zur Beeinflussung des Lastganges von Elektroenergieverbundnetzen. In diesem Zusammenhang ist nochmals auf Abb. 1.3.7 (Abschnitt 1.3.5.) zu verweisen. Der volkswirtschaftliche Vorteil leistungsgesteuerter Elektroenergieverbraucher ist vor allem daraus ableitbar, daß die Reserveleistung P_R kleiner ist als die reduzierte Leistung P_r. Die Schwachlastzeit bzw. Einsatzzeit der Reserveleistung ist länger als die der Spitzenzeit. Somit können z. B. mit 1 kW Reserveleistung 4—5 kW reduzierte bzw. Spitzenleistung freigesetzt werden [5.8.1].

Die Arten der Leistungssteuerungen sind in Abb. 5.8.2 dargestellt.

Die Leistungsreserve P_R ist eine interne Reserve. Sie ist in ein und derselben Prozeßeinheit vorhanden. Die Fälle 1 und 2 nach Abb. 5.8.2 repräsentieren lediglich eine Leistungsabsenkung. Geht man hierbei von einer geforderten Jahreserzeugung aus, so müßte das durch in Folge Leistungsreduzierung geminderte Produktionsvolumen durch zusätzliche Prozeßeinheiten (externe

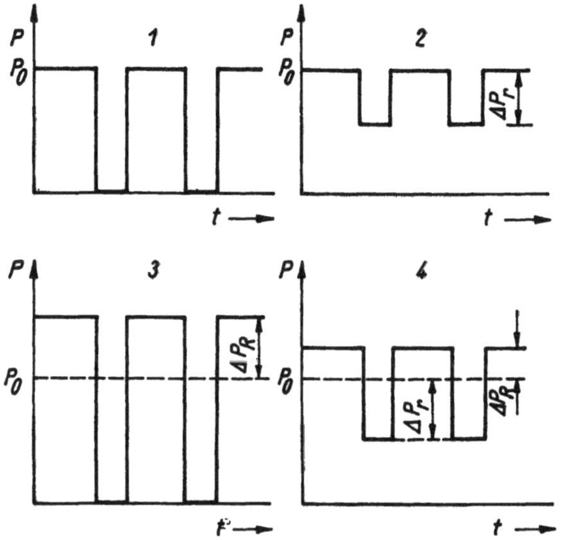

Abb. 5.8.2: Idealisierte Varianten der Leistungssteuerung

1 – Abschaltbetrieb mit externen Leistungsreserven, *2* – Teillastbetrieb mit externen Leistungsreserven, *3* – Abschaltbetrieb mit internen Leistungsreserven, *4* – Teillastbetrieb mit internen Leistungsreserven

Reserven) kompensiert werden. Die Fälle 3 und 4 sind relativ häufig vorzufinden. Man kann nach Abb. 5.8.2 leicht erkennen, daß der Fall 2 in Fall 1 und Fall 4 in Fall 3 enthalten ist. Für diese Fälle lassen sich Bilanzgleichungen der elektrischen Arbeit und Berechnungsgleichungen für interessierende Kenngrößen angeben. Im einzelnen gilt entsprechend den im Anschluß gegebenen Symbolen:

Fall 2: Teillastbetrieb mit externen Leistungsreserven

$$nP_0T = (n + \Delta n)\,[P^0t_2 + (P^0 - \Delta P_r)\,t_1] \tag{5.8.1}$$

$$\frac{\Delta n}{n} = \frac{(P_0 - P^0) + (1 - \sigma)\,\Delta P_r}{P_0 + (\sigma - 1)\,\Delta P_r} \tag{5.8.2}$$

$$T = t_1 + t_2; \qquad \sigma = \frac{t_2}{T}$$

Fall 1: Abschaltbetrieb mit externen Leistungsreserven

$$P^0 = \Delta P_r$$

$$\frac{\Delta n}{n} = \frac{P_0 - \sigma\,\Delta P_r}{P_0 - (\sigma - 1)\,\Delta P_r} \tag{5.8.3}$$

und bei

$$P_0 = P^0 = \Delta P_r$$

$$\frac{\Delta n}{n} = \frac{1-\sigma}{\sigma} = \frac{t_1}{t_2} \tag{5.8.4}$$

Fall 4: Teillastbetrieb mit internen Leistungsreserven

$$P_0 T = (P_0 + \Delta P_R)\, t_2 + (P_0 - \Delta P_r)\, t_1 \tag{5.8.5}$$

$$\frac{\Delta P_R}{P_0} = \frac{1-\sigma}{\sigma} \cdot \frac{\Delta P_r}{P_0} = \frac{t_1}{t_2} \cdot \frac{\Delta P_r}{P_0} \tag{5.8.6}$$

Fall 3: Abschaltbetrieb mit internen Leistungsreserven

$$P_0 = \Delta P_r$$

$$\frac{\Delta P_R}{P_0} = \frac{1-\sigma}{\sigma} = \frac{t_1}{t_2} \tag{5.8.7}$$

Symbole in Gln. (5.8.1) bis (5.8.7):

n = Anzahl der parallelgeschalteten Prozeßeinheiten bei kontinuierlicher Fahrweise, Δn = zusätzliche Prozeßeinheiten (externe Reserven) bei zyklischer Leistungssteuerung, T = Betrachtungszeitraum, t_2 = Betriebszeit ohne Leistungsreduzierung, t_1 = Betriebszeit bei Leistungsreduzierung, P_0 = Leistung einer Prozeßeinheit bei kontinuierlicher Fahrweise, P^0 = Leistung einer Prozeßeinheit bei zyklischer Steuerung im Parallelbetrieb ($P_0 \geqq P^0$), ΔP_r = reduzierte Leistung, ΔP_R = interne Reserveleistung.

5.8.2. Ökonomische Aspekte der Leistungssteuerung

Wie schon in den Abschnitten 1.3.5. und 5.8.1. dargestellt worden ist, bezwecken leistungsgesteuerte Elektroenergieverbraucher eine Vergleichmäßigung des Lastganges des Elektroenergieverbundnetzes, in dem entsprechende Verbraucher innerhalb der Spitzenzeit teilweise oder vollständig reduziert werden und den Produktionsausfall durch zusätzlich installierte Reserven außerhalb der Spitzenzeit auf- bzw. vorholen.

Aus dieser Sicht sind folgende ökonomische Wirkungen zu beachten:

- Einsparung von Aufwand für den Bau und Betrieb von Spitzenkraftwerken einschließlich der Elektroenergieübertragungssysteme ($K_{SÜ}$),
- zusätzlicher Aufwand für die Erzeugung der Elektroenergie außerhalb der Spitzenzeiten in den Grund- und Mittelkraftwerken (K_{GM}),
- zusätzlicher Aufwand für Investition und Betrieb der internen und externen Reserven zur Realisierung der Leistungssteuerung (K_{LS}).

Hieraus folgt, daß die Aufwendungen für die Leistungssteuerung geringer als die Aufwendungen zur Bereitstellung der entsprechenden Spitzenkapazität sein müssen. Demnach gilt aus volkswirtschaftlicher Sicht

$$K_{SÜ} > K_{LS} + K_{GM} \tag{5.8.8}$$

Tabelle 5.8.1: Entwicklung des Leistungs- und Arbeitspreises beim Tarif GHL (Großabnehmertarif für hochspannungsseitige Belieferung mit Leistungsanteil) [5.8.2]

Art des Preises	Jahr				
	1981	1982	1983	1984	1985
Jahresleistungspreis P_L bei einem Sollwert für den Leistungsfaktor $\cos \varphi = 0{,}950$ $[P_L] = \text{M/kVA}$	374,40	381,60	388,80	396,00	403,20
Arbeitspreis P_A $[P_A] = \text{Pf/kWh}$	3,33	3,39	3,46	3,52	3,58

Tabelle 5.8.2: Entwicklung des Arbeitspreises für verschiedene Tageszeiten beim Tarif GOV (Großabnehmertarif für Operativbetriebe) [5.8.2]

Elektroenergiepreise pA in der $[P_A] = \text{Pf/kWh}$	Jahr				
	1981	1982	1983	1984	1985
Spitzenbelastungszeit	19,76	20,14	20,52	20,90	21,28
Übrige Tageszeit	7,70	7,84	7,99	8,14	8,29
Nachtzeit	3,33	3,39	3,46	3,52	3,58
Tageszeit an arbeitsfreien Tagen	6,24	6,36	6,48	6,60	6,72

Was volkswirtschaftlich nützlich ist, muß auch Vorteile dem Betreiber von leistungsgesteuerten elektroenergieintensiven Verfahren und Anlagen ergeben. Durch die Leistungssteuerung (Regelfahrweise) ist eine Senkung der Elektroenergiekosten möglich. Hierzu kann das jeweils gültige Elektroenergie-Tarifsystem ausgeschöpft werden [5.8.2]. Es hat sich als geeignet erwiesen, den Elektroenergiepreis in einen Leistungs- und Arbeitspreis zu zerlegen. Tab. 5.8.1 und 5.8.2 zeigen eine entsprechende Übersicht. Für das Maximum der in der Spitzenbelastungszeit dem Netz entnommenen Leistung wird ein Jahresleistungspreis festgelegt, der monatlich abgerechnet werden kann.

Das Elektroenergietarifsystem übt einen stimulierenden Einfluß aus, und zwar auf die [5.8.1]

- Mengeneinsparung an Elektroenergie über den Arbeitspreis,
- Senkung des elektrischen Leistungsbezuges in den Spitzenzeiten, insbesondere im Winterhalbjahr, über den Leistungspreis,
- Verbesserung des $\cos \varphi$ infolge Verrechnung nach der bezogenen Scheinleistung sowie durch den $\cos \varphi$-Zuschlag.

Für die Berechnung der Elektroenergiekosten bei verschiedenen Tarifarten liegen entsprechende Unterlagen vor [5.8.2]. Ferner sei auf ausgewählte Arbeiten verwiesen, die die Ökonomie der Leistungssteuerung (Regelfahrweise) von speziellen Verfahren und Anlagen behandeln [5.8.3 bis 5.8.8].

5.8.3. *Ergebnisse der Leistungssteuerung von ausgewählten Prozeßeinheiten*

Aus der Klasse der Elektrotechnologien (Abschnitt 1.3.5., Abb. 1.3.6) werden Alkalichloridelektrolysezellen, Carbidöfen und Infrarottrockner ausgewählt. Aus ökonomischer Sicht haben die durchgeführten Untersuchungen gemeinsam, daß die Beziehung (5.8.8) quantifiziert wurde.

Dabei sind solche Aufwandselemente wie Investitionsmehraufwand für die Leistungssteuerung (interne Reserven, Zwischenlager, Verteilungsnetz u. a.), zusätzliche Betriebskosten für Bedienung, Wartung, Instandhaltung, Elektroenergie u. a., Mehraufwendungen für Hilfsmaterial, zusätzliche Aufwendungen für Umlaufmittel (erhöhten Bestand an Vor- und Folgeprodukten, Bindung während der Leistungsreduzierung) und Elektroenergiekosteneinsparung bei Leistungssteuerung berücksichtigt worden.

Im einzelnen können die nachstehenden Ergebnisse hervorgehoben werden:

5.8.3.1. *Chloralkalielektrolysezellen*

Eine Elektrolysezelle nach dem Diaphragmaverfahren zur Erzeugung von Chlor, Wasserstoff und Natronlauge sei bei ungeregelter Fahrweise mit der Stromstärke I_0 belastet. Die Zellenspannung möge sich beschreiben lassen mit der Beziehung

$$U_Z = U_0 + R_Z I_0 \tag{5.8.9}$$

U_0 — konstanter Spannungsanteil, R_Z — elektrischer Zellenwiderstand.

Entsprechend des 1. Faradayschen Gesetzes gilt für die erzeugte Stoffmenge der Komponente i

$$m_i = \alpha_i \eta_i I_0 T = \alpha_i \eta_i (I_1 t_1 + I_2 t_2) \tag{5.8.10}$$

α — elektrochemisches Äquivalent, η — Stromausbeute, I_0 — Stromstärke bei statischer Fahrweise, I_1 — Stromstärke in der Spitzenbelastungszeit, I_2 — Stromstärke in der übrigen Tageszeit, t_1 — Spitzenbelastungszeit (Leistungsreduzierung), t_2 — übrige Tageszeit (erhöhte Leistung).

Der Zusammenhang zwischen der mittleren Stromstärke I_0 und der reduzierten Stromstärke in der Spitzenbelastungszeit I_1 ist gegeben durch:

$$I_1 = \left(1 - \frac{t_2}{T} \varkappa\right) I_0. \tag{5.8.11}$$

Darin ist $\varkappa$ die relative Stromstärkeänderung

$$\varkappa = \frac{I_2 - I_1}{I_0} \tag{5.8.12}$$

Ferner gilt

$$I_2 = \left(1 + \frac{t_1}{T}\,\varkappa\right) I_0 \tag{5.8.13}$$

Die angegebenen Beziehungen können für die Bestimmung der spezifischen Elektroenergiekosten genutzt werden. Für die ungeregelte bzw. statische Fahrweise kann man schreiben

$$k_{E,ST} = \frac{K_{E,ST}}{m_i} = \frac{p_E P_0 \cdot T}{\alpha_i \eta_i I_0 T} = \frac{p_E U_Z}{\alpha_i \eta_i} \tag{5.8.14}$$

Bei der Bestimmung der spezifischen Elektroenergiekosten für die Leistungssteuerung ist die Aufgliederung des Elektroenergiepreises in einen Arbeits- und Leistungsanteil zu berücksichtigen. Im einzelnen kann man schreiben [5.8.4, 5.8.8]:

Arbeitspreisanteil:

$$\begin{aligned} k_{E,LS,A} &= \frac{P_A}{\alpha_i \eta_i} \cdot \frac{P_1 t_1 + P_2 t_2}{I_1 t_1 + I_2 t_2} \\ &= \frac{P_A}{\alpha_i \eta_i} \left[U_G + R_Z \cdot I_0 \left(1 + \frac{t_1 t_2}{T^2}\,\varkappa^2\right)\right] \end{aligned} \tag{5.8.15}$$

Leistungspreisanteil:

$$\begin{aligned} k_{E,LS,L} &= \frac{P_L}{\alpha_i \eta_i} \frac{P_1}{I_1 t_1 + I_2 t_2} \\ &= \frac{P_L \left(1 - \frac{t_2}{T}\,\varkappa\right)}{\alpha_i \eta_i} \left[U_G + R_Z \cdot I_0 \left(1 - \frac{t_2}{T}\,\varkappa\right)\right] \end{aligned} \tag{5.8.16}$$

Damit erhält man für die gesamten Elektroenergiekosten

$$\begin{aligned} k_{E,LS} &= k_{E,LS,A} + k_{E,LS,L} \\ &= \frac{1}{\alpha_i \eta_i} \left\{p_A \left[U_G + R_Z \cdot I_0 \left(1 + \frac{t_1 t_2}{T^2}\,\varkappa^2\right)\right]\right. \\ &\quad \left. + p_L \left(1 - \frac{t_2}{T}\,\varkappa\right) \left[U_G + R_Z \cdot I_0 \left(1 - \frac{t_2}{T}\,\varkappa\right)\right]\right\} \end{aligned} \tag{5.8.17}$$

Die Elektroenergiekostenersparnis kann als Differenz der Kosten bei statischer Fahrweise ($\varkappa = 0$) und Leistungssteuerung beschrieben werden [5.8.4, 5.8.8]

$$\Delta k_{E,LS} = k_{E,ST} - k_{E,LS}$$
$$= \frac{1}{\alpha_i \eta_i} \left\{ p_L \frac{t_2}{T} \varkappa \left[U_G + R_Z \cdot I_0 \left(2 - \frac{t_2}{T} \varkappa \right) \right] - p_A R_Z I_0 \frac{t_1 t_2}{T^2} \varkappa^2 \right\} \quad (5.8.18)$$

Es ist möglich, die Elektroenergiekostenersparnis entsprechend Abb. 5.8.3 graphisch zu ermitteln. Zu diesem Zweck wird die Kurve des Arbeitspreisanteils um den Betrag des Leistungspreisanteils bei I_1 parallel verschoben. Die Gesamtelektroenergiekosten bei Leistungssteuerung ergeben sich dann bei der Stromstärke I_0 (Punkt B).

Für den Gesamtkostenverlauf bei statischer Fahrweise gilt

$$k_{E,ST} = \frac{1}{\alpha_i \eta_i} (U_G + R_Z \cdot I_0)(p_A + p_L), \quad (5.8.19)$$

so daß diese Kosten im Punkt A abgelesen werden können.

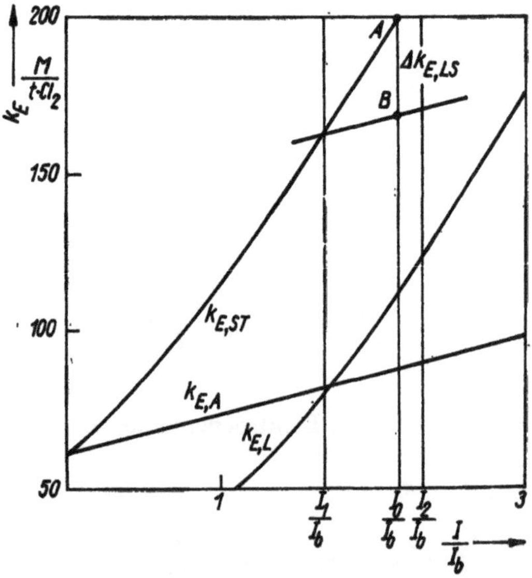

Abb. 5.8.3: Darstellung der spezifischen Elektroenergieeinsparungen einer Chloralkali-Elektrolysezelle bei Leistungssteuerung mit einem Flexibilitätsbereich von 30% und einer täglichen Leistungsabsenkung von 6 h

Die Differenz zwischen den Punkten A und B entspricht der Elektroenergiekostenersparnis $\Delta k_{E,LS}$.

In Tab. 5.8.3 sind einige wichtige Betriebsparameter für die Fälle mit bzw. ohne Leistungssteuerung gegenübergestellt. Die Elektroenergiekosteneinsparung von 31,25 M/t Cl_2 bei Leistungssteuerung charakterisiert den Vorteil, den der Betreiber von Chlorerzeugungsanlagen bei dieser Fahrweise erzielen kann. Bei der Chloralkali-Elektrolyse nach dem Diaphragmaverfahren besteht auch technisch die Möglichkeit, die Leistungssteuerung anzuwenden. Aufgrund der Diaphragmaeigenschaften und des Zeitverhaltens der Zellen ist dies bis zu einem Flexibilitätsbereich von ca. 30% durchführbar. Der aus-

Tabelle 5.8.3: Darstellung wichtiger Parameter einer Elektrolyseanlage nach dem Diaphragmaverfahren bei ungeregelter und geregelter Fahrweise

Betriebsparameter	Fahrweise	
	Ohne Leistungssteuerung	Mit Leistungssteuerung
t_1 [h/d]		6
t_2	—	18
P_0	41,15	—
ΔP_r [MW]	—	11,43
ΔP_R	—	4,07
$k_{E,ST}$ $\left[\frac{M}{t\ Cl_2}\right]$	200,63	—
$k_{E,LS}$	—	169,38
$\Delta k_{E,LS}$	—	31,25

gewiesenen Elektroenergieeinsparung stehen zusätzliche Aufwendungen gegenüber (Gl. 5.8.8), die sich vor allem aus Investitionen für die Chloraufbereitungsanlagen (Chlorkühlung, Chlortrocknung, Kompression und Chlorverflüssigung) zur Gewährleistung des notwendigen Flexibilitätsbereiches ergeben.

Ähnliche Überlegungen lassen sich auch für Elektrolyseanlagen zur Herstellung von Natriumchlorat anstellen [5.8.7]. Entsprechende Möglichkeiten der Leistungssteuerung werden hier durch die vereinfachte Zellenkonstruktion (kein Diaphragma) noch begünstigt.

Eine komplexe Analyse nach Gl. (5.8.8) fällt bei Alkalichloridelektrolysen mit dimensionsstabilen Anoden zu gunsten einer zyklischen Leistungssteuerung aus.

5.8.3.2. Carbidöfen

Der elektrothermische Prozeß der Calciumcarbiderzeugung ist äußerst flexibel. Die Übergangszeit von einem Betriebszustand in den anderen ist relativ kurz. In der Regel kann eine Leistungsreduzierung bis zu 50% vorgenommen werden

(Teillastbetrieb). Ebenso kann eine totale Abschaltung in Betracht kommen (Abschaltbetrieb). Zwischen der je Zeiteinheit erzeugten Carbidmenge $\dot{m}$ und der elektrischen Ofenleistung P besteht ein empirischer Zusammenhang im interessierenden Flexibilitätsbereich

$$\dot{m} = aP + b \tag{5.8.20}$$

Für einen konkreten Fall sind die Konstanten a und b bekannt [5.8.6]. Es gilt für Normalcarbid $a = 0{,}348$ t/MW h und $b = -1{,}71$ t/h.

Im untersuchten Fall [5.8.6] gelten diese Größen bei einer Ofenleistung von 25···50 MW.

Nach Gl. (5.8.20) ist die in einem Betrachtungszeitraum T erzeugte Carbidmenge

$$m = aPT + bT \tag{5.8.21}$$

Mit dieser Beziehung ist eine formale Analogie zu Gl. (5.8.10) gegeben. Deshalb kann die Untersuchung der spezifischen Elektroenergiekosten bei Carbidöfen auf ähnliche Weise erfolgen, wie dies bei Elektrolysezellen der Fall ist.

Aufgrund der großen Flexibilität von Carbidöfen kann ihre Leistungssteuerung auf Basis des GOV-Tarifs nach Tab. 5.8.2 erfolgen.

Eine früher durchgeführte Kostenanalyse eines Systems von Carbidöfen erbrachte die in Abb. 5.8.4 dargestellten Ergebnisse [5.8.6].

Die Leistungsreduzierung des Systems betrug dabei in der Spitzenbelastungszeit 30%. Diese Reduzierung ist durch das Abschalten einiger Öfen oder aber durch Teillastbetrieb aller Öfen möglich. Die Knickpunkte der spezifischen Kostenfunktionen nach Abb. 5.8.4 sind durch die tageszeitlichen Elektroenergietarife (GOV) bedingt.

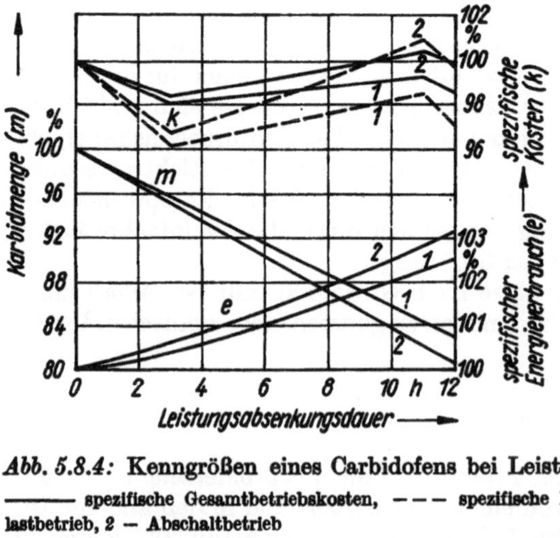

Abb. 5.8.4: Kenngrößen eines Carbidofens bei Leistungssteuerung [5.8.6]

——— spezifische Gesamtbetriebskosten, – – – spezifische Energiekosten; *1* – Teillastbetrieb, *2* – Abschaltbetrieb

Heute betreibt man in der Regel Karbidöfen mit großen betrieblichen und volkswirtschaftlichen Vorteilen nach einer Operativsteuerung, der der Tarif nach Tab. 5.8.2 zugrunde liegt.

5.8.3.3. *Infrarottrocknungsöfen*

Die Anwendungsgebiete der Infrarottrocknung sind bereits in Abb. 1.3.6 (Abschnitt 1.3.5.) dargestellt worden. Das Temperaturintervall der Trocknung reicht bis zu ca. 250 °C. Infrarotstrahlen sind elektromagnetische Wellen im Bereich von 0,78···400 μm. Beim Auftreffen auf einen Körper (Trocknungsgut) wandeln sie sich je nach seinem Absorptionsvermögen in Wärmeenergie um, wobei die umgebende Luft durch die Strahlung nicht erwärmt wird. Die Leistung der Infrarottrocknungsöfen kann einige Hundert Kilowatt betragen. Mehrere Trocknungsanlagen eines Territoriums können als leistungsgesteuerte Elektroenergieverbraucher angesehen werden.

Ihre Fahrweise kann als Abschalt- oder Teillastbetrieb erfolgen. Unabhängig von dem Gedanken der Leistungsreduzierung in Spitzenbelastungszeiten ist noch die Impuls-Infrarot-Trocknung (intermittierende Strahlung) von besonderem Interesse.

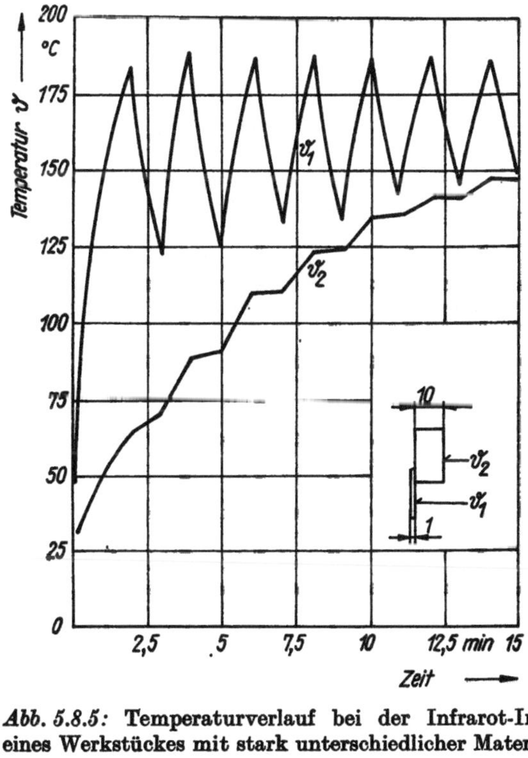

Abb. 5.8.5: **Temperaturverlauf bei der Infrarot-Impuls-Lacktrocknung eines Werkstückes mit stark unterschiedlicher Materialdicke [5.8.3]**

Bei der Impulstrocknung (zyklischen Steuerung) wird dem Trockengut in wiederkehrenden Zeitintervallen Elektroenergie zugeführt, d. h. Strahlungsfelder und Leerfelder wechseln sich ab. Dadurch wird eine gleichmäßigere Temperaturverteilung im Trockengut mit unterschiedlicher Massenverteilung erreicht. Die Ursache hierfür liegt darin, daß sich die Wärmeenergie im Trokkengut während der Strahlungsphase speichert und sich die Temperaturen während der Leerphase mehr oder weniger ausgleichen.

Die Impuls-Infrarot-Trocknung kommt vor allem bei der Trocknung von lackierten Erzeugnissen mit unterschiedlicher Verteilung der Wärmekapazitäten zur Anwendung [5.8.3].

In Abb. 5.8.5 wird ein typischer Fall dargestellt. Die Trocknungstemperatur beträgt 185 °C. Der Temperaturverlauf ϑ_1 des dünnwandigen Werkstückteils zeigt, daß die erforderliche Objekttemperatur bereits nach zwei Minuten Bestrahlungszeit erreicht ist.

Der Temperaturverlauf ϑ_2 liegt zur gleichen Zeit noch weit darunter. Eine günstige Wahl von Strahlungsintensität und Strahlungsfolge (Impulse) führt zu einer gleichmäßigeren Trocknungstemperatur.

Im allgemeinen kann festgestellt werden, daß Infrarottrocknungsöfen dem ökonomischen Kriterium nach Beziehung (5.8.8) genügen [5.8.3].

Literatur

[5.8.1] Autorenkollektiv: „*Wirtschaftliche Energieanwendung*", VEB Deutscher Verlag für Grundstoffindustrie, Leipzig 1978

[5.8.2] VVB Energieversorgung: „*Energie — Tarif — Bestimmungen*", Staatsverlag der DDR, Berlin 1980

[5.8.3] Riesner, W. u. a.: Untersuchung der Möglichkeit und Wirtschaftlichkeit des Einsatzes ausgewählter Prozesse und Verfahren als regelbare Verbraucher, unveröffentlichter Bericht, Ingenieurhochschule Zittau, 1973

[5.8.4] Kardos, J. u. Rittel, A.: Zur Ökonomie der Regelfahrweise von elektroenergieintensiven Verfahren der Stoffwirtschaft, Vortrag auf der 5. Diskussionstagung „Verfahrenstechnik" am 16. 10. 1981 in Köthen (Ref.: Chem. Techn. 33 (1981) 9, S. 491)

[5.8.5] Ibl, N.: Chemie-Ing.-Techn. 41 (1969) 4, 208/214

[5.8.6] Warnke, B.: Diss. (A), TH Leuna-Merseburg, 1974

[5.8.7] Neumann, H.-P.: Diss. (A), Ingenieurhochschule Köthen, 1983

[5.8.8] Rittel, A.: Diss. (A), Ingenieurhochschule Köthen, 1984

6. Optimierung der Laufzeitzyklen von zeitvarianten Betrachtungseinheiten

Zeitvariante Betrachtungseinheiten (Elemente und Systeme) sind dadurch gekennzeichnet, daß sich bestimmte Prozeßparameter im Laufe der Betriebszeit ändern und damit den Prozeßablauf wesentlich beeinflussen. Ursachen der Zeitvarianz sind in der Regel physikalische und chemische Vorgänge wie Verschleiß, Ablagerungen (Verschmutzungen), Verstopfungen und Aktivitätsminderungen. Als speziellere Beispiele können Verschmutzungen bzw. Ablagerungen an Wärmeübertragungsflächen, die Durchströmbarkeit von Diaphragmen und Filtermitteln, die Abnahme der Katalysatoraktivität, die Verkrustung dimensionsstabiler Anoden, ihre Inaktivierung und der Verschleiß von Graphitanoden bei Elektrolyseprozessen genannt werden. Der Zeitvarianz bestimmter Prozeßparameter wirkt man entgegen, indem man noch freie Steuerparameter variiert. Zum Beispiel kann die sinkende Durchströmung eines Filters mit wachsender Stärke des Filterkuchens durch Druckerhöhung kompensiert werden. Diesem Gegensteuern sind allerdings durch die Betriebsweise vor- bzw. nachgeschalteter Systeme Grenzen gesetzt. Die Zeitvarianz führt schließlich zur Unterbrechung des Prozesses, um den Ausgangszustand wieder herstellen zu können. Dabei ist die Wahl des Zeitpunktes der Regenerierungsmaßnahme (Reinigen, Auskochen usw.) gewöhnlich von großer wirtschaftlicher Bedeutung. Zunächst werden die theoretischen Grundlagen behandelt. Danach folgen konkrete Berechnungsbeispiele.

6.1. Optimierungsgrundlagen der Laufzeit zeitvarianter Betrachtungseinheiten [6.1.1, 6.1.2]

Als Zielgrößen bei der Optimierung der Laufzeit zwischen zwei Regenerierungsmaßnahmen können auftreten: Maximierung der Leistung, Minimierung der Apparategröße bei gegebener Leistung, des Energieaufwandes und der Kosten.

6.1.1. Laufzeitzyklen von Prozeßeinheiten

Im Falle einer direkten Proportionalität zwischen Leistung und Apparategröße (z. B. der Wärmeaustauschfläche) sind die unter 1. und 2. genannten Optimierungsprobleme identisch. Auch die Minimierung des Energieaufwandes führt zu gleichen Bestimmungsgleichungen für die optimale Laufzeit.

6.1.1.1. *Laufzeit bei Extremwerten der Leistungs- und Apparategrößen*

Die Leistung bzw. der Energieaufwand während einer Betriebsperiode $t + t^*$ kann entsprechend Abb. 6.1.1 und 6.1.2 ausgedrückt werden durch die Funktion

$$\dot{Q} = \frac{\int\limits_0^t \dot{P}(x)\, dx}{t + t^*} \tag{6.1.1}$$

$\dot{Q}$ — Leistung (Durchsatz, Wärmestrom, Energieverbrauch) im Zeitraum $t + t^*$, t — Betriebszeit, t^* — Regenerierungszeit, $\dot{P}(x)$ — Leistung (Durchsatz, Wärmestrom, Energieverbrauch) zum Zeitpunkt x.

Als Entscheidungsgröße in Gl. (6.1.1) fungiert die Laufzeit t. Das Optimierungsproblem wird mit Hilfe der klassischen Extremalrechnung gelöst

$$\frac{d\dot{Q}}{dt} = \frac{\dot{P}(t)\,(t + t^*) - \int\limits_0^t \dot{P}(x)\, dx}{(t + t^*)^2} \tag{6.1.2}$$

Daraus folgt die implizite Bestimmungsgleichung für die optimale Laufzeit t_0

$$\dot{P}(t_0)\,(t_0 + t^*) - \int\limits_0^{t_0} \dot{P}(x)\, dx = 0 \tag{6.1.3}$$

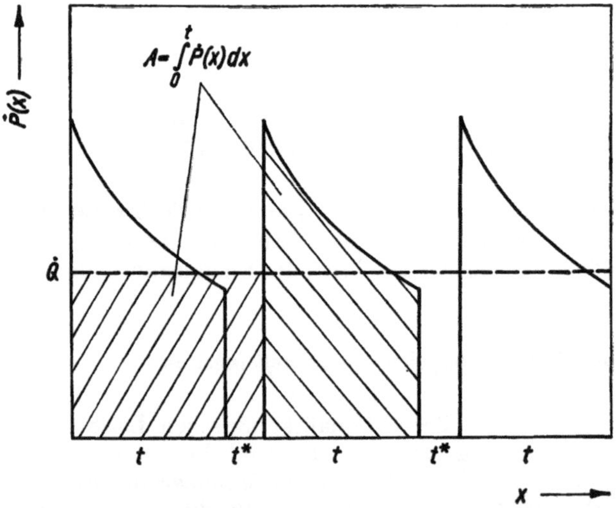

Abb. 6.1.1: Darstellung einer möglichen Leistungsminderung einer Betrachtungseinheit

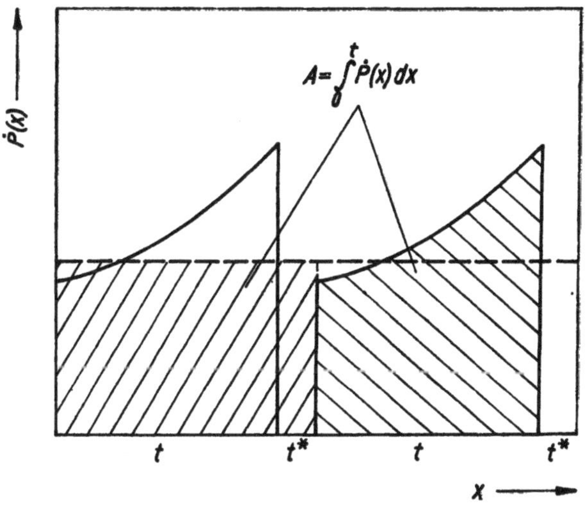

Abb. 6.1.2: Mögliche Zeitfunktion des Energieaufwandes einer Betrachtungseinheit

Es soll nun überprüft werden, welcher Art das Extremum an der Stelle t_0 ist. Die zweite Ableitung von Gl. (6.1.1) lautet

$$\frac{d^2\dot{Q}}{dt^2} = \frac{[\dot{P}'(t)\,(t + t^*) + \dot{P}(t) - \dot{P}(t)]\,(t + t^*)^2}{(t + t^*)^4} - \frac{\left[\dot{P}(t)\,(t + t^*) - \int\limits_0^t \dot{P}(x)\,dx\right]}{(t + t^*)^4}\,2(t + t^*)$$

Unter Beachtung von (6.1.3) folgt an der Stelle $t = t_0$

$$\left.\frac{d^2Q}{dt^2}\right|_{t=t_0} = \frac{\dot{P}'(t_0)}{t_0 + t^*} \tag{6.1.4}$$

Da $t_0 + t^* > 0$ ist, hängt die Art des Extremums nur von der Art der Funktion $\dot{P}(x)$ ab. Es können drei Fälle unterschieden werden.

1. $\dot{P}(x)$ — monoton steigend:
   Daraus folgt $\dot{P}'(x) > 0$. Die Funktion $\dot{Q}$ hat ein Minimum.
2. $\dot{P}(x)$ — constant:
   Daraus folgt $\dot{P}'(x) = 0$. Die Funktion $\dot{Q}$ besitzt keinen Extremwert.
3. $\dot{P}(x)$ — monoton fallend:
   Daraus folgt $\dot{P}'(x) < 0$. Die Funktion $\dot{Q}$ besitzt ein Maximum.

Der 1. Fall soll noch genauer untersucht werden. Es sei $\dot{P}(x) > 0$ eine monoton wachsende Funktion. Dann gilt

$$t_0 \cdot \dot{P}(t_0) \geqq \int_0^{t_0} \dot{P}(x)\, dx,\ t_0 \geqq 0 \tag{6.1.5}$$

Als Beweis liefert der Mittelwertsatz der Integralrechnung

$$\int_0^{t_0} \dot{P}(x)\, dx = t_0 \cdot \dot{P}(\xi) \tag{6.1.6}$$

$$0 < \xi < t_0$$

Daraus folgt

$$\dot{P}(0) < \dot{P}(\xi) < \dot{P}(t_0) \tag{6.1.7}$$

Und damit gilt für alle $t_0 > 0$

$$t_0 \cdot \dot{P}(t_0) > t_0 \cdot \dot{P}(\xi) > \int_0^{t_0} \dot{P}(x)\, dx \tag{6.1.8}$$

Als Gl. (6.1.5) läßt sich nun sofort ableiten, daß das Minimum der Funktion $\dot{Q}$ bei $t_0 < 0$ zu suchen ist. Eine Minimierung des Energieaufwandes ist unter den gegebenen Voraussetzungen nicht möglich.

Bei der Minimierung der Apparategröße A (z. B. der Wärmeübertragungsfläche, Filterfläche) bei gegebener Leistung gilt gleichfalls Gl. (6.1.3), wenn die folgende Bedingung gegeben ist

$$\dot{Q} \sim A \tag{6.1.9}$$

Als Beweis kann angeführt werden

$$\dot{P}(x) = A \cdot \tilde{\dot{P}}(x) \tag{6.1.10}$$

Dann ist

$$A = \frac{\dot{Q}(t + t^*)}{\int_0^t \tilde{\dot{P}}(x)\, dx} \tag{6.1.11}$$

Die Differentiation ergibt

$$\frac{dA}{dt} = \dot{Q}\, \frac{\int_0^t \tilde{\dot{P}}(x)\, dx - \tilde{\dot{P}}(t)\,(t + t^*)}{\left[\int_0^t \tilde{\dot{P}}(x)\, dx\right]^2} \tag{6.1.12}$$

Durch Nullsetzen der 1. Ableitung ergibt sich die Bestimmungsgleichung

$$\int_0^{t_0} \bar{\dot{P}}(x)\,dx - \bar{\dot{P}}(t_0)\,(t_0 + t^*) = 0 \tag{6.1.13}$$

Die Gleichungen (6.1.13) und (6.1.3) liefern das gleiche Resultat, weil Gl. (6.1.13) mit $(-A)$ multipliziert werden kann, ohne daß sich der Wert dieser Gleichung verändert. Die zweite Ableitung an der Stelle $t = t_0$ liefert

$$\left.\frac{d^2A}{dt^2}\right|_{t=t_0} = -\frac{\bar{\dot{P}}'(t_0)}{\left(\int_0^{t_0} \bar{\dot{P}}(x)\,dx\right)^2} \tag{6.1.14}$$

Als einzig sinnvolle Aufgabe erscheint hier die Minimierung der Apparategröße A. Ein Minimum liegt bei monoton sinkenden Funktionen $\bar{\dot{P}}(x)$ vor. Dann gilt

$$\left.\frac{d^2A}{dt^2}\right|_{t=t_0} > 0 \tag{6.1.15}$$

Damit ist bewiesen, daß unter der Voraussetzung von Gl. (6.1.9) die Maximierung der Leistung und die Minimierung der Apparategröße (damit aber auch der Investitionskosten) als Optimierungsproblem identisch ist.

6.1.1.2. *Laufzeit bei Minimierung der Kosten*

Bei der Kostenminimierung wird von der Voraussetzung ausgegangen, daß das geforderte Produktionsvolumen für einen bestimmten Zeitraum T festliegt. Diese Bedingung kann infolge der sinkenden Leistung der Prozeßeinheit im Gegensatz zu zeitinvarianten Objekten nur durch erhöhte Anschaffungs- bzw. Betriebskosten erfüllt werden. Ausgangspunkt für die Optimierung ist folgende Zielfunktion

$$\dot{K} = \dot{K}_A + \dot{K}_B + \dot{K}_I \tag{6.1.16}$$

Die einzelnen Terme können folgendermaßen geschrieben werden:

Abschreibungen:

$$\dot{K}_A = k_A \cdot z \cdot A(t, t^*) \tag{6.1.17}$$

k_A — spezifischer Preis bezogen auf die Apparategröße (z. B. spezifischer Flächenpreis), z — Abschreibungssatz, A — Apparategröße (z. B. Fläche).

Betriebskosten:

$$\dot{K}_B = k_B \frac{1}{t + t^*} \int_0^t \dot{P}(x)\,dx \tag{6.1.18}$$

k_B — spezifische Betriebskosten, t — Betriebszeit, t^* — Instandsetzungszeit, $\dot{P}(x)$ — Zeitfunktion des Aufwandes (z. B. an Energie).

Bezüglich $\dot{P}(0) = \dot{C}_0$ kann eine Normierungsfunktion

$$\eta(x) = \frac{\dot{P}(x)}{\dot{C}_0} \tag{6.1.19}$$

in Gl. (6.1.18) eingeführt werden. Man erhält dann

$$\dot{K}_B = \frac{k_B \cdot \dot{C}_0}{t + t^*} \int_0^t \eta(x)\, dx \tag{6.1.20}$$

Darin ist dann $\eta(x)$ eine monoton wachsende Funktion.
Instandsetzungs- bzw. Regenerierungskosten

$$\dot{K}_I = k_I \cdot \dot{P}_I \frac{t^*}{t + t^*} \tag{6.1.21}$$

k_I — spezifische Instandhaltungskosten, $\dot{P}_I$ — Aufwand der Instandhaltungsmaßnahme (z. B. Energieaufwand u. a.), t, t^* — wie bei Gl. (6.1.18).

Damit hat die Gesamtzielfunktion die Form

$$\dot{K} = k_A \cdot z \cdot A(t, t^*) + \frac{k_B \cdot \dot{C}_0}{t + t^*} \int_0^t \eta(x)\, dx + k_I \cdot \dot{P}_I \frac{t^*}{t + t^*} \tag{6.1.22}$$

Die hergeleitete Zielfunktion gilt unter der Voraussetzung, daß keine kontinuierliche Belieferung mit und Abnahme von Produkt gefordert wird.

6.1.2. Laufzeitzyklen von homogenen Systemen

Die homogenen Systeme sind dadurch gekennzeichnet, daß ihre konstituierenden Elemente gleichartig sind (z. B. Verdampfer oder Filter u. a.).

Bei der Untersuchung solcher zeitvarianter Systeme sind Randbedingungen und Systemeffekte zu berücksichtigen, die bei einzelnen (isolierten) Prozeßeinheiten nicht auftreten.

Man unterscheidet folgende Fälle:

A) Nach der Art der Leistungsfunktion:

a) Die Elemente des Systems sind alle durch gleiche Leistungsfunktionen charakterisierbar.
   In diesem Fall ist es zweckmäßig, alle Systemelemente zum gleichen Zeitpunkt außer Betrieb zu nehmen und zu regenerieren [6.1.3]

b) Die Systemelemente sind durch unterschiedliche Leistungsfunktionen charakterisiert.

In diesem Fall ist es möglich, sämtliche Systemelemente zum gleichen Zeitpunkt zu regenerieren [6.1.3]. Andere Strategien sind die Anwendung der Methode der teilbaren Instandhaltungstermine und getrennte Regenerierung der Systemelemente zum jeweils optimalen Zeitpunkt [6.1.4].

B) Nach der Durchsatzcharakteristik:

a) Es ist ein kontinuierlicher Betrieb mit zeitlich konstantem Durchsatz zu sichern.
In diesem Fall sind interne und/oder externe Reservekapazitäten notwendig, um Produktionsausfälle während der Instandsetzung kompensieren zu können.

b) Der Durchsatz kann der Leistungsfunktion des zeitvarianten Systems entsprechen.
In diesem Fall sind zusätzliche Reservekapazitäten nicht notwendig.

Die Fälle A, a) und A, b) sollen im folgenden unter der praktisch wichtigeren Bedingung des kontinuierlichen Betriebes (Fall B, a) näher untersucht werden.

6.1.2.1. Laufzeit nach gleichzeitiger Regenerierung aller Elemente

Der kontinuierliche Prozeßablauf wird durch das Vorhandensein von Speichern gewährleistet (Abb. 6.1.3).

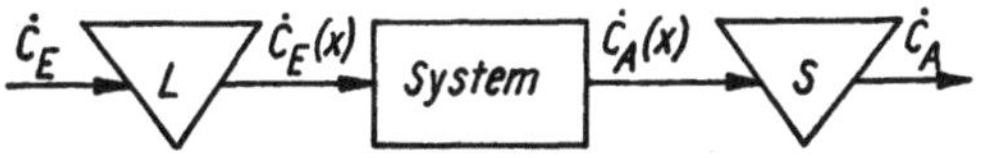

Abb. 6.1.3: Produktionspuffer zur Kompensation der Zeitvarianz

Die Kapazitäten (Durchsätze) $\dot{C}_E$ und $\dot{C}_A$ sind konstant. Ist nun $\dot{C}_E > \dot{C}_E(x)$ bzw. $\dot{C}_A < \dot{C}_A(x)$, dann wird in die Speicher produziert mit dem Strom $\Delta\dot{C}(x) = |\dot{C} - \dot{C}(x)|$, wobei diese Beziehung sowohl für den Speicher L als auch für den Speicher S gilt.

Im umgekehrten Fall $\dot{C}_E < \dot{C}_E(x)$ bzw. $\dot{C}_A > \dot{C}_A(x)$ wird die entsprechende Menge aus den Speichern entnommen. Am Ende des Zyklus (nach der Zeit $t + t^*$) muß der Ausgangszustand wieder erreicht sein. Daraus ergibt sich die in Abb. 6.1.4 dargestellte Durchsatzcharakteristik.

Die Gesamtkostenfunktion für diesen Fall enthält sämtliche Terme von Gl. (6.1.22) und zusätzlich die Kosten für die Produktionspuffer

$$\dot{K}_P = k_S \cdot S + k_L \cdot L \tag{6.1.23}$$

k_S bzw. k_L — auf die Speicher S und L bezogenen spezifische Lagerungskosten.

Entsprechend Abb. 6.1.4 kann für S und L geschrieben werden:

$$L = \int_0^{t_x} \dot{C}_E(x)\, dx - \dot{C}_E \cdot t_x \tag{6.1.24}$$

$$S = \int_0^{t_x} \dot{C}_A(x)\, dx - \dot{C}_A \cdot t_x \tag{6.1.25}$$

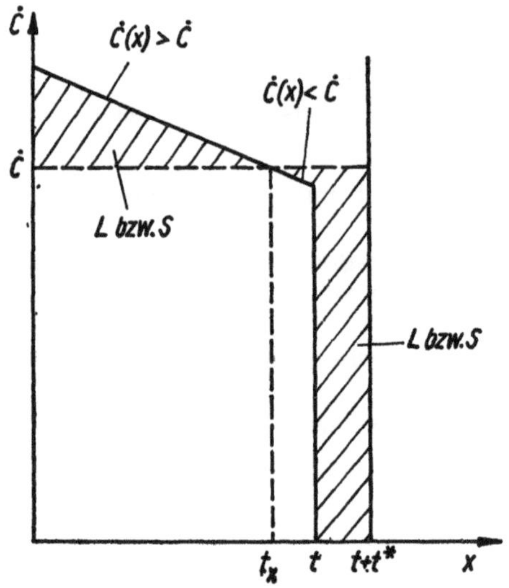

Abb. 6.1.4: Durchsatzcharakteristik eines zeitvarianten homogenen Systems

Die Gesamtzielfunktion ist demnach:

$$\dot{K} = k_A \cdot z \cdot A(t, t^*) + \frac{k_B \cdot \dot{C}}{t + t^*} \int_0^t \eta(x)\, dx + k_I \cdot \dot{P}_I \frac{t^*}{t + t^*}$$

$$+ k_S \left[\int_0^{t_x} \dot{C}_A(x)\, dx - \dot{C}_A t_x \right] + k_L \left[\int_0^{t_x} \dot{C}_E(x)\, dx - \dot{C}_E t_x \right] \quad (6.1.26)$$

Die Laufzeit t_x ergibt sich im speziellen Fall aus der Beziehung

$$\dot{C}(t_x) = \dot{C} \quad (6.1.27)$$

6.1.2.2. Laufzeit nach Regenerierung der Elemente zu unterschiedlichen Zeitpunkten

Die Elemente des homogenen Systems werden derart zu unterschiedlichen Zeitpunkten stillgelegt, daß jeweils nur ein Element regeneriert wird. Während des Stillstandes übernehmen die anderen arbeitenden Grundausrüstungen die Kapazität des stillgelegten Elementes. In diesem Fall sind interne Reservekapazitäten notwendig. Die Kontinuität der Produktion kann allerdings auch durch Speicher gesichert werden.

Bei gleichen Laufzeiten aller Elemente ergibt sich die in Abb. 6.1.5 dargestellte Charakteristik.

Die Anfangslaufperiode ist dabei eine Ausnahme. Sonst sind die Laufzeiten immer gleich aber jeweils um t^* verschoben. Die Zeit des gemeinsamen Betriebes aller Grundausrüstungen ist

$$t_g = t - (m - 1)\, t^* \quad (6.1.28)$$

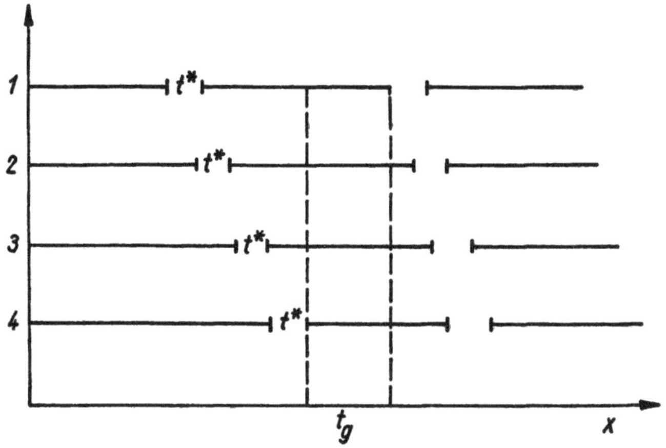

Abb. 6.1.5: Laufzeitfolge bei 4 Elementen

Mit m wird die Zahl der Elemente angegeben. Aus der Bedingung, daß nicht mehr als eine Grundausrüstung stillstehen darf, folgt $t_g \geqq 0$ bzw.

$$m \leqq \frac{t}{t^*} + 1 \tag{6.1.29}$$

Die Zeit des Betriebes von $(m - 1)$ Elementen ist:

$$t_r = mt^* \tag{6.1.30}$$

Für die Optimierungsrechnungen wird vorausgesetzt, daß die Leistungsfunktionen unabhängig von der Zahl der in Betrieb befindlichen Ausrüstungen sind. Bei Anwendung der Methode der teilbaren Instandsetzungstermine ergibt sich bei $m = 3$ Elementen die in Abb. 6.1.6 dargestellte Laufzeitcharakteristik.

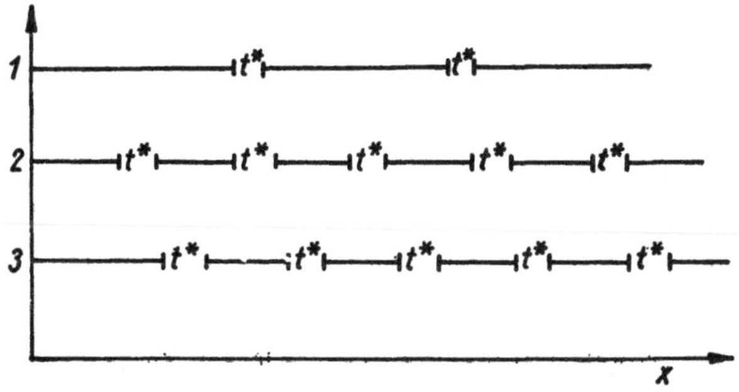

Abb. 6.1.6: Laufzeitfolge bei teilbaren Instandsetzungsterminen mit $m = 3$ Elementen

Allgemeingültige Entscheidungskriterien über die Wahl der Strategie existieren noch nicht. Nur bei gleichen Leistungsfunktionen können von vornherein die im Abschnitt 6.1.2.1. beschriebene und die in Abb. 6.1.5 dargestellte Betriebsweise verglichen werden. Entsprechende Beispiele folgen noch.

6.1.3. Laufzeitzyklen von inhomogenen Systemen

Inhomogene Systeme sind noch wenig untersucht. Sie bestehen aus verschiedenartigen Elementen. Geschlossen gelöst ist die Optimierung der Laufzeit einer Reihenschaltung von n Elementen, wobei als Zielfunktion die Leistung maximiert wird.

Für das j. Element der Reihenschaltung gilt die Leistungsfunktion

$$\dot{C}_j(x) = \dot{C} \cdot f_j(x) \tag{6.1.31}$$

Dabei ist zu beachten

$$f_i(x) \leqq f_j(x) \quad \text{für} \quad i = 1 \dots n, \quad i \neq j \tag{6.1.32}$$

Mit Bezug auf Gl. (6.1.3) ist dann $\dot{Q}$ maximal bei t nach der Beziehung

$$f_j(t)\,(t + t^*) - \int_0^t f_j(x)\,dx = 0 \tag{6.1.33}$$

Die anderen Elemente sind mit internen Reservekapazitäten auszurüsten, weil immer das Element mit der niedrigsten Kapazität den Durchsatz der Reihenschaltung bestimmt. Daraus folgt, daß die Kapazität aller Elemente bei t gleich sein muß.

$$(\dot{C} + \Delta\dot{C}_i)\,f_i(t) = \dot{C} f_j(t) \tag{6.1.34}$$

Hieraus erhält man

$$\varphi_i = \frac{\Delta\dot{C}_i}{\dot{C}} = \frac{f_j(t)}{f_i(t)} - 1 \tag{6.1.35}$$

Mit φ_i wird die interne Reservekapazität angegeben.

Literatur

[6.1.1] Kardos, J.: Darstellung, Auswertung sowie Nutzung des Zeitverhaltens verfahrenstechnischer Betrachtungseinheiten — Eine Untersuchung ihrer Dynamik und Zuverlässigkeit, Dissertation B, Technische Hochschule „Carl Schorlemmer", Leuna-Merseburg 1979

[6.1.2] Lorenz, K.: Dissertation B (in Vorbereitung)

[6.1.3] FETISOV, S. L., VOTINCOVA, T. I. u. DUBNOV, V. Ja.: Chim. prom. **45** (1969) 10, 769–771
[6.1.4] RADUN, D. V., LAVAČEV, A. G., LJUTIKOV, Ju. A. u. CHITROV, B. V.: Chim. prom. **45** (1969) 9, 693–696

6.2. Anwendungsfälle der optimalen Laufzeitzyklen von zeitvarianten Betrachtungseinheiten

Die folgenden Beispiele sollen die Anwendung der im Abschnitt 6.1. hergeleiteten allgemeinen Algorithmen bzw. Zielfunktionen erleichtern. In der Regel ist es nämlich notwendig, spezielle Voraussetzungen und Bedingungen festzulegen bzw. zu kennen, um die Zielfunktionen exakt formulieren zu können.

6.2.1. Laufzeit eines Filters bei Maximierung der Leistung und konstantem Druck

Bei konstantem Druck sinkt auf Grund des wachsenden Filterkuchens die je Zeiteinheit durchgesetzte Filtratmenge im Laufe des Betriebes. Nach einer bestimmten Betriebszeit t ist das Filtermittel zu reinigen. Danach beginnt die Filtration von Neuem. Die Leistungsminderung wurde durch die CARMANsche Filtergleichung beschrieben. Sie sei in folgender Form gegeben (6.2.1), (6.2.2):

$$V = A\left\{\sqrt{\frac{\beta^2}{\alpha^2 x^{*2}} + \frac{2p}{\alpha\eta x^*}\,x} - \frac{\beta}{\alpha x^*}\right\} \tag{6.2.1}$$

V – Filtratmenge, A – Filterfläche, p – Druck, η – Viskosität, α – mittlerer spezifischer Kuchenwiderstand [m/kg], β – Widerstand des Filtermittels [m^{-1}], x^* – Feststoffgehalt [kg Feststoff/m^3 Flüssigkeit], x – Zeit.

Mit den Konstanten

$$B = \frac{\beta}{\alpha x^*} \tag{6.2.2}$$

$$C = \frac{2p}{\eta\alpha x^*} \tag{6.2.3}$$

ergibt sich für den zeitlichen Durchsatz

$$\dot{V}(x) = \frac{dV}{dx} = \frac{A \cdot C}{2\sqrt{B^2 + Cx}} \tag{6.2.4}$$

Setzt man diesen Ausdruck für $V(x)$ in Gl. (6.1.3) ein, so ergibt sich

$$\frac{A \cdot C(t_0 + t^*)}{2\sqrt{B^2 + Ct_0}} - \int\limits_0^{t_0} \frac{AC\,dx}{2\sqrt{B^2 + Cx}} = 0 \tag{6.2.5}$$

Nach Integration folgt

$$\frac{t_0 + t^*}{\sqrt{B^2 + Ct_0}} - \frac{2}{C}\sqrt{B^2 + Ct_0} + \frac{2B}{C} = 0 \qquad (6.2.6)$$

Eine Umformung liefert die quadratische Gleichung

$$t_0^2 - 2tt^* - 4\frac{B^2}{C}t^* + t^{*2} = 0 \qquad (6.2.7)$$

Hieraus ergibt sich

$$t_0 = t^* + 2B\sqrt{\frac{t^*}{C}} \qquad (6.2.8)$$

Greift man auf die ursprünglichen Parameter zurück, so folgt

$$t_0 = t^* + \frac{2\beta}{\alpha x^*}\sqrt{\frac{\eta\alpha x^* t^*}{2p}} \qquad (6.2.9)$$

Mit $\dot{V} \sim A$ ist auch das Problem der Minimierung der Filterfläche gelöst. Sie ergibt sich entsprechend Gln. (6.1.11), (6.2.8) und (6.2.1)

$$A_{\min} = \frac{\dot{V}\left(2t^* + 2B\sqrt{\frac{t^*}{C}}\right)}{\sqrt{B^2 + C\left(t^* + 2B\sqrt{\frac{t^*}{C}}\right)} - B} \qquad (6.2.10)$$

Als Beispiel seien folgende Werte gegeben: $B = 0{,}12$ m, $C = 2\ \mathrm{m^2/h}$, $t^* = 0{,}5$ h und $\dot{V} = 10\ \mathrm{m^3/h}$. Wie groß ist die optimale Laufzeit und die minimale Fläche des Filters. Nach Gln. (6.2.8) und (6.2.10) erhält man $t_0 = 0{,}62$ h bzw. $A_{\min} = 11{,}2\ \mathrm{m^2}$.

6.2.2. Optimierung der Laufzeit von Diaphragmaelektrolysezellen mit Graphitanoden

Graphitanoden in NaCl-Elektrolyseuren verschleißen infolge chemischer Vorgänge (Oxydation) und mechanischer Einwirkungen im Laufe der Betriebszeit. Der integrale Effekt dieser Verschleißvorgänge ist ein Anstieg der Zellenspannung und damit des Energieverbrauchs. Das Optimierungsproblem wird unter dem Gesichtspunkt der Kostenminimierung nach Abschnitt 6.1.1.2. gelöst. Die Zeitfunktion der Zellenspannung ist mit Hilfe eines Regressionsansatzes beschreibbar [6.2.3]

$$U = U_A + A \cdot x^B \qquad (6.2.11)$$

U – Zellenspannung, U_A – Zellenspannung zum Zeitpunkt $x = 0$, A, B – Koeffizienten.

In die Kostenfunktion gehen Instandsetzungskosten $\dot{K}_I$ und Betriebskosten $\dot{K}_B$ ein [6.2.3]:

$$\dot{K} = \frac{1}{t + t^*} \left[k_B \cdot I \int_0^t (U_A + Ax^B)\, dx + K_I \right] \tag{6.2.12}$$

k_B – spezifische Betriebskosten (Elektroenergie), K_I – Instandhaltungskosten, I – Stromstärke.

Die Differentiation und das Nullsetzen der ersten Ableitung liefert die Bestimmungsgleichung

$$At_0^{B+1} + At^*t_0^B - \frac{At_0^{B+1}}{B+1} + U_A t^* - \frac{K_I}{k_B \cdot I} = 0 \tag{6.2.13}$$

oder

$$t^* + \frac{Bt_0}{B+1} + \frac{U_A t^*}{At_0^B} - \frac{K_I}{Ak_B \cdot It_0^B} = 0 \tag{6.2.14}$$

Diese Beziehung ist bezüglich t_0 nur iterativ lösbar. Allerdings läßt sich eine Näherungslösung angeben

$$t_0 = \left[\frac{B+1}{BA} \left(\frac{K_I}{k_B I} - U_A t^* \right) \right]^{\frac{1}{B+1}} \tag{6.2.15}$$

Für den Spezialfall $t^* = 0$ ergibt sich die exakte analytische Lösung zu

$$t_0 = \left[\frac{K_I(B+1)}{ABk_B \cdot I} \right]^{\frac{1}{B+1}} \tag{6.2.16}$$

Für ein Berechnungsbeispiel seien folgende Daten gegeben:

$B = 3$, $A = 2 \cdot 10^{-7}$ V/d^B, $I = 55$ kA, $U_A = 4$ V, $K_I = 12000$ M, $t^* = 1$ d, $k_B = 2{,}88$ M/kW

Die optimale Laufzeit ergibt sich zu $t_0 = 147{,}6$ d nach Gl. (6.2.14), $t_0 = 147{,}9$ d nach Gl. (6.2.15) und $t_0 = 150$ d nach Gl. (6.2.16).
Die Abweichungen der Ergebnisse von der exakten Lösung ist recht gering (0,2 bzw. 1,6%), so daß die angegebenen Näherungslösungen ihren praktischen Zweck hinreichend erfüllen.

6.2.3. Optimierung der Laufzeit von Wärmeübertragern

Die Laufzeit eines Gegenstromwärmeübertragers (Abb. 6.2.1) soll unter dem Gesichtspunkt der Maximierung der übertragenen Wärmemenge nach Abschnitt 6.1.1.1. optimiert werden. Folgende Betriebsparameter sind mit Bezug auf Abb. 6.2.1 [6.2.4, 6.2.5] bekannt: $\vartheta_E = 378$ K, $\vartheta_A = 338$ K, $\dot{m}_0 = 56{,}5 \cdot 10^3$

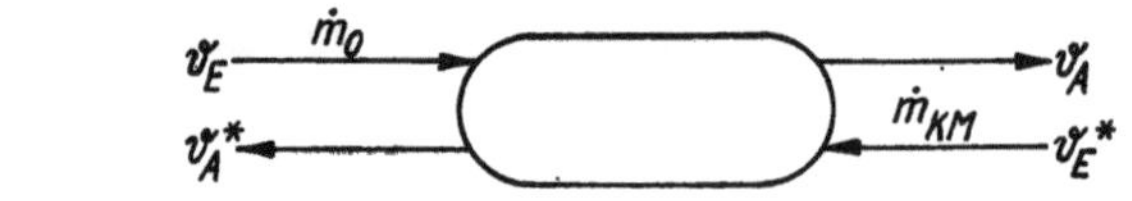

Abb. 6.2.1: Schema des Gegenstromwärmeübertragers

kg/h (Produkt), $c_m = 1{,}675$ kJ/kg K, $A = 12$ m², $K_I = 1000$ M (Instandhaltung), $k_{KM} = 7{,}6 \cdot 10^{-5}$ M/kg (Kühlmittel), $t^* = 20$ h, $\vartheta_E^* = 253$ K, $\vartheta_A^* = 318$ K, $m_{KM} = 55{,}7 \cdot 10^3$ kg/h (Kühlmittel) und $c = 2{,}72$ kJ/kg K.

Für die Zeitabhängigkeit des Wärmedurchgangskoeffizienten wurden die in Tab. 6.2.1 angegebenen Werte ermittelt.

Die optimale Laufzeit soll zunächst unter der Voraussetzung ständig geringer werdender Wärmeübertragung bestimmt werden.

Tabelle 6.2.1: Zeitabhängigkeit des Wärmedurchgangskoeffizienten

x [h]	0	960	1440	1920	2880	3840
$k(x)$ [kW/m²K]	1,669	1,582	1,542	1,503	1,433	1,367

Zu diesem Zweck wird die Betriebscharakteristik $\Phi(x)$ bestimmt [6.2.6]:

$$\Phi(x) = \frac{1 - \exp\left\{-k(x)\left[\frac{1}{\dot{W}_1} - \frac{1}{\dot{W}_2}\right] A\right\}}{1 - \frac{\dot{W}_1}{\dot{W}_2}\exp\left\{-k(x)\left[\frac{1}{\dot{W}_1} - \frac{1}{\dot{W}_2}\right] A\right\}} \tag{6.2.17}$$

Daraus folgt für den Wärmestrom

$$\dot{q}(x) = \dot{W}_1(\vartheta_{E1} - \vartheta_{E2}) \cdot \Phi(x) \tag{6.2.18}$$

Die numerische Auswertung dieser Funktionen liefert mit $W_1 = 26{,}3\ \frac{\text{kW}}{\text{K}}$ und $W_2 = 42{,}1\ \frac{\text{kW}}{\text{K}}$ den in Tab. 6.2.2 angegebenen zeitabhängigen Wärmestrom.

Nach Anwendung der Methode der kleinsten Fehlerquadrate erhält man für $\dot{q}(x)$ die lineare Funktion $\dot{q}(x) = 1038\ \text{kW} - 0{,}02876\ \frac{\text{kW}}{\text{h}}\ x$. Diese Funktion wird in Gl. (6.1.3) eingesetzt.

Tabelle 6.2.2: Zeitabhängigkeit des Wärmestromes

x [h]	0	960	1440	1920	2880	3840
$\dot{q}(x)$ [kW]	1047	1013	997	981	951	923

Es ergibt sich

$$(t_0 + t^*) \left(1038\,\text{kW} - 0{,}02876\,\frac{\text{kW}}{\text{h}}\,t_0\right) - \int_0^{t_0} \left(1038\,\text{kW} - 0{,}02876\,\frac{\text{kW}}{\text{h}}\,x\right) dx = 0$$

Daraus folgen $t_0^2 + 40\,\text{h}\,t_0 - 1443747\,\text{h}^2 = 0$ und $t_0 = 1182\,\text{h} = 49\,\text{d}$.
Der Nachteil der erörterten Methode besteht darin, daß sich die Produktaustrittstemperatur erhöht. Außerdem sinkt die Kühlmittelaustrittstemperatur. Die entsprechenden Werte sind in Tab. 6.2.3 angegeben.

Tabelle 6.2.3: Zeitliche Abhängigkeit der Austrittstemperaturen

x [h]	0	960	1440	1920	2880	3840
ϑ_A [K]	338,2	339,5	340,1	340,7	341,8	342,9
ϑ_A^* [K]	317,9	317,1	316,1	316,3	315,6	314,9

Tabelle 6.2.4: Daten des Wärmeübertragers bei geforderter konstanter Produktstromtemperatur

x [h]	0	960	1440	1920	2880	3840
$\dot{m}$ [kg/s]	15,48	20,85	25,33	32,65	75,81	
ϑ_A [K]	338,2	338,2	338,2	338,2	338,2	338,6
ϑ_A^* [K]	317,9	311,5	308,2	304,8	298,1	293

Die Aufgabe soll nun unter der Bedingung konstanter Produktaustrittstemperatur gelöst werden. Zu diesem Zweck wird die Kühlmittelmenge so erhöht, daß $\dot{q}(x)$ konstant bleibt. Unter der Voraussetzung konstanter (von der Durchflußgeschwindigkeit unabhängiger) Wärmeübergangskoeffizienten α ergeben sich die in Tab. 6.2.4 dargestellten Kühlmittelmengen.

Aus der Übersicht geht hervor, daß nach $x = 3840\,\text{h}$ Betriebszeit trotz unendlich großem Kühlmittelstrom die geforderte Produktaustrittstemperatur nicht erreicht wird. Die Grenze liegt bei $k(x) = 1{,}385\,\text{kW/m}^2\,\text{K}$.

Durch lineare Interpolation läßt sich diesem Wert eine Betriebszeit von $x = 3556\,\text{h}$ zuordnen. Zu diesem Zeitpunkt wäre also ein unendlich großer Kühlmittelstrom notwendig, um die geforderte Temperatur $\vartheta_A = 338{,}2\,\text{K}$ nicht zu überschreiten. Die Änderung der Kühlmittelmenge soll durch den Ansatz

$$m_{MK} = 15{,}48\,\frac{\text{kg}}{\text{s}} + a\,\frac{x}{3556\,\text{h} - x} \qquad (6.2.19)$$

beschrieben werden. Mit Hilfe der Methode der kleinsten Fehlerquadrate findet man $a = 14{,}2\,\frac{\mathrm{kg}}{\mathrm{s}}$.

Die Lösung des Optimierungsproblems ist nur sinnvoll, wenn die Gesamtaufwendungen betrachtet werden. Ohne Berücksichtigung erhöhter Energiekosten durch höheren Kühlmitteldurchsatz ergibt sich

$$\dot{K} = \frac{k_{KM} \int\limits_0^t \left(15{,}48\,\frac{\mathrm{kg}}{\mathrm{s}} + 14{,}2\,\frac{\mathrm{kg}}{\mathrm{s}}\,\frac{x}{3556\,\mathrm{h} - x}\right) dx + k_I}{t + t^*} \Rightarrow \mathrm{Min!} \tag{6.2.20}$$

$$\dot{K} = \frac{7{,}6 \cdot 10^{-5}\,\frac{\mathrm{M}}{\mathrm{kg}} \left[t \cdot 15{,}48\,\frac{\mathrm{kg}}{\mathrm{s}} + 14{,}2\,\frac{\mathrm{kg}}{\mathrm{s}} \left(\frac{3556\,\mathrm{h}}{3556\,\mathrm{h} - t} - t\right)\right]}{t + 20\,\mathrm{h}} + \frac{\frac{1000\,\mathrm{M}}{3600\,\mathrm{s}}\,\mathrm{h}}{t + 20\,\mathrm{h}} \tag{6.2.21}$$

Die Überprüfung der Maßeinheiten liefert, daß die Zeit t in h eingesetzt werden muß. Durch Auswertung von Gl. (6.2.21) findet man z. B. mit Hilfe der Fibonacci-Suche $t_0 = 1666\,\mathrm{h} = 69{,}4\,\mathrm{d}$. Wird $t = t_0$ gewählt, dann sind die Kosten ein Minimum. Sie betragen $\dot{K}_{\min} = 0{,}0021279\,\mathrm{M/s} = 183{,}85\,\mathrm{M/d}$. Die erforderliche Kühlmittelmenge ist zu diesem Zeitpunkt $m(t_0) = 28{,}05\,\mathrm{kg/s}$.

6.2.4. Optimierung der Laufzeit von mehrstufigen Verdampfern bei gleichzeitiger Regenerierung aller Verdampfer

Den Optimierungsrechnungen liegen folgende Voraussetzungen zu Grunde [6.2.7, 6.2.8]:

1. Im Zeitraum T ist eine bestimmte Wärmemenge zu übertragen (bzw. Lösungsmittelmenge zu verdampfen).
2. Ein kontinuierlicher Prozeßablauf muß gewährleistet sein.
3. Während des Betriebes ist es nicht möglich, den Wärmestrom vom Heizmedium zum beheizten Medium (z. B. durch Triebkrafterhöhung) zu beeinflussen.

Aus den Voraussetzungen folgt, daß die Auslegung der Wärmeübertragungsfläche den Wärmestrom beeinflußt. Die Fläche muß also von vornherein so bemessen werden, daß die Bedingung 1 erfüllt wird. Der kontinuierliche Prozeßablauf wird durch Speicher gesichert.

In Abb. 6.2.2 ist ein Schema der Anlage dargestellt. Die Leistungsminderung wird wahlweise durch folgende Zeitfunktionen des Wärmedurchgangskoeffi-

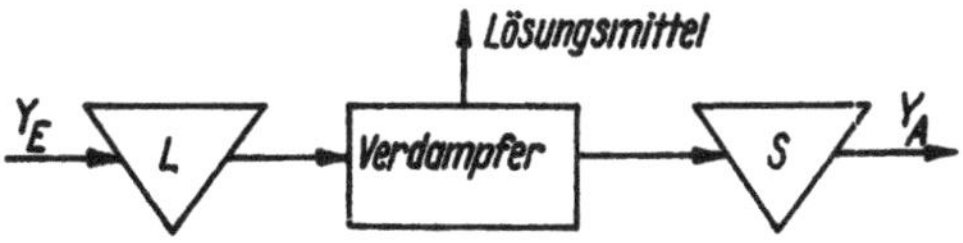

Abb. 6.2.2: Schema der Verdampferanlage

zienten beschrieben

$$1.\quad k(x) = \frac{k}{1 + x/T} \tag{6.2.22}$$

$$2.\quad k(x) = k\left(1 - \frac{x}{T}\right) \tag{6.2.23}$$

Das Optimierungsproblem soll unter den Gesichtspunkten Minimierung der Wärmeübertragungsfläche und Minimierung der Kosten gelöst werden (Abschnitt 6.1.).

Laufzeit bei Minimierung der Wärmeübertragungsfläche

Die je Zeiteinheit übertragene Wärmemenge beträgt

$$\dot{q}(x) = k(x) \cdot A \cdot \Delta\vartheta \tag{6.2.24}$$

Entsprechend Gl. (6.1.10) gilt

$$\tilde{P}(x) = k(x) \cdot \Delta\vartheta \tag{6.2.25}$$

Unter Benutzung von Gl. (6.2.22) folgt nach Beziehung (6.1.11)

$$A = \frac{\dot{Q}(t + t^*)}{\Delta\vartheta \int\limits_0^t \frac{k\,dx}{1 + \frac{x}{T}}} \tag{6.2.26}$$

Die Bestimmungsgleichung zur Berechnung der optimalen Laufzeit ist Gl. (6.1.13)

$$\Delta\vartheta \int\limits_0^{t_0} \frac{k\,dx}{1 + x/T} - \frac{k\,\Delta\vartheta}{1 + \frac{t_0}{T}}(t_0 + t^*) = 0 \tag{6.2.27}$$

Daraus folgt die implizite Bestimmungsgleichung für t_0

$$\ln\left(1 + \frac{t_0}{T}\right) = \frac{t_0 + t^*}{T + t_0} \tag{6.2.28}$$

Im Falle linearer Leistungsminderungen (Gl. 6.2.23) ergibt sich in analoger Weise

$$t_0 = \sqrt{t^{*2} + 2Tt^*} - t^* \tag{6.2.29}$$

Für die Gegenüberstellung von zwei Beispielen seien gegeben: $T = 240$ h und $t^* = 8$ h.

1. $k(x) = \dfrac{k}{1 + x/T}$ Gl. (6.2.28) $t_0 = 2{,}69$ d

2. $k(x) = k\left(1 - \dfrac{x}{T}\right)$ Gl. (6.2.29) $t_0 = 2{,}27$ d

Laufzeit bei Minimierung der Kosten

Ist die im Zeitraum T zu übertragende Wärmemenge festgelegt, dann können die Betriebskosten unabhängig von der Betriebszeit konstant gesetzt werden, wenn $\eta(x) = \eta$ konstant ist. Damit ergibt sich entsprechend Gl. (6.1.26)

$$\dot{K} = k_A \cdot z \cdot \frac{\dot{Q}(t + t^*)}{\int\limits_0^t \Delta\vartheta \cdot k(x)\, dx} + k_B \cdot \dot{Q} + k_I \cdot P_I \frac{t^*}{t + t^*}$$
$$+ k_S \left[\int\limits_0^{t_x} \dot{C}_A(x)\, dx - \dot{C}_A \cdot t_x\right]$$
$$+ k_L \left[\int\limits_0^{t_x} \dot{C}_E(x)\, dx - \dot{C}_E \cdot t_x\right] \tag{6.2.30}$$

Bei den Optimierungsrechnungen ist es möglich, den Term für die Lagerungskosten zu vernachlässigen, weil die Lage des Optimums durch diesen Anteil nur unwesentlich beeinflußt wird. Als Zielfunktion verbleibt

$$Z = \dot{K} - k_B Q = k_A \cdot z \frac{\dot{Q}(t + t^*)}{T \cdot k\, \Delta\vartheta \cdot \ln\left(1 + \dfrac{t}{T}\right)}$$
$$+ k_I \cdot P_I \frac{t^*}{t + t^*} \tag{6.2.31}$$

Das Optimum kann zweckmäßigerweise mit Hilfe eines Suchverfahrens gefunden werden.

Für einen gegebenen Fall sind folgende Daten bekannt $T = 10$ d, $t^* = 8$ h, $k_A \cdot z = 0{,}2$ M/d m², $\dot{Q} = 90000$ kW, $k\, \Delta\vartheta = 30$ kW/m² und $k_I \cdot P_I = 1200$ M/d.

Mit diesen Daten erhält man aus Gl. (6.2.31) eine optimale Laufzeit von $t_0 = 4{,}5$ d. Führt man dagegen Gl. (6.2.23) in die Beziehung (6.2.30) ein, so folgt für die gleichen Daten $t_0 = 3{,}5$ d.

Die Ergebnisse zeigen, daß die optimale Laufzeit bei der Kostenminimierung größer ist als bei der Flächenminimierung. Diese Aussage kann verallgemeinert werden, weil die Regenerierungskosten das Optimum immer zu höheren Zeiten t_0 verschieben.

6.2.5. Optimierung der Laufzeit von mehrstufigen Verdampfern bei Regenerierung zu unterschiedlichen Zeitpunkten

Den Optimierungsrechnungen liegen folgende Voraussetzungen zu Grunde:

1. Im Zeitraum T ist eine bestimmte Wärmemenge zu übertragen.
2. Ein kontinuierlicher Prozeßablauf muß gewährleistet sein.
3. Die Triebkraft ist während des Betriebes konstant.

Die Wärmeübertragungsfläche ist so auszulegen, daß die Bedingung 1 erfüllt wird. Der kontinuierliche Prozeßablauf wird durch interne Reservekapazitäten gewährleistet. Weiter wird angenommen, daß für jeden Verdampfer der Schaltung die gleiche Leistungsfunktion Gültigkeit besitzt.

In Abb. 6.2.3 sind z. B. die Laufzeitzyklen einer dreistufigen Verdampferanlage dargestellt. Die Laufzeiten aller Verdampfer sind mit Ausnahme der 1. Periode gleich lang und um jeweils t^* bzw. $2t^*$ zum 1. Verdampfer verschoben. Unter der Bedingung, daß für den Dampfverbrauch einer m-stufigen Verdampferanlage gilt

$$m_D^{(m)} = \frac{m_D^{(1)}}{m} \tag{6.2.32}$$

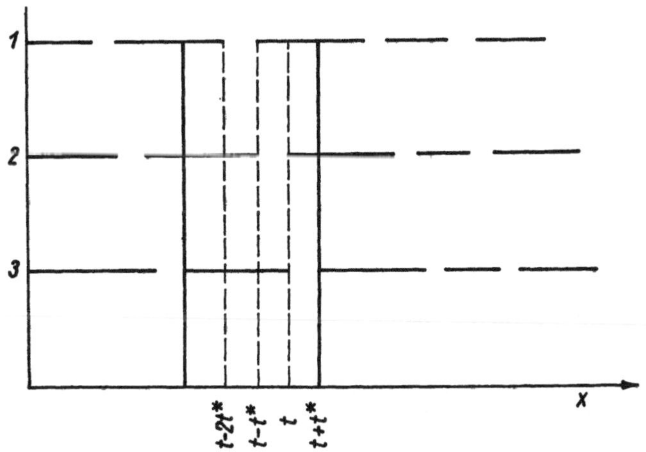

Abb. 6.2.3: **Folge von Lauf- und Stillstandszeiten eines dreistufigen Verdampfersystems**

ist der Dampfverbrauch während des gemeinsamen Betriebes aller Verdampfer

$$t_g \text{ nach Gl. (6.1.28)} \qquad m_D = \frac{\dot{q}\Sigma}{m \cdot h_D} \tag{6.2.33}$$

und des Betriebes von $(m - 1)$ Verdampfern

$$t_r \text{ nach Gl. (6.1.30)} \qquad m_D = \frac{\dot{q}\Sigma}{(m-1)\,h_D} \tag{6.2.34}$$

Tabelle 6.2.5: Berechnungsgleichungen für Verdampferflächen

Fläche	Zeitpunkt		
	$t - 2t^*$	$t - t^*$	t
A_1	$\frac{\dot{q}}{k(t) \cdot \Delta\vartheta}$	$\frac{3\dot{q}}{2\Delta\vartheta k(0)}$	$\frac{3\dot{q}}{2\Delta\vartheta k(t^*)\,\Delta\vartheta}$
A_2	$\frac{3\dot{q}}{2\Delta\vartheta k(t - t^*)}$	$\frac{\dot{q}}{k(t)\,\Delta\vartheta}$	$\frac{3\dot{q}}{2\Delta\vartheta k(0)\,\Delta\vartheta}$
A_3	$\frac{3\dot{q}}{2\Delta\vartheta k(t - 2t^*)}$	$\frac{3\dot{q}}{2\Delta\vartheta k(t - t^*)}$	$\frac{\dot{q}}{k(t)\,\Delta\vartheta}$

Damit ergibt sich für den Gesamtdampfverbrauch bei $m = 3$

$$m_D = \frac{\dot{q}\Sigma}{3h_D} \cdot \frac{t - 2t^*}{t + t^*} + \frac{\dot{q}\Sigma}{2h_D} \cdot \frac{3t^*}{t + t^*} \tag{6.2.35}$$

Für die Zeitpunkte $t - 2t^*$, $t - t^*$ und t werden unter der Voraussetzung, daß $\dot{q}_i = \dot{q}$, $\Delta\vartheta_i = \Delta\vartheta$ $(i = 1, 2, 3)$ ist und die Kapazität des außer Betrieb genommenen Verdampfers zu gleichen Teilen von den laufenden Verdampfern übernommen wird, die notwendigen Wärmeübertragungsflächen ermittelt. Die entsprechenden Gleichungen sind in Tab. 6.2.5 zusammengestellt.

Die Verdampferschaltung soll so ausgelegt werden, daß die größte notwendige Fläche für alle Verdampfer gilt. Diese Fläche ist

$$A = \frac{3\dot{q}}{2\Delta\vartheta k(t - t^*)} \tag{6.2.36}$$

wenn $\quad \dfrac{3}{2k(t - t^*)} > \dfrac{1}{k(t)} \quad$ bzw.

$$\frac{k(t - t^*)}{k(t)} < 1{,}5$$

Diese Voraussetzung ist mit großer Wahrscheinlichkeit erfüllt. Allerdings empfiehlt es sich, die Bedingung im Anschluß an die Optimierungsrechnungen zu überprüfen. In Analogie zu Gl. (6.2.31) ergibt sich folgende Gesamtkostenfunktion

$$\dot{K} = \frac{3k_A z \cdot \dot{q}}{2\Delta\vartheta k(t - t^*)} + k_D \frac{\dot{q}}{h_D} \left[\frac{t - 2t^*}{t + t^*} + \frac{9t^*}{2(t + t^*)}\right] + P_I \cdot k_I \frac{t^*}{t + t^*} \tag{6.2.37}$$

Dabei wurde $q\Sigma = 3\dot{q}$ gesetzt. P_I bezeichnet den Gesamtaufwand bei der einmaligen Reinigung aller Verdampfer.

Es sei $k(x) = \dfrac{k(0)}{1 + x/T}$.

Dann ergibt sich aus $\dfrac{dK}{dt} = 0$ folgende explizite Bestimmungsgleichung für die optimale Laufzeit

$$t_0 = \sqrt{\frac{\left(3k_D \frac{\dot{q}}{h_D} + 2P_I \cdot K_I\right) t^* \,\Delta\vartheta k(0)\, T}{3k_A \cdot \dot{q}}} - t^* \tag{6.2.38}$$

Bei $k(x) = k(0)\,(1 - x/T)$ ergibt sich

$$t_0 = \frac{T\sqrt{C} - t^*}{1 + \sqrt{C}} \tag{6.2.39}$$

Darin ist

$$C = \frac{\left[\frac{3k_D\dot{q}}{h_D} + 2P_I k_I\right] t^* k(0)\, \Delta\vartheta}{3k_A\dot{q} \cdot T} \tag{6.2.40}$$

Als Beispiel seien die gleichen Werte wie im Abschnitt 6.2.5. gültig. Für den Dampfpreis wird der Wert $k_D = 36{,}29$ M/t verwendet. Es ergeben sich die in Tab. 6.2.6 dargestellten Resultate.

6.2.6. Gegenüberstellung der Laufzeiten und Aufwandsgrößen einer Verdampferanlage bei gleichzeitiger Regenerierung aller Verdampfer sowie bei Regenerierung der einzelnen Verdampfer zu unterschiedlichen Zeitpunkten

Diese Laufzeit- und Regenerierungsstrategien sind in den Abschnitten 6.2.4. und 6.2.5. untersucht worden. Die entsprechenden Berechnungsbeispiele werden in der Tab. 6.2.7 gegenübergestellt.

Tabelle 6.2.6: Optimale Größen einer dreistufigen Verdampferanlage

Größen	Fälle	
	I	II
$k(x)$	$\dfrac{k(0)}{1+\dfrac{x}{T}}$	$k(0)\left(1-\dfrac{x}{T}\right)$
A	5539,70 m^2	4867,43 m^2
$\dot{K}$	46834,88 $\dfrac{M}{d}$	48884,96 $\dfrac{M}{d}$
t_0	27,26 d	7,25 d

Tabelle 6.2.7: Vergleich der Resultate der Optimierungsrechnungen

$k(x)$	Resultate bei gleichzeitiger Stillegung (a)		Resultate bei Stillegung zu unterschiedlichen Zeitpunkten (b)	
$\dfrac{kT}{T+x}$	$t_0 = 4{,}5$ d	$A = 3902$ m^2 $\dot{K} = 45763$ M/d	$t_0 = 27{,}3$ d	$A = 5540$ m^2 $\dot{K} = 46835$ M/d
$k\left(1-\dfrac{x}{T}\right)$	$t_0 = 3{,}5$ d	$A = 3983$ m^2 $\dot{K} = 45800$ M/d	$t_0 = 7{,}3$	$A = 4867$ m^2 $\dot{K} = 48885$ M/d

Die angegebenen Kosten bei gleichzeitiger Stillegung (*a*) enthalten nicht die Kosten für Produktionspufferung. Sind diese größer als $\Delta\dot{K} = 46835 - 45763 = 1072$ M/d dann wäre die Variante (*b*) günstiger. Ein wesentlicher Vorteil dieser Variante (*b*) sind die wesentlich größeren Laufzeiten. Allerdings dürften die Kosten in den meisten Fällen bei Anwendung externer Reservekapazitäten niedriger liegen.

6.2.7. *Optimierung der Laufzeit einer Reihenschaltung*

Die Leistungsfunktion zweier Elemente einer Reihenschaltung mögen z. B. gegeben sein durch

$$\dot{C}_1(x) = \dot{C}\left(1 - \frac{x}{T_1}\right) \tag{6.2.41}$$

$$\dot{C}_2(x) = \dot{C}\left(1 - \frac{x}{T_2}\right) \tag{6.2.42}$$

Dabei gilt $x < T_2 < T_1$. Daraus folgt $\dot{C}_1(x) > \dot{C}_2(x)$. Die Bestimmungsgleichung für die optimale Laufzeit t_0 bezüglich des 1. Elementes lautet nach Gl. (6.1.3)

$$\left(1 - \frac{t_{0,1}}{T_1}\right)(t_{0,1} + t^*) - \int_0^{t_{0,1}} \left(1 - \frac{x}{T_1}\right) dx = 0 \tag{6.2.43}$$

Daraus folgt

$$t_{0,1}^2 + 2t_{0,1}t^* - 2T_1t^* = 0 \tag{6.2.44}$$

Mit $t^* = 1$ ZE und $T_1 = 20$ ZE ergibt sich z. B. $t_{0,1} = 5{,}4$ ZE. Die Zeitkonstante des 2. Elementes sei $T_2 = 10$ ZE. Damit läßt sich nach Gl. (6.1.35) die interne Reservekapazität des 2. Elementes bestimmen

$$\varphi_2 = \frac{1 - \dfrac{t_{0,1}}{T_1}}{1 - \dfrac{t_{0,1}}{T_2}} - 1 = \frac{1 - \dfrac{5{,}4}{20}}{1 - \dfrac{5{,}4}{10}} - 1 = 0{,}59$$

Das 2. Element ist also im Vergleich zum 1. Element in kapazitiver Hinsicht stark überdimensioniert bzw. überzudimensionieren. Die maximale Gesamtleistung nach Gl. (6.1.1) beträgt mit $\dot{P}(x) = \dot{C}_1(x)$

$$\dot{Q}_1 = \dot{C}\,\frac{t_{0,1} + \dfrac{t_{0,1}^2}{2T_1}}{t_{0,1} + t^*} \tag{6.2.45}$$

Daraus folgt mit den bekannten Werten ($t_{0,1} = 5{,}4$ ZE und $t^* = 1$ ZE) als Leistungsverhältnis $\dot{Q}_1/\dot{C} = 0{,}958$.

Ohne interne Reservekapazität des 2. Elementes ergäbe sich für die optimale Laufzeit des gleichen Elementes in Analogie zu Gl. (6.2.43)

$$t_{0,2}^2 + 2t_{0,2}t^* - 2T_2t^* = 0 \tag{6.2.46}$$

Daraus ergibt sich mit $t^* = 1$ ZE und $T_2 = 10$ ZE die optimale Laufzeit $t_{0,2} = 3{,}6$ ZE.

Somit folgt für das Leistungsverhältnis des 2. Elementes

$$\frac{\dot{Q}_2}{\dot{C}} = \frac{t_{0,2} + \dfrac{t_{0,2}^2}{2T_2}}{t_0 + t^*} \tag{6.2.47}$$

Im gegebenen Fall ist also $\dot{Q}_2/\dot{C} = 0{,}924$. Ein Vergleich ergibt $\dot{Q}_1/\dot{C} > \dot{Q}_2/\dot{C}$. Inwieweit nun der erhebliche Mehraufwand durch die interne Reservekapazität des 2. Elementes φ_2 gerechtfertigt ist, müßte mit Hilfe einer Kostenanalyse entschieden werden.

6.2.8. Optimierung der Laufzeit einer Reaktor-Destillations-kolonnen-Schaltung

Reaktoren zeigen oft ein zeitvariantes Verhalten, weil die Katalysatoraktivität im Laufe der Betriebszeit abnimmt [6.2.9, 6.2.10]. Die Wahl der Zeit bis zur Regenerierung des Katalysators wirkt sich damit auf den Umsatz und den

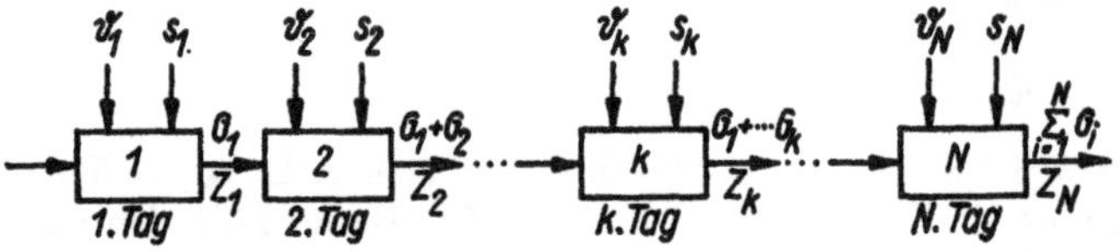

Abb. 6.2.4: Aufteilung des zeitvarianten Prozesses in einen mehrstufigen Entscheidungsprozeß mit $Z_i = a \sum \dot{m}_i$ als Zustand des Katalysators [6.2.10]

Erlös des Gesamtprozesses aus. Zur rechnerischen Behandlung des Prozesses nimmt man an, daß sich die Prozeßparameter entsprechend Abb. 6.2.4 stufenweise ändern. Die Entscheidungsgrößen werden in jeder Stufe so gewählt, daß der gesamte Prozeß während einer bestimmten Betriebsperiode optimale Werte hinsichtlich einer gewählten Zielfunktion liefert.

Modell des Reaktor-Kolonnen-Systems [6.2.10]

Die Schaltung ist in Abb. 6.2.5 dargestellt. Sie besteht aus einem Reaktor mit Katalysator und einer Destillationskolonne zur Trennung der Endprodukte vom Ausgangsprodukt. Im Reaktor läuft eine endotherme Reaktion in der

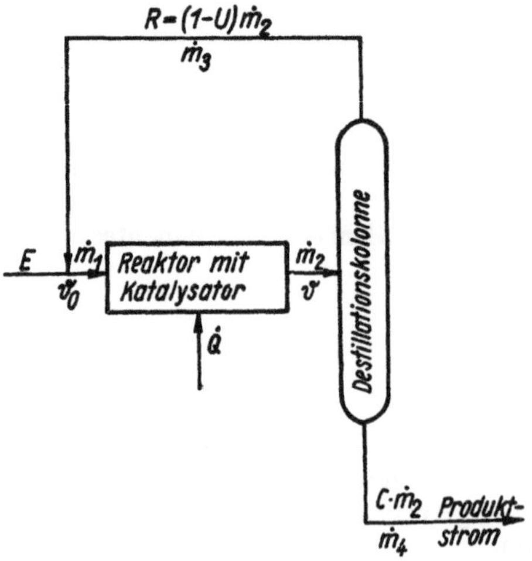

Abb. 6.2.5: Schema der Reaktor-Kolonnen-Schaltung [6.2.10]

Gasphase ab

$$A \rightarrow B + C$$

Für den Umsatz U gilt eine spezielle Korrelation

$$U = 1{,}8 \cdot 10^{-3}\vartheta - 0{,}45 \cdot 10^{-5}\dot{m}_1 - 0{,}45 \cdot 10^{-6}\,s \tag{6.2.48}$$

Darin ist ϑ die Temperatur. Die Größe s kennzeichnet den Aktivitätszustand des Katalysators und wird als Funktion des durch den Reaktor hindurchgetretenen Mengenstroms angenommen

$$s_i = \sum_{j=1}^{i} \dot{m}_j \tag{6.2.49}$$

$\dot{m}_j$ — Mengenstrom in den einzelnen Zeitabschnitten j.

Für die Rückführströme gilt

$$R_i = (1 - U_i)\,\dot{m}_i \tag{6.2.50}$$

Die dem Reaktor zugeführte Energie ist in den einzelnen Zeitintervallen

$$\dot{Q}_i = c_p \cdot \dot{m}_i(\vartheta_i - \vartheta_0) + \dot{m}_i U_i\,\Delta H_R \tag{6.2.51}$$

c_p — spezifische Wärme des Reaktionsgemisches ($c_p = 0{,}12$ kJ/kg K), ΔH_R — Reaktionsenthalpie ($\Delta H_R = 40$ kJ/kg), ϑ_i — Temperatur in den einzelnen Zeitabschnitten.

Optimalitätskriterium und optimale Laufzeit [6.2.10]

Der Gewinn (Zielfunktion) ergibt sich nach folgender Beziehung

$$G_i = U_i\dot{m}_i g_1 - E_i \cdot g_2 - \dot{Q}_i g_3 - R_i g_4 \tag{6.2.52}$$

$U_i \cdot \dot{m}_i \cdot g_1$ — Erlös des Produktes pro Zeitintervall ($g_1 = 0{,}6$ M/kg), $E_i \cdot g_2$ — Kosten der Eingangsstoffe pro Zeitintervall ($g_2 = 0{,}30$ M/kg), $\dot{Q}_i \cdot g_3$ — Kosten für den Energiebedarf des Reaktors pro Zeitintervall ($g_3 = 8{,}6 \cdot 10^{-6}$ M/kJ), $R_i \cdot g_4$ — Betriebskosten für die Destillationsstufe pro Zeitintervall ($g_4 = 0{,}18$ M/kg).

Die Zielfunktion nach Gl. (6.2.52) hat die Form

$$G = \sum_{i=1}^{N} G_i \tag{6.2.53}$$

Dabei sind die Katalysatorregenerierungskosten nicht berücksichtigt worden. Als Einschränkungen für die einzelnen Prozeßgrößen wurden angenommen:

$$0 \leqq U_i \leqq 0{,}8 \tag{6.2.54}$$

$$487\,°\text{C} \leqq \vartheta_i \leqq 537\,°\text{C} \tag{6.2.55}$$

$$0 \leqq \dot{m}_i \leqq 4500 \text{ kg/ZE} \tag{6.2.56}$$

Wird die Zahl der Stufen mit $N = 10$ angenommen, so ist die Zielfunktion von folgenden Parametern abhängig

$$G = f(T^1, T^2, \ldots, T^{10}, E^1, E^2, \ldots, E^{10}) \qquad (6.2.57)$$

Die Lösung des Optimierungsproblems liefert die in Abb. 6.2.6 dargestellten Resultate.

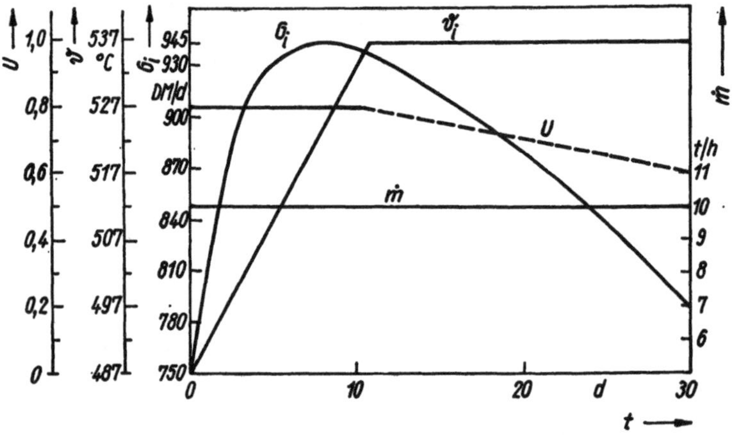

Abb. 6.2.6: Temperatur, durchschnittlicher Gewinn und Umsatz in Abhängigkeit von der Prozeßdauer [6.2.10]

Es zeigt sich, daß die Temperaturgrenzen nach 10 Tagen und die Grenzen des Mengenstromes zu Beginn des Prozeßablaufs erreicht werden. Das Gewinnmaximum liegt bei $\tau_{opt} = 10$ Tagen.

Bei Berücksichtigung der Katalysatorregenerierungskosten würde sich das Gewinnmaximum zu längeren Laufzeiten $\tau_{opt} > 10$ Tage verschieben.

Literatur

[6.2.1] Autorenkollektiv: „*Lehrbuch der chemischen Verfahrenstechnik*“, Deutscher Verlag für Grundstoffindustrie, Leipzig 1969

[6.2.2] Bolek, M.: Chem. Techn. **30** (1978) 8, 399–402

[6.2.3] Kardos, J.: Darstellung, Auswertung sowie Nutzung des Zeitverhaltens verfahrenstechnischer Betrachtungseinheiten — Eine Untersuchung ihrer Dynamik und Zuverlässigkeit, Dissertation B, Technische Hochschule „Carl Schorlemmer“, Leuna-Merseburg 1979

[6.2.4] Webel, W.: Untersuchungen zur optimalen Laufzeit und Nutzungsdauer verfahrenstechnischer Systeme unter besonderer Berücksichtigung von Rohöldestillationsanlagen, Abschlußarbeit 1972, IH Köthen, Sektion Verfahrenstechnik

[6.2.5] ENDERS, M.: Dissertation A (in Vorbereitung)
[6.2.6] BOSNJAKOVIĆ, F., VILIČIC, M. u. SLIPCEVIL, B.: VDI-Forschungsheft 432, Ausg. B, Bd. 17 (1951)
[6.2.7] SEEMANN, S.: Ein Beitrag zur Bestimmung optimaler Betriebszyklen typischer Prozeßeinheiten von Chemieanlagen im Rahmen einer Instandhaltungsplanung, Diplomarbeit 1977, IH Köthen, Sektion Verfahrenstechnik
[6.2.8] LORENZ, K.: Dissertation B (in Vorbereitung)
[6.2.9] ADLER, R., IHDE, H., NAGEL, G. u. HERTWIG, K.: Chem. Techn. 27 (1975) 8, 434–439
[6.2.10] „*Ullmanns Enzyklopädie der technischen Chemie*“, Bd. 4, Verlag Chemie, Weinheim, 4. Aufl. 1974

7. Schlußwort und Ausblick

Die Autoren können feststellen, daß sich das Gesamtgebiet der dynamischen Grundoperationen noch in starker Entwicklung befindet. Das vorliegende Buch sollte dazu eine erste Bestandsaufnahme darstellen.

Die Verfasser sind sich bewußt, daß nicht alle Wünsche und Ansprüche der Leser bei der Komplexität der behandelten Thematik berücksichtigt werden konnten. Zahlreiche Probleme sind nur kurz bzw. gar nicht behandelt worden. Es ist damit zu rechnen, daß sich die gemeinsamen Grundlagen der Modellierung, Optimierung und Steuerung der Klasse der dynamischen Grundoperationen noch mehr herausarbeiten lassen. Wünschenswert ist, daß die naturwissenschaftlichen Grundlagen bzw. Ursachen der Effektivitätssteigerung von einigen dynamischen Grundoperationen, insbesondere der zyklischen Operationen, noch tiefer und umfassender ergründet werden. Die praktische Einführung der zyklischen Operationen erfordert zunehmend die einheitliche Betrachtung und Behandlung des Systems von Prozeß, Apparat sowie Meß-, Steuer- bzw. Regelgeräten. Für die zyklische Rektifikation ist die Entwicklung geeigneter Kolonneneinbauten erforderlich. Die Einsatzchancen der zyklischen Grundoperationen werden in dem Maße steigen, wie es gelingt, fluidische Stellventile bereitzustellen. Mit dem zunehmenden Einsatz von mikrorechnergestützten Steuerungssystemen ist eine konsequentere Ausnutzung der nichtlinearen dynamischen Eigenschaften der Prozesse möglich. Ferner bietet sich an, die vorliegende Monographie durch Berechnungsalgorithmen und Rechenprogrammsysteme zu ergänzen. Der Darstellung und Entwicklung apparativer sowie steuerungstechnischer Lösungen für dynamische Grundoperationen ist noch mehr Bedeutung beizumessen.

Um den zukünftigen Anforderungen bei der Intensivierung verfahrenstechnischer Prozesse noch besser zu genügen, ist es unter anderem nach *K. Hager* notwendig, „*den Schritt von der empirischen Anwendung technologischer Erfahrungen in der Produktion zur bewußten Durchsetzung von technologischen Gesetzmäßigkeiten zu tun. Nur wenn der Technologe bis zur wissenschaftlichen Verallgemeinerung vorstößt und nicht für jedes konkrete Problem eine neue Lösung suchen muß, wird es möglich sein, eine umfassende Rationalisierung durchzuführen, in der alle Register moderner Technologien gezogen werden.*“

8. Symbolverzeichnis

1. Kapitel:

a	Amplitude
a	Konzentration des Primärstoffes
A	Fläche
c	spezifische Wärme
D	Durchsatz
f	Reaktionsgeschwindigkeit
g	Reaktionsgeschwindigkeit
h	Behälterfüllstand
I	Stromstärke
k	kinetische Konstante
l	Länge
M	Menge
n	Drehzahl
q	Geschwindigkeit der Wärmeentwicklung
r	Änderungsgeschwindigkeit je Volumeneinheit
R	Änderungsgeschwindigkeit
S	Stoffstrom
t	Zeit
T	Periodendauer
T	Temperatur
V	Volumen
v	Gasstromgeschwindigkeit
w	Pulsations- bzw. Vibrationsgeschwindigkeit
x	Konzentration des Stoffes X
y	Konzentration des Stoffes Y
z	Prozeßparameter
Z	$Z = (D, S)$ Vektor
α	Wärmeübergangskoeffizient
γ	Anteil an der Periodendauer
Δ	Differenz
δ	Schichtbildungsgeschwindigkeit
η	Umsatz
ϑ	Temperatur
ϱ	Dichte
ω	Frequenz

Indizes:

a	Austritt
A	Zyklusanfang
d	diskontinuierlich
e	Eintritt
E	Entnahme
FE	Füllung und Entleerung
g	Gleichgewicht
max	Maximum
S	semikontinuierlich
St	stationär
Z	zyklisch
—	mittlere Größen

2. Kapitel:

a	Ventilquerschnitt
a	Breite
A	Fläche, Querschnitt
A	Zustandsmatrix
B	Eingangsmatrix
B	Reaktionskenngröße
c	Konzentration
c	spezifische Wärme
C	Ausgangsmatrix
Cm	Mikroorganismenkonzentration
D	Durchgangsmatrix
D	Diffusionskoeffizient
D	Durchsatz
e	Elektron
$\underline{e}$	Einheitsvektor
E	Aktivierungsenergie

f	Funktion
$F(p)$	Matrix der Übertragungsfunktionen
F	FARADAY-Konstante
g	Funktion
g	Erdbeschleunigung
G	Quelle
G	Gasmenge
$G(p)$	Übertragungsfunktion
h	Höhe
H	Enthalpie
i	Stromdichte
I	Stromstärke
I	Lichtstärke
Nm	Zahl der Mikroorganismen je Masseeinheit
k	Wärmedurchgangskoeffizient
k	Geschwindigkeitskonstante
k'	Geschwindigkeitskonstante
k''	Geschwindigkeitskonstante
K	Konstante
m	Masse
m	Parameter (Abschnitt 2.4.5.)
$\dot{m}$	Massenstrom
n	Zellenzahl
n	effektive Reaktionsordnung (Abschnitt 2.4.5.)
n	Anzahl der ausgetauschten Elektronen (Abschnitt 2.4.7)
N	Zahl des Wechsels der Strahlungsperioden nach Reaktionsbeginn
$\dot{N}$	Molenstrom
Nm	Mikroorganismenzahl
p	Druck, Partialdruck
p	LAPLACE-Operator
P	Dampfdruck
$\dot{P}$	Rührerleistung
Q	Energiebedarf
Q	definiert in Gl. (2.4.12a)
$\dot{Q}$	Wärmestrom
r	Stoffänderungsgeschwindigkeit
r	Innenradius (Abschnitt 2.4.1.)
R	unitäre Matrix
R	Außenradius (Abschnitt 2.4.1.)
R	Gaskonstante (Abschnitt 2.4.5.)
R	Reaktionsgeschwindigkeit (Abschnitt 2.4.7.)
S	Sensitivität
t	Zeit
$\bar{t}$	mittlere Verweilzeit
t_V	definiert in Gl. (2.4.64.)
T	Periodendauer
T	Temperatur
T	Sterilisationszeit (Abschnitt 2.4.6.)
T	Zeitkonstante (Abschnitt 2.4.6.)
$\underline{u}$	Vektor der Eingangsgrößen
u	Umsatz (Abschnitt 2.4.5.)
u	spezifische Wachstumsgeschwindigkeit (Abschnitt 2.4.6.)
u	Ionenbeweglichkeit (Abschnitt 2.4.7.)
U	Spannung
V	Volumen
$\dot{V}$	Volumenstrom
w	Geschwindigkeitsfeld
W	Energieverbrauch
$\underline{x}$	Vektor der Zustandsgrößen
x	Ortskoordinate
x	Konzentration (Abschnitt 2.4.2.)
x	Umsatz (Abschnitt 2.4.3.)
x	Generationszeit (Abschnitt 2.4.6.)
X	Molenbruch
$\underline{y}$	Vektor der Ausgangsgrößen
y	molares Einspeisungsverhältnis (Abschnitt 2.4.4.)
z	Ladungszahl
α	Wärmeübergangskoeffizient
α	normierter Wert der Konzentration
β	Stoffübertragungskoeffizient
β	definiert in Gl. (2.4.43)
γ	Verhältnis
γ	definiert in Gl. (2.4.44)
Γ	allgemeine Zustandsgröße
δ	δ-Funktion
δ	allgemeiner Koeffizient
Δ	Differenz, Änderung
ΔH	Reaktionsenthalpie
ζ	Ausflußzahl
ζ	Temperaturerhöhung zur Reduktion der Zeit t_V auf ein Zehntel ihres ursprünglichen Wertes (Abschnitt 2.4.6.)
η	Wirkungsgrad (Abschnitt 2.4.9.)
η	Potential (Abschnitt 2.4.7.)
η	dynamische Viskosität
ϑ	Temperatur (Abschnitt 2.4.6.)
ϑ	definiert in Gl. (2.3.14a)
λ	Wärmeleitungskoeffizient
Λ	Äquivalentleitfähigkeit
Λ	Diagonalmatrix
ν	stöchiometrischer Koeffizient
ξ	Koordinate senkrecht zur Diffusionsgrenzschicht

ϱ Dichte
σ Sprungsfunktion
τ Zeitanteil
φ elektrisches Potential
φ Stromausbeute
Φ definiert in Gl. (2.2.7)
Φ definiert in Gl. (2.4.38)
Ψ definiert in Gl. (2.4.42)
ω Zahl der aktiven Stellen je Masseneinheit

Indizes:

a Adsorption
A Aufheizen (Abschnitt 2.4.2.)
A Anode (Abschnitt 2.4.7.)
A Anfangswert
A Komponente A
ab abgegeben
ad adiabatisch
B Komponente B
B Bezugsgröße
B Kesselinhalt (Abschnitt 2.4.2.)
c Katalysator
d Desorption (Abschnitt 2.4.4.)
d Dunkelperiode (Abschnitt 2.4.8.)
D Dampf
D Verdampfung
e einschalten
E Gesamterzeugnis (Abschnitt 2.4.2.)
E Enzym (Abschnitt 2.4.6.)
E Elektrode (Abschnitt 2.4.7.)
Extr. Extremwert
E, S Komplex Enzym-Substrat
f Fluide Phase (Abschnitt 2.4.4.)
f Strahlungsperiode (Abschnitt 2.4.8.)
g feste Phase
g Gasphase
G gesamt (Abschnitt 2.4.2.)
G Grenzwert (Abschnitt 2.4.6.)
G Heizgas (Abschnitt 2.4.9.)
H Hefe (Abschnitt 2.4.6.)
H Heizmittel im Sekundärkreislauf (Abschnitt 2.4.9.)
HK Heizmittel im Primärkreislauf
i Laufindex
k Laufindex
K Kondensation (Abschnitt 2.4.2.)
K Kühlmittel (Abschnitte 2.4.1. und 2.4.5.) Mantelkühlung (Abschnitt 2.4.3.)
K Katode (Abschnitt 2.4.7.)
krit. kritisch
m Mittelwert
M Medium (Abschnitt 2.4.1.)
M mittlere Differenz (Abschnitt 2.4.2.)
M Michaelis-Menten (Abschnitt 2.4.6.)
M Mikroorganismen (Abschnitt 2.4.6.)
max Maximum
n Laufindex
opt. Optimum
p bezogen auf konstanten Druck
p praktischer Wert
P Produkt
R Verdampfungskühlung (Abschnitt 2.4.3.)
R Reaktion (Abschnitt 2.4.9.)
R Reaktor (Abschnitt 2.4.7.)
s stationärer Wert
S Siedepunkt (Abschnitt 2.4.2.)
S Substrat (Abschnitt 2.4.6.)
S Monod (Abschnitt 2.4.6.)
S Sterilisationsgut (Abschnitt 2.4.6.)
S Rücklauf (Abschnitt 2.4.9.)
t bezogen auf Totzeit
T Trennung (Abschnitt 2.4.2.)
T Sterilisation (Abschnitt 2.4.6.)
(T) bezogen auf Phasengrenzfläche Wand-Medium
v Verdampfung
V Verbrennung
Z Zelle
0 Anfangswert, Eingangsgröße
1 Einsatzprodukt (Abschnitt 2.4.2.)
1 bezogen auf Phasengrenzfläche Kühlmittel-Wand (Abschnitt 2.4.3.)
2 Rest (Abschnitt 2.4.2.)
2 Produktbildung (Abschnitt 2.4.6.)
+1 Bildung des Komplexes Enzym-Substrat
−1 Zerfall des Komplexes Enzym-Substrat
′ Werte nach Abschluß der Reaktion
— Mittelwerte

3. Kapitel:

a	Parameter
A	Ausgangsaufgabe
C	Konstante
Co	konvexe Hülle
D	Wertebereich
f	Nebenbedingung
f_0	Zielfunktion
F	Stammfunktion von f
I	Optimalitätskriterium
max	Maximum
P	Funktion
R	verallgemeinerte LAGRANGE-Funktion
R_0	Module (Tab. 3.3.1)
R_f	Module (Tab. 3.3.2)
S	stationäre Aufgabe
S	verallgemeinertes LAGRANGE-Funktional
sup	Supremum
t	Zeit
T	Zyklusdauer
u	Steuerparameter
V_u	zuverlässiger Bereich des Steuerparameters u
x	Zustandsparameter
y	Funktion
Z	zyklische Aufgabe
γ	Wichtungskoeffizient
δ	δ-Funktion
δa	Variation des Parameters a
λ	LAGRANGE-Multiplikator
ξ	Anstieg der Funktion f_0^*
φ	Nebenbedingung

Indizes:

A	Ausgangsaufgabe
B	erweiterte Aufgabe
i	Laufindex
k	Laufindex
Q	bezogen auf die Menge Q
u	bezogen auf veränderliche Parameter
ν	Laufindex
—	Mittelwerte
*	Extremwerte

4. Kapitel:

a	Parameter
a	zulässiges Steuerungsintervall
arg	Argument
B	konstante Matrix
C	Konstante, Parameter
Co	konvexe Hülle
D	Menge
f	Funktion
f_0	momentane Prozeßeffektivität (Zielfunktion)
F	Stammfunktion von f
F	Produktivität
H	HAMILTON-Funktion
I	Optimalitätskriterium
K	Konstante
$K(t)$	Impulscharakteristik
l	Parameter in Gl. (4.5.30b)
m	Parameter in Gl. (4.5.30b)
M	mittlere Produktivität
max	Maximum
min	Minimum
$N.P.$	nichtlineare Optimierung
P	Produktmenge
$P()$	Matrix
$Q()$	periodische Matrix
q	Maßstabskoeffizient
R	verallgemeinerte LAGRANGE-Funktion
r	Ressourcenbegrenzung
R_0	Modul
R_ν	Modul
S	verallgemeinertes LAGRANGE-Funktional
t	Zeit
T	Periodendauer
$\bar{t}$	definiert in Gl. (2.1.15)
t_r	Spur einer Matrix
T_a	Zeitkonstante
T_b	Zeitkonstante
u	Vektor der Steuervariablen
V_x	Menge der Werte von x
x	Vektor der Zustandsgrößen

$\tilde{x}$ Zustandsgrößen bei hochfrequenten Änderungen
$\hat{x}$ mittlerer Ressourcenverbrauch
y Variablen
$\hat{y}$ Lösung der Gl. (4.5.1)
z definiert in Gl. (4.5.6)
γ Wichtungskoeffizient
Δ Zeitverschiebung
Δ_z Effektivitätskennzahl der zyklischen Erweiterung
δa Variation des Parameters a
δu Variation des Parameters u
ε Schranke
λ LAGRANGE-Multiplikator
ξ Funktion
$\xi(t)$ „langsamer" Bestandteil der Funktion $x(t)$
τ Zeit
φ Nebenbedingungen
ψ Funktion
$\bar{\psi}$ $\bar{\psi} = \psi + \lambda$
ω Parameter in Gl. (4.5.38)

Indizes:

$\ddot{a}$ äquivalent
C konstant
i Laufindex
j Laufindex
M Vorgabewert
s stationäre Betriebsweise
u bezogen auf veränderliche Parameter
z zyklische Erweiterung
$*$ optimale Werte bzw. Extremwerte
— Mittelwert

5. Kapitel:

a definiert nach Gl. (5.4.79)
a kinetische Konstante (Abschnitt 5.5.)
a_{ij} Koeffizienten der Matrix A
A Arbeit (Abschnitt 5.1.)
A definiert in Gl. (5.2.22)
A Komponente A
A definiert in Gl. (5.4.30) bzw. (5.4.48a)
$[A]$ Konzentration der Komponente A
b kinetische Konstante (Abschnitt 5.5.)
b definiert nach Gl. (5.4.79)
B Komponente B
B definiert in Gl. (5.4.48b)
B Boden- bzw. Blasen-hold-up (Abschnitt 5.3.)
c Konzentration
c_m mittlere spezifische Wärme
C Komponente C
C Variable der Erreichbarkeitsfunktion
C Konstante (Abschnitt 5.2.)
C Konzentrationsvektor (Abschnitt 5.5.)
Co konvexe Hülle
D Durchsatz
D Komponente D
D Destillatmenge (Abschnitt 5.2.)
D_p Dispersion
E MURPHREE-Austauschgrad (Abschnitt 5.1.)
E Aktivierungsenergie
f Funktion
$\underline{f}$ Vektorfunktion
$f(C)$ Erreichbarkeitsfunktion
F Eingangsstoffmenge
h Endbedingungen
H Flüssigkeits-hold-up
I Optimalitätskriterium
I Stromstärke (Abschnitt 5.8.)
I Konzentration des Initiators der Polymerisationsreaktion
k definiert in Gl. (5.1.52) bzw. (5.1.55)
k spezifische Kosten (Abschnitt 5.8.)
k Gleichgewichtskonstante (Abschnitt 5.3.)
k kinetische Konstante
$k()$ äquivalente Funktion, definiert in Gl. (5.4.15)
K Proportionalitätsfaktor (Abschnitt 5.3.)
K kinetischer Faktor (Abschnitt 5.4.)
K_1 definiert in Gl. (5.1.5c)
K_1 Koeffizient in Gl. (5.2.7)
K_2 definiert in Gl. (5.1.5c)

K_2 Koeffizient in Gl. (5.2.7)
K_3 Koeffizient in Gl. (5.2.20)
K_4 Koeffizient in Gl. (5.2.20)
$\dot{K}$ Kosten je Zeiteinheit
K Kosten
K_p kinetische Konstante
L Flüssigkeitsstrom in einer Destillationskolonne
m Menge
M Monomerkonzentration (Abschnitt 5.4.)
M MGV-Momente (Abschnitt 5.4.)
M mittlerer Durchsatz (Abschnitt 5.7.)
max Maximum
min Minimum
n Anzahl parallelgeschalteter Prozeßeinheiten bei kontinuierlicher Fahrweise (Abschnitt 5.8.)
n Zahl der Zielprodukte
n definiert in Gl. (5.4.30)
N Funktion, definiert nach Gl. (5.1.25)
N_p mittlerer molarer Polymerisationsgrad
p Elektroenergiepreis (Abschnitt 5.8.)
p Partialdruck
p definiert in Gl. (5.4.49 a)
p Konzentration (Abschnitt 5.5.)
P Gesamtdruck
P ökonomische Bewertungsgröße (Preis, Gewinn, Verlust usw.)
P Polymerkonzentration (Abschnitt 5.4.)
P Leistung (Abschnitt 5.8.)
q definiert in Gl. (5.4.49 b)
Q definiert in Gl. (5.4.5)
r Stoffveränderungsgeschwindigkeit
R Rücklaufverhältnis
R' definiert in Gl. (5.2.19)
R Gaskonstante
R Ohmscher Widerstand (Abschnitt 5.8.)
s Zahl der an einer Reaktion beteiligten Stoffe (Abschnitt 5.4.)
s Substratkonzentration (Abschnitt 5.6.)
S Funktional
t Zeit
T Periodendauer
T Temperatur (Abschnitt 5.4.)
T_{tr} Transporttotzeit
u Steuervariable
$\underline{u}$ Vektor der Steuervariablen
$u()$ Heavisidesche Einheitsfunktion
U Spannung
v Variation
ϑ Hilfsfunktion (Abschnitt 5.5.)
V Volumen
V Dampfstrom in einer Destillationskolonne
$\dot{V}$ Volumenstrom
W Menge der Blasenflüssigkeit
x Konzentration
x Umwandlungsgrad (Abschnitt 5.4.)
x dimensionslose Konzentration bezogen auf die Eingangskonzentration (Abschnitt 5.4.)
$\underline{x}$ Konzentrationsvektor
X definiert in Gl. (5.4.7)
y Konzentration
y dimensionslose Konzentration bezogen auf die Eingangskonzentration (Abschnitt 5.4.)
y äquivalenter Konzentrationsvektor (Abschnitt 5.5.)
y Schlamm-Substrat-Verhältnis (Abschnitt 5.6.)
$y^*(x)$ Gleichgewichtsfunktion Dampf-Flüssigkeit (Abschnitt 5.1.)
z Konzentration
z dimensionslose Konzentration bezogen auf die Eingangskonzentration (Abschnitt 5.4.)
z Produkt aus Kühlfläche und Wärmedurchgangskoeffizient (Abschnitt 5.4.)
α relative Flüchtigkeit (Abschnitt 5.1.)
α Aufteilungsverhältnis (Abschnitt 5.6.)
α Anteil am Kornspektrum (Abschnitt 5.7.)
α elektrochemisches Äquivalent (Abschnitt 5.8.)
β Grad der Durchmischung (Abschnitt 5.1.)
β Reaktionsordnung (Abschnitt 5.4.)
β Aufteilungsverhältnis (Abschnitt 5.6.)
β definiert in Gl. (5.7.2)
γ Anteil an der Periodendauer T

γ Verdünnungskoeffizient (Abschnitt 5.5.)
δ δ-Funktion
δ KRONECKER-Symbol
δ modifizierter Durchsatz (Abschnitt 5.4.)
Δ Differenz
ΔH Reaktionsenthalpie
Δn zusätzliche Prozeßeinheiten bei zyklischer Leistungssteuerung
ε Effektivitätskriterium (Abschnitt 5.1.)
ε Schranke
η Stromausbeute (Abschnitt 5.8.)
η Anteil der in einem Zyklus abfließenden Flüssigkeitsmenge
ϑ Temperatur
Θ relative Zeit (Abschnitt 5.4.)
Θ $\Theta = \frac{H}{V \cdot E}$ (Abschnitt 5.1.)
$\varkappa$ relative Stromstärkeänderung
μ Verhältnis der Reaktionsgeschwindigkeitskonstanten
$\mu(p)$ relative Wachstumsgeschwindigkeit
ν stöchiometrischer Koeffizient
ϱ Dichte
ϱ Gesamtkonzentration aller Zielprodukte
σ definiert nach Gl. (5.8.2)
τ Reaktionszeit
τ dimensionslose Zeit
φ Funktion
ψ Funktion

Indizes:

a Ausgang
$\ddot{a}$ äquivalent
A bezogen auf elektrische Arbeit (Abschnitt 5.8.)
A bezogen auf die Komponente A
b Bezugsgröße
B bezogen auf die Komponente B
C bezogen auf die Komponente C
d Kondensator (Abschnitt 5.1.)
d Destillat (Abschnitt 5.2.)
e Eingang
exp experimentell
E Elektroenergie
f Endwert
F Zulauf
G Gleichgewicht
GM Grund- und Mittelkraftwerke
H bezogen auf Flüssigkeits-hold-up (Abschnitt 5.1.)
H Hinreaktion (Abschnitt 5.4.)
i Laufindex
j Laufindex
j Kettenlänge des Polymers (Abschnitt 5.4.)
K K. Iterationsschritt
K Laufindex
L bezogen auf elektrische Leistung
L_e bezogen auf den Flüssigkeitsstrom
LS Leistungssteuerung
max Maximum
n Laufindex
opt Optimum
r reduziert
R Rückreaktion (Abschnitt 5.4.)
R Rücklauf (Abschnitt 5.6.)
R Reserve (Abschnitt 5.8.)
s Substrat
ST stationär, statisch
$S\ddot{U}$ Spitzenkapazität, Elektroenergieübertragungssysteme
T Trennung (Abschnitt 5.1.)
T normierte Größe (Abschnitt 5.2.)
TF Endwert (Abschnitt 5.2.)
V bezogen auf Dampfstrom
w bezogen auf Destillationsblase
x Schlamm
z zyklisch
Z Zelle
β Reaktionsordnung
ν Laufindex
0 Anfangswert
0 bezogen auf kontinuierliche Fahrweise (Abschnitt 5.8.)
1 bezogen auf Betrieb mit Leistungsreduzierung (Spitzenbelastungszeit)
2 bezogen auf Betrieb ohne Leistungsreduzierung (übrige Tageszeit)
* optimale Größe bzw. Extremwert
0 bezogen auf zyklische Steuerung im Parallelbetrieb
— Mittelwert

6. Kapitel:

a	Konstante
A	Apparategröße (Fläche)
A	Konstante
B	Konstante
C	Konstante
c	spezifische Wärme
$\dot{C}$	Durchsatz
C_0	Nenndurchsatz
E	Verbrauch an Ausgangsstoffen
f	Funktion
g	spezifischer Preis
G	Gewinn
h	Enthalpie
I	Stromstärke
k	spezifische Kosten
$\dot{K}$	Kosten je Zeiteinheit
k	Wärmedurchgangskoeffizient
L	Speicher, Speichergröße
m	Zahl der Grundausrüstungen
m	Stufenzahl einer Verdampferschaltung
$\dot{m}$	Massendurchsatz
N	Stufenzahl
p	Druck
$\dot{P}$	Aufwand
$\dot{P}(x)$	Leistung im Zeitpunkt x
Q	Leistung (allgemein)
$\dot{q}$	Wärmestrom
R	Rückführstrom
s	Aktivitätszustand des Katalysators
S	Speicher, Speichergröße
t	Betriebszeit, Zeit
t^*	Regenerierungszeit
t_x	Zeitpunkt, definiert in Gl. (6.1.27)
T	Zeitkonstante
U	Umsatz
U	Spannung
V	Filtratmenge
$\dot{V}$	Filtratdurchsatz
$\dot{W}$	Wasserwert
x	Zeit
x^*	Feststoffgehalt
z	Abschreibungssatz
Z	Zielfunktion, Zielgröße
α	mittlerer spezifischer Kuchenwiderstand
β	Widerstand des Filtermittels
Δ	Differenz
ΔH	Reaktionsenthalpie
η	dynamische Viskosität
η	Normierungsfunktion
ϑ	Temperatur
ξ	Variable, definiert in Gl. (6.1.6)
τ	Zeit
φ	interne Reservekapazität
Φ	Betriebscharakteristik

Indizes:

A	Ausgangsgröße
A	Abschreibungen
A	bezogen auf Apparategröße
A	Anfangswert
B	Betrieb
D	Dampf
E	Eingangsgröße
g	gemeinsam
I	Instandsetzung, Regenerierung
j	Laufindex
KM	Kühlmittel
L	bezogen auf Endproduktspeicher
(m)	Stufenzahl
min	Minimum
S	bezogen auf Ausgangsproduktspeicher
Σ	Summe
0	Optimum
*	bezogen auf Kühlmitteltemperatur

9. Register

Bei Fragen zur Produktsicherheit wenden Sie sich bitte an:
If you have any questions regarding product safety,
please contact:

Walter de Gruyter GmbH
Genthiner Straße 13
10785 Berlin
productsafety@degruyterbrill.com